Repertorium der Physik.

Enthaltend

eine vollständige Zusammenstellung der neuern Fortschritte dieser Wissenschaft.

Unter Mitwirkung der Herren

Lejeune-Dirichlet, Mahlmann, Moser, Radicke, Riess, Röber, Strehlke

herausgegeben

von

HEINR. WILH. DOVE.

IV. Band.

Meteorologie, specifische Wärme, strahlende Wärme.

Mit zwei Tafeln Abbildungen und einer Charte der Isothermen.

Berlin:
Verlag von Veit & Comp.
1841.

Vorwort.

Der die Verbreitung der Wärme auf der Oberfläche der Erde enthaltende Abschnitt p. 1—174, zu welchem die diesem Bande beigegebene Isothermenkarte gehört, ist von Herrn Mahlmann bearbeitet. Er enthält zugleich eine vollständige Litteratur des jetzigen Beobachtungsmaterials und hat daher eine grössere Ausdehnung erhalten, als ihm anfänglich zugedacht war. Die Sorgfalt, welche auf diesen schwierigen Druck verwendet werden musste, so wie der Wunsch, endlich in diesem Bande eine Darstellung der Melloni'schen Entdeckungen zu geben, welche aber erst jetzt zu einer Art von Abschluss gelangt sind, hat das Erscheinen desselben ungewöhnlich verzögert. Der fünfte Band, mit welchem dieser Cyclus des Repertoriums beendet ist, wird ausser dem noch in der Wärmelehre bisher nicht Besprochenen eine Uebersicht der neuen Untersuchungen in der Mechanik, die Physik der Sinneswerkzeuge und die physikalische Optik enthalten. In dem vorliegenden Bande ist die Meteorologie und die Wärmelehre von p. 175 an von mir bearbeitet worden.

Berlin, den 26. September 1841.

Dove.

Berichtigungen

zu der Abhandlung über mittlere Vertheilung der Wärme auf der Erdoberfläche (pag. 1—174).

P. 1 Z. 7 v. u. *l.* Reihe. — p. 8 Tab. I. Petersb. *l.* 57′ st. 27′ n. Br. — Tab. III. Anm. 8) *l.* Report. — p. 9 Anm. *) *l.* p. II. — p. 11 Z. 14 v. o. *l.* sich höchstens; Z. 18 v. u. streiche *).— p. 16 l. Std. d. Etr. Padua — 0.23.— p. 27 Z. 12 v. u. *l.* 1826—36. p. 30 b. Haapak. Z. 4 v. o. setze vor Med. d.: „—“ Die Höhe ist nahe 100′. — p. 31 Bergen: Höhe 50′ ca. — p. 32 Upsala Höhe nach o′ u. Z. 6 s. n (48 J.) ein,. — p. 33 zu Stockholm: 1783—87 ward um 6, 2 u. 10^h obs. — Lund Z. 1 *l.* 1765 st. 1865. — p. 34 Apenrade *l.* 33′ st. 100′ h. — p. 40 Dublin Z. 4 u. 5 *l.* in 54° st. 45° (Br.). p. 43 Plymouth *l.* J.-Md. 10.8 u. Z. 1 *l.* 11.16 st. 11.4. — p. 45 Z. 2 v. u. s. 9°.6). — p. 47 Arras H. 200′. — p. 51 Rhodez H. 1850 st. 450′. — p. 52 Avignon Z. 4 *l.* 14.8, a. 2 J. obs. Guérin dieslb. Std. — p. 55 Z. 1 v. o. *l.* W. — 0.9. Bei Stralsund Z. 4 *l.* S. 17.1 st. 9.4. — p. 56 Perleberg *l.* 11′ ö. Lg. — p. 57 Z. 7 v. o. *l.* 10 J. bis 1838 st. 10 b. 38. — p. 59 Eisenach s. n. Med. J. 7.5 ein? bei Erfurt *l.* W. 0.6; S. 17.3 (a. 13 J.) corr. — p. 60 Troppau *l.* 56′ n. Br. — p. 62 Landskron *l.* J. 7°.8 st. 8.8 — p. 66 Stuttgart *l.* Höhe 830 st. 860′. — p. 69 Z. 1 v. u. *l.* ergab st. ergaben. — p. 70 Trient *l.* 4′ n. Br. st. 44′, daher nach Sondrio zu setzen. — p. 76 Rovigno *l.* 11° 17′ st. 8°57′ ö. Lg. — p. 77 Z. 5 v. o. *l.* Sch. st. Tch. p. 80 Z. 1 v. u. s. fiel. — p. 85 Zlatoust Z. 2 *l.* 1837 a. 8 Bb. tägl. — p. 88 Jekaterinbg. Z. 1 *l.* ist das uncorr. Med. — p. 89 bei Bagdad *l.* Beauchamps obs. nicht immer zu denselben Std, oft nur Mg. u. Abd.; dessh. sind die unc. Media unsicher. — p. 97 Algier Z. 2 s. n. Zehntelgrade: in den mon. Mitteln. — p. 98 Laguna *l.* 28° 30′ n. Br., 18° 39′ w. Lg. — p. 107 Sackett's H. *l.* 78°17′ w. L. Pittsburg *l.* 82°22′ w. Lg. — p. 120 Süd-Am. Die Bodentemp. scheint nach neuern Beob., welche abweichende Result. von Boussingault's Angaben liefern, kein so zuverlässiges Mittel zu liefern, wie dieser annimmt. — p. 122 R. Berbice 59 3/4° w. Lg. — p. 123 Almaguer *l.* J. 17.1. — p. 132 Z. 5 bis 1 v. u. *l.* in der Rubrik Plymouth +0.47 st. 0.84, +0.84 st. 1.11, +1.11 st. 1.30 u. +130 st 1.51. — p. 136 Z. 3 v. u. *l.* Aus den. — p. 145 Z. 3 v. o. *l.* +0.66 st. 1.06 (?). — p. 146 Z. 15 v. u. *l.* Punkte. — p. 151 b. F. Franklin *l.* Jan. — 0.04, Aug. — 0.02, Sept. — 0.11 u. im 11-mon. Durchschn. 0.25. — p. 155 Z. 3 v. o. schalte n. 66^t ein „womit Forbes' Resultat 64.5t bei Edinburgh (Ed. Trans. 1839) sehr gut übereinstimmt.“ — p. 156 Z. 16 v. u. schalte n. Ergebn. ein „mittheilen.“ — p. 158 Anm. Z. 3 v. o. *l.* von nahe 10°. — p. 159 Z. 16 v. u. *l.* Temp. an der äusseren Grenze. — p. 161 Z. 16 v. o. *l.* (p. 23. 93—95. 130) — p. 167 Z. 24 v. u. Zittau *l.* Höhe 128^t; Z. 14 v. u. Hartwick *l.* H. 170t, Med. 7°.5. — p. 168, 2. Col. Z. 25 v. o. *l.* H. 143^t st. 127t. — p. 173 Z. 4 v. o. schalte nach v. Humboldt ein: „Indischer Ozean in 1° n., 91° ö. 29.6, Baudin. — Grosser Oz.“

*) M. s. auch die Anm. zu p. 158 u. 164.

Die Verbesserungen von pag. 175 an stehen auf der letzten Seite des Bandes.

Inhaltsverzeichniss zum vierten Bande.

Elfter Abschnitt.

(Fortsetzung).

Meteorologie.

Zwölfter Abschnitt.

Wärme.

Bei den Figuren ist keine besondere Nachweisung erforderlich, da die jedesmalige Seite des Textes ihnen beigedruckt ist. Nur Fig. XII. Taf. II. ist nicht im Text angeführt. Dieses von Piddington näher untersuchte Beispiel bestätigt die pag. 199 gegebene Theorie, indem es zeigt, dass ein seitlich gehemmter Luftstrom, auch wenn das Hinderniss ein rein mechanisches ist, sich in einen Wirbelwind verwandelt, dessen Drehung in dem durch die Theorie verlangtem Sinne geschieht. Näheres in Pogg. Ann. 52. p. 1. Die registrirenden Windmesser von Whevell und Oster konnten nicht abgebildet werden, da eine genaue Beschreibung derselben nicht vorlag.

Elfter Abschnitt.

(Fortsetzung.)

Mittlere Vertheilung der Wärme auf der Erdoberfläche.

Von

Wilh. Mahlmann.

Unter allen Elementen der vergleichenden Klimatologie ist der Wärme, als dem am meisten hervortretenden, bisher die grösste Aufmerksamkeit der Physiker zu Theil geworden, und desshalb finden wir, dass die Untersuchungen über die Temperaturvertheilung auf der Erdoberfläche überhaupt und in der jährlichen Periode an den einzelnen Beobachtungsorten unstreitig am weitsten vorgeschritten sind. Dennoch lässt sich nicht in Abrede stellen, dass auch in diesem Gebiete durch den stets auf das Allgemeine und Wesentliche in den Erscheinungen, auf die Einheit in der Natur gerichteten Scharfblick des berühmtesten der neuen Reisenden erst die Umrisse geschaffen, und die Basis aufgestellt ist, denen sich spätere Forschungen nothwendig anschliessen müssen, um dies Element nebst seinen Beziehungen auf die Verbreitungsgesetze organischer Geschöpfe und auf die Civilisation des Menschengeschlechts näher kennen zu lernen.

Ich habe in den folgenden Tafeln nur eins von den vielen Momenten, welche bei der Wärmevertheilung zu betrachten sind, bearbeitet, nämlich die mittlere Temperatur des Jahres und bei vielen Orten, namentlich wenn eine längere Reihen von Beobachtungen zu Gebote stand, auch die mittlere Temperatur des Winters und Sommers und (in den Tropen gewöhnlich, wo Winter- und Sommer-Temperatur keine Bedeutung haben, da hier die trockne und die Regenzeit nach ihrem verschiedenen Eintreten und ihrer ungleichen Dauer in verschiedenen Breiten und Continenten berücksichtigt werden müssten) die Wärme des kältesten und des heissesten Monats. Niemand wird daran zweifeln, dass diese numerischen Elemente nicht allein in den Tropen noch viel Mangelhaftes haben, sondern dass auch die Klimatologie der kältern Zonen noch in vieler Hinsicht der erwünschten Genauigkeit ermangelt, und die unter der Rubrik „Bemerkungen" in den Tabelle angegebenen Resultate früherer Berechnungen werden überzeugen, dass wir auch jetzt noch ununterbrochen dahin streben müssen, die numerischen Elemente zu vervollkommenen, wenn es auch beim gegenwärtigen Stande der Wissenschaft schon möglich und leicht erscheint, bei diesen Elementen gewisse Fehlergrenzen festzusetzen, über welche hinaus künftige Beobachtungen die Resultate nicht verändern dürften. — Ich darf mir nicht schmeicheln, in diesen Tabellen alle bekannt gemachten Beobachtungen in Bezug auf die vorliegende Betrachtung niedergelegt zu haben; aber wer erfahren, wie unglaublich zerstreut diese Beobachtungen in den verschiedenartigsten Zeitschriften und Werken sind (m. vergl. meine Literatur-Cit. in d. Tab.), der wird es leicht erklärlich finden, dass ich nach jahrelangem Sammeln noch während des Drucks auf mehrjährige Beobachtungen getroffen bin, die mir früher entgangen*). Von den 7—800 Angaben der mittleren Jahrestemperatur in diesen Tabellen finden sich jedoch viele, welche insbesondere durch die Kürze der Beobachtungszeit ein geringeres Vertrauen verdienen, was ihre Vergleichung mit andern Orten betrifft; andere habe ich aufgenommen, die man bisher nicht hat benutzen wollen, weil sie an sich zweifelhaft erschienen; jetzt treten sie mit neueren zusammen auf und dienen sich wechselseitig zur Bestätigung; dass dabei nicht ohne Kritik verfahren werden durfte, brauche ich nicht hinzuzufügen, aber es gehörte eine eigene Sagacität dazu, Resultate als unbrauchbar oder brauchbar anzunehmen, wenn die Beobachtungen zuverlässig erschienen, bloss weil die Tageszeit der Observation nicht angegeben war, während man viele andere ohne diese allerdings höchst wichtige Bestimmung zu benutzen gezwungen war und leider noch ist. Dies führt mich zu einigen Bemerkungen über die Fehlergrenzen, innerhalb welcher bisher Bestimmungen der mittleren Temperatur möglich gewesen sind; diese Fehler sind zum Theil öfter erwähnt

*) Ich darf es hier nicht unterlassen, dem Herrn v. Humboldt für die Mittheilung von Beobachtungen im Manuscript, die zum Theil nirgend publicirt worden, öffentlich meinen innigsten Dank auszudrücken.

worden, aber bei der vorliegenden Untersuchung hat man dieselbe oft ausser Acht gelassen, oder durch Muthmassungen zu beseitigen geglaubt; wir berühren nur folgende:

a) Setzen wir selbst voraus, dass die Construction der Thermometer, bei welcher noch in der neuesten Zeit so wichtige Verbesserungen angegeben wurden, völlig genau sei *); dass sogar, was wohl nicht häufig bei den Messungen der Fall gewesen, die Correction wegen des Calibers **) in der Graduirung vorgenommen: so ist bekannt, dass eine allmälige Erhöhung des Nullpunktes stattfindet, dass also ein wegen dieses Uebelstandes nicht corrigirtes Instrument nach wenigen Jahren ein zu hohes Medium für den Ort giebt. Egen wies nach, dass Thermometerbeobachtungen nicht bis auf 0°.25, oft nur bis 0°.5 C. verbürgt werden können, (er nahm zugleich die Veränderlichkeit der Aufthautemperatur des Schnees in seine Untersuchung auf.) ***) Ausser Rudberg†) und August††) beschäftigten sich mit diesem Gegenstande in den letzten Jahren besonders Legrand und Despretz; sie fanden, dass beim Email die Verrückung des Eispunktes geringer ist, als bei Krystall glas; aber während Legrand behauptet, dass dieselbe nach vier Monaten etwa ihr Maximum erreicht habe, zwischen 0°.25 bis 0°.5 C., bemerkte Despretz an mehreren Thermometern, die er 4½ Jahr lang untersucht hatte, eine anhaltende, allmälige und unregelmässige Erhöhung zwischen 0°.23 und 0°.57 C.; auch August beobachtete an einem Thermometer in 5½ Jahren eine Erhöhung von 0°.55 C. *) Und welchen Fehlern sind nun gar die

*) Wir machen darauf aufmerksam, dass von hier sehr viele Instrumente nach dem Auslande gehen, doch wohl zum Theil wegen Zweifel am Werthe der im eigenen Lande verfertigten.

**) Eine leicht anwendbare Methode, die auf Bessel's Princip beruht, gab Forbes neuerdings in Phil. Transact. for 1836.

***) Zu den sehr seltenen Ausnahmen muss ich die schon mehrere Jahre benutzten Normal-Instrumente von Greiner jun. rechnen; ich fand bei ihnen keine Differenz.

†) Kongl. Vetensk. Acad. Handl. 1834. p. 354. (Pogg. XL.)

††) Fischer's mech. Naturl. 1837. I. p. 429.

*) Ueber die Ursachen s. Rudberg und August a. a. O.; l'Institut 1837. N. 195. p. 38., N. 199. p. 73., N. 218. p. 251. Rudberg's Vorschlag, am Thermometer erst ein Jahr nach dem Zuschmelzen der Röhre die Fundamentalpunkte zu bestimmen, scheint noch unge-

Selbstregister-Thermometer bei längerem Gebrauch unterworfen, deren Beobachtung eins der besten Medien giebt.*)

b. Zur Ermittelung der thermischen Verhältnisse am Boden des Luftozeans haben wir ferner auf die Lage des Instruments Rücksicht zu nehmen, und den Einfluss der solaren und terrestrischen Radiation zu betrachten, welcher bekanntlich noch viel zu wenig untersucht ist, um Correctionen für Localitäten ohne Willkür anwenden zu können. Die Beobachtungen in der unten folgenden Tabelle sind sämmtlich als im Schatten angestellt bezeichnet oder angenommen. In unserer Zone ist eine beständige Lage im Schatten leicht zu geben; in höheren Breiten jedoch, wo die Sonne einen weit grösseren Tagesbogen beschreibt, muss man (schon in Petersburg) zwei Instrumente anbringen, und daher enthalten fast alle Angaben über die kalten Erdstriche, da sie von einem einzigen Thermometer hergenommen sind, einen nicht bestimmbaren Fehler. In der heissen Zone hingegen, wo die Sonne selbst an der Grenze der Tropen eine beträchtliche Mittagshöhe hat, giebt es zu vielen Zeiten an einerlei Beobachtungsort keinen oder so wenig Schatten, dass durch Reflection eine Einwirkung auf das Instrument nicht verhindert werden kann; daher zeigen solche stationäre Thermometer im Freien, ebenfalls auf Schiffen im offenen Meere, — da es erwiesen ist, dass die Temperaturabnahme bis zur Spitze des Mastes selbst viel zu gross ist — zu hohe Temperaturen, während die dort so allgemein gebräuchlichen Beobachtungen im Zimmer oder in einer offnen Verandah offenbar auch mit Fehlern behaftet sein müssen, wesshalb sie Kämtz sogar für ganz unbrauchbar erklärt. Die meisten Beobachtungen in den heissen Klimaten geben, abgesehen von den Stunden, aus diesem Grunde ein zu hohes Medium, was die neueren Resultate in der Tabelle an mehreren Orten augenscheinlich darthun. Aber auch in unsern Breiten veranlassen Gebäude u. dgl. häufig eine Erhö-

nügend; bei fertigen Instrumenten wird man monatlich oder vierteljährlich wenigstens den Nullpunkt durch Eintauchen in siedendes Wasser deprimiren müssen, oder, was am sichersten, den Collimationsfehler der Skale in solchen Zeitabständen suchen und als Correction in die Beobachtungen aufnehmen.

*) Man s. darüber die merkwürdige Stelle in des genauen Beobachters Howard Climate of London. 2d. edit. v. I. p. 58.; auch Kupfer Observ. mét. en Russie I. p. IX. u. s. f.

hung. Man vergleiche in dieser Beziehung die Bemerkungen zu den Orten Edinburgh, London, das im 10jährigen Durchschnitt eine 0°. 9 zu hohe Wärme, mit der Umgegend verglichen, besitzt etc. Zu Benares war die Temperatur 1823 in der Stadt 79°.2, ausserhalb 77°. 8 F. (nach Prinsep)! Vorzüglich aber möchten wir auf die Entfernung vom Boden aufmerksam machen, der man noch immer nicht allgemein die erforderliche Achtsamkeit und experimentelle Erforschung geschenkt hat. Die Beobachtungen von Daniell (3 Jahre), Six, Pictet, Piazzini, Toaldo (5 Jahre)*) zeigen diesen Einfluss und seine nicht unbedeutende Grösse auf's Entschiedenste, geben aber kein Mittel zur erforderlichen Correction für eine bestimmte Localität an die Hand. Wir dürfen uns doch unmöglich mit der Vermuthung begnügen, dass die daraus hervorgehenden Abweichungen der Angaben wahrscheinlich nicht sehr bedeutend seien, wenn es darauf ankommt, den Werth der numerischen Elemente, welche wir hier veröffentlichen, und die sich zwischen den engen Grenzen — 18°.7 und + 29°.2 halten, zu beurtheilen, und dieselben zur Gewinnung neuer Resultate durch Vergleichung zu benutzen. Wir erinnern noch an die Beobachtungen anomaler Erscheinungen der Temperaturabnahme mit der Höhe von Parry und Fisher und von Sabine und Foster in der arktischen Zone, von Brisbane in Neuholland, um daran die Erwähnung der neuesten Versuche von Marcet zu knüpfen. Dieser Physiker fand aus seinen 14monatlichen Experimenten im vorigen Winter (1837 — 8) in Höhen von 2,5 und 52' **) unter anderm, dass die Wärmezunahme beim Sonnenuntergange ein ganz constantes Phänomen, und zwar völlig unabhängig vom Zustande des Himmels, ist, und dass sie nach Sonnenuntergang ziemlich stationär bleibt. Diese Zunahme der Wärme scheint selten über 100' Höhe stattzufinden, aber sie ändert sich beträchtlich nach den Jahreszeiten, und besonders zeigen sich im Winter bei schneebedecktem Boden die merkwürdigsten Resultate. Das Maximum der Differenz bei nur 50' Hö-

*) Mem. d. Turin. 1805 — 8. p. 38.

**) Bibl. univ. 1838 a. Mém. de la Soc. d. Phys. de Génève. Vergl. u. A. Kern in Bergh. Ann. IV. 300. Schouw über 4jährige Beobachtungen im botanischen Garten von Kopenhagen in Vejrliget Tilst. i Danmark. p. 60. Poisson Théor. math. de la Chaleur. p. 459. Muncke in Gehler's Wtb. IX. 1. p. 349. Würtb. Corr. Bl. f. 1825. fg. I.

henunterschied in dem allerdings sehr strengen Winter war 8°.0 C., — so viel stand das obere Thermometer höher als das 2' vom Boden entfernte (— 16¼°); 12 Januarbeobachtungen gaben im Mittel noch 5°.5 C. Differenz, und höchst überraschend ist, dass selbst 3' Unterschied in der Entfernung vom Boden (2 u. 5') im Mittel aus 9 Beobachtungen bei schneebedecktem Boden noch 2°.4 (im Maximum 4°) Differenz hervorbrachte. Im Sommer ist dieselbe natürlich weit geringer. Für unseren Zweck ist diese Untersuchung, die über die eigenthümliche Wiederherstellung im Gleichgewicht der Temperatur der unteren und oberen Luftschichten ein neues Licht verbreitet, um so beachtenswerther, als sie dazu dient, die Unsicherheit in der Bestimmung der mittleren Temperatur eines Ortes, so weit dieselbe vom Bodenabstande des Instruments abhängt, ins Klare zu setzen.

c. Endlich findet sich noch eine Schwierigkeit bei der Bestimmung der mittleren Temperatur in dem Elemente der Zeit. Beobachtungen der täglichen Extreme geben im monatlichen und jährlichen Durchschnitt in den meisten Fällen ein der Wahrheit sehr nahe tretendes Resultat, und solche gehören im Allgemeinen zu den besten in der Tabelle. An vielen Orten ist statt dessen zur Zeit der Extreme beobachtet worden, was, namentlich in den Wintermonaten fehlerhafte Mittel geben kann.*) Es wäre sehr zu wünschen, dass bei allen stündlichen Beobachtungsreihen auch ein Register-Thermometer observirt worden, um durch Jahre lange Prüfung dieser Methode eine noch grössere Sicherheit zu verleihen. An den meisten Punkten ist dagegen an 3, 4 oder mehr Stunden täglich observirt worden, und da das Medium derselben in den seltensten Fällen das wahre, d. i. 24stündliche Mittel des Tages giebt, so musste durch Vergleichung der Curve des täglichen und jährlichen Wärmeganges die bekannte Reduction des gewonnenen Mittels auf das letztere vorgenommen werden. Die Zahl von Punkten, wo Jahre lang stündlich die Temperatur notirt worden,

*) Ueber die Zeit der Extr. (unterm Aequator etc.) und die aus ihnen berechneten Media s. die neuen Untersuchungen von Hällström in Lütke's Voy. aut. du monde 1827 — 29. Part. nautique. Goldingham Madras Observ. Papers; Meyer's Plant. Labrad. 1830.; auch Quetelet's Mém. s. l. var. d. temp. 1837. p. 7. fg.; v. Baer in Bull. scient. II. p. 15. (vergl. Schouw's Pflanzengeogr. p. 58); 6. Report of the Brit. Assoc. Royle Asiat. Journ. 1832. März. u. a. O.

ist glücklicherweise schon beträchtlich angewachsen, und so ist es denn nicht schwer, unter diesen meist denjenigen auswählen zu können, der im Allgemeinen ähnliche Witterungserscheinungen hat. Für Grossbritannien und ähnliche, dem Seeklima der nördlichen gemässigten Zone unterworfenen Gegenden benutzte ich die Beobtungen in Fort Leith und Plymouth, für Deutschland etc. Salzuflen und Padua; nicht selten wurden (z. B. in Holland) die englischen und deutschen Beobachtungen combinirt, um die passende Correction möglichst genau zu erhalten, für Italien etc. nahm ich Padua; für einige Punkte an der Ostküste tropischer Gegenden Madras, (eine Correction, die besondere Vorsicht erfordert); für manche (besonders an ihren Westküsten und bei solchen mit insularem Klima) dagegen die Lütkeschen Beobachtungen auf dem stillen Ozean u. s. f. An vielen Punkten der vereinigten nordamerikanischen Freistaaten wird um 7, 2 und 9 Uhr beobachtet; nach den europäischen Observationen geben diese Stunden ein um ein paar Zehntel zu hohes Medium; ob dies auch dort der Fall ist, muss bei der Grösse der täglichen Veränderung dahin gestellt bleiben, bis die daselbst angestellten stündlichen Beobachtungen publicirt worden, (Loomis' 1835 sind unbrauchbar), und diess hat mich bewogen, hierbei keine Reduction auf wahres Medium vorzunehmen, wodurch auch der Vortheil entspringt, dass die dortigen Resultate unter einander besser vergleichbar sind. Die für das Innere der Continente, namentlich Nordasien, von Andren angegebenen Reductionen (nach Leith und Padua!) scheinen mir auch ziemlich unsicher; eben so die für Beobachtungen in grösseren Höhen, wo leider stündliche Beobachtungen noch ganz mangeln.

Die Methode meiner wegen der Tagesstunden angebrachten Correction ist nicht überall dieselbe gewesen, weil man noch nicht einig darüber ist, welche von den vielen in Vorschlag gebrachten denn die ganz allgemein anwendbare ist, und weil es vielleicht keine giebt, die für alle Zonen und alle Klimate gleich vortheilhaft und einfach ist. In Betracht, dass in unserer Zone eine sehr lange Reihe von Beobachtungen dazu gehört, um die mittlere Wärme bis auf 0°,1 genau zu ermitteln, und dass diess dann selbst durch die oben angeführten Umstände zweifelhaft werden muss, habe ich überall, wo nicht viele Jahre dies anders zu erfordern schienen, mich der einfachsten Methode, welche Schouw in seiner Pflanzengeographie in Vorschlag gebracht, bedient. In manchen Fällen hingegen habe ich auf die Grösse der täglichen Variation der Wärme Rücksicht genommen, wenn der resp. Ort keinen klimatisch analogen auffinden liess; diese Methode ist von Schouw (Beitr. zur vergl. Klimatol. I. Hft. p. 133) und von Kämtz (Meteorologie Bd. I. p. 104) näher geprüft und erläutert*) worden. Um die Abweichung des Mittels der einzelnen Stunden, namentlich solcher, an denen oft beobachtet wird, oder des Mittels zweier Beobachtungen (Morgens und Nachmittags oder homonymer Stunden) oder von 3 oder 4 täglichen Beobachtungen vom Gesammtmittel aller (24) Beobachtungen zu zeigen, habe ich, um das Urtheil über die Media gewisser Stunden zu erleichtern, folgende Tabelle über die Differenzen, sämmtlich in Graden derselben Skale, entworfen, welche in vieler Beziehung die auffallendste Uebereinstimmung zeigt, und ausserdem sehr geeignet ist, über die relative Grösse der Temperaturänderungen in den verschiedenen Klimaten und mehr oder weniger localen Verhältnissen durch Vergleichung neues Licht zu verbreiten, worauf ich hier nur aufmerksam machen wollte.**) Da in der v. Baerschen Abhandlung über das Klima von Novaja Semlja***) nicht das jährliche Medium der 24 Stunden, welche auf Ross Reise in Boothia Felix 2½ Jahr observirt wurden, berechnet ist, von mir aber zur Entwerfung jener Differenzen-Tabelle gebraucht wurde, so habe ich mich derselben unterzogen.

---

*) Vgl. v. Schmöger meteor. Beobacht. zu Regensburg I. Heft. 1835. Kastn. Arch. f. Met. Bd. XXV. p. 108. fg. u. N. R. Bd. III. p. 189. Freycinet bei Poisson Théor. math. de la Chal. p. 465. Kämtz in der Allg. Liter.-Zeitg. 1838. März-Heft p. 443. Kupfer Mém. de l'Acad. Pét. t. IV. p. 5, 46. Dass ich nicht überall auf diese Grösse der täglichen Veränderung Rücksicht genommen, hat besonders darin seinen Grund, dass bei kürzeren Beobachtungsreihen der Fehler der einfacheren Methode gering ist, und dass eine Vergleichung verschiedener Jahre zeigt, wie diese Variation für dieselben Beobachtungsstunden nicht unbeträchtlich variirt!

**) Diese Rechnung ist, unabhängig von der des Herrn Prof. Dove (im vorigen Bande) vor längerer Zeit ausgeführt worden, und durch die Art der Zusammenstellung der Resultate hat diese Tabelle noch einen besondern praktischen Werth, der ihre Mittheilung hier nicht überflüssig erscheinen liess.

***) Bullet. scient. de l'Acad. de Pétersb. t. II. (Pogg. XLII.)

Für den Buchbinder: Hinter pag. 8. folgen die Quarto-Tabellen I. II. III.

Die Tabelle I. giebt das Mittel an die Hand, die beiden andern noch zu erweitern. Bei einer Beobachtung täglich liegt danach, um das 24stündliche Medium des Jahres zu erhalten, die Zeit zwischen 8 und 9^h (nur Leith nach 9*) Morgens, und zwischen 7 und 9^h Abends; unter den homonymen Stunden geben an allen Orten ein sehr gutes Medium 4 und 4, 9 und 9, und nahe eben so zuverlässig ist das Mittel der Stunden 10 und 10, welche Brewster in Vorschlag brachte. Ausserdem lässt sich aus der Tabelle II. ersehen, wie gross der Fehler in Beobachtungsmitteln werden kann, wenn die Stunden mit dem vagen Ausdruck Morgen und Mittag bezeichnet werden. Endlich geht aus der letzten Tabelle hervor, dass das Mittel $\frac{1}{3}$ (VII + II + IX) die grösste Abweichung giebt, besser ist $\frac{1}{4}$ (VII + II + 2 × IX), näher dem wahren Medium liegt auch $\frac{1}{3}$ (VI + II + VIII), und am vortheilhaftesten ist $\frac{1}{3}$ (VIII + IV + XII)**), wofür ich als eben so gut $\frac{1}{3}$ (VI + II + X)***) in Vorschlag bringe, weil die Mitternachtsstunde für den Beobachter selten gelegen erscheint. Das Medium dieser äquidistanten Beobachtungsstunden weicht, wie die Tabelle zeigt, im Maximum nur um 0°.1 vom wahren ab. Auf diese Weise scheint man die immer Unsicherheit mit sich führenden und oft wegen Aufsuchung von Coefficienten für die einzelnen Stunden Zeit raubenden Correctionen am besten zu umgehen.

Wegen der oft in den folgenden Tabellen eingeschalteten Angaben der Winter- und Sommertemperatur (s. u.) schien es mir passend, aus denselben stündlichen Beobachtungen eine Tabelle der Abweichungen der einzelnen Stunden für sämmtliche Jahreszeiten zu berechnen, und wieder eine Tabelle für die 2 oder 3 Combinationsstunden folgen zu lassen. Die meteorologischen Jahreszeiten (Winter: December, Januar und Februar u. s. w.) pflegen noch häufig selbst auf die kalte und tropische Zone angewendet zu werden, und nur desshalb habe ich zur Vergleichung der Differenzen mit den nächst gelegenen Punkten der gemässigten Zone

*) Nach Sykes tritt das Mittel zu Poonah in 1700′ s. H. über d. Meere auch erst um $9\frac{1}{2}^h$ Morgen ein. Phil. Trans. 1835, p. 182 vgl. Goldingh. Madr. Obs. Pap. p. 368.

**) S. Pogg. Ann. 42. Bd.

***) Hällström hält diese, wie ich nach dieser Berechnung in Erfahrung gebracht, schon von der schwedischen Akademie in Vorschlag gebrachten Stunden nicht für passend (für Schweden).

auch Boothia Felix, Madras und den stillen Ozean*) in diese Rechnung aufgenommen. Sie ist für sämmtliche Stunden von 4 Uhr Morgens bis Mitternacht ausgeführt, theils wegen der Vergleichung der Differenzen in kleineren Abschnitten des Jahres, theils damit aus ihnen die selten angewandten, in der Tabelle I der Abweichung im jährlichen Durchschnitt fehlenden Beobachtungsstunden daraus ergänzt werden können. Diese Tabellen geben nicht bloss das Mittel zur Correction angestellter Beobachtungen, sondern zeigen auch, welche Stunden ein Beobachter in ähnlich gelegenen Orten zu wählen hat, um genaue Mittel damit zu finden, und, wie mir scheint, geben dieselben auch bei Vergleichung Fingerzeige für Localeinflüsse von Gebirgen u. s. w., was bei monatlichen Differenzen vielleicht weniger sicher zu beurtheilen ist, da, je kleiner die Periode, um so grösser die Unsicherheit der Correction. Ueberraschend ist es, dass gewisse Combinationsstunden auch in diesen kleineren Abschnitten im Allgemeinen vor andern den Vorrang behaupten.

Es bleiben mir nun noch die Gründe darzulegen, welche mich bewegen, die Mittel aus den täglichen Extremen gar nicht zu corrigiren. Bekanntermassen geben die Beobachtungen der Thermometrographen wegen der Unregelmässigkeit der Witterung öfter ein von dem aus den Zeiten der Extreme (1 Stunde vor Sonnenaufgang und 2 Stunden nach der Culmination) abweichen-

*) Auf dem stillen Ozean sind die Beobachtungen jedoch, genau genommen, nicht im Winter allein angestellt, wo ich sie beigefügt; s. d. Nähere in der Note 11 zu den jährlichen Abweichungen. — Eine Controlle der Abweichungen ergab manche Fehler in den Tabellen, besonders für Plymouth, wesshalb die monatlichen Mittel nochmals berechnet und das so verbesserte Medium der Jahreszeiten zur Berechnung der Differenzen angewendet wurde; doch finden sich noch Anomalien, die mit ? bezeichnet sind. — Ob die Beobachtungen zu Madras für andere Punkte unmittelbar zu einer Correction benutzt werden dürfen, scheint uns zweifelhaft; denn der Einfluss von Zimmer-Beobachtungen, wie sie hier wahrscheinlich angestellt sind (Goldingham giebt nichts Näheres an), auf das wahre Mittel der freien Luftwärme lässt sich nicht daraus bestimmen. Ohnehin ist die Zahl der Tage (monatlich 3) der stündlichen Observationen wohl nicht völlig genügend für ein Land, das noch so beträchtlichen Aenderungen unterworfen ist: das Medium aus 25 J. ist = 82°.01, darunter die extremen Jahresmittel = 79°.74 (1807) und 84°.20 (1824)!

des Medium; da gleichzeitige Messungen zur Ermittelung dieser Abweichung noch immer fehlen, so konnte ich weder die von Kämtz (Met. I. p. 88) aufgestellte Regel, die Stände des Thermometrographen auf die zur Zeit der täglichen Extreme zu reduciren, noch die Schouw'sche (Pflanzengeogr. p. 59) prüfen; aber wohl fand ich öfter, dass zuverlässige Beobachtungen am Registerthermometer für längere Perioden (z. B. d. Jahr) Media lieferten, die bis auf 10tel, ja fast 100tel mit gleichzeitigen, aus bestimmten Stunden ermittelten und corrigirten übereinstimmten! Eine Correction würde aber auch immer dem sehr gewichtigen Einwurfe ausgesetzt sein, dass sich gerade bei diesen Beobachtungen der Einfluss der Localität am meisten geltend macht. Bei Betrachtung der Tabelle findet sich, dass die Correction für das Medium aus den Extr.-Stunden*) im jährlichen Durchschnitt höchstens auf 0.3, meist nicht 0.1 oder 0°.2 C. beläuft. Welche lange Reihe von Jahren gehört dazu, ein Medium bis auf diese Grössen genau zu ermitteln (man vergleiche die zahlreichen Angaben für verschiedene Jahresreihen unter der Rubrik: Bemerkungen in den Tabellen, z. B. Genf). Nimmt man statt Orte, die vorherrschend unter Einfluss des Küstenklimas liegen, wie Manchester, solche, die in manchen Jahren oder Abschnitten der jährlichen Periode ganz den Character jenes Klimas haben, in andern dagegen völlig dem Continentalklima angehören; so überzeugt man sich leicht, dass in höheren Breiten die Veränderlichkeit der Jahresmittel in der That beträchtlicher ist, als gewöhnlich angenommen wird. — Dasselbe gilt in noch höherem Grade von den Mitteln der Jahreszeiten und noch mehr der Monate*), wie Dove's Untersuchungen beweisen; und die Abweichung des Mittels der Extr.-Stunden hält sich nur (s. Tab. V bis VIII)

im Winter zw. 0°.03 u. 0°.35 C, im Sommer zw. 0°.01 u. 0°.26,
Herbst - 0 .06 u. 0 .55 -, - Frühling - 0 .02 u. (0 .47).

Man kann nicht verkennen, dass der Werth dieser Correctionen überhaupt ein relativer ist, da die gleiche Eintheilung des Jahres von den Meteorologen für die verschiedenen Breiten und Längen nicht völlig in der Natur begründet ist, und dass in nicht allzuferner Zeit man den Blick auch auf weit kleinere Perioden richten wird, um bei vielen Untersuchungen der vergleichenden Klimatologie eine sichrere und unveränderliche Basis zu gewinnen; zu dem Behufe würde allerdings die grösste Anzahl der bisher in Mitteln publ. Beobachtungen als völlig unbrauchbar erscheinen!

---

*) Dasselbe kann sich sehr wenig vom Medium aus der wahren Zeit der Extreme entfernen, da die Aenderung der Temperatur zu diesen Zeiten gering ist und sich der Fehler durch entgegengesetzte Vorzeichen nahe aufhebt.

A) Eine Beobachtung täglich.

Tab. I. Abweichung im Winter. — °C.

Stunden.	Boothia Felix. 70° n. B. Med.: —32°.86	Leith. 55° 59′ n. B. Med.: +4°.66	Salzuflen. 52° 3′ n. B. Med.: +2°.40	Plymouth. 50° 21′ n. B. Med.: +8°.11	Padua. 45° 24′ n. B. Med.: +4°.15	Madras. 13° 5′ n. B. Med.: 26°.08	Stille Ozean. 5—15° n. Br. Med.: 27°.11
4 Morgens.	+ 0.18	+ 0.47	+ 1.11	+ 0.80	+ 1.24	+ 2.99	+ 0.91
5	+ 0.18	+ 0.55	+ 1.05	+ 0.90	+ 1.46	+ 3.39	+ 0.78
6	+ 0.11	+ 0.54	+ 0.99	+ 0.95	+ 1.57	+ 1.62 ?	+ 0.63
7	+ 0.06	+ 0.53	+ 0.87	+ 0.89	+ 1.70	+ 2.15	+ 0.42
8	+ 0.09	+ 0.49	+ 0.49	+ 0.68	+ 1.46	+ 1.71	+ 0.08
9	— 0.02	+ 0.31	— 0.03	+ 0.22	+ 0.77	+ 0.02	— 0.21
10	— 0.08	+ 0.01	— 0.48	— 0.42	— 0.09	— 1.49	— 0.53
11	— 0.24	— 0.41	— 0.92	— 1.03	— 0.93	— 2.57	— 0.83
12	— 0.39	— 0.76	— 1.16	— 1.55	— 1.55	— 3.33	— 0.99
1 Nachmitt.	— 0.65	— 0.97	— 1.29	— 1.65	— 1.97	— 3.32	— 1.17
2	— 0.59	— 1.00	— 1.36	— 1.36	— 2.16	— 3.06	— 1.17
3	— 0.37	— 0.93	— 1.27	— 1.14	— 1.99	— 2.77	— 1.06
4	— 0.18	— 0.70	— 0.92	— 0.75	— 1.52	— 2.50	— 0.91
5	— 0.09	— 0.40	— 0.60	— 0.24	— 1.07	— 1.86	— 0.61
6	— 0.02	— 0.23	— 0.33	— 0.04	— 0.71	— 0.97	— 0.33
7	+ 0.11	— 0.01	— 0.17	+ 0.09	— 0.45	— 0.20	+ 0.04
8	+ 0.18	+ 0.13	— 0.09	+ 0.25	— 0.19	+ 0.32	+ 0.23
9	+ 0.26	+ 0.21	+ 0.09	+ 0.28	+ 0.09	+ 0.50	+ 0.37
10	+ 0.29	+ 0.27	+ 0.20	+ 0.32	+ 0.31	+ 0.76	+ 0.52
11	+ 0.28	+ 0.33	+ 0.47	+ 0.35	+ 0.50	+ 1.14	+ 0.63
12	+ 0.29	+ 0.36	+ 0.63	+ 0.43	+ 0.65	+ 1.29	+ 0.67

Tab. II. Abweichung im Sommer. — °C.

Stunden.	Boothia Felix 70° n. B. Med. + 3°39	Leith 55°59′ n. B. Med. 14°.52	Salzuflen 52°3′ n. B. Med. 16°.90	Plymouth 50°21′ n. B. Med. 15°.86	Padua 45°24′ n. B. Med. 23°.59	Madras 13°5′ n. B. Med. 30°.51
4 Morgens.	+ 1.80	+ 2.37	+ 3.25	+ 3.03	+ 4.13	+ 1.97
5	+ 1.43	+ 2.26	+ 2.65	+ 2.89	+ 3.82	+ 2.24
6	+ 0.92	+ 1.82	+ 1.87	+ 2.02	+ 2.59	+ 1.40?
7	+ 0.16	+ 1.27	+ 0.97	+ 0.69	+ 1.02	+ 1.52
8	— 0.20	+ 0.62	+ 0.17	— 0.58	— 0.13	+ 0.93
9	— 0.47	— 0.17	— 0.75	— 1.58	— 1.89	+ 0.19
10	— 1.03	— 0.73	— 1.45	— 2.18	— 2.44	— 0.68
11	— 1.52	— 1.21	— 2.11	— 2.66	— 3.08	— 1.19
12	— 1.99	— 1.73	— 2.56	— 2.88	— 3.61	— 1.98
1 Nachmitt.	— 2.34	— 1.90	— 2.97	— 3.08	— 3.95	— 2.40
2	— 2.37	— 2.14	— 3.13	— 3.03	— 4.20	— 2.61
3	— 2.17	— 2.29	— 3.12	— 2.81	— 4.14	— 2.75
4	— 1.97	— 2.27	— 2.90	— 2.41	— 3.44	— 2.27
5	— 1.38	— 2.23	— 2.54	— 1.85	— 2.72	— 1.44
6	— 0.90	— 2.06	— 1.72	— 1.14	— 1.56	— 0.95
7	— 0.44	— 1.44	— 0.94	— 0.30	— 0.38	— 0.04
8	+ 0.11	— 0.46	+ 0.10	+ 0.54	+ 0.78	+ 0.26
9	+ 0.49	+ 0.28	+ 0.84	+ 1.19	+ 1.63	+ 0.48
10	+ 1.41	+ 0.96	+ 1.44	+ 1.63	+ 1.98	+ 0.61
11	+ 1.71	+ 1.28	+ 1.94	+ 1.93	+ 2.40	+ 0.77
12	+ 2.06	+ 1.65	+ 2.31	+ 2.30	+ 2.81	+ 0.95

Tab. III. Abweichung im Frühling. — °C.

Stunden.	Boothia Felix 70° n. B. Med. — 20°.77	Leith 55°59′ n. B. Med. 7°.53	Salzuflen 52°3′ n. B. Med. 8°.90	Plymouth 50°21′ n. B. Med. 10°.30	Padua 45°24′ n. B. Med. 13°.57	Madras 13°5′ n. B. Med 29°.49
4 Morg.	+ 2.63	+ 2.28	+ 3.12	+ 2.85	+ 2.82	+ 2.38
5	+ 2.55	+ 2.32	+ 2.75	+ 2.88	+ 2.96	+ 2.76
6	+ 2.11	+ 2.16	+ 2.17	+ 2.51	+ 2.59	+ 1.31
7	+ 1.24	+ 1.59	+ 1.33	+ 1.39	+ 1.80	+ 1.80
8	+ 0.32	+ 0.99	+ 0.34	+ 0.01	+ 0.60	+ 0.73
9	— 0.90	+ 0.12	— 0.59	— 1.15	— 0.12	— 0.51
10	— 1.92	— 0.53	— 1.37	— 2.05	— 1.23	— 1.91
11	— 2.79	— 1.15	— 2.09	— 2.68	— 1.68	— 2.95
12	— 3.46	— 1.72	— 2.57	— 3.24	— 2.23	— 2.93
1 Nachmitt.	— 3.80	— 1.98	— 2.85	— 3.54	— 2.55	— 2.72
2	— 3.69	— 2.18	— 2.78	— 3.36	— 2.76	— 2.28
3	— 3.44	— 2.28	— 2.79	— 2.96	— 2.91	— 1.93
4	— 2.73	— 2.28	— 2.54	— 2.42	— 2.71	— 1.77
5	— 1.72	— 2.06	— 2.22	— 1.81	— 2.28	— 1.37
6	— 0.86	— 1.76	— 1.56	— 0.93	— 1.56	— 0.60
7	+ 0.06	— 1.15	— 0.92	— 0.01	— 0.88	+ 0.22
8	+ 0.59	— 0.45	— 0.17	+ 0.52	— 0.44	+ 0.54
9	+ 1.22	+ 0.18	+ 0.46	+ 0.97	+ 0.37	+ 0.51
10	+ 1.76	+ 0.50	+ 0.95	+ 1.49	+ 0.81	+ 0.71
11	+ 2.08	+ 0.96	+ 1.39	+ 1.77	+ 1.17	+ 0.97
12	+ 2.30	+ 1.19	+ 1.70	+ 2.06	+ 1.49	+ 1.83

Tab. IV. Abweichung im Herbst. — °C.

Stunden.	Boothia Felix 70° n. B. Med. — 12°.51	Leith 55°59′ n. B. Med.: 9°.38	Salzuflen 52° 3′ n. B. Med.: 9°.59	Plymouth 50° 21′ n. B. Med.: 12°.19	Padua 45°24′ n. B. Med.: 13°.68	Madras 13° 5′ n. B. Med.: 28°.13
4 Morgens.	+ 0.31	+ 1.19	+ 2.90	+ 1.93	+ 2.12	+ 2.49
5	+ 0.32	+ 1.25	+ 2.67	+ 2.00	+ 2.37	+ 2.68
6	+ 0.27	+ 1.26	+ 2.19	+ 1.76	+ 2.32	+ 1.33
7	+ 0.16	+ 1.00	+ 1.47	+ 1.31	+ 1.98	+ 1.76
8	— 0.04	+ 0.64	+ 0.67	+ 0.49	+ 1.07	+ 0.71
9	— 0.21	+ 0.13	— 0.20	— 0.65	— 0.15	— 0.45
10	— 0.38	— 0.43	— 1.07	— 1.69	— 0.98	— 1.67
11	— 0.65	— 0.97	— 1.75	— 2.37	— 1.69	— 2.40
12	— 0.78	— 1.38	— 2.38	— 2.90	— 2.32	— 2.53
1 Nachmitt.	— 0.84	— 1.67	— 2.68	— 3.11	— 2.79	— 2.69
2	— 0.72	— 1.79	— 2.79	— 2.86	— 3.08	— 2.84
3	— 0.55	— 1.73	— 2.75	— 2.29	— 2.97	— 2.17
4	— 0.35	— 1.34	— 2.49	— 1.57	— 2.43	— 1.49
5	— 0.07	— 1.09	— 1.87	— 0.79	— 1.40	— 0.87
6	+ 0.13	— 0.65	— 1.27	— 0.19	— 0.63	— 0.42
7	+ 0.30	— 0.22	— 0.56	+ 0.27	— 0.08	+ 0.08
8	+ 0.38	+ 0.09	— 0.15	+ 0.59	+ 0.12	+ 0.25
9	+ 0.38	+ 0.30	+ 0.18	+ 0.86	+ 0.41	+ 0.23
10	+ 0.44	+ 0.59	+ 0.71	+ 1.13	+ 0.76	+ 0.37
11	+ 0.50	+ 0.82	+ 1.17	+ 1.37	+ 0.99	+ 1.23
12	+ 0.54	+ 0.96	+ 1.60	+ 1.45	+ 1.29	+ 1.44

B. Zwei und drei Beobachtungen täglich.

Vor- u. Nachmittag. Stunden.	Tab. V. Winter. Boothia.	Leith.	Salzuflen.	Plymouth.	Padua.	Madras.	Stille Oz.
4 u. 12	— 0.10	— 0.14	— 0.02	— 0.25	— 0.10	— 0.11	— 0.04
4 - 2	— 0.20	— 0.26	— 0.12	— 0.28	— 0.46	— 0.03	— 0.13
5 - 12	— 0.10	— 0.10	— 0.05	— 0.32	— 0.04	+ 0.03	— 0.11
5 - 2	— 0.20	— 0.22	— 0.15	— 0.23	— 0.35	+ 0.16	— 0.19
5 - 4	0.00	— 0.07	+ 0.06	+ 0.07	— 0.03	+ 0.44	— 0.06
6 - 12	— 0.14	— 0.11	— 0.08	— 0.30	+ 0.01	— 0.28i	— 0.18
6 - 2	— 0.24	— 0.23	— 0.18	— 0.20	— 0.29	— 0.14i	— 0.27
6 - 4	— 0.03	— 0.08	+ 0.03	+ 0.10	+ 0.02	+ 0.13i	— 0.14
7 - 12	— 0.16	— 0.11	— 0.14	— 0.33	+ 0.07	— 0.59	— 0.29
7 - 2	— 0.26	— 0.23	— 0.24	— 0.23	— 0.23	— 0.45	— 0.37
7 - 4	— 0.06	— 0.08	— 0.02	+ 0.07	+ 0.09	— 0.17	— 0.24
8 - 12	— 0.15	— 0.13	— 0.33	— 0.43	— 0.04	— 0.81	— 0.46
8 - 2	— 0.25	— 0.25	— 0.43	— 0.34	— 0.35	— 0.67	— 0.54
8 - 4	— 0.04	— 0.10	— 0.21	— 0.03	— 0.03	— 0.39	— 0.41
4 u. 4	0.00	— 0.11	+ 0.09	+ 0.02	— 0.14	+ 0.24	0.00
5 - 5	+ 0.04	+ 0.07	+ 0.22	+ 0.33	+ 0.19	+ 0.76	+ 0.09
9 - 9	+ 0.12	+ 0,26	+ 0.03	+ 0.25	+ 0.43	+ 0.26	+ 0.08
10 - 10	+ 0.10	+ 0.14	— 0.14	— 0.05	+ 0.11	— 0.36	— 0.06
11 - 11	+ 0.02	— 0.04	— 0.22	— 0.34	— 0.21	— 0.71	— 0.10
St. d. Extr.	— 0.18	+ 0.22	— 0.12	— 0.35	- 0.23	+ 0.03	— 0.13
6, 2 u. 8	— 0.10	— 0.11	— 0.15	— 0.05	— 0.26	+ 0.01i	— 0.10
7, 2, 9	— 0.09	— 0.09	— 0.13	— 0.06	— 0.12	— 0.14	— 0.13
7, 2, 9+9*)	0.00	— 0.01	— 0.08	+ 0.02	— 0.07	+ 0.02	0.00
8, 4, 12	+ 0.07	+ 0.05	+ 0.07	+ 0.12	+ 0.20	+ 0.17	— 0.05
6, 2, 10	— 0.06	— 0.06	— 0.06	— 0.03	— 0.09	+ 0.16i	— 0.01

*) Anm. In allen Tabellen der drei Combinationsstunden ist unter 9 + 9, nach der bekannten Regel, das doppelte Mittel der Abendbeobachtung um 9^h, und nicht das Paar homonymer Stunden zu verstehen; s. p. 9.

Tab. VI. Sommer.

Vor- und Nachmittag. Stunden	Boothia	Leith	Salzuflen	Plymouth	Padua	Madras
4 u. 12	— 0.09	+ 0.33	+ 0.34	+ 0.07	+ 0.26	0.00
4 — 2	— 0.28	+ 0.11	+ 0.06	0.00	— 0.03	— 0.32
5 — 12	— 0.28	+ 0.26	+ 0.04	0.00	+ 0.10	+ 0.13
5 — 2	— 0.47	+ 0.06	— 0.24	— 0.07	— 0.19	— 0.18
5 4	— 0.27	0.00	— 0.12	+ 0.24	+ 0.19	— 0.01
6 — 12	— 0.53	+ 0.04	— 0.34	— 0.43	— 0.51	— 0.05i
6 — 2	— 0.72	— 0.16	— 0.63	— 0.50	— 0.80	— 0.36i
6 — 4	— 0.52	— 0.22	— 0.51	— 0.18	— 0.42	— 0.19i
7 — 12	— 0.91	— 0.23	— 0.79	— 1.09	— 1.29	— 0.23
7 — 2	— 1.10	— 0.43	— 1.08	— 1.17	— 1.59	— 0.57
7 — 4	— 0.90	— 0.50	— 0.96	— 0.86	— 1.21	— 0.37
8 — 12	— 1.09	— 0.55	— 1.19	— 1.73	— 1.87	— 0.52
8 — 2	— 1.28	— 0.76	— 1.48	— 1.80	— 2.16	— 0.84
8 — 4	— 1.09	— 0.82	— 1.36	— 1.49	— 1.78	— 0.67
4 u. 4	— 0.08	+ 0.05	+ 0.17	+ 0.31	+ 0.34	— 0.15
5 — 5	+ 0.02	+ 0.01	+ 0.05	+ 0.52	+ 0.55	+ 0.40
9 — 9	+ 0.01	+ 0.05	+ 0.04	— 0.19	— 0.13	+ 0.33
10 — 10	+ 0.19	+ 0.11	0.00	— 0.27	— 0.23	— 0.03
11 — 11	+ 0.09	+ 0.03	— 0.08	— 0.36	— 0.34	— 0.21
Std. d. Extr.	— 0.01	+ 0.04	+ 0.06	— 0.02	— 0.03	— 0.26
6, 2, 8	— 0.45	— 0.25	— 0.39	— 0.16	— 0.28	— 0.16i
7, 2, 9	— 0.57	— 0.20	— 0.44	— 0.38	— 0.52	— 0.20
7, 2, 9+9	— 0.31	— 0.08	— 0.12	+ 0.01	+ 0.02	— 0.03
8, 4, 12	— 0.04	0.00	— 0.14	— 0.23	— 0.25	— 0.13
6, 2, 10	— 0.01	+ 0.21	+ 0.06	+ 0.21	+ 0.12	— 0.04i

Tab. VII. Frühling.

Vor- u. Nachmittag. Stunden.	Bootlia	Leith	Salzuflen	Plymouth	Padua	Madras
4 u. 12	— 0.41	+ 0.28	+ 0.27	— 0.34	+ 0.29	— 0.27
4 — 2	— 0.53	+ 0.05	+ 0.17	— 0.25	+ 0.03	+ 0.05
5 — 12	+ 0.45	+ 0.30	+ 0.09	— 0.18	+ 0.36	— 0.08
5 — 2	— 0.57	+ 0.07	— 0.01	— 0.24	+ 0.10	+ 0.24
5 — 4	+ 0.09	+ 0.02	+ 0.60	+ 0.23	+ 0.12	+ 0.49
6 — 12	— 0.67	+ 0.22	— 0.20	— 0.36	+ 0.18	— 0.32i
6 — 2	— 0.79	— 0.01	— 0.30	— 0.42	— 0.08	0.00i
6 — 4	— 0.31	— 0.06	— 0.18	+ 0.04	— 0.06	+ 0.25i
7 — 12	— 1.11	— 0.06	— 0.62	— 0.92	— 0.21	— 0.56
7 — 2	— 1.22	— 0.29	— 0.72	— 0.98	— 0.48	— 0.24
7 — 4	— 0.74	— 0.34	— 0.60	— 0.51	— 0.45	+ 0.01
8 — 12	— 1.57	— 0.36	— 1.11	— 1.61	— 0.81	— 1.10
8 — 2	— 1.68	— 0.59	— 1.22	— 1.67	— 1.08	— 0.77
8 — 4	— 1.20	— 0.64	— 1.10	— 1.20	— 1.05	— 0.52
4 — 4	— 0.05	0.00	+ 0.29	+ 0.21	+ 0.05	+ 0.30
5 — 5	+ 0.41	+ 0.13	+ 0.26	+ 0.53	+ 0.34	+ 0.69
9 — 9	+ 0.16	+ 0.15	— 0.06	— 0.09	+ 0.12	0.00
10 — 10	— 0.08	— 0.01	— 0.21	— 0.28	— 0.21	— 0.60
11 — 11	— 0.35	— 0.09	— 0.35	— 0.45	— 0.25	— 0.99
Std. d. Extr.	— 0.47	+ 0.02	+ 0.13	— 0.33	+ 0.03	+ 0.09
6, 2, 8	— 0.33	— 0.16	— 0.26	— 0.11	— 0.20	+ 0.18i
7, 2, 9	— 0.41	— 0.14	— 0.33	— 0.33	— 0.20	+ 0.01
7, 2, 9+9	0.00	— 0.06	— 0.13	— 0.01	— 0.05	+ 0.13
8, 4, 12	— 0.04	— 0.03	— 0.17	— 0.12	0.21	+ 0.06
6, 2, 10	+ 0.06	+ 0.16	+ 0.11	+ 0.21	+ 0.21	+ 0.24i

Tab. VIII. Herbst.

Vor- u. Nachmittag. Stunden.	Boothia	Leith	Salzuflen	Plymouth	Padua	Madras
4 u. 12	— 0.23	— 0.09	+ 0.26	— 0.48	— 0.10	— 0.02
4 — 2	— 0.20	— 0.30	+ 0.05	— 0.46	— 0.48	— 0 17
5 — 12	— 0.24	— 0.06	+ 0.14	— 0.45	+ 0.02	+ 0.07
5 — 2	— 0.21	— 0.27	— 0.06	— 0.43	— 0.35	— 0.08
5 — 4	— 0.01	— 0.04	+ 0.09	+ 0.21	— 0.03	+ 0.59
6 — 12	— 0.25	— 0.06	— 0.09	— 0.57	0.00	— 0.15i
6 — 2	— 0.22	— 0.26	— 0.30	— 0.55	— 0.38	— 0.31i
6 — 4	— 0.04	— 0 04	— 0.15	+ 0.09	— 0.05	+ 0.36i
7 — 12	— 0.31	— 0.19	— 0.45	— 0.79	— 0.17	— 0.38
7 — 2	— 0.28	— 0.39	— 0.66	— 0.77	— 0.55	— 0.54
7 — 4	— 0.09	— 0.17	— 0.51	— 0.13	— 0.22	+ 0.13
8 — 12	— 0.41	— 0.37	— 0.85	— 1.20	— 0.62	— 0.91
8 — 2	— 0.38	— 0.57	— 1.06	— 1.18	— 1.00	— 1.06
8 — 4	— 0.19	— 0.35	— 0.91	— 0.54	— 0.68	— 0.39
4 — 4	— 0.02	— 0.07	+ 0.20	+ 0.18	— 0.15	+ 0.50
5 — 5	+ 0.12	+ 0.03	+ 0.40	+ 0.60	+ 0.48	+ 0.90
9 — 9	+ 0.08	+ 0.21	— 0.01	+ 0.10	+ 0.13	— 0.11
10 — 10	+ 0.03	+ 0.08	— 0.18	— 0.28	— 0.11	— 0.60
11 — 11	— 0.07	— 0.07	— 0.29	— 0.50	— 0.35	— 0.58
Std. d. Extr.	— 0.15	— 0.26	+ 0.06	— 0.55	— 0.35	— 0.08
6, 2, 8	— 0.02	— 0.15	— 0.25	— 0.17	— 0.21	— 0.12i
7, 2, 9	— 0.06	— 0.16	— 0.38	— 0.23	— 0.23	— 0.28
7, 2, 9+9	+ 0.05	— 0.05	— 0.24	+ 0.04	— 0.07	— 0.15
8, 4, 12	+ 0.05	+ 0.09	— 0.07	+ 0.12	— 0.02	+ 0.22
6, 2, 10	0.00	+ 0.02	+ 0.04	+ 0.01	0.00	— 0.08i

Was die Einrichtung der Tabellen der Jahrestemperatur betrifft, so will ich hier nur berühren, was in diesen der gedrängten Darstellung halber zu sagen unmöglich war. Ich habe meist die Originalbeobachtungen benutzt, um die nicht allzuseltenen Fehler in den Resultaten zu vermeiden, und nur, wo Autopsie zu gewinnen mir nicht gelang, habe ich fremde Berechnungen benutzt und citirt; nicht selten war ich genöthigt, die Media erst aus den täglichen Beobachtungen zu berechnen.

Die neue Art der Zusammenstellung scheint eine Erklärung zu verdienen. Die alphabetische ist offenbar die unpassendste, und mir blieb also nur übrig, zwischen den drei geographischen Coordinaten zu wählen; aber welcher sollte ich den Vorzug geben, da alle drei zugleich als einflussreiche Elemente auftreten? Desshalb schlug ich den einzigen Ausweg ein, die Anordnung nach Erdtheilen und Ländern*) zu treffen, um darin nach der Breite zu gehen, wodurch in den meisten Fällen die Wirkung der Meridianabstände umgangen ist, während von jedem Lande, was auch noch für die physikalische Geographie von Wichtigkeit erscheint, die Wärmevertheilung nach Breite und Höhe auf das Deutlichste dargestellt wird. Erst jetzt kann man mit einem Blicke sehen, in welchen Ländern und in welchen Breiten der Meteorologe noch eine terra incognita findet, wo es am meisten an Materialien fehlt, um durch Ausfüllung der Lücken zu einer genaueren Kenntniss der isothermen Curven zu gelangen.

Es ist mein Bestreben gewesen, diese Arbeit in jeder Beziehung, was bei numerischen Angaben überhaupt so wünschenswerth erscheint, der Vollkommenheit möglichst nahe zu führen; daher sind die meisten Ortspositionen aus Specialkarten entnommen, wenn mir nicht astronomische Bestimmungen derselben in der Connaissance des tems u. a. O. bekannt waren. Die Höhen über dem Meere sind ebenfalls den neuesten Angaben gemäss angesetzt, wesshalb sich nicht selten Abweichungen von früheren Arbeiten der Art finden; selbst wo diese Höhe gering ist, habe ich sie angegeben, wenn sie irgend auf das Medium von Einfluss

---

*) Deutschlands Zerfällung in Nord-, in Süd-Deutschland und in Böhmen und Mähren geschah der leichtern Uebersicht halber; auch konnte überhaupt nicht die Absicht sein, die Länder nach ihren politischen Gränzen genau von einander zu sondern. Die Reihefolge der Länder richtet sich vorherrschend nach den Breiten.

sein *konnte*, so dass man aus diesem Grunde bei einer Menge Orte, die dicht am Meere, also gewöhnlich in geringer Höhe liegen, eine Lücke in der Rubrik Höhe finden wird. In der letzten Rubrik ist die Zeit der Beobachtung etc. angegeben; bei vielen Orten ist zur Vergleichung noch eine ältere Angabe oder ein Resultat aus einer geringeren Zahl von Jahren hinzufügt, und da für das Klima eines Ortes, und namentlich für seine Vegetation die mittlere Wärme des Sommers und Winters oder des kältesten und wärmsten Monats von der grössten Bedeutung ist, so habe ich diese Angaben oft in Form eines Bruches $\frac{\text{W...}^\circ}{\text{S....}}$ und $\frac{\text{k. M...}^\circ}{\text{w. M...}}$ an das Ende der übrigen Bemerkungen angeschlossen. — Die am wenigsten zuverlässigen Resultate, oder solche, die der Form der Tabelle nicht anzupassen waren, sind gehörigen Orts in die Rubrik der Bemerkungen eingeschaltet, namentlich bei Südamerika, wo, in Ermangelung anderer Beobachtungen, an vielen Orten die Bodenwärme nach Boussingault's Ermittelung für die mittlere Lufttemperatur angenommen ist.

Bei der grossen Anzahl von Orten wäre der Nutzen dieser Zusammenstellung beschränkt geblieben, wenn ich nicht noch eine Art Register dazu geliefert, und hier bot sich mir ein Mittel, um die rein meteorologische Seite der Temperatur-Vertheilung auf der Erdoberfläche nach den Jahresmitteln noch specieller aufzufassen, indem ich aus jener ersten Uebersicht nur die bestbestimmten Punkte*) auswählte, und sie nach dem Vorbilde des v. Humboldtschen Tabl. des bandes isothermes nach der mittlern Jahrestemperatur ordnete. Dies veranlasst mich, nur auf einige von den vielen Folgerungen, welche meine Zusammenstellung erlaubt, wegen des beschränkten Raumes andeutungsweise aufmerksam zu machen, insofern sich dieselben auf die Fortschritte in der Kenntniss der Inflexionen der Isothermen-Linien beziehen, obgleich ich gestehen muss, dass ungeachtet des bedeutenden Anwachses von Beobach-

*) Für die kalte und die heisse Zone nöthigten oft Mangel an Beobachtungen, auch Resultate aus einem kurzen Zeitraume in diese Tabelle aufzunehmen; dagegen enthält die gemässigte wenige Punkte, deren Medium nicht aus mehr als 5000 Beobachtungen ermittelt wäre; von vielen selbst ist das Medium aus 20—30 Jahren und darüber gewonnen. — Von Beobachtungen auf offenem Meere sind aus nahe liegenden Gründen nur wenige aufgenommen.

tungen, die allgemeinen Grundzüge, welche v. Humboldt in seinem berühmten Mémoire 1817 angab, dadurch eben so wenig wesentlich verändert werden, als es Kämtz durch scharfsinnige Anwendung des höhern Calculs gelungen, dem das hohe Verdienst gebührt, ihre Knotenpunkte mit den Breitenkreisen genauer festgesetzt zu haben, worin die vorliegenden Beobachtungen viele Modificationen hervorrufen, wenn man aus ihnen von Neuem die Constanten der Formel für eine gewisse Anzahl von Breitengraden und für klimatisch zusammengehörige Meridiane entwickelt.

Zuvörderst geht durch eine Untersuchung der Tabelle hervor, wie die Abweichung der isothermen Curven von den Parallelkreisen an dem grössten Theil der Westküste von Europa einen kleineren Winkel ausmacht, als bisher angegeben worden; dies erklärt sich höchst einfach nicht etwa durch eine Veränderung des Klimas, sondern aus dem Gange der Entwicklung dieser Kenntniss, welche von W. gegen O. vorrückt. Russland z. B. ist erst jetzt in die Reihe der Staaten getreten, die sich die Förderung dieses Theils der Physik der Erde angelegen sein lassen, also zu einer Zeit, wo man über die nöthigen Elemente der Temperaturbestimmungen besser unterrichtet ist; während in den westlichen Ländern noch viele Angaben aus älterer Zeit herrühren, wo die Stunden am Tage (auch die Manheimer) gewöhnlich ein etwas zu hohes Medium geben; folglich musste dem Westen eine relativ gegen den Osten zu hohe Wärme beigelegt werden (s. z. B. Franecker und andre Punkte in Holland und Frankreich): die convexen Scheitel werden hierdurch abgeflacht*), und somit senken sich die Curven allmäliger nach O. hin, was a priori zu vermuthen war, da z. B. der Einfluss einer oceanischen Lage, wenn dieselbe nur an einer (oder an einer zweiten, jener nicht gegenüber liegenden) Küste statt findet, während auf der entgegengesetzten das Continentalklima sich geltend macht, bei einer so geringe Niveaudifferenzen zeigenden Tiefebene, wie die grosse nord-germanische, sich doch unmöglich auf einen ganz schmalen Küstenstrich beschränken konnte. Erst in dem weiten flachen sarmatischen Tieflande findet sich eine auffallende Depression der Curven nach dem Aequator hin.

Eine andere Folgerung aus unserer Zusammenstellung, welche

---

*) Die hohe Breite der Isoth. von 0° am Nordcap beruht auch auf einem sehr mangelhaften Medium. Vgl. Alten, p. 29.

überall zu bestätigen der Mangel an Beobachtungen noch nicht gestattet, ist die grössere Wärme der Ost-, als der Westküsten in einem grossen Theile der heissen Zone, umgekehrt wie in den kälteren Erdgürteln, wo das Gesetz z. B. auch noch an den südeuropäischen Halbinseln (Türk.) ziemlich deutlich hervortritt; und zwar steigen dieselben von Westen aus nach dem Pole hin, erreichen im Innern der Continente ihren convexen Scheitel und senken sich wieder nach Osten gegen den Aequator, so dass hier höchst wahrscheinlich eine Bifurcation der Curven statt findet; eine Erscheinung, die sich aus den Wind- und Regenverhältnissen der Küsten wird erklären lassen, wenn ihr Einfluss auf die Temperatur erst numerisch ausgesprochen werden kann. Bei Afrika und Amerika*) tritt dieser Unterschied jedoch evidenter auf, als in der ostindischen Halbinsel. So weit hier die Beobachtungen reichen, scheinen die Isothermen sogar die Westküste in gleicher Breite, oder selbst nördlicher zu schneiden als die Ostküste, während sie im Innern von Dekan durch die Einwirkung des Plateau beträchtlich nach N. hinaufgezogen werden, besonders in der Nähe der Ostküste, östlich von der Gebirgsmauer des Ghats, wo Bangalore und Seringapatam bei der Reduction auf den Meeresspiegel etwa $28\frac{3}{4}°$ Med. haben, während sich für Anjarakandy an der Westküste (ganz nahe dem Meeresspiegel) 27°.2, und Madras 27°.8 ergeben. Auch bei Ceylon scheint die Westküste etwas wärmer zu sein. Im Norden der Halbinsel, wo der Beobachtungen an der Westküste wenige sind, zeigt sich dagegen vielleicht ein merkwürdiger Einfluss der Wüste Sind, des Plateau von Iran und der Richtung der Gebirge; die Temperatur des westlichen Theils der bengalischen Ebene ist so erhöht, dass die Gebirgsörter hier eine verhältnissmässig höhere Wärme besitzen, als die in Nipâl, Sikkim etc., welche durch die Nähe des bengalischen Busens und den südlicheren Zug der Himalayaketten einen abkühlenden Einfluss zu erleiden scheinen. Die Isothermen von $25\frac{1}{2}$ und 26° haben in der bengalischen Tiefebene eine dem Gebirge und Gangesthale nahe parallele Richtung von WNW. nach OSO. und etwa im Norden des Golfs von Cambay einen convexen Scheitel, der sich an der excessiv warmen Küste von Arrakan wahrscheinlich wiederholt,

*) An der Westküste von Südamerika trägt noch zu dieser Differenz die bekannte Strömung kalten Wassers bei, während die oceanische Lage in Osten an der Wärme des Gulf-Stream Theil nehmen lässt.

wo die Hochgebirgsmasse des Gakla Gangri und seiner Fortsetzung nach Osten, wie die transversalen Ketten Hinterindiens im Winter analog den nördlichen Ghats etc. wirken, während sie im Sommer an der Hitze des Dekanschen Plateau Theil nimmt, wenn an der Malabar-Küste nur Seewinde herrschen. Zur Bestätigung dieser Ansicht dienen die Temperaturverhältnisse der schmalen Halbinsel Malacca, der Insel Singapore im Vergleich mit Java, dem im NO. wieder die grosse Insel Borneo vor Abkühlung schützend vorgelagert ist.

Als ein wichtiges Resultat möchte ich ferner die Ermittelung des Einflusses des Golfstromes bezeichnen. Derselbe zeigt sich entschieden stark erwärmend, wenn man die Gestade der Halbinsel Florida mit der südlich daran stossenden Gruppe der Florida-Keys vergleicht (s. Key West); dagegen ist seine erwärmende Eigenschaft in höheren Breiten äusserst gering, (d. h. die vorherrschenden westlichen Winde führen seine Wärme in den offnen Ozean hinaus, namentlich im Winter), so dass es wahrscheinlich wird, dass die concaven Scheitel in der Nähe des mexikanischen Busens westlicher, nach dem Innern zu liegen, nördlicher in etwa 36—37° Breite zu beiden Seiten der Alleghanys nahe parallel den Breitenkreisen laufen, im grössten Theil der vereinigten Freistaaten aber ihre concaven Scheitel nicht im Innern des Continents haben, sondern ganz nahe der Ostküste, von wo aus westlich, besonders vom Westfusse der Alleghanys, die in manchen Jahren hier einen convexen Scheitel erzeugen, im breiten Becken des Mississippi und den ebenen niederen Plateauflächen mit gesteigerter Temperatur sich die Isothermcurven allmälig, und von den Rocky Mountains weit schneller wieder nach N. zu erheben scheinen, wodurch sich denn auch die alte Meinung in Amerika, dass das Klima im Westen der Alleghanys milder ist, was auch die Vegetation zu beweisen scheint, dennoch als richtig erweist*). Zwei Umstände erklären dies Verhalten einfach: einmal die oceanische Lage der Westküsten, unterstützt von dem verzweigten Systeme der Ketten der Seealpen und Felsgebirge, welche das Klima höherer Breiten vielleicht noch auffallender, als im nördlichen

*) Ueber die Westküste s. Lütke's Voy. aut. d. monde; Wash. Irving Astoria chap. XII. Kotzebue's Reise um die Erde 1823 bis 26, und besonders v. Baer im Bull. scient. d. Pétersb. p. 1838. —

Europa modificiren*); wie der niedrigere Damm der Alleghanys, die den Gebirgen der Westküsten analog, aber in weit geringerem Grade in manchen Jahren wirken; andrerseits die excessive Erwärmung der östlich und südöstlich anliegenden, zum Theil wüstenähnlichen Hochflächen, und die gleichförmige Senkung des grossen nordamerikanischen Stromsystems, wo nirgend beträchtliche Höhen, wie in mittleren Breiten des europäischen und asiatischen Continents sich der Verbreitung einer gleichmässigen Sommertemperatur hindernd in den Weg stellt; diese steht im Süden der vereinigten Staaten kaum der Sommerwärme der südeuropäischen Halbinseln nach, ist aber nördlicher merklich geringer als im europäischen Continent, weil jenes Land ein mehr dem pelagischen Einflusse unterworfenes Klima besitzt.*) Ueberhaupt dürfte eine Vergleichung der Temperaturvertheilung in der jährlichen Periode in der alten und neuen Welt zu neuen Resultaten führen, und über manche herrschende Ansichten eines Besseren belehren. Ferner muss ich auf eine für Vergleichung der mittlern Temperatur nothwendige Rücksicht aufmerksam machen, ich meine das L o c a l k l i m a. In den Tropen ist das Studium der Localität schon von v. H u m b o l d t anempfohlen worden (vergl. Benares, Madras.); auch in nördlicher gelegenen Ländern ist dies unerlässlich. In wärmeren Ländern treten z. B. gewöhnlich Süd- und Nordküsten der Inseln in einen unsern West- und Ostküsten ähnlichen Gegensatz, wenn selbst minder beträchtliche Bergketten das Land durchziehen. Ich habe desshalb häufig Localverhältnisse angedeutet, um daran zu erinnern, dass jeder Ort ein zwiefaches Klima besitzt, von denen das eine von allgemeinen und fernen Ursachen, von der relativen Stellung und Configuration der Continentalmassen, das andere aber durch specielle, nahe liegende Verhältnisse der Oertlichkeit bestimmt wird;***) dess-

---

*) S. über die physischen Ursachen der Isoth.-Inflexionen v. H u m b. Fr. As. II. Voy. t. XII. 203; die von mir herausgegebene „G e s c h i c h t e d. M e t e o r.", der eine Arbeit von F o r b e s zu Grunde gelegt ist, Art. Wind; K ä m t z' Meteor. und D o v e's meteorol. Unterh. p. 339.

**) Auch die Culturgebiete gewisser Pflanzen deuten darauf hin. Während die nördliche Grenze des Maïs (Zea Maïs) im westlichen Frankreich in 47° Br., am Rhein in 50°, im östlichen Europa zwischen 48 und 49 liegt und diese Culturpflanze noch in unserer Gegend in 52 bis 53° gebaut werden kann, soll sie in Canada bis 54° hinaufgehen. F r a n k l i n Journ. p. 176. Vgl. V o l n e y Reise. II. 10 f. L o n g Exps.

***) M e l l o n i's Versuche machen es sehr wahrscheinlich, dass die

halb sollte man in jedem Lande auf kleineren Räumen eine Zeitlang gleichzeitige Beobachtungen anstellen, wie sie uns Würtemberg, Böhmen, Sachsen, Sachsen-Weimar, der Staat New-York und theilweise auch Schlesien und Grossbritannien (hier aber nur zum kleinsten Theile veröffentlicht) gleichsam als Beiträge zu meteorologischen Topographieen geliefert hat. Erst dann kann man mit Sicherheit auf die Ermittelung constanter Grössen in der Lage der Isothermen im vieljährigen Mittel eingehen; dann erst wird es möglich, die Abweichungen nebst den Gesetzen, nach denen sich dieselben richten, aufzufinden, wovon uns die Astronomie den besten Beweis liefert. Die Constanz der jährlichen Mittel oder die Unveränderlichkeit des Klimas eines Ortes in Bezug auf das absolute Wärmequantum, welches er innerhalb der jährlichen Periode erhält, kann, ungeachtet Schouw darüber eine höchst verdienstvolle Arbeit in seinem Vejrl. Tilst. p. 173 f. publicirt hat, keineswegs als erwiesen angesehen werden*). Nimmt man z. B. an, dass an den 5 dort erwähnten Punkten während der ganzen Beobachtungsreihe einerlei Instrument gebraucht wäre, so würden alle ohne Ausnahme eine Wärmeabnahme im vieljährigen Durchschnitt zeigen. Eben so wenig erwiesen ist die Behauptung, dass die jahreszeitlichen Temperaturen sich in der historischen Zeit geändert haben; denn man hat ganz übersehen, dass, während gewisse Pflanzen, Wein, Oliven etc., nach Decandolle, nach Süden hin zurücktreten, andere, z. B. Mais, die ebenfalls einer höheren Sommerwärme bedürfen, nach Norden vorgerückt sind; und wir bedürfen zur Erklärung solcher Veränderungen in den Culturgebieten von Pflanzen keineswegs der Annahme, dass die Sommer kühler, die Winter wärmer geworden sind, wenn wir auf die Umwälzungen in Handel und Industrie im Laufe der Jahrhunderte unsere Blicke richten.

Zum Schlusse dieser Erläuterungen über die Tabellen und der sich daran knüpfenden Bemerkungen in Betreff des Problems der Lage der Isothermen-Curven scheint es mir nicht unpassend, auf eine Untersuchung vorläufig hinzudeuten, welche mich seit längerer Zeit beschäftigt. Aus einer vergleichenden Zusammenstellung

---

wärmestrahlende Natur des Bodens einen grösseren Einfluss auf die mittlere Temperatur hat, als gewöhnlich angenommen wird.

*) Vgl. Jackson in Journ. of the Geogr. Soc. Lond. v. IV. 241, V. p. 7. Amer. Acad. Mem. 1833. p. 115 u. a. m.

von Beobachtungen in einerlei Zeiträumen von mehreren Jahren bin ich nämlich zu dem Resultate gekommen, dass, wenn zu irgend einer Zeit an einem Orte der alten Welt beträchtliche Depression unter oder Erhöhung des Jahresmittels über die aus vielen Jahren gefundene Temperatur vorkommt, gleichzeitig gewöhnlich, vielleicht auf der ganzen nördlichen Hemisphäre oder doch einem grossen Theile derselben, bis auf 151 Meridiangrade Abstand, dieselben Ursachen in jenen Perioden wirksam erscheinen. Und dies führte unmittelbar zu der Idee, dass für jetzt nicht mehr Beobachtungen von den verschiedenen Orten aus ganz verschiedenen Jahren oder Jahresreihen zur Zeichnung jener Linien benutzt werden dürfen, sondern dass wir, in unsrer Zone wenigstens, nur gleichzeitige Observationen dazu anwenden müssen, analog dem Verfahren, welches längst bei den Elementen des Magnetismus eingeschlagen worden, aber bisher hierauf beschränkt geblieben ist*). Nur auf diesem Wege kann gegenwärtig der vermuthete Zusammenhang der Aenderung in der Temperaturvertheilung auf der Erdoberfläche in Bezug auf die Lage der isothermischen Linien mit den Variationen des tellurischen Magnetismus ermittelt werden. Wie wichtig ist in dieser Beziehung gerade die Kenntniss der Aenderungen auf der südlichen Halbkugel, von der leider viele Beobachtungen nicht publicirt sind! Dass ihre Wärme geringer sei, als die der nördlichen, ist eine reine Hypothese; die Beweise sollen bald die Vegetation, bald die Polareis-Gränze, bald die Gränze des antarktischen Treibeises liefern. Aber wieviel Widersprüche finden sich hier bei den verschiedenen Reisenden! Die Ausgleichung der Temperatur der Jahreszeiten durch den Einfluss des weiten Ozeans hat diese Meinung hervorgerufen (vergl. King's Beob. am C. Hoorn; Voy. of Beagle 1835—6 etc.). Gehen wir auf eine Vergleichung der wenigen vorhandenen Zahlenresultate mit der nördlichen Hemisphäre ein, so finden wir, dass bis zum Wendekreis des Stein-

*) Auf diese Weise habe ich auch die oben mitgetheilten Resultate für Nord-Amerika erhalten, die zum Theil mit Kämtz's übereinstimmen; aber ich habe auch gefunden, dass in ausgezeichnet kalten oder warmen Jahren sich die isothermen Curven so verschieben, dass jene im Allgemeinen aus mehrjährigen gleichzeitigen Beobachtungen erhaltenen Resultate darin eine Modification erleiden, dass die concaven Scheitel entweder mehr nach W. oder nach O. rücken, und dass in manchen Jahren westlich von den Alleghanys ein zweiter convexer Scheitel auftritt.

bocks die mittlere Wärme durchaus **nicht** geringer ist, als in dem nördlichen Theile des amerikanischen Continents, und auch in südlicheren Breiten in Amerika scheint die Differenz weit geringer, als bisher angenommen worden. Wenn man das (nur nicht ganz zuverlässige) Mittel für die Falkland-Inseln und die guten Beobachtungen zu Port Famine mit **Westeuropa** vergleicht, so bestätigt sich dies ganz augenscheinlich, während sie in Vergleich mit Nord-Amerika sogar eine Temperatur haben, welche hier erst in einer dem Aequator um 10° mehr genäherten Breite vorkommt, und doch muss man Anstand nehmen, aus so vereinzelten Beobachtungen die Folgerung zu ziehen, dass die **ganze** südliche Hemisphäre, gerade umgekehrt, wärmer als die nördliche sei. — Ich hoffe, in der vorliegenden Arbeit einige Documente zur physischen Geschichte unseres Luftkreises geliefert und die Lösung so wichtiger Probleme erleichtert zu haben.

Die Literatur der Temperaturbeobachtungen ist für den vorliegenden Zweck vielleicht zu ausführlich angegeben worden; der Verfasser wurde jedoch dabei von der Ansicht geleitet, dass hiermit zugleich, durch einen kurzen Auszug aus einer mit vieler Mühe zusammengestellten Literatur der meteorologischen Beobachtungen überhaupt, eine beträchtliche Erleichterung für fernere, anderweitige Untersuchungen über die Wärme und meist auch andere meteorologische Phänomene verknüpft würde, und dies schien ihm wichtig genug, um selbst mit Aufopferung von einigem Raume diese Citate mitzutheilen.

Alle Zahlen für die **mittlere Jahreswärme** in den folgenden Tabellen sind der leichteren Vergleichung halber durch den Druck auffallend unterschieden.

Tabellen

über die mittlere Vertheilung der Wärme auf der Erdoberfläche.

A. EUROPA.

I. Skandinavien und Dänemark.

Ort.	Nördliche Breite.	Oestliche Länge von Paris.	Höhe über d. Meere. Par. Fuss.	Mittlere Jahres-wärme. ° Cent.	Zeit der Beobachtung, Berechnung und andere Bemerkungen. Winter- und Sommertemperatur.
Nordcap (Mageroe)	71° 10′	23° 30′	—	+ 0°.1	Etwa ein Jahr obs. v. Hell, Bayly, Dixon und v. Buch; von diesem ber. Reise II. Gilb. Ann. 41. Wahlenb. Fl. Lapp. p. XLVII. Wegen der Kürze der Beob.-Zeit, der versch. Beob. und fehlenden Angabe der Stunden sehr unsicher. $\left(\frac{W - 4°.6}{S + 6.4}\right)$.
					Wadsoë 70° n. $27\frac{3}{4}$ ö.: — 1°.3 v. Humb. l. isoth. Kirwan Est. Tp.
Alten	69 . 54	20 . 40	. . .	0 .0	1 J. Octbr. $183\frac{7}{8}$ Std.? Spenersche Zeitung 1839. No. 72 (leider Fehler darin); Sommertemp.: + $9\frac{1}{4}$°; kälteste Mon. (Febr.) — 12.°8.
Enontekis	68 . 40	20 . 0	1340	— 2 .7	Ueber 4 J. 1802—6 (nach Haapakyla zu niedr. Med.) obs. Grape. Mrg., Mitt. u. Abd., Std.? — Ehrenheim Clim. Rörlighet p. 30, Schouw., Eur. 117. — Ist der Angabe Wahlenberg's vorzuziehen. $\frac{W - 17.0}{S.\ 12.6}$.
Saltdalen	67 . 0	12 . 40	—	+ 2 .0	$1\frac{1}{2}$ J. 1823—4 nach Everest; aus d. Med. 2°.9 R. corr. Nicht zuverlässig nach Lessing: Reise d. Norw.

Ort	N. Br.	Ö. Lge. P.	Höhe Par. Fuss	M. Jahr. Tp. ° C.	Zeit der Beobachtung etc., Winter- und Sommertemperatur.
Haapakyla	66° 24′	(21°27′ Ob. Tor.)	. . .	− 0°.1	Im Kirchspiel Oefver-Torneå obs. J. Portin 30 J. Nov. 1801—31 3mal tgl. Std.? Mitgeth. v. Burman, Kongl. Acad. Vetensk. Hdl. f. 1832. p. 76 Tab. Vgl. Ehrenb. in Nov. Act. Upsal. 1827. $\frac{W - 14°.3}{S.\ 14\ .7}$ (a. 18 J.. deren Med. − 0°.5), $\frac{-14.2}{14.4}$ (30 J.). $\frac{k. - 15.9}{w.\ 16.4}$ Med. d. Winterm. Nov. bis Apr. − 10°.3, d. Sommer-Mon. + 9°.4.
Neder-Calix	65 . 51	. . . .	. . .	+ 0 .3	1 J. Nov. 183¼ obs. Burman 2mal tgl. Ebd.
Umeå	63 . 50	17 . 56	65	+ 2 .1	23 J.: a) 8 J. 1797—1804 obs. Näzen Med. + 1°.9 Std.-Angabe fehlt; Vet. Ac. H. f. 1797 — 1804, Ehrenheim l. c. p. 31. Etwas zweifelhaft. $\frac{W - 10°.3}{T\ 14\ .1}$; $\frac{k. - 11.4}{w.\ 16.2}$ u. b) 15 J. 1809—23 obs. Haeggquist bei Ehrenh. p. 208.
Trondhjem (Drontheim)	63 . 25	8 . 2	—	+ 4 .3?	Unsicher. 7 J. 1762—66, 68, 69 obs. Berlin 1mal tägl. v. Oct. bis März Vormitt., von März bis Oct. Nachm. Std. unbek. Nach Wahrsch. corr. v. Schouw (Chimin.). Wären d. Beob. um Mitt. angestellt, so würde d. Mittel doch + 3°.4 sein. Doch ist die ersten 4 J. nicht in freier Luft beob. worden! Trondh. Seldsk. Skrift. dl. 2—5 $\frac{W - 4°.7}{S\ 15\ .0}$.
Öftersund	63 . 14	12 . 25	950	+ 2 .2	2 J. 1823 u. 28 Std.? mitgetheilt von Forsell Sver. p. 52. Nach Haapak. geben diese J. nahe das vielj. Med. hier.

Jemteland (u. Backen)	63°.	15° 43′	1300	+ 2°.2	J. u. Std.? a. Beob. v. Söderberg u. Nordenberg nach Fors. l. c. 3mal tgl; $\frac{W. - 9^0.3}{S.\ \ 13.5}$. $\frac{k. - 12.6}{w.\ \ 14.4}$ — 4½ J. Juli 1784 — Dec. 88 obs. Törnsten geben d. Med. J. 2°.8, $\frac{W. - 11^0.0}{S. + 13.0}$. N. Abh. d. Schwed. Akad. XII. 36 (nach Kämtz' Temper.-Taf. im II. Bd. der Meteor.)
Hernösand	62 .38	15 .33	—	2 .3	28 J. 1787—1803, 1806—16 Beob.-Std. nicht angegeben. Berechn. unsicher? Zu niedrig? Clim. Rörl. af Ehrenheim p. 32 u. Schouw Specim. geogr. phys. $\frac{W. - 8^0.2}{S.\ \ 13.4}$. $\frac{k. - \ 8.7}{w.\ \ 14.8}$.
Söndmör	62 .30	4 . 0	—	5 .3	19 J. obs. Ström. Std.? Spydeberg's Bescriv. nach v. Buch Kl. d. Canaren p. 16. $\frac{W. - 2^0.7}{S.\ \ 13.4}$. $\frac{k. - \ 4.4}{w.\ \ 14.3}$.
Falun	60 .39	13 .25	370	6 .4	5 J. 1830—34 Std.? obs. Wallmann, mitgetheilt von Forsell. $\frac{W. - 4^0.8}{S.\ \ 15.2}$.
Bergen	60 .24	2 .58	?	6 .7	7 J. 1818—24 obs. Bohr. Beobacht.-Stund. sehr ungewiss. Nach Schouw's Annahme Spec. geogr. ph. comp. a. Mag. f. Natvidensk. 1823 II.; Top. Stat. Saml. af Seldsk. f. Nor. II. Eine andere Angabe ist 8°.2 (vielleicht Mittagsbeob.) $\frac{W. + 0.8}{S.\ \ 13.2}$.
Ullensvang (a. Söefjord) u.	60 .19	4 .40	80	7 .4	21 J. 1807—27 obs. Hertzberg Std.?; lief. d. M. 7°.6 zu Ullensv.
Malmanger	59 .58	6 .20	60	(6.3?)	9 J. 1798—1806 ders. 7°.1 zu Malmanger; aus beid. Reih. erhalte ich 30-j. Med. 7°.4: dagegen steht im Ed. J. of Science v. IX. 293 nur

Ort	N. Br.	Ö. Lge. P.	Höhe Par. Fuss	M. Jahr. Tp. °C.	Zeit der Beobachtung etc., Winter- und Sommertemperatur.
Ullensvang u. Malmanger					$6^0.35$. Auch Kämtz ber. a. d. 25 J. 1798—1822 in Mag. f. Natvid. 1824 II. p. 81: Jahr $7^0.2$, $\frac{W. - 0°.1}{S. \quad 15°.6}$, $\frac{k. - 0.7}{w. \quad 16.9}$ (Met. Tptaf.). Lage in einem sehr schmalen, von sehr hohen Fjelden eingefassten Fjorde.
Christiania	59° 54′	8° 25′	—	$5^0.4$	10 J. 1816—25 obs. Esmark u. Hansteen, nur von 1823 an sind d. Std. (8—9, 3 u. 11) angegeben. Nach Schouw spec. geogr. 41. $\frac{W. - 3°.8}{S. \quad 15.3}$. $\frac{k. - 4.8}{w. \quad 16.4}$ Nahe 2 J. Mai 1807—9 obs. v. Wackenitz Std.? in v. Buch's Reise I. 83, sind nicht benutzt, weil d. J.-Med. nicht mit d. mon. Mitt. übereinstimmt.
Upsala	59 .52	15 .19	. . .	5 .3	83 J. 1739—69, Med. $= 5^0.3$; 1774—98, Med. $= 5^0.5$ u. 1799 bis 1825, Med. $5^0.2$: Zeit d. tgl. Extr.; berechnet v. Ehrenh. Nov. Act. Upsal. 1827.—30 J. 1774—1803 obs. Prosperin, Holmquist u. Schilling nach v. Buch Reise II. geben $5^0.6$; Kämtz nimmt noch hinzu 18 J. 1739—59 v. Celsius u. Hiorter (Schwed. Abh. 1757) u. findet J. $5^0.4$ — $\frac{W. - 3.9}{S. \quad 15.9}$ 30 J., $\frac{-4.0}{15.8}$ (48 J.) $\frac{k. - 5.0}{w. \quad 16.8}$
Spydberg (Norwegen)	59 .38	. . . . .	400?	2 .9	3 J. 1784—86 obs. Wilse, Manheim. Eph., 7, 2 u. 9h. Therm. am Bar. im Freien.
Carlstadt	59 .23	11 .10	160	6 .3	10 J. 1815—24 obs. Söderberg 3mal tgl. Std.? Mitgeth. v. Forsell l. c. $\frac{W. - 2°.7}{S. \quad 16.2}$. $\frac{k. M. - 3.6}{w. M. \quad 17.5}$

Stockholm	59°21′	15°43′	125	5.7	65 J. a) 1758—1807 3mal tgl. nach Oefverbom in Vetensk Ac. Nya H. 1808 p. 294. Jahr: $5^0.6$ $\frac{W. - 3.7}{S. \quad 16.3}$; u. b) 1808—22: Jahr $5^0.7$, $\frac{W. - 3.5}{S. \quad 15.8}$, $\frac{k. - 4.3}{w. \quad 17.5}$ Ehrenh. Clim. Rörl. p. 39 (3mal tägl.) 1783—87, Manh. Eph., sind die einz. Jahre, wo d. Beob.-Std. nicht fehlen. Schouw spec. ph. g. u. Vejrliget Tilst. Danm. Aus Wargentin's Obs. 1756—72 2—3mal tgl. Jahresmed. $= 5^0.9$ Cotte Mém. I.; vgl. Ronnow's t. II. Std.? — $\frac{W. - 3.6}{S. \quad 16.1}$, $\frac{k. - 4.5}{w. \quad 17.6}$ (65 J.)
Gottland	57.48	16.5	...	8.7?	1817—22? Ohne nähere Angaben bei Forsell l. c. p. 47.
Göteborg	57.41	9.36	—	7.3	1787—1832 (46 J.?) 3mal tgl. Std.? ebd. $\frac{W. - 0^0.3}{S. \quad 16.9}$, $\frac{k. - 1.1}{w. \quad 17.8}$.
Wexiö	56 53	12.25	450	6.9	34 J. 1786—1821 (1797 u. 99 fehlen) Std.? Ehrenh. Cl. R. p. 59.
Carlscrona	56.6	13.14	n. 0	7.8	Zeit? N. v. Humb. lign. isoth. in Mém. d'Arc. t. 3. Tabl.
Lund	55.42	10 51	50	7.3	50 J. 1865—1812, 17, 18 obs. Heurlin etc. Morgen und Mittag. $\frac{W. - 1^0.3}{S. \quad 16.7}$, $\frac{k. - 1.9}{w. \quad 17.4}$. Ehrenh. l. c. p. 66. Schouw Vejrl. p. 174.
Kopenhagen	55.41	10.14	n. 0	8.2	39 J. 1767—76, 82—88 (Manh. Eph. Med. $= 7^0.4$, 1798 bis 1809 u. 1814—23 obs. Bugge etc. z. versch. Std. Auf wahre Med. red. v. Schouw Vejrligets Tilstand i Danmark p. 88. 45 J. zw. 1767—1831 geben auch (corr.) Jahresmed. $8^0.2$; 1800—23 M. $= 8^0.1$; 10 J. im bot. Garten $8^0.1$ $\frac{W. - 0^0.4}{S. \quad 17.3}$, $\frac{k. - 1.4}{w. \quad 18.2}$ (39 J.) $\frac{W. - 0^0.5}{S. \quad 17.2}$ (45 J.)

O r t.	N. Br.	Ö. Lge. P.	Höhe Par. Fuss	M. Jahr. Tp. ° C.	Zeit der Beobachtung etc., Winter- und Sommertemperatur.
Praestoe	55 .7	9 .43'	n. 0	8 .0	10 J., 1794, 95, 98, 99, 1812, 19—23 obs. Badstüber 6—8, 2 u. 10^h, v. Schouw corr. Vejrl. Danm. $\frac{W. \ - \ 0^\circ.3}{S. \ \ 16 \ .2}$.
Apenrade	55 .3	7 .5	100	8 .3	14 J. 1812—20, 23—27 obs. Neuber $\frac{W. \ + \ 0^\circ.8}{S. \ \ 16. \ 3}$ (9 J.) Corr. Med. Collect. met. fasc. I. 189. Astr. Nachr. v. Schum. u. Schouw a. a. O.

II. Island und die britischen Inseln.

O r t.	N. Br.	W. Lge.	Höhe Par. Fuss	M. Jahr. Tp. ° C.	Zeit der Beobachtung etc., Winter- und Sommertemperatur.
Eyafiórdur (Island)	65 .40	22 . 0	—	+ 0 .0	2 J. Juni 18$\frac{11}{13}$ obs. Scheel u. Park um 8$\frac{1}{2}$, 1 u. 10$\frac{1}{2}^h$, corr. n. Leith. A. d. Manuscr. v. Schouw berechn. (Europa p. 118). Kämtz (a. Ann. of Phil. IX. p. 96) + $0^\circ.2$. $\frac{W. \ - \ 6^\circ.2}{S. \ \ 7 \ .4}$.
Reykiawik (Näs)	64. 8	24 .16	40	+ 4 .7	8 J. 1823—30 obs. Thorstenson. In den letzten 14 Mon. Med. aus d. tgl. Extr.; früher 9^h Morg., corr. nach Leith u. Padua m. Berücksichtigung des tgl. Spielraums. Aus d. Manuscr. ber. v. Schouw. Wegen der Lage des Orts vielleicht etwas zu hoch. Meyer findet aus Mackenzie's Beob. corr. + $3^\circ.0$ (Plant. Labrad. p. 111. $\frac{W{-}3^\circ.0}{S. \ 9 \ .7}$ (Meyer), $\frac{- \ 0^\circ.9}{13 \ .1}$ (Schouw.)

Thorshavn (Far-Öer)	62 . 2	9 . 6	—	7 .1	3 J. 1781, 82, 98, 99 u. 1821 zu verschiedenen Stunden (im 1sten J. unbek.), meist Sommer-Mon. Nach Svabo's Account of Faroe v. III. u. d. Orig.-Beob. v. Kuhn u. Trevelyan, v. Letzterem mitgeth. in Jameson Ed. Ph. J. 18. 154 u. einem bes. verbess. Abdruck (Florenz 1837). Watson hegt Zweifel a. d. Genauigk. d. Beob. D. Med. ber. aus Mg.- u. Abdbeob. u. für 8 u. 8^h corr. $\frac{W+3.9; \quad corr.\ 4.3\ (nur\ 2\ J.)}{S.\ 13.0\ (4\ J.);\ corr.\ 12.2\ (a.\ 5\ J.)}$
Shetland (Unst)	60 .45	3 .21	—	7 .5	Nur 1 J. Juni $182\frac{4}{5}$ obs. Scott, $7\frac{1}{2}$ u. $8\frac{1}{2}^h$ James. Ed. Ph. J. 1827. $\frac{W+4.1}{S.\ 11.9}$.
Wick (Caithn.)	58 .29	5 .25	—	7 .9	2 J. obs. Kenneth Mac Leay 1823 (10 u. 10^h) u. 1825 ($7\frac{1}{2}$ u. $8\frac{1}{2}h$). Leith. Corr. Ann. of Phil. LXIV. u. Phil. Mg. I. 341. Burney erhält durch eine andere Corr. 8°.3.
Elgin	57 .39	5 .41	. . .	8 .3	3 J. 1835—37. obs. Allan $8\frac{1}{2}$ od. 9 u. $2\frac{1}{2}$ od. 3^h; corr. n. Leith. James. Ed. N. Ph. J.
Banff Castle	57 .38	4 .50	60	9 .5	Nur 1 J. Nov. $183\frac{0}{1}$, um $9\frac{1}{2}$ u. $8\frac{1}{2}^h$ Ed. Ph. J. N. XXIV.
Gordon Castle	57 .37	5 .28	90	7 .9	Lange Beob.-Reihe nach Mc Culloch. Zeit?
Inverness	57 .28	6 .32	—	8 .9	13 J. obs. May, Std.? Wird um 0°.6 zu hoch gehalten. Libr. usef. Kn. 2 J. 1830 u. 31. obs. Adam, $9\frac{1}{2}$ u. $8\frac{1}{2}^h$, M. 9.3. Jam. Ed. Ph. J.
3 Huntly Lodge	57 .27?	5 . 9?	410	7 .7	Nach Mc Culloch Brit. Emp. ohne nähere Angabe.
Clunie (Pertsh.)	57 .12	4 .55	180	8 .2	28 J. a) 1809—20. obs. W. u. G. Macritchie um 9 Morg. und 11 Ab. Med. 7°.7; b) 1821—36 um 10 u. 10^h: Med. 8°.6. Nach Leith corr. James. Ed. N. Ph. J. 1832, 36. — $\frac{W.\ 3.1}{S.\ 15.1}$ (8 J.)

Ort.	N. Br.	W. Lge. P.	Höhe Par. Fuss	M. Jahr. Tp. ° C.	Zeit der Beobachtung etc., Winter- und Sommertemperatur.
Aberdeen	57 . 9	4 .26	50	8 .8	Nach Innes' (Obs.) Mitth. an Bouvard; l'Inst. 1836. 8 J. 1823—30. Morg.-Beob. vor 8h geben $8^0.6$ $\frac{W. + 3^0.4}{S. \quad 14.3}$ James. Ed. J. 10 J. 1823—32: $8^0.7$ Geogr. of Gr. Brit. Lib. usef. Knowl. Fawside 56°58′ n. ?′ h $6^0.8$ nach Brewster Ed. J. 4. Zeit?
Rose Bank (Pertsh.)	56 .25	. . . . .	120	7 .7	Nur 1 J. 1815 tgl. Extr. Thoms. Ann. Phil. VII.
Perth	56 .24	5 .40	. . .	9 .0	9 Jahr, Obs. d. tgl. Extr. Libr. usef. Knowl. Geo. Gr. Brit. IV. p. 105.
Annat Garden (Pertsh.)	56 .24	. . . . .	160	8 .7	7 J. 1824—30; a. 10 u. 10h. Loudon's Mag. Nat. Hist. 15 engl. M. von d. Küste.
Kinfauns Castle	56 .24	5 .39	140	8 .1	26 J. 1811—38 (ausser 1826 u. 31), die beiden ersten J. a. 8 u. 10h auf M. d. Extr. reduc.; dagegen 20 J. 1813—21, 24, 25, 27—30, 32—36 geben $8^0.4$; obs. Gray, Gordon tgl. Extr. Kämtz aus 8 J. $8^0.0$; Watson a. 12 J. $8^0.6$; 16 J.! zwischen 1815 und 36 geben auch $8^0.6$; $\frac{W. + 3.3}{S. \quad 14.3}$. — Jährlich im Edinb. Phil. J., Ed. J. Science, Thoms. Ann. Phil. u. Phil. Mag.
St. Andrews	56 .20	5 . 8	70	9 .1	8 J. 1821—28 obs. Jackson Med. a. 10 u. 10h. James. Ed. J. Oct. 1837, p. 407. $\frac{W. \quad 3.8}{S. \quad 14.9}$.

Dunfermline	56 . 5	5 .46	. . .	7 .4	20 J. 1805—24 obs. Fergus 9h Mrg., corr. n. Leith $\frac{W. + 2^{\circ}.8}{S. \quad 13 .0}$ (18 J. corr.) Ed. Phil. J. 1825. p. 129.
Carbeth	56 . 0	6 .42	450	7 .9	4 J. 1817—20 obs. um 10h Morgens, corr. n. Leith Ed. Phil. J. vol. V. Trans. 1821. p. 394.
Leith	55 .59	5 .30	—	8 .8	3 J. 1820 obs. Waddell tgl. Extr. u. 1824 u. 25 stündlich, ber. v. Foggo u. Bell. Edinb. Soc Trans. v. X. u. Edinb. Phil. J. IV.
Edinburgh (Canaan Cottage etc.)	55 .57	5 .32	220	8 .4	10 J. 1824—30, 34, 35 u. 37 obs. Adie, tgl. Extr. Ed. J. Science u. N. Ed. Phil. J. — Schouw corr. Playfair's Beob. 6 J. 1794—99 (Ed. Soc. Trans. IV. 213, V. 193) 8, 1—3 u. 10h zu 8°.9 (Europa p. 118), doch ward nach Brewster sein Therm. durch Refl. erhöht; u. dieser setzt aus Miller's u. Adie's Beob. das Med. auf 7°.9 herab (Ed. J. Sc. IV.) Macgowan's Beob. bei Edinb. 6 J. 1771—76 8h Mrg. n. Chimin. od. Leith corr. geben auch 8°.5 (Ed. Trans. I.) n. Schouw's Calc. in Vejrlig. p. 141. $\frac{W. + 3.5}{S. \quad 14.1}$. (7 J.). D. Jahresmittel aus jenen 22 J. zus. wäre 8°.6. Tweedsmuir 1200′ h.: 6°.9. 1 J. 1825 obs. Fairlie 7½ Mg. u. 8½h Ab. Edinb. Soc. Tr. f. 1826. p. 18.
Colinton House	55°.55′	5°.36′	370′	9°.8	1 J. Aug. 182⅞ obs. F(orbes) 8 u. 8h (corr. = 10°.0.)
Glasgow	55 .52	6 .37	. . .	8 .7	Zeit etc.? Nach Thomson in Libr. of usef. Knowl.
Abbey St. Bathans	55 .52	4 .43	420	7 .5	1 J. 1837 tgl. Extr. obs. Wallace. corr. n. Edinb. 9 J. Beob.
Castle Toward (Argyllsh.)	55 .50	7 .18	110	8 .4	7 J. 1829—35 obs. Finlay aus 9 und 6h (Med. 8°.9) corr. nach Leith. James. Ed. J. 1834—36.

Ort.	N. Br.	W. Lge. P.	Höhe Par. Fuss	M. Jahr. Tp. ° C.	Zeit der Beobachtung etc., Winter- und Sommertemperatur.
Lead Hills	55°.25′	6°. 8′	1200	6 .7	10 J. 1811—20 obs. Irving um 6 u. 1h. Ed. Phil. J. V. p. 219. $\frac{W. + 0°8}{S.\ 13.2}$. Applegarth M. 55° 13′ n. 5° 32′ w. 1 J. 1838 a. 9 u. 9h. 6°.3, cor. weg. d. Höhe 170 Fuss. James. Journ. p. 219.
Jesmond	55 ...?	.....	200	8 .3	7 J. 1812—18 obs. um 9, 2 u. 10, n. Leith corr. Winch's geogr. Distrib. $\frac{W. + 3.0}{S.\ 14.4}$.
Londonderry	55 . 0	9 .35	n. 0	9 .8?	1 J. 1800 obs. Patterson in Irish Trans. v. VIII. Catrine Works 2 J. 1830 u. 31: 10°.6 (Std. ?) James. Ed. Ph. J. 1832.
Carlisle	54 .54	5 .17	45	8 .6	24 J. 1801—24 obs. Pitt um 8, 1 u. 9 oder 10h (im Sommer etwas versch. Zeit). Nach Leith ist das Medium 0°.1 bis 0°.2 zu gross. Ed. Soc. Tr. v. XI p. 418. 1835 tägl. Extr. 9°.4. — $\frac{W. + 3.0}{S.\ 14.1}$.
Keswick	54 .36	5 .28	240	8 .5	5 J. 1788—92 n. Dalton, a. 6—8, 12—1 u. 4 od. 6h obs. Crostwaite Manch. Mem. (Ess. 1793). Dalton setzt in der 2. ed. der met. Ess. d. Med. auf 7°.8 herab. Nach Watson: 8°.9 Zeit?
Whitehaven	54 .33	5 .55	n. 0	9 .4	1 J. 1835, a. d. tägl. Extr. Das kalte J. 1836 hinzugef., erniedrigt d. Med. auf 9°.0. James. Ed. J. XXI u. XXII.

Kendal	54 .17	5 . 6	130	8 .3	21 J. a) 7 J. 1788—94 um 6—8, 12—1 u. 9—10h obs. Dalton u Gough (Met. Ess. 2. ed. p. 21, Manch. Mem. IV. 561) u. b) 14 J. 1823—33 u. 35—37 obs. Marshall tgl. Extr. — Med. a. 12 J. 8°.5 Ed. J. Sc., Phil. Mag. u. Loudon's Mag. Nat. Hist. $\frac{W \; + \; 2.7}{S. \;\; 14.5}$ (11 J. Med. 8°.3.)
J. Man	54 .12	6 .50	. . . .	9 .8	9 J. 1822—30 obs. Stewart, Med. a. 9h Morg. u. 11h Ab. (nach Leith wäre d. Med. noch um fast ½° zu erhöhen (Kämtz' Med. 8 J. als uncorr. ger.) Brewst. Ed. J. Sc. v. V. N. S. I. u. V. $\frac{W. \; + \; 5.9}{S. \;\; 14.1}$.
New Malton (Yorksh.)	54 . 8	3 . 7	85	8 .7	Nach Brewster Ed. J. IV. 9°.0. Watson giebt a. d. tgl. Ext. 6 J. 1818—24 nur 8°.6; a. 8 J. 1817, 19—25 obs. Stockton, erhalte ich ebenfalls nur 8°.7 Jährlich in Thoms. Ann. Phil.
Lancaster	54 . 3	5 . 8	n 0	9 .5	6 J. 1816—21 obs. Heaton jährl. in Ann. of Phil. nach Kämtz' Tptaf. $\frac{W. \; 36}{S. \; 15.3}$.
York	53 .57	3 .25	. . . .	9°.0	25 J. obs. Jon. Gray Std.? nach Leith corr. Libr. usef. Knowl. nach Phillips
Manchester	53 .29	4 .35	170 (270)	9 .0	35 J. a) Die zweite Höhe bezieht sich auf 8 J. Beob. 1821—28 tgl Extr. 9°.0 (aus Manch. Mem. bei Watson l. c. p. 15); b) die andere H. auf Daltons Beob. 25 Jahr 1794—1818 .um 8, 1 und 11h, deren Med. 8°.70 keiner Corr. bedarf; auch sind benutzt c) 1819 u. 20, Thoms. Ann. Phil. $\frac{W. + \; 3.1}{S \;\;\; 14.9}$, $\frac{k. \; M. \; + \; 2.3}{w. \; M. \;\;\; 15.3}$ (33 Jahr.) Med. red. auf 170'.

Ort.	N. Br.	W. Lge. P.	Höhe Par. Fuss	M. Jahr. Tp. ° C.	Zeit der Beobachtung etc., Winter- und Sommertemperatur.
Liverpool	53°.25′	5°.19′	. . .	9.6	24 J. obs. Hutchinson Mittags, n. Plym. u. Leith corr. 1768 bis 92. Manch. Mem. IV.
Dublin	53 .23	8 .42	n. 0	9.5	19 J. a) 1792—1808 obs. Kirwan. Wahrsch. Med. a. d. tgl. Extr. Irish. Acad. Tr. 1792—1808. Dasselbe Medium hat Brewster Ed. J. 1831; b) 1823 u. 24 Med. 9°.3 Dubl. Phil. Journ. I. — $\frac{\text{W.} + 4.5}{\text{S.}\ \ 15.2}$ (a. 15 J.) Nach Hamilton ist die Temperatur an der Westküste in in 45°48′ n. 9°.2.
Alderley (Chesh.)	53 .20	4 .40	. . .	8.3	10 J. 1815—24 obs. Stanley um 8, 2 u. 10[h] nach Leith corr. Ed. Ph. J. XII. $\frac{\text{W.} + 2.7}{\text{S.}\ \ 14.9}$ (corr.)
Derby	52 .58	3 .50	160	8.8	40 J. obs. Swanwick V. u. S. wahrsch. tgl. Extr. Thomson Ann. Ph., Lib. us. Kn.
Boston	52 .48	2 .25	?	9.7	8 J. vor 1824 obs. Veall Std.? Nach Burney (Gosport dieselb. J. 11°.1) Ph. Mag. 65.
Lyndon	52 .32	2 .23	510	8.9	15 J. 1771—85 obs. Barker gute Beob. nach Kirwan Estim. Temp. Cotte aus 4 J. unter jenen 9.0; u. Brewster 9°.4 Ed. J. Sc. v. IV. Phil. Trans.
Great Malvern (Worc.)	. . . .	. . . .	. . .	8.7	1 J. 1837 obs. Addison tgl. Extr. Met. Soc. Tr. vol. I. 1839.
Bedford	52 . 8	2 .50	. . .	10.9	7 J. 1828—34 obs. Smyth tgl. Extr.; zu hoch? Geogr. Gr. Brit. (Libr. usef. Knowl) $\frac{\text{W.} + 4.7}{\text{S.}\ \ 17.0}$.

Cheltenham	51 .55	4 .25	. . .	10 .3	4 J. a) 3 J. Nach Clarke's Influence of Climate etc. u. b) 1837 Met. Soc. Tr. I. Tgl. Extr.
Cork	51 .48	10 .35	n. 0	10 .6	Zeit? Nach v. Humb. McCulloch hat 10°.7.
Oxford	51 .46	3 .36	. . .	9 .4	8 J. 1816—23 obs. Robertson tgl. Extr. u. 10 u. 10h bei Watson u. Ed. J. Sc. v. I. $\frac{W. + 2.8}{S. \quad 15.5}$ (6 Jahr.)
Epping (Ess.)	51 .42	2 . 5	370	9 .4	14 J. obs. um 8h Morgens, Med. 8°.7 corr. n. Leith. Lib. usef. Knowl.
High Wycombe (Bucks)	51 .38	2 .55	. . .	7 .5	4 J. 1828—30 u. 37 obs. Tatem; 1828 Med. 8°.8 Lond. Mg. Nat. H. 1829 ff. Met. Soc. Trans. Lond. v. I.
Bushey Heath	51 .38	2 .41	520	9 .3	7 J. 1818—22, 24 u. 25 obs. Beaufoy tgl. Extr. Jährl. in Ann. Phil. v. Thoms. Nach Brewster (Ed. J. Sc. IV) soll das Medium 10°.3 sein. (Corr. wegen der Höhe?)
Swansea	51 .36	6 .17	n. 0	11 .1	1 J. 1837 obs. Gutch, 9 u. 5h, Med. 12°1, corr. Ply. Tr. met. Soc. I.
London	51 .31	2 .26	100	9 .8	34 J. 1797—1830 obs. Howard tgl. Extr., darunter die letzten 24 Jahre bis 1830 zu Tottenham Green, Plaistow u. Stratford, deren Med. 9°.6 $\frac{W. + 3.0}{S. \quad 16.4}$ Clim. of Lond. 2. ed. I vol.; 10-j. Beob. 1763 bis 1772 von Will. Heberden um 8 und 2h geben n. Leith corr. ebenfalls d. Med. 9°.8. Das 10-j. Med. d. Beob. um 2h Mittag verbunden mit dem 20jährigen Medium des tägl. Minimums nach Ch. Cavendish's Beob. liefert d. Jahrestemp. 9°.6. Phil. Trans. f. 1788, p. 66. Die Beob. in d. apartm. der roy. Soc., welche durch d. Local. an der künstlichen Wärme der Stadt Theil nehmen, wozu eine günstige Lage

Ort.	N. Br.	W. Lge. P.	Höhe Par. Fuss	M. Jahr. Tp. ° C.	Zeit der Beobachtung etc., Winter- und Sommertemperatur.
					des Instr. kommt, geben in einem Zeitraume von 40 J. 1787—1826 d. Med. 10°.5, (dasselbe Med. findet Schouw für 1789—1817). 10 Jahr zu Tott., Pl. u. Stratf. (bei London) obs. Howard 1807—16: 9°.3, dieselben J. in London (Roy. Soc.) 10°.2. 1807—24 (18 J.): 9°.5; 1820—30 (10 J.): 10°.0 (How.) — $\frac{W. + 3.2}{S.\ \ 16.7}$ (11 J.) $\frac{3.3}{16.1}$ (14 J.) $\frac{3.0}{16.2}$ (18 J.)
Chiswick	bei	London	. . .	10°.2	8 J. um 6—7, 12—1 u. 9—10 obs.; ber. v. Farr Brit. Med. Alm. f. 1838. London hatte gleichzeitig 10°.3. Aus Hortic. Transact.
Gosport	50 .48	3 .26	—	11 .0	16 J. 1816—31; dasselbe Medium geben 9 J. 1816, 20, 26—28 u. 31 obs. Burney tgl. Extr.; jährl. in Phil. Ann. u. Mag. Watson a. 10 J. 1816—20, 26—31: 10°.7 u. $\frac{W. + 4.4}{S.\ \ 17.1}$.
J. Wight	50 .45	3 .38	n. 0?	10 .3	10 J. 1809—18 obs. Kirkpatrick um 9h Morgens corr. n. Leith. Thoms. Ann. Phil. $\frac{W. + 3.9}{S.\ \ 17.2}$.
Exeter	50 .43	5 .51	. . .	8 .7	Nach Leith corr. 5jähr. Med. 1814—18 obs. Pitcher 8h Mrg. Ann. Phil. mitgeth. v. Forbes.
Lyme Regis	50 .43	5 .16	90	10°.4	13 J. bis 1836 obs. Holland. Std.? Mitgeth. v. de la Beche Geol. Report on Cornwall, Devon etc. 1839. $\frac{W. + 5.5}{S.\ \ 15.2}$.
Sidmouth	50 .41	5 .33	n. 0.	8 .8	3 J. 1812—14 obs. Clarke. Jährl. Phil. Ann.

Devonport u. Plymouth	50 .22	6 .28	60	11 .0 (11.2)	7 J.: a) 5 J. 1833—37 stündliche Beob. v. Harris: 11°.4 im 5. Report Brit. Assoc. Pog. 42 etc. u. b) 2 J. 1814 u. 15 obs. Fox tgl. Extr. Med. = 10°.0. Ann. Phil. VIII. $\frac{W. + 6°.9}{S. \quad 16°.0}$ aus 11 Jahren, deren Med. a. d. mon. Mitt. ber. = 11°.2, dagegen giebt Snow Harris in seiner Mitth. an De la Beche (s. Lyme Regis) als Med. 11°.4 (11 J.) an. Ob corr. ist nicht gesagt.
Helston	50 . 9	7 .38	100	11 .1	5 J. 1822—26 obs. Moyle tgl. Extr. Jährl. in Phil. Mg. u. Thoms. Ann. Phil. Barnstaple: 11°.4 Temp. eines Brunnens 1834 wöchentl. obs. von Watson, Geogr. Pl. p. 28.
Falmouth	50 . 9	7 .13	120	10 .4	1 J. Nov. 1822 bis Aug. 23 u. Sept., Oct. 24, Fox' Beob. eines 3' unter die Erdoberfläche eingesenkten Therm. Cornwall Geol. Trans. III. — Zu Huel Gorland u. Dolcoath, in etwas über 300 Fss. H., war die eben so beob. j. Temp. (Juni 182¾) resp. 9°.4 u. 10°.0.
Penzance	50 . 7	7 .53	n. 0	11 .1	25 J. 1807—27 u. 1829—32 obs. Giddy um 8 u. 2h und seit 1821 auch die tägl. Extr.; jene Beob. auf wahre Med. red. n. Plym. Phil. Mag. N. 15. 182 fg. Ed. J. v. IX. p. 170. 1807—17: 10°.6 (Schouw); 8 J. 1821—27 u. 1831 tgl. Extr.: 11°.1. — 1821—27, 29—32: 11 J. dessgl. 10°.9; auch 1807—27 uncorr. Med. (8 u. 2h): 12°.5. — $\frac{W. + 6°.8}{S. \quad 15.7}$ (10 J., tgl. Extr.; Med. 11°.2 n. Watson), $\frac{7°.0}{17.6}$ (1807—24 uncorr, deren Med. = 12°.0 n. Dove.)

Ort.	N. Br.	Ö. Lge. P.	Höhe Par. Fuss	M. Jahr. Tp. ° C.	Zeit der Beobachtung etc., Winter- und Sommertemperatur.
			III. Niederlande und Belgien.		
Franeker	53°.20′	3°.12′	—	10°.3	13 J. 1771—83 obs. van Swinden 6, 10, 1, 2, 6, 10 corr. n. Plymouth und Salzuflen. Noch zu hoch, da v. Sw. mehrere Jahre alle Stunden am Tage obs. Ber. v. Wenckebach a. d. Orig. In den früheren Abdrücken sind viele Fehler! 11 J. v. jenen geben das (nicht corr.) Med. **11°.0**, 1771—83: **10°.7 W. + 2.6; S. 19.6** v. Humb. l. is., Cotte Mém. II. 338 fg. — Nat. Scheik. A. dl. V. Vgl. in Berghaus' Physik. Atl. I. die Lage der Isoth. von 10° und die folgenden holl. Orte!
Leeuwarden	53 .12	3 .30	n. 0	10 .0	3 J. 1776—78 obs. Brouwer Std.? Cotte l. c. p. 398. Zu hoch? Bruimwa's Beob. 1838 geben corr. 8°5; nach Haarl. auf vielj. Med. red. auch **10.2** Er obs. 4-stdl. 5mal. Alg. Letb. 1839.
Sparendam	52 .29	2 .50	n. 0	10 .2	4 J. 1777—80 obs. Engelmann Std.? Ebd. p. 556. Zu hoch.
(bei) Haarlem	52 .23	2 .18	—	10 .0	48 J. 1789—1836 obs. van der Bosch u. Veen, 8, 1 u. 10h Med. **10°.1**, corr. n. Plym. u. Salzufl. nur **9.7**; Wenckeb. Ber. l. c. 1789—1829 (41 J.) : **9°.6** corr.; 1817—36 (20 J.) : **10.05** corr.; **W. + 2.9; S. 17.0; k. 1.1; w. 17.6** (1819—36, Med. 10.0) 1817—29 (13 J.) : **10.00** cor. (vgl. Schiedam); 1831—36 (6 J.): **10 .07** corr. (vgl. Amsterd.) Aus d. jährl. Mitth. ber. i. Algem. Konst- en Letterbode, Miquel disquis. geogr.-bot. de plant. Reg. bat. distr. 1837 p. XV. — Zwischen dem Haarlemer Meer und „het Y".

Amsterdam	52 .22	2 .35	—	9 .8	14 J. a) 1779—86 u. b) 1831—36; a) obs. Mohr Med. a. 7, 2 und 10^h = $9^0.9$ b) van der Voort v. d. Soc. Felix Meritis Med. a. 8, 1 und 7^h = $10^0.8$ (vgl. Haarlem), nach Plym. u. Salzufl. corr. = $9^0.93$. Ber. a. d. Jaarboekje etc. — 5 Jahr 1779—83 ber. v. van Swinden geben uncorr. $10^0.9$! Cotte Mém. II. 199 (vgl. Franeker), v. Humb. l. is. — 1759—64, 68—78 (17 J.) obs. Schaaf corr. Med. a. 8, 2 u. 10^h = $10^0.4$. Aus allen 31 J. folgt d. corr. Med. = $10^0.15$, die ersten 25 J. geben $10^0.2$.
Zwanenburg	52 .15	2 . 0	—	9 .7	64 J. a) 1743—79 M. unc. = $9^0.9$ (a. 7, 12 u. 10^h) u. b) 1809 bis 35 M. a. 7, 1 u. 10^h = $9^0.7$ Corr. n. Plym. u. Salzufl. Die Jahre 1780—1808 hinzuger., deren Med. a. 7, 2 u. 10^h = $8^0.85$ geben im 92jähr. Durchschn. (obs. Noppen, Engelmann, Bruning, Conrad u. seit 1809 de Leeuw) nur $9^0.4$ cor. Md.; dasselbe liefern 65 J. 1743—86, 88—1808; 1780—1835 (55 J.) nur $9^0.2$. — 37 J. 1743 bis 79 Med. = $9^0.8$; 28 J. 1780—86, 88—1808 Med. = $8^0.9$; 27 J. 1809—35 Md. $9^0.5$; alle corr. — A. 20 J. 1765—85 (Verhand. Haarl.) ber. v. Woltmann in Brandes Beitr. p. 8 wahres Med. nach Salzufl. und Leith = $10^0.3$ u. W. + 2.5; S. 17.9; 1736—75 (40 J.): $9^0.8$ (nach Cotte), $9^0.7$ (nach Wenckeb. Mitth. an Miquel l. c., Ply. u. Salz. Corr. = $9^0.6$ u. W. + 2.6; S. 18.9 (Corr.)

Ort.	N. B.	Ö. Lge. P.	Höhe Par. Fuss	M. Jahr. Tp. ° C.	Zeit der Beobachtung etc., Winter- und Sommertemperatur.
Leyden	52°.10′	2°. 9′	n. 0	9°.7	19 J. 1740—58 obs. Musschenbroek wahres M. a. 7½, 12 und 11. W. + 2.4 ; S. 17.4 Wenckebach u. Miquel a. a. O. p. XV. Kirwan giebt 11°.2 an.
Haag	52 . 5	1 .59	—	10 .5	8 J. 1773—80 obs. Advoc. v. Swinden (7—) 8, 2, 6 u. 10—11h; Med. = 11°.1 ; n. Leith u. Salzufl. corr. W. + 3.5 ; S. 18.6 Cotte Mém. II. 385.
Delft	52 . 1	2 . 2	—	7 .5	2 J. 1784 u. 86 obs. ders. Manh. Eph. u. Std.
Arnhem	51 .59	3 .35	60	9 .3?	31 Jahr, 1788—1818 obs. Brantsen, wahres Med. a. 7, 1 und 11h Wenckeb. u. Miquel l. c. W. + 1.7 ; S. 16.7 (corr.). 4 J. 1815—18 Med. = 9°.9 Nyhoff's Stat. Beschr. van Gelderld. Die Beob. scheinen nicht ganz zuverlässig.
Rotterdam	51 .55	2 . 9	n. 0	10 .6	5 Jahr, 1779—83 obs. van Crouten Std.? Cotte Mém. H. 530. W. + 2.7 ; S. 18.4.
Schiedam	51 .55	2 . 4	—	9 .9	19 J. 1817—35 obs. u. ber. v. van Dijk um 8, 2 und 8h; Corr. n. Plym. u. Salzufl. Dasselbe Med. geben schon die ersten 13 J. — 1835 giebt auch 9°.9 (corr.), nach Amst. nahe gleich dem mehrjähr. Med.
Breda	51 .35	2 .26	. . .	10 .6	5 J. 1777—81 obs. Hell Std.? Cotte II. 274.
Middelburg	51 .30	1 .17	—	9 .3	6½ J. Juni 1782 bis Dec. 1788 obs. de Perre Manh. Ephem. Nach Kämtz 9°.3 ; a. Schön's Wittr. 9°.7 (uncorr.). Nach einer andern Angabe 10°.4.
Mecheln	51 . 2	2 . 9	. . .	12 .7?	10 J. 1815—24 Std.? Scheint nicht zuverlässig. Quetelet in Mém. Acad. Brux. t. X. Kälteste Mon. — 0°.9, wärmste 24°.4.

Alost	50 .56	1 .42	. . .	11 .2	1 J. 1836 giebt nahe vielj. Med. in Brüssel; obs. Maas tgl. Extr. 1838: 9°.0; a. beid. J. 10°.1.
Löwen	50 .53	2 .22	. . .	9 .3	1 J. 1836; 3 J. 1836—38, kalte J., = 8°.7 obs. Crahay tgl. Extr.
Brüssel	50 .51	2 . 1	100?	10 .5	32 J. 1784—87 obs. Mann 7, 12 u. 9h Med. 10°.0; 22 J. obs. Kickx u. 1833—38 obs. Quetelet tgl. Extr. auf d. Sternw. In versch. Bd. d. Mém. de Brux.; zusgest. v. Quet. a. a. O. Ann. de l'Observ. Poederlé obs. 8 J. 1772—79: 11°.4 Cotte II. 288. — W. + 2.6; S. 18.8; k. 1.3; w. 20.3 (30 J.). — Belgiens mittl. Temp. = 10°.5 nach Quetelet.
Maestricht	50. 51	3 .21	. . .	10 .1	16 J. 1818—33 obs. Crahay; deren Med. = 10°.3 a. d. Beob. um 9h Mg., corr. n. dem Unterschiede 8-j. Beob. d. tgl. Extr. (Md. = 9°.95). A. 9 u. 9h ergiebt sich 10°.1. Mém. Ac. Br. t. X. W. + 2.3; S. 19.4; k. + 0.7; w. 20.7 unc. (12 J.)
Lüttich	50 .39	3 .12	. . .	11 .1	2 J. 1831 u. 32 obs. Davreux. Med. a. 9 u. 9h = 11°.4, corr. n. 20 J. in Haarl. — Ann. de l'Obs.

IV. Frankreich.

Dunkerque	51 . 2	0 .20	—	10 .3	7 J. n. v. Humb. lign. isoth. Tabl. 3. J. 1781—3 obs. Macnamara 10°.9 Cotte Mém. II. 332. W. + 3.6; S. 17.8 (7 J.)
Arras	50 .18	0 .26—	. . .	10 .2	8 J. 1776, 77, 79—84 obs. Delarsé, Retz und Buissart. Cotte p. 206. W. + 2.5; S. 17.8 vgl. Trav. Soc. d. Nancy p. 1811, 12.

Ort.	N. Br.	Lge. P.	Höhe Par. Fuss	M. Jahr. Tp. ° C.	Zeit der Beobachtung etc., Winter- und Sommertemperatur.
Cambray	50.11	0.54 O.	200	11 .1	Zeit? v. Humb. l. is. Trécourt's Beob. 1780—84: 11°.2 Cotte p. 293.
La Chapelle bei Dieppe	49.56	1.15 W.	n. 0?	9°.6	5 J. 1819—22 u. 1824 obs. Nell de Bréauté a. Mg. 9 u. Abd. 9h Bibl. univ. d. Gén. jährl.
Laon	49.34	1.17 O.	500	9 .4	2 J: 1783 u. 84 obs. Cambronne. Cotte Mém. II. p. 388.
Rethel	49.31	2. 2 —	400	11 .9	Ueber 2 J. 1777—79 obs. Télinge. Zu hoch. Ebd. p. 523.
Rouen	49.26	1.15 W.	160	10 .8	6 J. 1778—80, 83—85 obs. de la Cloture. Ebd. p. 531. W. + 1.2; S. 19.0.
Soissons	49.23	0.59 O.	. . .	11 .9	2 J. 1778 u. 79 obs. Dieu. Ebd. p. 555.
St. Helier, Jersey	49.17	4.27 W.	n. 0	11 .7	5 J. Std.? W. ½° kälter, S. 1½° wärmer als in Penzance. Hooper Obs. on the Clim. and Diseases of Jers. 1837.
Metz	49. 7	3.50 O.	560	10 .3	10 J. 1825—34 obs. Schuster; d. Med. a. 9, 12 u. 3h nach Chimin. corr. (9h hat d. Med. 10°.2) Mém. l'Acad. de Metz t. 14—16; l'Inst. N. 160. (Humb. is.: 11°.6) B. Cotte a. 7 J.: 12°.5. Die J. 1825 bis 30 geben aus 9h Mg. 10°.1.
Montmorency	49. 0	0. 2 W.	430	10 .4	33 J., Humb. l. is. N. Cotte's Beob. 1765—1808: 11°.3, 1768—82: 11°.1. — W. + 3.2; S. 19.0. Mém. s. l. Météor. t. II. p. 439 seq. vgl. t. I. p. 16. Beobzeit.: Sonnenaufg., 2 u. 9h (p. 532).
Chalons s. Marne	48.57	2. 1 O.	320	10 .3	Zeit? Humb. l. is.
Vire (Norm.)	48.50	3.15 W.	750	10 .4	6 J. 1775—80 obs. Delapolinière Cotte p. 593. W. + 3.5; S. 17.0.

Paris	48.50	0. 0	200	10. 8	32 J. 1806—37. Beob. d. tgl. Extr. auf d. Observ. 1806—26 geben ein nur um 0.°01 höheres Mittel. Bouvard Mém. l'Ac. t. VII. 326. Monatl. in Ann. de Chim.; Compt. rend. hebd.; Poisson Théor. math. Chaleur p. 463 u. Conn. d. tems (p. 1841). **W. + 3.7; S. 18.1** (11 J.), 3.4; 17.7 (18 J., deren Med. 10.°5), 3.6; 18.0 (21 J.), 3.4; 18.1 (31 J. 1806—36).
Haguenau (Als.)	48.49	....	...	11. 4	5 J. 1780—84 obs. Keller 3mal tgl. Mém. Cotte II.
Dieuze	48.48	6.47 O.	...	10. 1	Levallois Ann. d. Mines 3. S. t. III. 629 nach Gehler W. Bd. IX.
Nancy	48.42	3.51 —	800	11. 1	6 J. 1775—80 obs. Maillette Cotte p. 474. Soyer-Villemet setzt die Temp. auf 10°.4 (C?) Obs. s. quelq. plantes de France. 1828.
St. Malo	48.39	4.22 W.	—	12. 1	Jahre? Humb. Fragm. Asiat. II.; in seinen L. is. a. 3 J. v. Bougourd 12.°3; 5 J. dieser Beob. 1777—79, 82 u. 83 geben 12.°6 Cotte.
Strassburg	48.35	5.25 O.	450	9. 9	35 J. 1801—35 obs. Herrenschneider; 6—7, 12 u. 9—10h, geben wahres Med. Aus 18 J. (1806—23): 9.°8; Eisenlohr setzt 9.°7 in Gehler's Wörtb. 9. I. Tptaf. Mém. de la Soc. Strassb. (bis 1810) u. jährl. Résumé des Obs. météor. **W + 1.4; S. 17.8** (15 J.), + 1.1; 18.1 (32 J. corr.).
Pontorson (Norm.)	48.33	....	....	12. 1	2 J. 1782, 83. Cotte II. p. 516.
St. Brieuc	48.31	5.6 W.	300	12. 2	8 J. 1778—85 obs. Bagot. Ebd. p. 533. (v. Humb. l. is.: 11.°3).
Chartres	48.26	0.51 —	480	10. 6	8 Jahr, 1777—84, obs. Mahon. Ebd. p. 305.; v. Humb.: 10.°4. **W. + 2.6; S. 18.2.**
Brest	48.24	6.50 —	n. 0	14. 1?	5 J. a) 1784 obs. Fusée-Aublet Std.?: 12°3; Cotte II. 277. u. b) 1821—24 obs. Guépratte aus Mg. u. Mittg. (Std.?): 14.°5.

Ort.	N. B. ° ′	Lge. P. ° ′	Höh. P. F.	M. Jahr.-Tp. ° C.	Zeit der Beobachtung etc., Winter- und Sommertemperatur.
Étampes	48.21	0.10 W.	250	10.6	Dies Med. hält G. wegen der Zeit noch um 0°.2 zu niedrig (?) Handschr. Mitth. d. Hr. v. Humb. **W. + 9.0; S. 20.1?** Aus der Vergl. dieser $\frac{W}{S}$-Temp. mit Paris, Strassburg, Jersey u. Penzance geht unzweifelhaft die Unzuverlässigkeit der neueren Beob. hervor. D. Jahrestemp. dürfte kaum 13° erreichen. 1 J. 1784. Cotte. v. Humb. l. is.
Mayenne	48.18	2.58 —	300	10.9	2½ J. 1783—85 obs. de la Rue. Cotte p. 422; v. Humb. is.: **11°.1.**
Troyes	48.18	1.44 O.	300	11.4	6 J. 1779—84. Nach Cotte p. 577 gute Beob. v. Boutiller u. Rondeau. Wahrsch. wegen der Std. zu hoch.
Denainvilliers (Gâtinois)	48.12	1. 3 —	510	10.7	30 J. 1748—78 obs. Duhamel, aus 8, 12—2 u. 11h; Med. **11°.1** nach Kämtz' Corr. Aus d. Mém. de l'Ac. bei Cotte p. 326. **W. + 2.9; S. 19.3.**
Mühlhausen	47.49	4.56 —	730	10.2	10 J. 1777—86 obs. Meyer, Std.? Cotte p. 471 u. Stat. gén. d. Dep. du Haut-Rhin 1831 p. 23. — Belfort 3 J. 1808—10 Std.? **9°.4** Ebd.
Vannes	47.40	5. 6 W.	—	11.0	2 J. 1784 u. 85 obs. Aubry. Ebd. p. 581.
Beaune	47.22	4. 1 O.	820	11.2	1 J. 1784. Ebd. p. 256.
Dijon	47.19	2.42 —	700	10.5	Zeit? nach v. Humb. l. is. Cotte aus 7 J. 1777—83 obs. Maret 11°.5 (p. 330) (Pouillet 10°.6 Phys. p. 491.)
Besançon	47.14	3.42 —	750	10.7	Zeit? v. Humb. l. is.; Cotte p. 263 a. 5 J. 1779—84 3mal tgl. obs. Meillardt **11°.2.**
Nantes	47.13	3.53 W.	n. 0	12.6	6 Jahr 1777—82 obs. Duplessis und Budan. Cotte II. p. 476. Humb. l. c. **W. + 4.4; S. 20.4** (zu hoch?)
Chinon	47. 9	2. 6 —	200	12.0	9 J. 1776—84 obs. Linacier. Cotte II. p. 308.; Humb.: **11°.9 W. + 3.8; S. 20.2.**
Cusset	46.36	. . . .	. . .	11.9	4 J. 1776—80 obs. Desbrest; ebd. p. 319.

Poitiers	46.35	1.59 W.	300?	12.4	Zeit? v. Humb. l. i. Bei Cotte p. 510 aus 10 J. (1776–85) obs. de la Mazière 11°.7; vgl. p. 539. St. Maurice in denselben Jahren 46½° n. Br.: 10°.9.
Luçon	46.27	3.20 —	...	12.6	4 J. 1777–80 obs. Baron u. Bouquet. Cotte p. 406.
Macon	46.18	2.30 O.	490	10.7	4 J. Trav. Soc. d. Sc. d. Mâc. 1821 p. 56.
La Rochelle	46. 9	3.28 W.	30	11.7	11 J. a) 9 J. 1783–91 obs. Seignette Manh. Eph. bei Cotte u. b) 1781–84 obs. Fleuriau de Bellevue um 7, 2 u. 11h, deren Med. 11°.8. Fleur. d. B. Not. Stat. s. l. Char. Infér. 1837. p. 3. W. + 4.8; S. 19.2 (9 J.)
J. d'Oléron	45.56	3.32 —	—	14.6?	3 J. 1777–79 obs. Fusée-Aublet. Cotte p. 485. Vgl. Brest!
Clermont	45.47	0.45 O.	1250	10.6	7 J. 1806–13 obs. Ramond, Mittags. Mém. de l'Inst. 1812 p. 49; auf wahres Med. red. mittelst d. Differenz des Mittags-Med. u. des Mittels der tgl. Extr. zu Paris; Schouw Europa p. 120. Cotte hat 10°.7; 1776 u. 84 obs. Albared u. Segretier geben 11°.4. Cotte II. 311.
Lyon	45.46	2.19 —	480?	13.2	Zeit? v. Humb. l. is.
Vienne	45.33	2.33 —	400	13.1	6 J. gute Beob. 3mal tgl. (Std. ?) v. Revolat. Cotte p. 590 W. + 3.7; S. 22.1 (v. Humb. J. = 12°.8). Mont-Dauphin 44⅔° n. u. 2770′ h. 11°.1 a. 2 J. 1784 u. 85. Ebd. p. 435.
Bordeaux	44.50	2.55 W.	—	13.9	10 J. 1775–84 obs. Guyot u. de la Mothe Std.? Cotte p. 268. v. Humb. hat 13°.6, Pouillet (Phys. p. 491.): 13°.5 – W. + 6.2; S. 21.7.
Joyeuse	44.28	1.55 O.	600	14.0	1827 obs. Tardy de la Brossy. Bibl. univ. t. XXXVII. 3. Viviers 4 J. 1777–80: 13°0. Cotte.
Tonains	44.25	2. 2 W.	...	12.7	1 J. 1784 obs. Laperche. Cotte p. 571.
Rhodez	44.21	0.14 O.	450	13.9	v. Humb. l. is. Cotte 4 J., obs. Flaugergues: 10°.1. II. 524.

Ort.	N. B. ° ′	Lge. P. ° ′	Höh. P. F.	M. Jahr. Tp. ° C.	Zeit der Beobachtung etc., Winter- und Sommertemperatur.
					St. Paul (Dauph.) 44°.21′ n., a. 3 J.: 12°.1. Ebd.
Alais	44.7	1.44 O.	410	15.4?	26 J. Std.? Obs. d'Hombres Firmas. Bibl. univ. 1828 u. 30; im Jahre 1823 gab derselbe an J. 15°.5. 1802—9 nur 15°.2. W. + 6.2 (28 J.); S. 25.7.
Montauban	44.1	0.59 W.	550	13.1	Zeit? v. Humb. l. is. W. 5.9; S. 20.7.
Avignon	43.57	2.28 O.	60	14.6	25 J. 1802—26 obs. Guérin um Sonnenaufg. u. 2h 1802—5: 14.3; 1802—12 14°.5. W. + 6.1; S. 23.3. N. Schouw's Europa. Més. bar. d. Alp. franç. p. 121. D. Edinb. Journ. of nat. Sc. giebt a. 27 J.? 14°.4 an. — Mont Ventoux 5880′, a. einig. Beob. (unsicher) ber. zu 1°.6; Carpentras 310′ h. 14°.8. Ann. Sc. nat. t. 10.
Nismes	43.51	2. 1 —	100?	15.7?	5 J. 1778—80, 84, 85 obs. Baux u. Rasoux Mg. u. Mittags, wegen Localeinflusses zu hoch. Cotte II. p. 480 (Fischer's Montpellier: 16°.2). Aus 16 J. 1767—85: Med. = 16°.2 Std.? Locale Erwärmung durch die Lage an d. Berge? Topogr. de Nismes par Vincens p. 160.
					Castel Sarras 43°.50′ n. Br.: 14°.0 (1784 obs. Ressayré Cotte 298.)
Tarascon	43.51	2. 1 —	. . .	15.5?	5 J. 1775—79 a. 2 tgl. Beob. v. Laudun. Cotte p. 563.
Dax	43.43	3.24 W.	130?	13.7	5 J. 1780—84 obs. Dufau 2—3mal tgl. Std.? Cotte p. 322 (v. Humb.: 12°.3) W. 6.7; S. 20.3.
Arles	43.42	2.18 —	—	14.6	2 J. 1783 u. 84 obs. Bret. Cotte 204; v. Humb.: 15°.
Toulouse	43.36	0.54 —	470	12.7	7 J. 1818—24 obs. Marqué Victor 5 bis 7mal tgl.; aus 9 u. 9h (oder 6 u. 3h) corr. nach Padua. Gounon's Obs. 1784—88 geben 14°.1; dagegen 8 J. 1814—22

					v. d'Aubuisson u. Assiot 12°.1. — Zu Port St. Étienne auf Befehl d. Admin. du Can. d. Midi von 1813—24 angestellte Beob. geben 13°.9 (Mittags fand eine locale Erwärm. statt; nur ⅓ des Jahres sind Regentage!) Mém. Acad. Toul. t. I. p. 94. W. +5.2; S. 19.9 (7 J.).
Montpellier	43.36	1.32 O.	100	14.1	14 J., obs. Gergonne 1806—17. 19, 28 Std.? Statist. d. Départ. u. Ann. de l'Hérault. Nach Marcél de Serres 16°.7 oder 17°? Die Beob. v. Mourgue 1774—85 (11 J.) geben 15°.2 oder 15°.6; v. Humb. a. 10 J. 15°.2 (Risso's Eur. mér.) Cotte Mém. II. 465. W. +6°.7; S. 24.3 (11 J. ältere Beob.).
Aix	43.32	3. 6 —	600	13.5	1 J. 1776 obs. Morin. Cotte p. 195. v. Humb. l. is. 13°7.
Marseille	43.18	3. 2 —	140	14.7	40 J. a) 16 J. 1777—92 obs. Sylvabella, Manh. Eph. 7—8, 2—3 u. 9—10h, Humb. l. is.; Med. = 14°.8; b) 20 J. obs. Thulis u. Blanpain 1796—1815 Std.? Med. = 14°.7; c) 1823—25, 38 obs. Gambart etc. Zeit d. tgl. Extr. 14°.0 cor. Con. temps. 1827. l'Inst. Bei Cotte a. 9 J. Md. = 15°.0 u. W. +7.5; S. 22.5; 1745—78 Med. = 16°.3; Firmas setzt auch zu hoch 16° (vgl. Alais). Noch zu hoch? Zeit? v. Humb. l. is. Bei Cotte 2¼ J. 12°.1 (p. 526.)
Rieux	43.14	1.10 W.	...	14.0	
Oléron	43.11	2.57 —	650	13.2	4 J. 1782—85 obs. le Roy. Cotte II. 484. Schouw spec. geogr. phys. p. 51. W. +5.7; S. 21.4.
Toulon	43. 7	3.36 O.	76	15.6	11½ J. 1823 bis Juli 1834 a. Beob um 1h Mittag, deren Med. = 18°.4. Alte Beob. v. Barberet 2 J. 1778 u. 79 geben 16.7; 3mal tgl. — Bérard Déscr. naut. d. Côtes de l'Algérie p. 61. Vgl. Nizza (Ital.). 33 J. 1749—81 obs. Burel tgl. Extr. wahrsch., aber in der ⊙, geben nur 14°.4. Villeneuve Stat. d. B. du Rhône I.

Ort.	N. B. ° '	Lge. P. ° '	Höh. P. F.	M. Jahr.-Tp. ° C.	Zeit der Beobachtung etc., Winter- und Sommertemperatur.
Perpignan	42.42	0.34 O.	160	15.5	6 Jahr 1777—84 versch. Beob. Std.? Cotte II. 503. v. Humb. l. is. Schouw l. c. **W. + 7.2 ; S. 23.9.**
Mont-Louis (Rouss.)	42.30	0.20 W.	4900	6.5	5 J. 1780—84 3mal tgl. Std.? obs. Barrera. Cotte II. 437. **W. — 0.3 ; S. + 13.9.**

V. Norddeutschland.

		Ö. L. P.			
Tilsit	55.4	19.33	...	6.9	17 Jahr 1820—36 obs. Heydenreich, 6, 2 u. 10h; **W. — 3°.2 ; S. 16.7** (cor. Leith, Salz.) Vat. Arch.
Dorf Krockow	54.46	15.49	...	7.4	1 J. 24 Oct. 18 29/30 aus 5 tgl. Beob.; corr. nach den 24j. Beob. zu Danzig, um die j. Abweichung zu eliminiren. Strehlke Pogg. 35.
Königsberg	54.43	18.10	60	6.5	24 J. 1799—1822 obs. Sommer; 3 Beob., die sehr nahe das wahre M. geben. Astron. Nachr. II. 25. **W. — 3.3 ; S. 15.9.**
Danzig	54.21	16.18	45	7.7	22 J. a) 1807, 10—12 obs. um (8 oder) 7, 2 u. 10h, nach Salzuffeln corr. Med. = **8°.0 ;** b) 1813—30 (18 J.) um 6, 2 u. 10 obs. Krefeld wahres Med. = **7°.6.** Gewöhnlich wird als 24j. Med. (1808 u. 9 eingeschl.) = **7°.8** angegeben (Bergh. 3 Sendschr. 66 u. a.), dabei ist aber weder die Abweichung der Stunden in den ersten Jahren, noch die fehlerhafte Berechnung der mon. Mittel in d. J. 1808 u. 9 berücksichtigt, indem hier wenigen Beob. des Mittags gleiches Gewicht mit denen Mg. u. Abds. beigelegt ist; auch zeigten sich mehrfache Abweichungen in den einzeln. Mitt. im 1. Hefte des II. Bd. d. neuesten Schr. der naturforsch. Ges. zu Danz. 1826. von

					denen in dem vollständ. Beob.-Journ. in d. folg. H. 1831 berechneten! **W. — 0°.7; S. 17.0** (1807—24 v. Schouw für 6, 2 u. 10h? corr.), — **1°.4; 16.5** (1813—30 n. Salzufl. corr.). — 81 Jahre d. Beob. v. 1739—52 Hanow um 12 u. 12h, bis 1788 Reinick um 7 u. 9—10h, bis 1819 Füllbach u. Kleefeld 6—7 Mg. (?) u. 10h Ab. gegeben mit Berücksichtig. des etwas willkürlich den versch. Obs. von Westphal beigelegten Gewichtes (Neueste Schr. I. p. 56.) ebenf. das corrig. Med. **7°.7**, was mit dem obigen aus 22 J. gut übereinstimmt und als 92-jähr. M. angesehen werden kann.
Braunsberg	54.19	17.34	70	6. 6	7 J. 1827—32 u. 36 obs. Feldt, a. 8, 12 u. 10h. Jahresber. d. schles. Ges. f. vat. Cult. 1834. p. 60. Richter preuss. Prov.-Bl. Pogg. XLI. 541. **W. — 4°.4; S. 16.4** (6 J.)
Stralsund	54 19	10.47	50	8. 1	11 J. 1827—37; Med. 9°.0; corr. n. Salzuf. u. Apenr. Bergh. Vorb. phys. Atl. 3. giebt 8°.5 (n. Leith?) an. — 8 J. 1827—34 obs. Nizze um 8, 12, 2, 6 u. 10h, corr. n. Leith: **8°.2** nach Bergh. 3 Sendschr. etc. an v. Humb. (in seiner Länderkunde **8°.0**) **W. — 1°.1; S. 9.4.**
Greifswalde	54. 4	11. 4	...	8. 6	Nur 1 J. 1825 tägl. Extr. Handschr. Mitth. des Hr. v. Humb.
Starkenhorst (bei Swinemünde)	53.54	11.57	—	8. 6	9 J. 1826 — Sept. 35, um 8, 12, 2, 6 u. 10h corr. Mittel. obs. Starke. Bergh. l. c. p. 64. **W. — 0°.6; S. 17.7.**
Cuxhaven	53.53	6.24	—	8. 6	18 J. 1793—1810 obs. Woltmann; nach Buek corr. Hamb. Kl. p. 26. **W. + 0°.5; S. 16.8.**
Hamburg	53.33	7.38	60	8. 9	19 J. 1807—25. Obs. Willerding, 8 u. 2h, auf wahre Med. red. **W. + 0°.3; S. 17.6** (corr. v. Schouw), **+ 0.4; 19.0** (Kämtz). 5 J. 1820—24 v. Harris u. Campbell (Zeitg.) mit einem Six-Th. geben dasselbe J.-Med. Buek l. c. 23.
Flotbeck	53.32	7.40	n. 0	9. 4?	Nach v. Voght obs. (1814—29)? Std.? Ohne nähere Angabe in Bergh. Ann. III. aus Bibl. univ. t. XLIII.; aus den jahreszeitl. Med. Zu hoch. **W. + 0.3; S. 17.6.**

Ort.	N. B. ° ′	Ö. Lge. Par. ° ′	Höh. P. F.	M. Jahr.-Tp. ° C.	Zeit der Beobachtung etc., Winter- und Sommertemperatur.
Neustrelitz	53.22	10.43	270	8.6	5 J. 1829—33 obs. Prozell 8, 12, 2, 6 u. 10h; nach Leith corr. v. Bergh. in 3 Sendschr. p. 64. W. — 0.7; S. 17.3.
Prenzlow	53.18	11.25	130	9.4	4 J. 1832—35 obs. Meinicke um 8, 12, 2, 6 u. 10h. Corr. Media (Leith) v. Bergh. a. a. O. (Ländkde Temp.-Tab. 9°.6); wohl zu hoch. W. + 1°8; S. 18.3.
Lüneburg	53.15	8. 4	180	9.2	12 J. 1813—24 obs. Münchmeyer a. 2 Beob. auf Med. red. Schübler Met. Temp.-Taf. (Buek l. c. findet aus diesen Jahren 9°.0.) W. + 1.0; S. 17.3.
Perleberg	53. 5	9. 1	290?	8.8	4 J. 1827—30 obs. Engelhardt 5mal tägl. 8, 12, 2, 6 u. 10h, Leith. Corr. Bergh. 3 Sendschr. W. — 0.5; S. 18.0.
Thorn	53. 1	16.17	120	8.3	1 J. 1825. Std.? Bergh. l. c. Med. 8°.8, nach Danz. 24-j. Beob. corr. Derselbe giebt 1825 obs. Erdemann 9°.4 (Annal. XVII. p. 560.) u. Ldk. (Jahre?) 8°.2 u. W. — 0.3; S. 16.5.
Königsberg (Neumark)	52.58	12. 7	110	8.5	1 J. 1828 obs. Geissler 5mal tägl. corr. bei Bergh. l. c.; wegen der Abweich. des Jahres nach den Berliner Beob. corr.
Wriezen	52.43	11.48	70	8.3	1 J. 1828 obs. Ulrich. Med. = 9°.1 aus 8 zweistdl. Beob. (h?); nach Leith u. der Beob. Reihe z. Berl. 1821—34 v. Berghaus corr., 3 Sendschr. Ulr. Besch. d. Stadt Wriezen p. 324. Einfl. des Oderbruches, bestätigt durch Erschein. d. Veget.
Tangermünde	52.33	9.39	130	9.5	5 J. 1821—25 obs. Stöpel 8, 12, (2), 6 u. 10h. Kretschm. Zeitschr. I. Nach Salzufl. corr. In Stöpel's Tangerm. p. 17. steht 10° (? J.), vgl. Magdeb. Zeitg. 1835.
Berlin	52.31	11. 3	110	9.1	{15 J. 1821—35 tägl. Extr. obs. Mädler. Derselbe Med. geben 1824—35 (Astr. Jahrb. (1839 p. 308.) u. 100 j. Beob. (Bergh. Ann. XII.). Aus 85 J. vor 1821, 8°.94 (8, 1 u. 11h bes., versch. Beob. namentl. Gronau; vgl. Mag. d. Ges. naturf.

					Freunde z. Berl. 1807 p. 132.; fg. Jhrgge); aus $13\frac{3}{4}$ J. seit 1821: 8^0 85 tgl. Extr. obs. **Mädler** in Prov. Blätt. f. Brandenb. 1834 p. 51. 25 J. 1801—21 obs. **Gronau** (8, 1 u. 11h) u. 1822—25 (Ext.) $8^0.6$; W. − 0.7; S. 17.6. Aeltere Berechn. setzen die Tp. herab auf $8^0.1$ (in Schübler Met.) u. $7^0.9$ (Kämtz' Taf.). Mädler Vers. einer tab. graph. Darst. d. Witt. Berl. 1825, 27 u. d. neueren Beob. L'Instit. 1836 N. 178. W. − 0.6; S. 17.8 ($13\frac{3}{4}$ J.), − 1.0; 17.2 (20 J. corr.), − 1.2; 17.9 (25 J.). 10 b. 38, J: $8^0.7$; $\frac{-W-0.9}{S.\ 18.0}$ Schum. Jhrb.
Minden	52.18	6.35	200	9. 2	5 J. Sept. 1814—19. Hertha I.
Braunschweig	52.15	8.12	300	9. 9	3 J. 1824—26 obs. **Thomas** tgl. Extr. Mitgeth. v. Lachmann Flora Brunsvic. I.
Rinteln	52.11	6.43	180	9. 4	3 J. 1823—25 obs. **Garthe**, 8, 12 u. 10h, aus d. gleichzeit. Beob. zu Salzufl. zum 16-j. Med. (1822—37) corr. Bergh. Ann. 17. Bd.
Salzuflen	52. 5	6.25	300?	9. 3	16 J. 1822—37 obs. R. u. W. **Brandes**. Wahres Medium. Bergh. Ann. 17. p. 533. W. + 1.5; S. 17.3. k. M. − 0.6; w. M. 18.1.
Münster	51.58	5.18	190	9. 5	9 J. 1818—26 obs. **Roling**, 6, 2, 10h, geben wahres M. W. + 2.0 (+ $1^0.9$ corr.) S. 17.0 (desgl. corr.) Mitth. des Hrn. Humb. Abhandl. der ärztl. Gesellsch. zu Münster. 1827.
Clausthal	51.49	8. 0	1750	4. 9	10-jähr. Beob. Ohne nähere Angabe in Zimmermann's Harzgeb. Th. I.
Brocken	51.48	8.17	3500	+ 1. 0	1 J. 1838 obs. **Nehse**, 6, 2 u. 10 h. (Berlin's Med. = $7^0.0$, also viel zu niedrig.)
Sagan	51.39	12.59	380	8. 8	7 J. Beob. in d. Manh. Eph. nach Schön's Wittr. W. − 2.6; S. 18.2.
Göttingen	51.32	7.36	480	8. 3	Zeit? **Mayer** nach v. Humb. l. isoth. Tabl. W. − 0.9; S. 18.2. — Dasselbe Jahresmittel setzt **Harding** nach späteren Beob. auf dem Observat. (Zeit? Ist es aus den Mg.-Beob. 8h ber., so ist es um $0^0.4$ zu klein); seine Beob. in der Stadt geben dagegen $9^0.4$ (Std.?). Hdschr. Mitth. d. Hrn. v. Humb.

Ort.	N. B. ° ′	P. L. P. ° ′	Höh. P. F.	M. Jahr. Tp. ° C.	Zeit der Beobachtung etc., Winter- und Sommertemperatur.
Halle	51.30	9.38	340	8. 5	5 J. 1819—23 (ausser Juni → Aug. 1823) obs. Winckler Gilb. Ann. 1819 fg. nach Chimin. v. Schouw (Vejrl. Danm.) corr. Nicht ganz sicher wegen der Beob.-Local. 9°.2 hat Muncke Gehl. W. 9. I; 9°.5 Ehrenheim. (Zeit?)
Leipzig	51.20	10. 2	320	9. 9?	2 J. 1821 u. 22 obs. Schmidel, 8, 1 u. 10h. Corr. wegen der Beobzeit und der Abweichung nach den Mitteln für Berlin. Zu hoch. Vergl. Stat. Mitth. Sachs. XI.
Elberfeld	51.15	4.50	400	9. 1	12 J. 1818—29 obs. Rauschenbusch; 8, 2 u. 8h Med. 10°.0 corr. nach Pad. und Leith, mitgeth. v. Benzenberg in Kastn. Arch. V.; ber. v. Förstemann. Bergh. Ann. V. 327. W. +2.3; S. 15.9 (corr. Med.)
Düsseldorf	51.14	4.27	150	9. 5	9 J. 1810—1818 obs. Rösseler, um 8, 2 u. 8h; Kastn. Arch. 5. Bd. Corr. nach Padua u. Leith. Bergh. Taf. hat 10°.6 (Mädler im Düsseld. Wochenbl.).
Meissen	51.10	11. 6	350	8. 8	2 Jahre. Corr. a. 11.2, Mittagsbeob. v. Wunder. Unsicher. (Bergh. Annalen: 9°.6.) Nach Bergh. Länderkunde. 4. Bd. Stat. Mitth. XI.
					Mühlhausen 51° 13′ u. 8° 9′ ö., 645′ h. 1 J. 1837 (stdl. Beob.): 8°.0; Med. v. März $18\frac{37}{38}$ nur 6°.6. Obs. Graeger. Pogg. 46.
Breslau	51. 6	14.42	430	8. 1	18 J. 1812—1829 obs. Jungnitz, a. 6, 2 u. 10h. Mitgeth. in Bergh. Ann. 1830. Prudlo Schles. Höhenmess. 1837. — Nach Göppert (Wärme-Entwickl. p. 69.): 8°.3. — W. —1.0; S. 17.3 (10 J. corr.).
Dresden	51. 3	11.23	370	8. 3	11 J. 1827—37 obs. Lohrmann um 6, 9, 12, 3, 6 u. 9 h, auf wahre Med. red. Bergh. Ann. a. 9. J.: W. —0.7; S. 17.9. — 24 J. 1812 — 35 obs. Winkler, Wiemann und Lohrmann geben 9°.4 unc.! Bergh. 3 Sendschr. Stat. Mitth. Sachs. 1839. Liefr. XI.

Schöndorf	51. 1	9. 0	1000	7. 5	10 J. nach Schrön's Mitth. Wahres Med. Schübl. Met. Temp.-Taf. W. — 2.4; S. 16.0 (Beob. d. met. Vereins in S.-Weimar (1822—27 geben 9°.1.)
Eisenach	50.59	8. 0	680	7. 5	1822—27 (nur ein kalter Winter) geben 9°.15; nach 10-jähr. Beob. in Schöndorf verbess. Kastn. A. 25.
Erfurt	50.59	8.42	640	9. 0	17 J. a) 8 J. a. Manh. Eph. in Schübler Met. Taf. und 1817—25, beob. um 8, 2 u. 10, nach Chim. corr.; in Bergh. Ann. I. W. — 0.5; S. 18.6 (8 J.).
Weimar	50.59	9. 0	650	9. 7?	6 J. 1822—27 (nur ein kalter Winter! Med. 10°.3 Schrön met. Beob. in S.-Weimar. Corr. nach Jena f. 10 J., desshalb etwas zweifelhaft. v. Hoff Höhenmess. in Thür. I. p. 127. Bergh. Ldk. IV. p. 364. giebt 8°.9.
Wartburg	50.58	7.58	1270	7. 9	6 J.? (9°.1) Dessgl. Eben so corr.
Gotha	50.57	8.23	950	7. 3	8 J. 1829—36; zu niedrig? 4 J. 1828—32: 8°.4; obs. v. Hoff; Sonnenaufgang, 6, 8, 2 u. 8; wahres Med. Kastn. Arch. VI. etc. Bergh. Ann. W. — 1.3; S. 15.5.
Jena	50.56	9.17	500	8. 7	13 J. 1822—35 obs. Schrön 8, 2 u. 8; auf wahre Med. red. th. von Schübler Met. Taf.; Met. Beob. in Sachs.-Weim., Kastn. Arch., N. Act. Acad. Leop. Car. XVII. sq. W. — 0.7; S. 16.4 (10 J. Sch.).
					Altstädt: 430', 1822—27?: 10°.7, corr. wie Weimar 9°.3.
Weesenstein	50.56	11.31	520	8. 0	3 J. 1830—32 Mittagsbeob. v. Lohdius, nach Chim. corr. Bergh. Ann. 17. Stat. Mitth.
* Freiberg	50.55	11. 0	1240	7. 2	9 J. 1829—37 obs. Reich, 9, 12 u. 3 auf wahre Med. red. Bergh. Ann. 17. W. — 1.8; S. 15.8 (7 J.). Stat. Mitth. XI.
Zittau	50.54	12.28	760	7. 6	10 J. 1828—37 obs. Dreverhoff um 9, 12, 3 u. 9h, 1828: 8, 12, 2 u. 10h. Auf wahre Med. red. a. 8°.2. Stat. M.; Bergh. Ann.: W. — 1.0; S. 16.6 (9 J.)

Ort.	N. B. ° ′	Ö. Lge. Par. ° ′	Höh. P. F.	M. Jahr.-Tp. ° C.	Zeit der Beobachtung etc., Winter- und Sommertemperatur.
Chemnitz	50.51	10.35	930	8.2	1 J. 1830 Mittagsbeob. Bergh. Ann. 7; nach Salzuflen corr. (zweifelhaft). Das J. 1825 giebt corr. n. Salz. 9°.3 obs. Kretschmar. Zeitschr. f. Met. I. Vergl. Stat. Mitth. XI.
Arnstadt	50.50	8.37	900	8.2	10 J. 1823—32 obs. Lucas um 8, 2, 8h nach Salzuflen corr. Kastn. Arch. VIII. W. −0.8; S. 17.8 (corr.)
Marburg	50.48	6.30	710	8.8	12 J. 1817—28 obs. Gerling (in versch. Std.) tgl. 3mal; von Berghaus auf wahres Med. red. Ann. 17. W. + 1.3; S. 16.6.
Altenberg	50.45	11.23	2320	6.4	5 J. 1830—34 obs. v. Holtzendorf, Schütz u. Pilz um 9, 12 u. 3. Auf wahre Med. red. v. Bergh. Ann. 17. W. −3.5; S. 12.2.
Ilmenau	50.41	8.37	1420	8.8?	6 J.? Wie bei Weimar. Bergh. Ldk. IV. p. 364 nur 7°.3.
Lichtentanne	50.41	10. 6	1010	7.9	1 J. 1830 Mittagsbeob. corr. nach Salzuflen. S. Chemnitz. Frankenheim: 2300′ h. 1825: 7°.3; f. 10. J. (n. Arnstadt) corr. 6°.3.
Meiningen	50.35	8. 4	900	8.0	Zeit etc.? Bergh. Temp. Taf. (Länderk. I.)
Annaberg	50.35	10.41	1800	7.0	Zeit etc.? dessgl.
Fulda	50.34	7.24	830	8.3	11 J. obs. Steller nach Schübl. Taf. Met. W. −2.6; S. 18.7.
Oberwiesenthal (Erzgeb.)	50.25	10.38	2780	4.1	5 J. 1830—34 Mittagsbeob. v. Axt, corr. — Bergh. Ann. 17. Stat. Mitth. XI.
Köthen	50.22	7.30	. . .	9.6	1 J. 1826; wegen d. Abweich. d. J. corr. ist d. Med. 10.0? Jahrber. d. phys. Ver. z. Frankf.
Koburg	50.15	8.38	680	7.8	v. Hoff Höhenmess. in Thüringen 1833. p. 127.
Pless	49.58	16.20	820	8.9	2 J. obs. Schäffer (8°.3) mitgetheilt von v. Sydow Karp.; corr. nach den gleichzeit. Beob. in Breslau f. 18 J. (unsicher).
Troppau	49.46	15.35	800	9.1	Nur 1 J. 1827. Std.? Kastn. Arch. XV. p. 197. Nach Sommer Oestr: 8°.4.

VI. Böhmen und Mähren*).

Schluckenau	51. 1	12. 7	990	7.9	4 J. 1830—33 obs. Burggr. Holfeld. Scheint nicht mehr zur klimat. Gruppe Böhmens zu gehören.
Rumburg	50.57	12.13	1140	7.0	Mehrere J. obs. Melzer, nach Sommer's Böhmen I. — 1826 u. 27 geben 7°.6.
Tetschen	50.47	11.52	290	8.7	4 J. 1830—33; 1829 hinzuger., sinkt d. Med. auf 8°.4; obs. Seidl Zeit der tgl. Extr. Im engen Elbthale, fast von allen Seiten v. Bergen umschlossen. Sommer-Med. (6 J.) 18°.5.
Schneekoppe	50.44	13.24	4960	+0.2	Nach Siebenhaar's Beob. Zeit?
Wiesenbaude	50.43	13.20	4350	+1.9	Nach Schlums Mittheil. in Sommer's Böhmen III. Zeit?
St. Peter	50.41	13.18	2420 2560 ?	5.7	3 J. 1830—32; 1829—32 geben 5°.5 und W. −3.7; S. 14.0 (1828—32). Obs. Schlums. Freie Lage geg. S., gegen nördl. Winde geschützt.
Hohenelbe	50.38	13.14	1400	6.7	12 J. 1822—33 obs. Justiz. Lamb. W. −2.9; S. 15.5. N. Sommer 6°.4.
Schüttenitz	50.33	11.50	680	9.3	8 J. 1822—29. W. - 0.8; S. 19.1. Nach 43 J. 1786—1829 obs. Canon. Kreybich ist d. Mitt. 9°.4; Sommer's Böhmen I. Durch hohe Geb. geg. Nordwinde geschützt, am südl. Abhange.
Leitmeritz	50.32	11.48	360	9.0	4 J. 1830—33.
Rotenhaus	50.31	11. 7	1170	7.8	7 J. 1827—33 obs. Kapl. Lehmann. W. −3.1; S. 17.4.
Gitschin	50.26	13. 1	. . .	9.0	? J. etc. Sommer's Böhmen III.
Jungbunzlau	50.24	12.34	700	9.4	3 J.: 1817—19. Wohl etwas zu hoch. Sommer II.

*) Die Beob. wurden, wenn nichts Anderes bemerkt ist, mit verglichenen Instr. unter Anleitung der Astronomen in Prag angestellt; Med. der Std.: Sonnenaufg., Mittag (2—3) u. ⊙untg. (zu hoh. Med.), oder nur Zeit d. Extr. Die Res. jährlich mitgeth. David's Nachr. v. d. Wittr.-Beob. in Böhmen 1825; Böhm. Ges. Wiss., Ldw. Abhdl. Aus den einzelnen Jahren von mir ber.

Ort.	N. B. ° ′	Ö. Lge. Par. ° ′	Höh. P. F.	M. Jahr.-Tp. ° C.	Zeit der Beobachtung etc., Winter- und Sommertemperatur.
Saaz	50.20	11.13	790	8. 7	10 J.: 1822—25, 27, 29—33 obs. versch. Kaplane. **W. — 1.4 ; S. 17.9.**
Zlonitz	50.17	11.46	560	8. 8	6 J. 1822—27 obs. Kostelniczek. Im N. offne Lage gegen Böhmens Geb.
Königgrätz	50.13	13.30	700	8. 2	6 J. 1826—28, 31—33 obs. d. Prof. Tausch u. Lhotsky. **W. — 1.7 ; S. 17.7.** Nach Sommer 8.4.
Smetschna	50.11	11.42	1080	7. 8	6 J. 1828—33; ohne 1829: 8°.2; obs. d. Geistl. Lischka u. Kremer.
Eger	50. 5	10. 2	1320	7. 1	8 J. 1825—33; ohne 1829: 7°.4; obs. Apoth. Köhler. **W. —3.2; S. 16.4.** (9 J.)
Prag	50. 5	12. 5	590	9. 6	21 J. a) 4 J. obs. Struad, Manh. Eph.; b) 11 J. 1817—27 **(W. —0.2 ; S. 19.9)** a. Hallaschka's Samml. astr., met. Beob. z. Pr. u. spät. Beob. bis 1833 v. d. Astr. Die Zeiten versch., meist ⊙aufg., 2 oder 3 u. 10h Ab., daher Corr. nothwendig. Nach David a. 19 J. 9°.9, **W. — 0.2 ; S. 19.8 ;** dasselbe Jahresmed. geben 37 J. nach Schottky's Prag. I. — 1822—33 geben **W. — 1.0 ; S. 19.0.** Böh. Ges. d. Wiss. — Im tiefen Thale.
Schopka	. . .	. . .	490	10. 1	Bei Melnik. Zeit? Nach David.
Marienbad	49.59	10.22	1850	7. 0	2 J.; 1829 hinzuger. gäbe nur (3jähr. Med.) 6°.2. Franzensbad: 7°.5. David Trig. Vermess. d. Egerlandes p. 67. Nach 2j. Beob. Felbingers ist die Wärme ½° grösser als in Stift Tepl, also nur 6°.7.
Stift Tepl	49.58	10.33	1970	6. 2	11 J. 1822—32 obs. die Stiftsgeistlichen. Ganz frei nach N. **W. — 2.9 ; S. 14.7.**
Landskron	49.55	14.17	1020	8. 8	12 J. 1822—33 obs. Erxleben **W. — 2.6 ; S. 17.5.**
Kuttenplan	49.54	10.25	1560	7. 1	1 J. 1825: 7°.6. Nach St. Tepl's (11 J.) Beob. corr.

Zbirow	49.52	11.26	1520	7. 3	3 J. 1825—27, obs. Kapl. Pech.
Bržezina	49.49	11.18	1460	6. 6	4 J. 1828—30 u. 33, ohne 1829: 7°.0 obs. Direct. Pauk (Graf C. Sternberg).
Pilsen	49.45	11. 3	880	8. 5	9 J. 1822—30 obs. Prof. Tschamler; dessen ältere 17j. Obs. geben 8°.6. W. —2.2; S. 18.4 (9 J.). — Krukanitz hat nach David 8°.1 Med.
Deutschbrod	49.36	13.15	1240	7. 6	6 J. 1828—33. Ohne 1829: 8°.0 obs. Präfect Danjček. W.—2.7; S 16.9.
Brženitz	49.34	11.37	1380	7. 7	10 J. 1824—33 obs. Arzt Ferschmann. W.—1.9; S. 16.8.
Seelau	49.32	12.53	1170	7. 5	3 J. 1831—33 obs. Bibl. Rösler.
Olmütz	49.30	14.50	650?	9. 1	5 J. ältere Beob. nach v. Liechtenst. Oestr. II. u. Sommer Oestr. 1839.
Tabor	49.24	12.19	1300	8. 0	11 J. 1822—28, 30—33 obs. Arzt Mayer. W.—3.0; S. 18.0.
Schüttenhofen	49.15	11.10	1350	8. 3	4 J. 1822 25 im Mittel 8°.6; corr. nach Tabor.
Rehberg	49. 6	11. 7	2540	5. 6	5 J. 1828, 30—33; 1829 mitger. giebt J. 5°.4 u. W.—3.8; S. 14.4; obs. Pfr. Prinz.
Neubistritz	49. 2	12.47	1910	5. 8	5 J. 1828, 30—33; 1829 hinzu giebt als 6jähr. Mittel 5°.4; W.—5.0; S. 14.5; (W. nur 5 J., S. a. 6 J.); obs. Oberförst. Wander.
Budweis	48.59	12. 8	1150	8. 5	2 J. 1828 u. 29: 7°.8; nach 12 J. zu Landskron corrig.; obs. Hauptm. Jüttner u. Prof. Koydl.
Krumau	48.49	11.59	1550	8. 4	2 J. 1832 u. 33.
Hohenfurth	48.37	12. 0	1710	6. 6	8 J. 1824, 27—33 obs. Cisterz.-Priest. Schmidt u. Arzt Nenninger. W.—3.8; S. 16.1.
					Brünn in 49° 12′ n., 14° 16′ ö. soll nach Sommer 11°.9 (?) haben. Viele seiner Angaben für andre Orte stimmen nahe mit den von mir gefundenen Mitteln überein.

VII. Süddeutschland.

Ort.	N. B. ° ′	Ö. Lge. Par. ° ′	Höh. P. F.	M. Jahr.-Tp. ° C.	Zeit der Beobachtung etc., Winter- und Sommertemperatur.
Frankfurt a. M.	50. 7	6.21	360	9. 8	32 J.: a) 12 J. 1827—38 um 9, (12), 3 u. 10h. Obs. des physik. Vereins. Med. 10°.4 nach Salzuflen corr.; b) dasselbe Med. (corr.) geben 20 J. 1758—77 obs. Meermann ber. v. Thilo; W. + 1.4; S. 18.3; 10 J. der letzteren gaben Schübler 10°.0; 1826—29 obs. Claepius (nicht ganz zuverlässig: 9°.9 (Cl. schätzt d. Med. 9°.4). Kriegk nimmt a. 12 J. seit 1826 als Med. 9°.6 an, doch war die tgl. Beobzeit nicht dieselbe, und die ersten Jahre sind nicht so genau als die obigen J. — Ueber Meermann's th. Beob. v. Thilo 1821; Jahrb. d. physik. V. z. Fr. I. 39 etc. Kriegk Phys.-geogr. Beschr. v. Frkf. 1838, p. 46 u. in Mitth. üb. phys.-geog. Verh. v. Fr. v. geogr. Verein das. 1839, p. 11.
Redwitz	50. 0	9.45	1600	6. 5	Nur 1 J. 1823 obs. um 7, 1 u. 9h; Med.: 8°.0 wegen d. Std. u. nach 19-jähr. Beob. zu Bayreuth v. Bergh. (Ann. IX.) corr.
Bayreuth	49.57	9.16	1050	7. 8	18⅓ J. 1814—32 obs. Gerstner; 7 (8), 1 u. 9 (10)h; Med.: 7°.9 nach Pad. und Leith corr. W. + 1.7; S. 16.0 (corr.), + 1.2; 16.5 (uncor.). $\frac{\text{k. M.} - 2.8}{\text{w. M.}\ \ 17.2}$ (uncorr.). Bergh. Deutschl. Höhen 2. Ausg.
Würzburg	49.48	7.36	530	10. 0	27—29 J. (bis 1836?) corr. Med. aus 10°.37 (Würtb. Corresp. 1837 II. 250.) 17—18 J. Manh. Beob., Engel u. Schön; a. 3tägl. Beob. (Schön seit 1813: 7, 2 u. 9) corr. M. = 10°.1, Kastn. Archiv Met. X. p. 167.; Schübler Met.; Kämtz a. 11 J. 10°.4 (Schön Wittrkde.) Schön a. 16 J.: 10°.4 (uncorr.) Zeitsch. f. ges. Met. I. 30.

Trier	49.46	4.20	480	9.8	W. + 0.7 ; S. 19.1 (18 J.) + 1.6 ; 18.6 (corr. a. 27—29 J.) Lage in einem Kesselthale. 20 J. a) 9 J. obs. Delamorre (Med. $9^0.9$ Schübl. Met.), u. b) 11 J. 1806—16 obs. Grossmann 3mal tägl. Std? mit einem nicht ganz genauen Therm.; ber. v. Steininger Hertha. Bd. X. W. + 1.8 ; S. 17.8 (11 J.). Wertheim a. Main 49°.46′ n. 6°.44′ ö. 400′ h. $10^0.2$ } Boxberg 49°.30′ - 7°.18′ - 800′ - $9^0.1$ } Jahre und Std? Nach Bergh. Länderk. Bd. IV. Mergentheim 49°.30′ - 7°.26′ - 620′ - $12^0.2$ }
Manheim	49.29	6. 8	280	10.3	12 J. 1781—92 obs. Hemmer Manh. Eph., 7, 2 u. 9^h, ber. von Kämtz (Taf. d. Tp.); 8 J. geben auf wahre Med. red. nur $9^0.9$. Schön Wittrkde, Schübl. Met. W. + 1.5; S. 19.5 (12 J.).
Heidelberg	49.24	6.22	310	10.0	19 J. 1818—36 obs. Muncke um 9 u. 9^h, red. auf wahr. M. Dasselbe Med. giebt Leonhard a. 16 J. ohne nähere Angabe. Fremdenf. I. Abth. Muncke in Gehler's Wörtb. IX. Th. 1. Temp.-Taf. — Med. aus 9, $2\frac{1}{2}$ u. 9^h dieselb. 16 J. = $11^0.0$. Ebd. p. 426.
Schönthal	49.21	7.12	660	9.6	7 J. 1831—37 obs. Mag. Wunderlich 7, 2 u. 9^h. Nicht corr. wegen der Beobstd. wie alle folgenden Beob.-Oerter des Würtemb. meteor. Vereins, da die Corr. für hochgelegene Punkte unsicher scheint und diese Angaben vielleicht oft kaum um 1 oder 2 Zehntel vom wahren Med. abweichen. Jährl. in Corresp.-Blätt. d. Würtb. Ldw. Ver. Die Bearb. der Vereinsbeob. rührt von Schübler u. Plieninger her.
Heilbronn	49. 8	6.58	490	10.5	Nur 1 J. 1832, welches nach Stuttg. noch um 0°.5 zu niedriges Med. hat. Würtb. Met. Ver.
Rossfeld (bei Crailsheim in:)	(49.8)	(7.45)	1110	8.0	3 J. 1834, 35 u. 37 obs. Pfarrer Bürger. Nach Westheim um 0°.1 (gegen 7 J. Med.) zu niedrig wegen d. Beob.-Jahre.

Ort.	N. B. ° ′	Ö. Lge. Par. ° ′	Höh. P. F	M. Jahr-Tp. ° C.	Zeit der Beobachtung etc., Winter- und Sommertemperatur.
Westheim (bei Hall in:)	(49.7)	(7.30)	1000	9. 1	7 J. 1831—37 obs. Pfarrer Reiniger. Würtb. Met. V.
Bönningheim	49. 2	6.45	650	10. 1	1 J. 1826 giebt in Stuttg. vielj. Med. Würtb. M. V. 1825: 11°,3.
Karlsruhe	49. 1	6. 5	350	10. 0	38 J. 1798—1835 obs. Böckmann, Wucherer u. Stieffel, 7(6—8), 2(—3) u. 9(—11)h ber. v. Eisenlohr Kl. v. Karlsr. 1832; Kastn. Arch. u. Pogg. Ann. XLI. Corr. n. Pad. u. Salzufl. Fast dasselbe Med. geben schon 18 J. 1807—24 und 20 J. Böckm. Beob. (bei Schübl. Met.). In Gehler's Wörtb. 9. I. wird a. 40 J. M. = 10°.5 angegeben. W. +1.1; S. 18.9 a. 38 Jahren.
Regensburg	49. 1	9.46	1030	8. 6	59 J. 1773, 74, 77—80, 82—1834 obs. Heinrich u. v. Schmöger: a. 5—8 Beob. tägl. nach Chimin. auf wahr. Med. red. Dasselbe Med. geben 50 J. Obs. Heinrich's; 1807—24 liefern nur 8°.1. — W. —1.5; S. 17.9. k. M. —3.1; w. M. 19.6. Schweigger Journ., Kast. Arch. u. Schmöger Met. Beob. zu Reg. I.
Frauenau	49. 0	11. 0	....	7. 7	1 J. 1789, welches in Baiern nahe vielj. Med. giebt; obs. 7, 2 u. 8—9h. Bai. Met. Eph.
Ellwangen	48.58	7.47	1380	7. 7	3 J. obs. Schübler ⊙aufg. u. 2h. Memminger Würtb. Jahrb. f. 1823 p. 154.
Pforzheim	48.54	6.22	800	9. 0	? Jahre etc. Bergh. Ldk. Bd. IV.
Ludwigsburg	48.53	6.51	950	10. 1?	6 J. 1832—37 obs. F. Binder. Würtb. Met. V. Sonnenwirkung scheint statt gefunden zu haben.
Schorndorf	48.48	7.12	770	10. 4	6 J. obs. Rösch a. ⊙aufg. u. 2h. Memminger l. c.
Ober-Urbach	48.48	7.13	860	8. 9	3 J. 1827, 31 u. 32 obs. Steudel. Würtb. M. V.
Dorf Wangen	48.46	6.55	850	9. 4	13 J. 1825—37 obs. Pfarr. Rösch. Corr. Med. = 9°.1; 7 J. 1831—37 geben dass. M. Würtb. Met. V.
Stuttgart	48.46	6.57	760	9. 8	43 J. 1795—1837 (Beob. im schwäb. Merk.), 7, 2 u. 9h; corr. Med. Die 30 J.

					1795—1824 geben 9°.9; 7 J. 1828—34 um 7, 2 u. 9h 7°.79 R., corr. 7°.68, in denselben J. aus d. tägl. Extr. 7°.69 R. Corresp.-Blätter d. Würtb. Ldw. V., Plieninger's Zusammenstellung im 10. Jahresb. üb. d. Wittr. in Würtbg. 1834 fg. 14 J. Beob. v. Plieninger u. Schübler geb. corr. ebf. 9°.8 (Sch. Met.). W. + 1.0; S. 18.3 (40 J. corr.); + 0.6; 18.7 (14 J. c.). Stagnation der Luft durch die eingeschlossene Lage des Stuttg. Thals.
Ingolstadt	48.46	9. 5	1180	8. 4	16 J. 1782—97 a. 8—10 tägl. Beob. (Std.?) ber. v. Heinrich. Zach mon. Corr. f. Erdkde.
Niederaltaich	48.45	10.40	....	10. 9?	8 J. 1782, 83, 86—91; 1789: 10°.5. Ber. v. Heinrich l. c. Bair. Eph.
Winnenden	48.42	7. 3	860	9. 5	3 J. 1827, 36 u. 37 obs. Palmer u. Wunderlich. Würtb. Met. Ver.
Weyhenstephan	48.40	9.45	....	8. 7	1 J. 1789. S. Frauenau.
Giengen (a. d. Brenz)	48.37	7.55	1480	8. 4	18 J. 1820—37 obs. Pfarr. Binder tägl. Extr. (auch 7, 2 u. 9h) Corr. 10 J. bis 1834 geben 9°.0. 7 J. 1831—37 geben aus d. Beob. um 7, 2 u. 9h: 8°.5. Plieninger l. c., Jahresberichte v. Würtb. V., Kastn. Archiv Met. XV. etc.
Bebenhausen	48.34	6.42	1150	7. 8	3 J. 1825—27 obs. Gärtn. Ammermüller. Würtb. Met. V. Scheint unzuverlässig.
Nagold	48.33	6.24	1250	8. 8	3 J. 1825—27 obs. Apoth. Zeller. Ebdas.
Tübingen	48.31	6.43	1020	8. 5	14 J. 1819—29 (8°.6) u. 1830—33 obs. Schübler a. d. 2 tägl. Extr. (☉aufg. u. 2h) auf Med. red. Sch. Met. Temp.-Taf., Memm. Würtb. Jahrb. u. Corresp.blätter. W. – 0.3; S. 17.0 (10 J.).
Rottenburg	48.28	6.37	1060	8. 4	Zeit? Memm. Rott. p. 52.
Genkingen	48.25	6.50	2410	6. 8	7 J. 1820 bis Juli 1826 obs. Klemm Morg. (versch. n. d. Jahreszeiten), 2 u. 9h Corr. n. Chimin. Kern Dissert., abgedr. in Kastn. Arch. IV. W. – 1.6; S. 14.8. Schwäb. Alp.
Augsburg	48.22	8.34	1520	8. 0	22 J. 1813—34 obs. Stark 7, 2 u. 9h; Med. 8°.3 auf wahr. Med. red. Schübler a. 16 J.: 8°.1 (Met. Temp.-Taf.); 1828—34, 7 J.: uncorr. 8°.0. D. Therm. in d. Sonne

Ort.	N. B. ° ′	Ö. Lge. Par. ° ′	Höh. P. F.	M. Jahr.-Tp. ° C.	Zeit der Beobachtung etc., Winter- und Sommertemperatur.
					zeigte im 22-j. Med. 10.9. — W. — 2.0 ; S. 17.1 (7 J.). 0.0 ; 20.2 (dieselben J. in der Sonne); — 1.1 ; 16.8 (20 J. red.)
Linz	48.19	11.57	670	9. 5	Zeit? Nach v. Liechtenst. Östr. I. (Bergh. Taf., Sommer Östr.)
Rottweil	48.15	6.17	1850	6. 7	4 J. obs. v. Drey, ⊙aufg. u. 2^h. Memm. l. c.
Wien	48.13	14. 2	500	10. 5	12 J. a. d. Manh. Eph. u. v. Littrow 3mal tägl., corr. v. Schübler; nach Kämtz $10^0.4$. — 17 J. 3 tägl. Beob. v. Triesnecker, v. Heinrich ber. Med. = $10^0.8$; Zach mon. Corr. XXV; 8 J. 1775—77, 81—83 Std.? (Schön Wittrkde.) u. 1825 u. 28 (wahre M.) geben $10^0.6$; 12 J. 1821—32 Beob. auf d. Sternw. um 8, 3 u. 10^h Med. $10^0.3$, nach Pad. oder Salzufl. corr. gaben mir nur $9^0.9$! dagegen 50 J. nach v. Littrow $10^0.9$, W. + 0.5 ; S. 20.4 (W. + 0.2 ; S. 20.3 a. 14 J. Schübl.), ohne nähere Angabe der Zeit u. Corr.-Methode (?) nach Zahlbruckner's Angabe in Beitr. z. Landesk. Oestr. unt. d. Enns. Vergl. Cotte II. 589. Die älteren Beob. scheinen nicht zuverlässig. S. Temp.-Taf. v. Schübl., Kämtz, Ann. d. Wiener Sternw., Baumg. Zeitsch. f. Physik.
Fürstenfeldbruck	48.12	8.54	1660	9. 4	1 J. 1789. S. Frauenau.
Raitenhaslach	48.10	10.30	....	9. 2	Dessgleichen.
München	48. 2	9.14	1570	9. 1	32 J. a) Beob. d. Manh. Soc. 7 J. 1782—88, 7, 2, 8—9^h, nach Chim. corr. $8^0.8$. W. — 1.1 ; S. 18.2. b) 27 J. 1805—29 obs. Häberl 6, 1—2, 9^h, deren Med. $9^0.16$. 1781—94 (13 J.) obs. Imhof ergeben auch $9^0.1$ uncorr. — Ber.

					v. Siber in Kastn. Arch.; Met. Ephemer. d. bayr. Akad., Schön Wittrkde, Martius' Hort. bot. Monac. 1825 p. 10. Bayr. Annal. 1832, Gel. Anzeig. *)
Biberach	48. 6	7.27	1640	9. 2	4 J. 1831—34 obs. Prof. Pross. Würtb. M. V. Memm. Bib. p. 17.
Siegmaringen	48. 5	6.53	1810	9. 0	8 J. 1830—37 obs. Forstmeister Karl, 7, 2 u. 9h; — 3 J. früher obs. Mezler ⊙fgg u. 2h: 7°.5, Memminger l. c. Nach Padua corr. wäre das 11jähr. Med. für 8°.4. Würtb. Met. Ver.
					Endingen, Lage? 1600' h.: 9°.6; 1834—36, 3 J. obs. Pfarr. Memminger. Würt. M. V.
Schwenningen	48. 4	6.13	2180	7. 7	4 J. 1834—37 obs. Dr. Rösch. Würt. M. V.
Freyburg in Würt.	48. 4	5.33	860	9. 8	7 J. 1808—14 obs. Wucherer u. Schreiber nach ⊙fgg., nach d. Culmin. u. nach ⊙untgg. Progr. v. Freyb. 1818 (Schr. Freyb. 1825. Memm. Jahrb. 1823, Heunisch Beschr. v. Baden 1836 p. 46).
Kremsmünster	48. 3	11.48	1100	8. 6	1815—24 obs. Schwarzenbrunner, 4m. tgl. Astr. Nachr. IV. (Bergh. Taf.: 8°.3).
Tuttlingen	47.59	6.30	2000	7. 7	4 J. 1834—37 obs. v. Gross. Würtb. Met. Verein.
Andechs	47.58	8.52	2160	8. 7	8 J. Manh. Ephem. (Schön's Wittr.), nach Kämtz' Taf.
Klost. Rott	47.57	9.50	1620	9. 4	1 J. 1789 Bai. Met. Eph.
Beierberg	47.50	9. 6	....	7. 8	1 J. 1789. S. Frauenau.
Salzburg	47.48	10.43	1260	10. 0	Zeit? N. Bergh. Temp.-Taf. Nach v. Liechtenst. u. Sommer: 9°.3.
Hohe-Peissenberg	47.48	8.41	3020	6. 7	20 J. obs. d. Aebte Schwaiger etc. a) 11 J. 1781—91 Manh. Eph. u. Std., Med. = 6°.1; 1781—88 corr. 5°.7 nach Schübler, 5°.8 n. Schouw (Schön Wittr.), 6°.0 unc. nach Kämtz u. Schouw. b) 1800—1809 nach Siber ohne Stunden-Angabe

*) Leider sind die 9 J. Beob. in Baiern 1781—89, Meteor. Ephem. d. Ak., für d. vorliegende Sammlung fast unbrauchbar, da z. Med. a. den dort mitgeth. Summen v. Therm.-Graden auch die Zahl der Beob. etc. angegeben sein müsste. Diese als vollständ. anzunehmen, schien zu gewagt, da mehrfache Prüfung von Med. auffallende Unterschiede von dieser Annahme ergaben.

Ort.	N. B. ° ′	Ö. L. P. ° ′	Höh. P. F.	M. Jahr.-Tp. ° C.	Zeit der Beobachtung etc., Winter- und Sommertemperatur.
Weingarten	47.48	7.19	1450	8. 4	Med. 7°.3. A. d. Mansc. Kastn. Arch., Schouw spec. geogr., Schwaig. Vers. einer met. Besch. d. h. Peiss. 1791. W. – 1.8 ; S. 14.6 (20 J. corr.). 4 J. 1832—35 obs. Lehrer Schlipf. Würt. M. V.
Benedictbeuern	47.43	9. 5	....	8. 0	1 Jhr. 1789. S. Frauenau.
Tegernsee	47.42	9.25	2260	7. 4	8 Jahr Manh. Eph. (Schön Wittr.) nach Kämtz; Schouw rechnet daraus 7°.0 W. – 1.7 ; S. 16.0 (corr. 6.8; – 1.8; 15.5) Sch. spec. phys. geogr.
Issny	47.42	7.42	2180	8. 1	4 J. 1834—37 obs. Dr. Nick. Würt. M. V.
Wangen	47.42	7.30	1710	7. 4	3 J. 1835—37. Ebdas.
Friedrichshafen	47.38	7. 8	1280	8. 6	5 J. 1827, 28, 30, 35 u. 37 obs. Dihlmann. Ebd. Am Bodensee.
Kitzbühel	47.27	10. 4	2350	8. 0	3 J. März 183$\frac{1}{3}$ u. Nov. 183$\frac{3}{4}$ obs. Unger 7, 12 u. 5^h, nach Chim. corr. u. approximativ nach vieljähr. Beob. in Innsbruck. Unger Einfluss d. Bodens etc.
Innsbruck	47.16	9. 4	1600	9. 3	53 J. 1777—1827 obs. Zallinger a. 4 u. 2$\frac{1}{2}$^{h} u. 183$\frac{1}{3}$ obs. Suppan um 7, 12 (2) u. 5 (9)^h n. Chimin. corr. Bote v. Tirol 1817—34; Unger l. c.
Gries	47.12	8.48	3650	5. 4	2 J. 1820 u. 21 obs. 7 u. 5^h, n. Chim. corr. Nach Unger's Berechn. a. d. Tir. Boten f. 1820 u. 21.
Murau	47. 5	11.43	....	7. 3	2$\frac{1}{3}$ Jhr. Std.? obs. v. Liechtenstern. Oestr. Th. I.
Grätz	47. 4	13. 7	1110	9. 1	1 J. 1837 obs. Gintl a. 8, 3 u. 10^h nach v. Humb. Regel. Nach d. Münchener Beob. ist dies Jahr über 1° zu niedrig. v. Liecht. hat l. c.: 9°.7. Steyerm. Zeitschr.
Ober-Villach	46.55	10.51	1700?	10. 9	2 J. Std.? v. Liecht. a. a. O.
Klagenfurt	46.37	12. 0	1350	8. 7	Zeit? Bergh. Taf. (Hoffm. Deutschl., Sommer Oestr.: 9°.6).

Botzen	46.30	9. 1	1040	13. 0?	2 J. 1783 u. 84 a. v. Liechtenst. l. c. Zu hoch.
Bleiberg	46.30	12.32	2750	7. 5	Zeit? N. Bergh. Temp.-Taf.
Schönstein	46.20	12.44	....	9. 1	3 J. Std.? n. v. Liechtenst. l. c.
Laibach	46. 2	12.26	1270	10. 9	Zeit? n. v. Liecht. l. c. — Kroat. Grenze: 12°. Ebds.

VIII. Die Schweiz.

Basel	47.34	5.15	800	9. 8	11 J. 1827 u. 28. red. aus 9, 12 u. 3h, u. 1829—37 obs. Mérian tägl. Extr. Bibl. univ. N. 34. 1838. Verhandl. d. natforsch. Ges. in Bas. I bis II I **W. + 0.4; S. 18.4** (9 J. v. 1829 an, deren Med. 0°.1 niedriger).
Zürich	47.23	6.12	1300	8. 8	7 J. a) 6 J. obs. Escher ber. v. Wahlenberg Clim. Helv. p. LXVII. a. d. tgl. höchsten u. niedrigsten Stande *). **W. – 1.2; S. 17.9** u. b) 1836 tgl. Extr., dessen Med. **(9°.2)**, nach 41 J. in Genf corr., d. Med. **9°.5** liefert. Bibl. univ. 1836.
Bühler (App.)	47.15	7. 5	2500	8. 5	Zeit etc.? Nach Berghaus' Länderkde I. Temp.-Taf.
Neufchatel	46.59	4.35	1350	10. 5?	22 J. 1754—77 obs. Moula, Std.? Cotte Mém. II. 477. Zu hoch.
Bern	46.57	5. 6	1700	7. 8	10 (20) Jhr. 1817 (1807)—26 obs. Fuëter Zeit d. tgl. Extr. u. seit 1821 abs. Extr. 1821—26 geben **7°.6.** Bibl. univ. 1827 p. 51. — 1777 u. 78 Md. **9°.5.** Cotte M. II. 262. **W. – 1.5; S. 14.9; –1.1; 16.4** (Schübler).

*) Wahlenberg's Verfahren ist um so ungenauer, als dasselbe nicht einmal eine Correction zulässt. Diese Bemerk. gilt für die meisten von ihm bef. Med. (s. a. Skandin.)

Ort.	N. B. ° ′	Ö. Lge. Par. ° ′	Höh. P. F.	M. Jahr.-Tp. ° C.	Zeit der Beobachtung etc., Winter- und Sommertemperatur.
Marschlins	46.55	7.36	1700	11. 1?	8 J. 1802—9 obs. v. Salis-Marschlins, bei Wahlenb. Veg. et Clim. Helv. LXXVII. Einfl. der Winde Italiens. **W. + 2.7 ; 19.4** (wegen d. Std. wahrsch. z. hoch).
Chur	46.50	7.18	1820	9. 5	5 J. obs. v. Salis-Sewis, ber. v. Wahlenb. e. l. p. LXX. **W. + 0.1 ; S. 17.4.**
Freiburg	46.48	4.50	1950	8. 9	13 J. bis 1833; v. 1829 an obs. Wière tägl. Extr. u. jährl. in Bibl. univ. Die kalten J. 1829 u. 30 geben nach Genf 41-jähr. Med. red. d. Med. = $8^0.4$.
Lausanne	46.31	4.18	1550	9. 5	10 Jahr 1763—72 obs. 4mal tgl. Verdeil in Mém. de Laus. I. 218. Cotte II. **W. — 1.5 ; S. 18.4.** — Vgl. n. 2 J. 18$\frac{19}{21}$ (Mittagsbeob.) ohne weitere Angabe in Bergh. Ann. III. (a. Bibl. un. LII.)
St. Gotthard-Hospiz	46.30	6.14	6450	—1. 0	10 J. 1782—86, 88—92 aus d. Manh. Ephem. ber. v. Brandes: Beitr. z. Wittr. p. 9. Nach Schouw's Corr. ist d. Med. — $1^0.3$; ist diese hier anwendbar? Schübler giebt aus 12 J. (?) Manh. Eph. u. Wahlb. — $0^0.9$; dasselbe Med. v. Humb. a. 11 J. — **W. — 7.6 ; S. + 7.2** (11 J.).
Rolle	46.27	4. 1	1150	10. 1	10 J. 1816—25 Std.? Mitgeth. v. Lombard. Bibl. univ. 1833. Vgl. ebds. Vevey u. Ouchy; auch in Bergh. Ann. III.
Genf	46.12	3.49	1220	9. 7*)	43 J. 1796—1838 Obs. meist um die Zeit d. tgl. Extr., ⊙fg. u. 2^h, seit 1826 abs. tgl. Extr.; zu Genthod u. i. bot. Garten bis 1826; 1826—35 (10J.): $9^0.8$. 1796—1834 (39 J.): $9^0.8$; 1796—1838 (43 J.): $9^0.7$; **W. + 1.2 ; S. 17.8**; 1796—1821 (26 J.): $9^0.9$; + 1.5 ; 17.7; corr. wegen d. Nullp. Jahr: $9^0.3$; 1807—24: $9^0.5$; 1818—38 (21 J.): $9^0.6$ (vgl. Bernh.); 1822—38 (17 J.): $9^0.5$; **W. + 0.8 ; S. 17.9; k. M. — 1.1 ; w. M. 18.4.** — 6 J. in d.

Chamouny	45.55	4.32	3150	+ 4.0	Manh. Ephem. obs. Senebier (bei Schön, Wittr.) geben das Med. 9°.9. — W. + 2.1; S. 17.1 (7 J.); + 0.8; 18.9 (13 J.); + 1.3; 17.3 (18 J.); 1.3; 17.6 (20 J.) Bibl. brit. u. univ. monatl., z. Theil auch in jährl. Résumés. Zeit? v. Humb. lign. isoth. Mém. d'Arc. 3 t. Wärmste Mon. 13°0.[1]
Col de Géant	45.52	4.37	10600	— 6.0	Dessgl. p. 586. Wärmste M. + 2°.5.
St. Bernhard	45.50	4.45	7680	— 1.0	21 J. 1818—38, Zeit d. tgl. Extr., seit 1826 wahre Ext., s. Genf. — 8 J. 1818—25 geben — 0°.6; 1826—35 (10 J.): — 1°.3; 1823—32: — 1°.2; 1818—33 (16 J.): — 1°.1; bis 1836: — 1°.0. — { Bernh. W. — 7.8; S. 5.6 / Genf + 1.0; 18.2 } a. 7 J. 1828—34; { Bernh. — 7.8; + 6.1 / Genf + 1.2; 17.8 } 21 J. bis 1838. Bernh.: W. — 8.2; S. + 6.1 (9 J.); — 7.1; 6.1 (8 J. 1818—25), — 7.4; 5.9 (15 J.). k. M. — 8.7; w. M. + 6.8 (21 J.). Bibl. brit. u. univ. monatl. s. Genf.

*) Berücksichtigt man die 1822 im Januar gefundene Verrückung des Nullpunktes am Thermometer, welches seit 26 J. im bot. Garten obs. worden (Bibl. univ. t. XIX. p. 68), unter der Voraussetzung, dass das Therm. ein neu-construirtes gewesen, und dass die Veränderung nach den in der Einleitung berührten Versuchen von Despretz und August vor sich gegangen, so erhält man für jene 43 J. das Med. ungef. J. = 9°.4; W. + 0.9; S. 17.5; k. M. — 0.6; w. M. + 18.2. — Senebier's corr. Beob. hinzuger., ergiebt sich ebenfalls, im 49-j. Durchsch., d. Med. 9°.4; unverb. 9°.7.

Nachträgl. Anm. zum St. Gotthard. Nach Schouw's Ber. a. 10½ J., Juni 1781—Dec. 91 sind die corr. Med. J.: — 0°.8; $\frac{W. - 7.6}{S. + 6.7}$; $\frac{k. - 8.4}{w. + 7.5}$. Clim. Italie. — Zu Bühler: a. 4 J. Std.? Jahr: 8.4. Bergh. Phys. Atl. 4.

Ort.	N. B. ° ′	Ö. Lge. Par. ° ′	Höh. P. F.	M. Jahr.-Tp. ° C.	Zeit der Beobachtung etc., Winter- und Sommertemperatur.
				IX.	Italien. (S. p. 79.)
Trient	46.44	8.45	700	12.1	2 J. 1831, 32; 7h Mg. u. 5h Ab. n. Chim. c. v. Unger, Einfl. d. Bod.; 12°.2 n. Toaldo a. (3 J.) Eberle's Obs.; 12½° in Lupis Topogr. I.; 13°.0 a. 10 J., Sommer Oestr. Std.?
Tolmezzo (Friaul)	46.31	10.43	940	10.9	12 J. 1803—14, Linus.; Std.? Kastn. A. 25; 10°.2 (?) obs. Spangaro 5 J. b. T.
Soglio	46.24	7.12	3400	8.3	Nahe 2 J. 181⅔ obs. de Salis, 8, 2 u. 9h (Md. 8°.9) c. v. Sch. Am S.-Abhange.
Sondrio	46.12	7.27	1000?	10.4	Zeit? N. v. Liecht. Oestr. Kais. III.
Gorizia	45.54	11.20	270	13.1	7 J. obs. Barzellini im Zimmer u. Ab., dessh. c. v. Toaldo (wie?).
Crespano	45.45	9.30	1000	11.6	6 J. obs. Melchiori. **W. 2.5; S. 20.3**, n. T.
Vicenza	45.43	9.13	150	13.7	1 J. 1827 obs. Thiene; Std.? 13°.0, c. n. vielj. B. in Maild.; Forti stat. gen. d. Vic. I. 23. **12°.9** a. 5 J. obs. B. a St. Martino, T.
Triest	45.39	11.26	270	13.2	20 J. 1803—23 obs. Städtler v. Breitweg, 7, 2, 9—10h (14°.9; a. 12 J. 14°.6); n. Schouw stand d. Th. 1°.5 z. hoch; das desshalb cor. M. zweifelh. — Sch. a. 15 J. 1802—16: **13°.0**; $\frac{\text{W. }+4.1}{\text{S. }21.9}$ cor. Kastn. A. VI.
Brescia	45.33	7.54	470	13.5	12 J. 1818, 19, 21—24, 26—29, 30, 33 obs. Perego 3m. tgl., versch. Std., cor., Th. an e. NW.-Fenster. Comment. dell' Ateneo di Br. (th. n. Sch.; 10 J.: **13°.4**; $\frac{\text{W. }3.5}{\text{S. }22.3}$).
Capo d'Istria	45.33	11.24	. .	12.6	2 J. 1802, 03; Std.? n. v. Liecht. I.
Chambéry	45.30	3.35	920	11.7	4 J. 1822—5, obs. Biellet, tgl. Ext. **W. 2.9; S. 20.0.** Bibl. un., Mém. Soc. acad. Savoie I, II.

Mailand	45.28	6.51	430	12.9	72 J. 1763—1834 obs. d. Astr. **Lagrange, Reggio, Cesaris** etc. an einem u. demselb. Therm.! (Nullp.?) um ⊙fg. u. (2—)3h. Die B. bis 1817 55-j. M. **12°.9**; 17 J. 1818—34: 12.8; 1816—32: 12.8 (12.7 c. Sch.); 28 J. 1807—34: **12°.6**; d. ersten 70 J. cor. n. Pad. u. tgl. Spielraum: **12°.8** (d. 7 Decenn. cor. 12°.8; 12.8; 13.0; 13.2; 12.6; 12.5; 12.7). D. erst. 35 J.: **12.9** u. die folg. 35: **12.7** cor. v. Sch. Vgl. Risso Eur. mér. 281. — $\frac{W. +2.2}{S. \ 22.8}$ (55 J. ältre), $\frac{2.2}{22.3}$ (28 J. neuere B.); $\frac{2.1}{22.7}$ u. $\frac{k. +0.6}{w \ 23.7}$ a. 70 J. c. Sch. Atti della Soc. Ital. t. 18 p. 74 (Cesaris Clima d. Lomb.), Effem. astron. di Milano 1779 fg., Toaldo u. Cotte. Bibl. J. 1816 fg.
Verona	45.26	8.39	200	13.8 (14.2)	9 J. 1788—96, obs. **Cagnoli**, ⊙fg. od. 1—2 Std. spät., 1—2 u. 10h, cor. v. Sch. **W. 3.1; S. 23.9** c. — Mem. Soc. Ital. t. 5, 6, Mem. acad. agricolt. d. Ver. t. 6, 1815. Dagg. 12 J. 1817—28, obs. Dr. **Mayer**, 9 u. 2h; cor. v. Sch. **14°.4**; $\frac{W. \ 4.6}{S. \ 23.3}$ Mem. agr. t. 10—12; M's Temp. Ver. nell 1819, Sch's It. p. 160. Beide Reihen geben a. 21 J.: **14°.2**. — **Tomaselli's** Bb. 16 J. 1798—1813, Std.? 14°.9; $\frac{W. \ 3.7}{S. \ 25.2}$. Nach Pollini a. 26 J. (?): 13°.4; 5 J. obs. **Maggi** n. T.: 13°.3.
Venedig	45.26	10. 0	—	13.7	19 J. 1811—29 obs. **Traversi**; 7 J. 1823—29, ½ Std. n. ⊙fgg., 2 u. 9h, J.: **13°.1**; **W. 3.4; S. 22.8** cor. Sch. Ital. 158; Esercit. scientif. Aten. d. Ven. I.; für die früheren 12 J. (Md. 14.0) ist dieselb. Zeit angenommen. 1811—26: 13°.8. 10 J. b. T.: 12°.5 (v. T. cor.: **13°.6**).
7° Padua	45.24	9.32	90	12.5	34 J. 1780—91, 1800—11, 13—23, 25—27; obs. **Toaldo, Chimin., Santini, Busate**; Std. versch., meist 7, 2 u. 9h od. Zeit d. Ext. (Md. 12°.9) cor. Sch. $\frac{W. \ 2.8}{S. \ 21.9}$, $\frac{k. \ 1.8}{w. \ 22.9}$ c. — 7 J. 1781—87 (Manh. Eph., Schön Wittr.): **12°.0**; $\frac{W. \ 1.5}{S. \ 22.5}$ c. — N. T. a. 37 J.: 13°.7. Saggi scient. t. 1—3, Giorn. astrometeor. 1791, 1802 fg.
Fiume	45.20	12. 6.	..	12.9	Zeit? Aelt. Beob. n. v. Liecht. l. c. I.

Ort.	N. B. ° ′	Ö. Lge. Par. ° ′	Höh. P. F.	M. Jahr.-Tp. ° C.	Zeit der Beobachtung etc., Winter- und Sommertemperatur.
Mont Cenis, Hospiz	45.14	4.36	6000	+ 5.4	8 Mon. Jan.—Aug. 1813, 3m. tgl. red. auf 30 J. (n. Turin) v. Sch. p. 78. ($\frac{W. -5.7}{S.\ 16.5}$). Unsicher. Mem. d. Tor. t. 24.
Pavia	45.11	6.49	270	12.5	13 J. 1816—27 u. 30, ungef. ⊙fg. u. 3h; a. d. Mon. ber. Nach Hildenbrand soll 1808—15, 17—24: 10°.3? geben (Ann. schol. clin. Ticin. I., Kastn. XI p. 117). Nach Nocca a. 1808—15 cor. 11°.2 (zu niedrig). Flor. Tic. I.; Sch., a. 5 J. nur cor. 12°.8. Brugnatelli Giorn. di Fisica j., Bibl. Ital. 1831.
Mantua	45.10	8.28	...	12.4	Zeit? N. v. Liecht. Oestr. III.
Chioggia	45.10	10. 0	...	13.1	6 J. obs. Vianelli Std.? T. u. Cotte. Journ. Phys. t. 39.
Rovigno	45. 5	8.57	...	12.3	Zeit? N. Bergh. Temp.-Taf. Länderkunde I.
Turin	45. 4	5.21	860	11.6	30 J. 1787—1817. (Dass. M. a. 1787—1807) obs. Bonin, Vasalli-Eandi. Std. versch.: 8 (7), 2 u. 10h; ⊙fg., Mitt., ⊙untg. [Für letz. Std. (unricht. also) corr. v. Sch. J.: 11.7; W. 0.8; S. 22.0; k. — 0.6; w. 22.9]. Aus 60 J. v. 1757 an obs. Somis etc.: 12°.4; $\frac{W.\ 1.8}{S.\ 22.4}$ unc. a. 2 tgl. Bb.; 1807—11 5 J. c. Md. 11.4. — Mem. dell' Ac. d. Tor. (Résumé in t. 24. 1820), Ann. d. T. Observ., Bibl. Ital. 1819 (1 J. April 181$\frac{8}{9}$: 13°.0, tgl. Ext. obs. Castellani).
Bologna	44.30	9. 1	250	14.3	22 J. 1808—30 Mittgsbb. (15°.5) v. Caturegli u. Moratti, corr. nach 5 J. (18$\frac{18}{30}$ gleichzeit. Bb. d. tgl. Extr. (deren M. 13°.8). — $\frac{W.\ 3.5}{S.\ 24.6}$; $\frac{k. +2.1}{w.\ 25.9}$ (22 J. c. v. Sch.). Zu hoch? Einfl. d. Apenn.-Direct. — Matteucci's B. 2—5 J. (Manh. Eph.): 14°.8 cor.; dagg. b. T. 14.4 (4 J.). A. d. MS. b. Sch. Ital., auch Eur.
Genua	44.24	6.34	...	15.7?	Zeit? v. Humb. lign. isoth. Tab.; in T. 4 J. 1783—6: 16°.2 od. 16°.0. — 14 J. 1782—96, v. Franzoni obs., nicht publ. Mem. Inst. Ligure, v. I.

Camajore	43.55	8. 0	...	14.3	40 J. 1777—1816 obs. Butori ⊙fgg. u. 2h (Md. **14°.5**), c. v. Sch. Die beid. 20-j. Md. 14.3 u. 14.2. — $\frac{W.\ 6.7}{S.\ 21.9}$, $\frac{k.\ 6.0}{w.\ 23.1}$ (cor.). B's Risult. met. di ann. quaranta. Lucca 1817.
Lucca	43.51	8.10	...	14.9	36 J. obs. Conti, 8(?) u. 2h (Med. 16.1), c. v. Sch. **W. 4.6; S. 23.6; k. 4.0; w. 24.6** c. Toaldo Invest., Butori Ris. (s. Camaj.)
Corsena	„	„	540	11.6	Bäder v. Lucca. 1 J. 176⅔ obs. Benvenuto Mittg. 14.1; cor. Tch. Comment. Bononiens. V.
Florenz	43.47	8.55	200	15.3	12 J. 1821—32 obs. Inghirami, 7, 12 u. 11h n. Pad. c. **W. 6.6; S. 23.8** (10 J.). Viell. wegen Loc. des Th. etwas z. hoch. Jährl. in Antol. d. Fir. Geg. 10 J. 1821—30: **15°.2** c. Sch.; del Nacca's Bb. (Ann. Mus. d. F. I., II.) 3 J. 1807—9: 13°.6? cor.; 1797—1806: 16°.8 Std.? Nach T. 3 J.: 16.4, mon. Ext. Aus Bb. a. e. Wassertherm. 1655—63, 9 J. 5—6m. tgl. findet de Vecchi 15°.2, oder unsicher red. 16.3; Libri's Ber. scheint ungenau (Schouw's Ital. Suppl. II. 100). Atti soc. econ. t. 2; Giorn. Fior. di agricolt. 1786 fg., T., Alimurgia de Targioni 1767, Ann. Chim. t. 45. (Pogg. 21.; vgl. Sch.!)
Pisa	43.43	8. 4	170	14.7	3 J. 1777—9 obs. Tilli, 8 u. 2h, cor. Sch.; 2—5 J. 1814—18, ⊙fg., 2h u. ⊙untg., v. Piazzini, cor. M. **15.5.** A. d. MS. Sch., Osserv. bot.-met. Pisa v. Tilli. Vgl. Clarke Med. Not. on Clim. France etc. 239.
Nizza	43.42	4.57	60	15.6	23 J. 1806—25, 29—31 obs. um (7—)8, 12 u. 8(—9)h, Med. 16.1, c. n. Pad.; Schouw cor. 1806—25 (16.4) 20-j. M.: **15.6**; 1807—24 (18 J.) Mg. u. Abdb.: **15.4** cor.; dieslb. J. alle 3 B. n. Risso: **15.9** c.; v. Humb.: 15°.5. — $\frac{W.\ 7.9}{S.\ 21.1}$ (18 J. c.); dagg. **W. 9.3; S. 22.5** u. **k. 8.3; w. 23.6** (20 J. c. v. Sch.). Risso Hist. d. prod. de l'Eur. mérid. I. 236 (p. 209, 311 Std.) u. 3 J. des Résumé d. Obs. mét. Bei R's Tabl. finden sich Rechen- u. Druckfehler.
Cascina	43.40	8.10	...	14.6	8 J. 1822—9, obs. Carmignani ½ Std. n. ⊙fg., 12 u. 11h (Med. 14°.0), cor. **W. 6.8; S. 22.5** c. Nuov. Giorn. d. letterati d. Pisa.

Ort.	N. B. ° ′	Ö. L. P. ° ′	Höh. P. F.	M. Jahr.-Tp. ° C.	Zeit der Beobachtung etc., Winter- und Sommertemperatur.
Livorno	43.33	7.57	. .	16. 7?	2—3 J. 1826—8, 3m. tgl. Zimmerbb., cor. v. Sch. Unzuverlässig. Merc. scienze mediche.
Belvedere bei Siena	43.19	9. 0	1000	13. 4	5½ J. 1786—Aug. 91, obs. Greenfield, Regist.-Th. v. Six; $\frac{W.\ 5.2}{S.\ 21.7}$. A. d. MS. Sch.
Bastia	42.42	7. 8	. .	16. 7	Zeit? n. Bergh. Temp.-Taf. — Ajaccio, 41°.55′ n. 6°.25′ ö.: 16°.6. Dessgl.
Ragusa	42.38	15.47	. .	14. 8	Zeit? n. v. Liecht. l. c. Soll d. höchste Tp. in Dalmatien haben.
Rom	41.54	10. 7	160	15. 4	30 J. a) 1782—91 obs. Calandrelli, 7, 2 u. 9h (Md. 15°.4 c.); Eph. Manh., Schön Wittr. u. Sch. It. Sup. II. 145; b) 20 J. 1811—23 (7, 2 u. 9h); 1824—30 (7, 3 u. 9h) obs. Conti etc.; cor. M. d. 2 Decenn.: 15.4 u. 15.5. — Giorn. Arcad. di R., Opusc. astr. Colleg. Rom. App. — $\frac{W.\ 8.1}{S.\ 23.0}$; $\frac{k.\ 7.3}{w.\ 23.9}$ (30 J. c.).
Neapel	40.51	11.55	460	16. 2	8 J. 1821—8, obs. Brioschi (neu. Obs. a. Capo di monte), ⊙fgg. u. 2—3h. Mittelst 2½ J. (1826—28) gleichzeit. Bb. i. alt. Obs. Specola della marina in d. Stadt auf diese (230′ h.) red. v. Sch., ist d. Med. 16.9, cor. 16°.7; ebenso c. $\frac{W.\ 9.9}{S.\ 23.9}$. — 1821—25: 16.3 n. Tenore; 3—4 J. 18$\frac{26}{30}$ (Spec.) v. Pilati: 16.9 c.; Cyrilli's B. 4 J. 1727, 28, 30, 32 a. mon. Extr. 19.2 n. T. — Jährl. in Calend. d. Nap., Giorn. medic.; Enciclop., Bibl. Analit; G. meteor. econ., Sch. Eur., Ital.
Altamura	40.50	14.10	700	13. 9	3—5 J. 179$\frac{1}{7}$, obs. Cagnazzi, ⊙fg., 1 u. gg. Mittnacht. (Md. 13.6), cor. Sch. Giorn. letter. di Nap., Atti istit. dell' incoragiomento 1811 (wo d. Md. 12.4, a. ? J.).
Lecce	40.20	15.57	140	17. 0	a. 7 Mon. 1819 (nach Neap. red.), ⊙fg., 12, ⊙untg. u. Nachts. Costa Giorn. met. econ. 1819 u. Gagliardi Ann. agricolt. t. IX.
Cagliari	39.13	6.46	310	16. 6	3 J. 1822—5 tg. Extr.?; Schouw rechnet J.: 16.9. — W. + 10.4; S. 23.8. de la Marmara's Voy. en Sard. I. 365, Moris' Flor. Sardoa 1837 p. 195.

Messina	38.11	13.14	—	18.3?	5—6 J. 1808—13, obs. Arrosto im offn. Laden! Mittags (20.7), cor. n. Pad. (n. Palermo 18.8) v. Sch.; MS. — **W. 13.0; S. 23.4.**
Palermo	38. 7	11. 1	230	17.2	nahe 39 J. Mai 1791—Dec. 1829 obs. Carioti, Cacciatore etc., $7\frac{1}{2}$ Mg., 12, $6\frac{1}{2}$ (Winter) od. $8\frac{1}{2}$ (Sommer) u. etwa 12^h Nachts; wahres M. Mitternachts ist seit 1807 beob., u. das 23-j. Md. v. mir mit d. and. Std. verbund. — Sch. corr. dieselb. J.: **17°.3,** $\frac{\text{W 11.4}}{\text{S. 2}}$ u. $\frac{\text{k. 10.7}}{\text{w 24.6}}$. D. Morg. u. Abdbb. 1807—24 cor. **17.2.** $\frac{\text{W 11.3 (11.2 cor.)}}{\text{S. 23.4 (d°. c.)}}$ aus den ersten ~ J. Die Decenn.: 17.3, 17.5, 16.9 u. 17.3 cor. Sch. — Marabitti obs.
					5 J. 1813—7 in d. Stadt, ☉fg. u. 1—2^h: **17.0; W. 11.1; S. 22.6** c. Sch. Cacc. Osservat. d. Pal. vol. I. App., Giorn. di scienze p. Sic. jährl. fasc. 15 etc. (4 J. der Résumés), Scinà Topogr. d. Pal. 68.
Aetna (Casino degl' Inglesi)	37.46	12.41	9200	—1.3?	a. Jul. u. Aug. 1811 B. v. Gemmellaro (3 tgl.), (zugleich in Nicolosi) abgeleitet v. Sch. a. d. MS.; Bibl. univ. 1817.
Nicolosi	37.35	12.46	2175	18.0	3—7 J. 1810—4, 19, 20, 25 (Lücken) obs. Gemmellaro (MS.; d. Th. hing im O. od. W.); eine Bb. tgl., red. n. Palermo. **W. 10.7; S. 25.9.** Einfl. schwarz. vulk. Aschenbodens. — Linnaea VII, Sch. — Wie d. folg. Ort unsicher.
Catania	37.30	12.40	60	19.7?	3 J. 1824—6 obs. ders. 3m. tgl., (Med. **19.0** v. Sch. red.). **W. 11.5; S. 29.2?** A. Südabhang. Gior. sc. Pal.
Malta (Val.)	35.54	12.11	....	17.2?	6 J. Bb. i. Zimmer; Instr. etc. scheinen nicht zuverläss. Std.? Hennen Mediter. Topogr.

*) T. bezeichnet Angaben a. Toaldo's Investigatio caloris plurium Italiae locorum in Saggi scientifici di Padova, t. 3; Journ. de Phys. 1791, t. 39; Giorn. astromet. — Cotte's Ang. sind seinen Mém. II. entnommen. Toaldo's Med. sind von ganz geringem Werthe wegen fehlender Beobst. u. weil sie oft aus mon. Extr. ber. sind. — Mit Sch. sind die aus Schouw's Tabl. du Climat de l'Italie t. I. Suppl. II. Copenh. 1839. entnomm. Angb. u. Corr. unterschieden. — Aus Toaldo's Invest. geben wir noch folg. Med.: Cercivento 46°,7 Br. ? ′ h. 3 J. **4°.4**; Udine 46°,0 Br. 400′ h., 5 J., obs. de Asquino, **13°.8**; Sacile 45°,9 Br. 3 J., Borgo, **12°.0**; Conegliano 45°,9 Br. 11 J. 1776—86, Graziani, **13°.5**; Marostica 45°,7 Br. 7 J., Chiminello, **13°.8**; Anguillara 45°,1 Br. 6 J., Cittadini, **11°.7**; Clodia 45°,1 Br. 6 J., Vianelli, **13°.6**; Alba 44°,8 Br. 2 J., Core, **12°.9**; Parma 44°,8 n. 8°,0 ö. 150′ h. 1 J., **15°.0**; Molfeta 41°,2 Br. 0′ h. 7 J., **16°.3**.

Ort.	N. B. ° ′	W. Lge. Par. ° ′	Höh. P. F.	M. Jahr.-Tp. ° C.	Zeit der Beobachtung etc., Winter- und Sommertemperatur.
					X. Spanien und Portugal.
Madrid	40.25	6. 2	2050	14. 3	2 J.: a) 1801 obs. um 8, 2 u. 10ʰ, corr. Memor. literar. u. b) 1820 obs. Bauza tgl. Extr. (Med. 15°.0) ber. n. v. Humb. (Manusc. u. Hertha IV. 21). Auch Antillon's Geografia p. L u. LIII giebt 14°.3 an; Schouw findet a. 1820 u. Jan. bis Sept. 1793 in Laborde's Itinér. (Std.?) d. Md. = 14°.5 u. W. 6.1; S. 24.8. — Die vorhandenen neuern Beob. konnte ich mir nicht verschaffen.
Coimbra	40.12	10.45	280	16. 7	6 J. Std.? W. 11.2; S. 20.8; n. Bergh. Länderkd. I. u. Phys. Atl. 4. L.
Minorca	40. 0	1.25	—	14. 4?	6 J. 1744—49 obs. Cléghorn; a. d. (mon.?) Extr. Cotte Mém. II.
Mafra	38.56	11.41	700	13. 9	4 J. 1783—86 obs. J. da Assumpçao Velho. Mem. de Lisb. I. 450, II. 105 W. 9.6; S. 18.1. (Wahrsch. zu niedrig.) In Bergh. Taf. 14°.3.
Lissabon	38.42	11.29	220	16. 6	6 J. 1783—85 (Manh. Std.?) u. 1816—18 obs. Franzini 7½, 12 u. 11ʰ; corr. — 1781 hinzugenommen, giebt d. 7-j. Med. 16°.2. Murphy's Voy. Port. vol. II.; derslb. giebt als mittl. Tp. 17°.2 an (Jahre u. Std.?). Die 5 J. 1784, 85, 1816—8 geben nach v. Humb. Ber. (Balbi Ess. stat. Port. I. 88, Risso Eur. mér. I, Hertha IV): 16°.5 od. 16°.6, u. nach Schouw's Corr. (Leith) Jhr. 16°.4 u. $\frac{\text{W. } 11.3}{\text{S. } 21.7}$ (5 J.).
Villanova de Portimão	37.13	10.50	n. 0?	21. 0?	5 J. Std.? $\frac{\text{W. } 15.0}{\text{S. } 25.1}$? Nach Bergh. Temp.-Taf. a. a. O. u. Phys. Atl.
Isla de Leon (Cadix)	36.28	8.32	56	20. 9?	1 J. 1804 Std.? Zu hoch. Vom Juni bis Sept. Fiel kein Tropfen Regen! $\frac{\text{W. } 15.6}{\text{S. } 26.7}$. Alman. naut. y Eff. astr. Observ. de J. d. Leon p. 1807.

IV.

Gibraltar	36. 7	7.41	...	19. 7? 18. 1	10 J. 1816—25, Obs. der Medic.-Beamten in d. Stadt. Std. etc.? Nach Hennen's Mitth. l. c. Berghaus giebt im phys. Atl. 4 L. 18°.1 a. 2 J. an, ohne Stund. — W. 10.7; S. 28.9 (z. hoch!); n. Bergh.: 13.8; 22.7.

XI. Türkei und Griechenland.

		Ö. Lge.			
Ragusa (Dalm.)	42.38	15.47	n. 0?	14. 8	Zeit? Nach v. Liechtenst. Oestr. III. (S. Italien.)
Konstantinopel	41. 0	26.39	—	13. 7	1¼ Jhr. — a) März bis Oct 1816. Ein sehr kaltes Jahr! Mittagsbeob. mitgeth. von Turner Journ. Tour in the Levant. vol. I. App.; b) 1835 von Delmar; 7 tägl. Beob. (4, 6, 9, 12, 3, 6 u. 9h), welche d. zu niedrige Med. 13°.74 geben; im Inst. Par. 1838 N. 233. Alle Beob. nach Chiminello auf wahre Med. reduc. Temp. d. Winters (1835) + 5°.9, d. Sommers (2 J.) 21°.8. Etwas zu niedriges Med.
St. Maura	38.48	18.20	n. 0?	19. 3?	Aus d. mon. Extr. Dec. 1819—21, Hennen Topogr. Mediterranean. Nähere Angaben sind nicht vorhanden; wie bei d. folg. jonischen Ins. unsicher.
Ithaca	38.22	19.22	...	16. 2	4 J. Beob. um 10 u. 3h v. Scott, nach Chim. corr.; Hennen e. l., Martin Br. Eur. Col. V.
Athen	37.58	21.23	...	15. 5	3 J. 1833—35, obs. Peytier, a. d. tgl. Extr. Noch etwas zu niedr. Med. wegen der 3 ungewöhnl. strengen Winter. l'Inst. N. 191. (Pogg. 40.)
Zante	37.47	18.34	...	20. 6?	4 J. Beob. 1818—21, Std.? v. Hennen mitgeth. l. c. Nauplia, 37°,6 n., a. Aug.—Oct. 1834! obs. Falbe, J.: 17°.2 unsicher. Schouw Ital. I.
Cerigo (Fort Niclas?)	(36,13?)	(20.45?)	...	18. 5	6 J. nach Rob. Jameson's Mitth. Std.? Ed. N. Phil. Journ. 1836—7.
Canea	35.29	21.40	n. 0?	18. 6	1 J. 1818; das kalte Jahr 1817 (März bis Oct.) hinzuger. würde das Med. auf 18°.0 (nach Kämtz 17°.9) erniedrigen. Ohne Beobstd.! Sieber's Reise in Kreta II. p. 31. W. 12.4 (nur 1 J.); S. 25.2 (2 J.)

8

Ort.	N. B. ° ′	Ö. Lge. Par. ° ′	Höh. P. F.	M. Jahr.-Tp. ° C.	Zeit der Beobachtung etc., Winter- und Sommertemperatur.
				XII.	**Polen, Galizien und Ungarn.**
Warschau	52.13	18.42	400	7.5	26 J. 1803—28, obs. Magier Mg. zw. 4 u. 7, Mitt. zw. 12 u. 3 u. Abd. zw. 8—11h; dasselbe Medium geben Mg.- u. Mittg.-Beob.! **W. −2.5; S. 17.5.** M's. Exposé zur Carte météorogr. de Vars. u. Diss. sur les Vicissit. de l'atm. et sur les saisons physiques etc. — 4 J. 1826—29 Beob. auf der Sternwarte (Std.?) geben Jahr: **7°.4; W. −5.1; S. 19.1.** Handschr. Mitth. des Hrn. v. Humb. Nahe 3 J. 1760—3 obs. Guettard geben wegen theilweise nicht best. Std. (3mal tgl.) etc. das zu hohe Md. **9°.2; W. −1.9; S. 20.7.** Cotte M. II. 582.
Kielce	50.52	18.18	840	7.9	7 J. 1820—26, obs. Pusch um 8, 12, 3 u. 10h, deren Med. uncorr. **8°.8. — W. −1.9; S. 16.2** corr.; (— 1.3; 17.6 unc.). Handschr. Mitth. der Beob. v. Hrn. v. Humb. u. Bergh. Ann. 17 (2 J.), v. mir ber.
Krakau	50. 4	17.37	610	8.3 (9.0)	7 J. 1828—34 aus 4 tägl. Beob. a. wahre Med. red.; zu niedrig? Astr. Nachr., Schweigg. Jahrb., Repert. III. 399 (Jahr falsch). **W. − 3.3; S. 19.3.** Aeltere 18 J. (Std.?) J. **9°.2; W. −2.0; S. 20.0** (s. des Rep. III. Bd.). Beide Reihen geben J.: **9°.0.** Obs. Sniadecki, Weisse u. Steczkowski.
Lemberg	49.50	21.45	960	6.6	Zeit? nach Zawadzki in Linnaea. X.; v. Liechtenst. giebt als 4-jähr. M. **7°.6.** (Oestr. II. 1067 *).
Turdossin	49.20	17.13	1660	6.8	Zeit? Ebd. Bd. I.

*) Liecht.'s Angaben sind hier einstweilen aufgenommen, da mir andere Beob. nicht bekannt sind; auch zeigt sich eine ziemlich genügende Uebereinstimmung in der Mehrzahl der Medien.

Unter-Kubin	49.12	16.58	1400	7.6	4 J., obs. v. Brixen Std.? v. Liecht. a. a. O.
Kesmark	49. 3	18. 6	1850	7.9	Zeit? Sydow (Karpathen p. 179) theilt als vieljähr. Md. 9.4 mit (?)
					Die Bukowina: 9°.1 nach Zawadzki l. c.
Ofen	47.30	16.43	480	10.4	23 J. a) 1782—86, 89—92, obs. Weiss u. Bruna: 10°.5 (Manh. Eph.); b) 1806—13, obs. Pasquich (Wahlenb. Fl. Carp. p. XCI); diese geben n. Wahl. Meth. 10°.6 u. $\frac{W. -0.7}{S.\ \ 21.4}$; c) 1814—19, obs. Kmeth Std.? Med. 10°.1; 1806—19: 10.4.
					Schams' Beschr. v. Pest p. 25. — v. Liecht. hat aus vielen Jahren: 11°.0. — $\frac{W. -0.4}{S.\ \ 21.2}$.
					Erlau: 47°54′ n.: 11°.0; 1 J. 1780, obs. Madarassy, Wiener Eph. 1781 (Cotte).
Klausenburg	46.45	21.11	1200	10.4	2 J. nach Liecht. l. c. III. Unsicher. 3 J. sollen 11°.1 geben.
					Schiklosch 2 J.: 11°.8. Dessgl.
Hermannstadt	45.49	21.47	950	11.1	5 J. Std.? Ebdas. Eine andere Angabe: 10°.6.
Temeschwar	45.44	19. 0	...	11.5	5 J. "
Kronstadt	45.36	23.12	1350	9.7	5 J. "
Peterwardein	45.16	17.37	...	11.9	Zeit? Ebdas.
Carlowitz	45.12	17.42	...	12.5	" "
Semlin	44.50	18.15	...	12.2	Zeit?
					Gospich 44°32′ n. 13°0′ ö.?′h. 7°.8? Dessgl.

8*

XIII. Russland.

Uleåborg	65. 3	23. 6	n. 0	+ 0.7	6 J. 1782—7 obs. Julin; von v. Buch auf wahre Med. red. Reise d. Norw. II. 295. Gilb. 41. p. 35. W. — 11.1; S. 14.3. 12 J. 1776—87, obs. Julin u. Kar-

Ort.	N. B. ° ′	Ö. Lge. Par. ° ′	Höh. P. F.	M. Jahr.-Tp. ° C.	Zeit der Beobachtung etc., Winter- und Sommertemperatur.
					berg, bis Mai 1785 Mg. u. Abd., später 6, 2 u. 9—11h geben uncorr. Med. Jahr: — 1°.2; W. — 13.1; S. 13.0. Schwed. Ak. Abh.
Åbo	60.27	19.57	n. 0	+ 4. 6	17 J. (1787—94, 97, 98, 1817—23), Hällström in Pogg. IV. 401. Die ersten 10 J. Beob. um 6, 2 u. 10h geben wahres Med.; die 7 letzten aus d. tägl. Extr. Schouw giebt mit einer Corr. 4°.7. Alte Beob. v. Leche 1750—61: 4°.6. Abhdl. d. Schw. Akad. Bd. XXV, Cotte Mém. — W. — 5.4; S. 15.7 (15.8 cor.).
Petersburg	59.56	27.58	n. 0	+ 4. 1	15 J. 1822—34, 6, 7, obs. Wisniewsky, 7, 2, u. 9h u. 8 2-stdl. B. cor. A. 13 J. uncorr.: 4°.3; ber. in Kupffer Obs. mét. à Pét. in Mém. de l'Ac. 6. Sér. t. IV. etc. Das Jahr 183⅚ hinzuger. ändert d. 13-j. c. Med. 4.0 nicht. — 10 J. 1783—6, 88—92 v. Euler (Manh. Eph.) geben (nach Kämtz' Tab.) 2°.6; 20 J. 1772—92: 3.1, a. 6—7, 2 u. 10—11h die tgl. Ext., n. neu. Styl. Nov. Acta t. IX.; Schouw's Ital. I. 128. Diese u. d. obigen 15 J. seit 1822 vereinigt würden 3°.5 ergeben. 8 J. 1772—78, 83 v. Euler u. Desbout 3°.9, Cotte. W. — 9.1; S. 16.5 (20 J. ält. Beob.); — 7.6; + 16.0 (14 J. neueste Beob.); aus beiden verein.: — 8.5; 16.3.
Bogoslowsk	59.48	58. 4	700	— 0. 6	Nur 1 J., mitgeth. v. Erman in Kämtz' Met. II. (S. d. Repert. p. 88.) Solikamsk in 59°39′ n. 54°20′ ö.?′H. — 4°.8, obs. Demidoff 1 J. 1751; ungenaue Beob. Kirwan Temp. Phil. Tr. 1753. Pyschminsk 57° n. 58°50′ ö.?′H. (Ural) + 1°.0, obs. Herrmann 1 J. 1791 (Schön Wittr.)
Dorpat	58.23	24.23	200	+ 5. 6	Mehrjähr. Beob. v. Parrot (Hertha 12). 1826—28 nach Erman's Mitth. a. a. O.: 5°.7. W. — 3.7; S. 16.6 (nur 3 J. 1824—26). Wjätka in 58°24′ n., Extreme: 41° und — 42½° Erdmann's Beitr. II.

Mitau	56.39	21.23	120	+ 6. 3	9 J. 1822—30 obs. Paucker; Std.? Allg. deutsche Zeit. f. Russ.; mitgeth. v. Erman Reise I. Kupffer in Pogg. XV.: 7°.0.
Kasan	55.48	46.47	180?	+ 2. 2	12 J. a) 1814—17, obs. Bronner um 7, 12 od. 2 u. 8 od. 9h, cor. 2°.8; $\frac{\text{W.} - 10.9}{\text{S.} \quad 17.0}$ (alt. St.). — b) 1828—35 (1°.9), obs. Simonoff, Knorr u. A.; mitgeth. in Erdmann's Beitr. z. Kenntniss Russl. I. p. 170, Kupffer in Pogg. XV., vgl. Erman's Reise I.; Knorr Pogg. 42., Journ. d. Univ. Die Beobachtungszeiten verschieden, nach Padua auf wahre Med. reduc. W. — 13.7; S. 16.8 (8 J. neu. St., deren Med. + 1.9).
Moskau	55.45	35.18	400–500?	+ 3. 9	25 J. 1783—89 u. 91, obs. Engel u. Stritter, deren Med. 3°.7; $\frac{\text{W} - 12.1}{\text{S.} \quad 18.5}$ (alter St.) cor. (Manh. Eph.), um 6, 2 u. 10h; 1821—37 v. Dvigoubsky und Perewoschtschikoff, um 8, 2 u. 9h. (Md. unc. 4°.4). Ber. oder mitgeth. in Schouw's Vejrl. Danm. u. Ital., Erman in Kämtz' Met. H., Rose's Reise I., Pogg. 42., Bull. d. natural. 1838 (Geogr. Ges. Berlin Ber. 1839); d. Corr. n. tgl. Variat. ber. — W. — 11.4; S. 18.5 a. 11 J., deren Med. nur 3°.6 ist.
Zlatoust	55. 8	57. 8	1000	+ 0. 3	3 J. a) 1818 u. 19, obs. Eversmann, Min. Morg. u. Nachmitt. 2h; ber. v. Kupffer. Pogg. XV. p. 168 b) 1837 a. 8 Bb. cor. — 0₀.6; Annuaire mét. p. 197. $\frac{\text{W.} - 16.0}{\text{S.} + 16.0}$ (2 J., Md. + 0.7.)
Wilna	54.41	22.58	360	+ 7. 1	13 J. 1820—30, 32—34; Zeit? auf der Sternwarte. Mitgeth. v. Eichwald u. Slavinsky (Astron. Nachr. v. Schumacher, Bull. scient. Pét.) Das J. 1838 hinzuger., nur 7°.0.
Tambow	52.47	39. 8	190	+ 5. 1	12 J. 1825—36, obs. Dr. Rang tägl. Extr. (Zeit ders.?); W. — 8.7; S. 18.4 (alt. St.). Bull. d. l. Soc. des naturalistes de Mosc. 1837 p. 85. Repräsentant d. Steppenklimas. Extreme: — 38°.7 u. + 38°.7. Kälteste Mon. — 12°.7 (8 J.); wärmste M. 20°.0 (10 J.). Woronesch, 51°39′ n. 36°51′, ...′ h., soll 8°.5 Med. haben, nach Clarke's Trav. in Russ. (Gebler Wört. 9. Th.)
Saratow	51.31	43.46	+50	+ 6. 2	8 J. 1792—99 ohne näh. Angb. in Erdmann's Beitr. z. Kenntn. d. Inn. v. Russl. II. a. p. 122.

Ort.	N. B. ° ′	Ö. L. P. ° ′	Höh. P. F.	M. Jahr.-Tp. ° C.	Zeit der Beobachtung etc., Winter- und Sommertemperatur.
Nicolaïeff	46.58	29.38	120	9.4	4 J. 1827—30, obs. Coumani 10 u. 10h (corr. nur 9°.2). Bull. Acad. Pétersb. 1833. No. 2. **W. — 3.9; S. 22.5** (alter St.). Med. a. d. tgl. Extr. 9°.6.
Odessa	46.29	28.24	n. 0	9.1	11 J. aus v. Andrejewsky's topogr.-med. Bericht in Kastn. Arch. Bd. 26, ohne nähere Angaben. **W. — 2.3; S. 20.1.**
Astrakhan	46.21	45.45	—40	9.4	8 J. a) 7 J. 1805—11, obs. Lotkin; Med. 9°.5, n. Brewster, Ed. J. Sc. u. Bergh. Ann. III. (nach Pansner, Std.?); u. b) 1 J. Sept. 183$\frac{4}{5}$, obs. Osse um 9, 2 u. 9h, corr. Med. = 9°.1, in Göbel's Reise in d. Steppen II. p. 196.
Sympheropol	45. 0	31.50	800	10.6	1 J. Sept. 183$\frac{4}{5}$, obs. v. Steven 5—6h Mg., 2 u. 9h, nach Pad. wahres Med.; mitgeth. in Göbel's Steppenr. II. 196. Med. v. 2 u. 9h Abd. = 10°.9 corr.
Sewastapol	44.36	31.12	150	11.7	4 J. 1827—30 um 10 u. 10h nach Coumani l. c. **W. + 1.8; S. 22.3** (ber. für alt. Stil; s. Nicolaïeff.). Das Med. aus d. tgl. Ext. ist nur $\frac{1}{2}$ Zehntelgrad geringer. An der Westküste der taurischen Halbins.

B. ASIEN.

I. Sibirien.

(Bei) Spitzbergen	80°	14°	—	. . .	Sommertemp. 1827 = + 3°.4; 2-stdl. Obs. v. Parry, Narr. Attempt to the N.pole p. 154. A. d. N.-Küste.
do.	80.	8.	—	. . .	Sommer 1818 = + 1°.4; stdl. Obs. v. Franklin u. Buchan, Edinb. Ph. J. — Wärmste Mon. in N.-Spitzb. 81$\frac{1}{2}$—82$\frac{1}{2}$° n. 18—27 ö. = + 0°.6. Parry.

Grönland-See a	78.	bei Spitzbg.	—	— 7.7	Mit Berücks. d. Temp.-Curv. v. Söndmör u. Novaja S. ber.; — 8°.3 nach Scoresby; — 6°.8 nach v. Buch. Aus Scor. Beob. 6—12 J. 1807—18 v. Apr. bis Juli (Med. — 1°.8) mit Interpol. der fehl. Mon. nach einer der Curve v. Söndmör parall. C. — Scor. Acc. Arct. reg. I. App., v. Buch Iles Can. p. 80. — S. + 1°.3.
„ b	76.45	5.	—	— 7.3	Nach Scoresby l. c. Wahrsch. Einfl. der Schiffswärme; s. Parry's Beob. in Amerika; auch einige Unsicherh. durch Beob. zu versch. Zeiten.
Novaja Semlja a) Matotschkin-Schar (Westmündung)	73.0	51.30	60	— 8.4	1 J. Oct. 183$\frac{4}{5}$, obs. Pachtussow u. Ziwolka 2-stdl. (Sept. 4-stdl.) mit corr. Alk.-Therm.; v. Baer im Bull. Acad. Pét. t. II. N. 19. (Pogg. 43). Diese Temp. setzt B. für d. ganze W.-Küste, die im Sommer meist eisfrei ist.
b) Felsenbai (SO.-Spitze)	70.37	55.27	n. 0	— 9.5	1 J. Aug. 183$\frac{2}{3}$, v. Pachtussow, 4- u. 2-stdl. Beob.; nicht corr. Th.; v. Baer ebd. Dies Med. setzt B. für d. ganze Ostküste. Die Karische Pforte ist fast d. ganze Jahr mit Eis gesperrt.
Novaja Semlja	—	—	—	— 8.9	A. a u. b. — Westküste $\frac{W. - 19.0}{S. + 3.6}$; Ostk. $\frac{-16.0}{+2.0}$ (v. Jan. anfgd. $\frac{-20.3}{+1.5}$). Ganz Nov. S. $\frac{-17.5}{+2.8}$.
Ustjansk	70.55	136. 4	n. 0	—16.4	26 Mon. Oct. 1820—Juli 23, im MS.; 8, 12, 4 u. 12h. Die fehld. Std.-med. nach d. Gange d. Tp. in Nis'hne-Kol (gleichzeit.), Nov. S. u. Booth. Fel. interpol.; daraus ergiebt sich W. — 37.9 (3 J.); S. + 9.2 (2 J.). Jahr unc. M. — 16°.1, ohne Interpol. — 15°.2 v. Baer. (Bull. Pét. t. II, v. Wrangel Reise Sibir. II.). Erman giebt a. 2 J. (dieselb.?), Journ. d. russ. Mar. (7, 2 u. 9h?) — 14°.9, Kämtz' Met. II.
Nis'hne-Kolymsk	68.32	160.58	n. 0	—11.2	Nahe 2 J. zw. Nov. 1820 u. März 1823; n. v. Wrangel im MS.; obs. Rospini um 8, 12, 4 u. 12h; es fehlen Juli u. Aug. Wie hat Erman, der d. Med. in denselben J. = 10°.0 angiebt, diese interp.? Zu einer (unsichern) Vervollst. habe ich die gleichzeit. Beob. zu Ustjansk benutzt. — W. — 32°.1 (3 J. wie Ustj.).
Beresow	63.54	62.34	...	— 3.0	1 J., 6 u. 6h obs.: 3°.7; 6, 12 u. 6h geben — 2°.6, nach Chim. corr. Erman a. a. O. Nach Th. I. d. Reise soll die Sommertp. 18°.0 sein.
Jakuzk	62. 1	126.47	350	— 8.1	Mehrjähr. Bb. v. Katakazia u. Newjerow mit Alk.-Th. um 8 u. 2h, mitgeth. v. Erman ebd.; uncorr. Med. = — 6°.9; W. — 42.5; S. + 16.0.

Ort.	N. B. ° ′	Ö. Lge. Par. ° ′	Höh. P. F.	M. Jahr.-Tp. ° C.	Zeit der Beobachtung etc., Winter- und Sommertemperatur.
Bogoslowsk	59.48	58. 4	700	− 0. 6	1 J. 1827 a. 6, 12 u. 8h. Mitgeth. v. A. Erman ebd. (S. auch Rep. p. 84.)
Tobolsk	58.13	65.51	300 130?	− 2. 4	15 J. 1806−21, obs. Dr. Albert um 12 Mitt. u. 11h Ab.; Md. — 1.8; nach Chim. c.; Erman a. a. O. 1812—21: — 3°.1.
					Kirensk (a. d. Lena), 57½° n. 105° ö. 1100′ h., nach Gmelin's Beob. zw. 0° u. — 1° (nicht sicher).
Jekaterinenburg	56.49	58.16	770	+ 0. 5	2 J. 1836, 37 obs. unter Reinke 8mal tgl. 2-stdl.; daraus ist d. Med. + 1°.7; n. Kupffer's Berechn.: + 1°.3 (?); Obs. mét. Russie N. II. u. Ann. mét. p. 1837.
Barnaul	53.19	81.40	360	+ 1. 8	1 J. Apr. 182$\frac{6}{7}$ (kalt. Sommer, mässiger Winter) obs. Gebler, 6, 12 u. 6h (2°.1; nach Pad. cor.). Ledeb. Reise d. d. Altai. I. 360 (wahrsch. °R.)
Petropaulowsk	53. 1	156.23	. .	+ 1. 9	2 J. 1827 u. 28; obs. um 6½, 12 u. 9½h, mitgeth. v. Erman l. c., wo d. corr. Med. = 2°.0.
Irkuzk	52.16	101.58	1250	− 0. 2	10 J. Juli 1820—Juli 1830, alt. St., obs. Stschukin. Med. a. 7, 2 u. 9h = + 0°.4. Corr. nach Pad. u. Salzufl. mit Berücksicht. d. Grösse d. Variat.; nach Leith c. 0°.0. A. 8 J. Med. = − 0°.6. Erman setzt d. Mittel (9 J.) zwischen − 0°.3 u. − 0°.5. — Bull. Ac. Pét. N. 2. in Mém. 6 Sér. t. II., Erm. l. c. u. Reise II. $\frac{W. -17°.4}{S. \quad 16.6}$ (alt. St.), $\frac{-17°.3}{16.4}$ (uncorr.; auf neuen St. red. durch Comb. v. ⅓ des einen mit ⅔ des folg. Mon.)
Nertschinsker Sawode	51.18	117. 1	2100	− 2. 9	1 J. 183$\frac{5}{6}$, Std.? Etwas zweifelh. (Bergh. Ldkd. III. p. 171).

II. West-Asien.

Tiflis	41.41	42.57	1100	15. 4?	Aus sehr unsich. Beob. 1818, 19 u. 25 ber. v. Bergh., Phys. Atl.; Eichwald's Reise Kaukas. I. 1837. Parrot schätzt d. Tp. nach seinen Bb. nahe 16°; Brunn.-Tp. 15°.1. Reise z. Ararat I. 47.

Smyrna	38.26	24.48	...	18.2	1 J. 1820, obs. um 9, 12, 6h u. Mitternacht; d. Beob.-Journ. mitgeth. v. Forster in Philos. Mag. Daraus ber. u. nach Pad. u. Leith c. Uncorr. Med. $18^{0}.8$. $\frac{W.\ 11.3}{S.\ 27.1}$. Anomaler Gang der tägl. Wärme, wenn kein Fehler begangen ist.
Aleppo	36.11	34.45	...	18.8?	1751 u. 52, obs. Russel, a. d. mon. Extr. Cotte Mém. II. 196.
Bagdad	33.20	42. 2	...	23.2	178¾, obs. Beauchamps Std.? Refl. eines Hauses; v. Humb. l. is.; bei Cotte nur 22°.1.
Abuscheher	28.15	48.34	...	25.0	1 J. 1803, obs. Jukes ⊙fg. u. 2h. Malcolm Hist. Pers. II. 505. v. Humb. giebt $25^{0}.5$ an (Fragm. Asiat.). Vgl. Wellsted's Trav. Arab. — $\frac{W.\ 16.5}{S.\ 33.3}$.

III. Vorder-Indien.

Kotgurh	31.19	75. 9	6220	12.8	A. ½ J. 1818, obs. P. Gerard tägl. Extr. Asiat. Res. v. XV. p. 469.
Simla	31. 6	74.51	7020	14.0	Nur 7 Mon. Beob., obs. 10 u. 10h in Beng. J. vol. V. S. Mussuree.
Soobathoo	30.58	74.39	3940	18.3	A. ¾ J. Sept. 1817—Juni 1818, obs. P. Gerard a. a. O. p. 483.
Landur	30.27	75.44	6570 } 7150? }	13.2	Zeit? Nach 2 Angaben; obs. Burke James. Ed. J. 1829 p. 287: 12°.7 und Asiat. J. Beng. v. IV.: 13°.7.
Mussuree	30.27	75.42	5890	13.7	Zeit? Nach Everest a. Gleanings in Sc. in Asiat. Soc. Beng. III, IV. Nach Falconer u. Royle's Bericht über d. bot. Gart. $13^{0}.9$. Phys. Tr. Calc. IV, p. 408. $\frac{k.\ M.\ 5.5}{w.\ M.\ 19.5}$.
Ambala	30.25	74.25	1000?	22.7	3½ J. 1835—8, obs. Edgeworth tgl. Extr. u. 10 u. 10h. K. M. 11.7; w. M. 31.9. 1834: 24°.6 wegen Loc.-Einfl. Beng. J.
Dehra	30.20	75.40	2100 ca.	21.6	1 J. Aug. 182$\frac{6}{7}$, obs. Shore in e. Verandah um ⊙fg., 10, 12 od. 3 u. 10h. Ebd. p. 348. Excessives Bergklima.
Scháranpúr	29.57	75.23	950	22.4	Zeit? A. Gleanings in Sc. in Journ. As. Soc. Beng. III. 187. — N. Wenckebach 21.1. Nat.kund. Archief 1838.

Ort.	N. B. ° ′	Ö. Lge. Par. ° ′	Höh. P. F.	M. Jahr-Tp. °C.	Zeit der Beobachtung etc., Winter- und Sommertemperatur.
Hawil Bagh	29.40	77.16	3660	15.4	1 J.? 7 u. 2h, obs. Traill. Zu niedrig? Asiat. Res. t. XVI.; nach Falconer: 15°.6 u. k. M. 5°; w. M. 21°.
Petoragur	. . .	. . .	5140	16.2	Nach McClelland. S. Lohoogh. p. 260. Zeit? 15 Seemeilen n. v. Lohoogh.
Lohooghat	29.23	79.56	5230	15.4	2 J. April 183$\frac{0}{1}$, u. 183$\frac{4}{5}$. Nach McClelland's Obs.; Inquir. Prov. of Kemaon 1835. p. 197. Das J. Mai 183$\frac{0}{1}$, obs. Lindesay, ⊙aufg. u. 2—3h giebt nur 14°.8 (Höhe 5400′ anggb.). — Ph. Soc. Calc. Tr. v. V. p. 445. $\frac{\text{k. M. } 7.0}{\text{w. M. } 21.9}$ (2 J.).
					Tübet: Tissoolumbo, 29°4′n. 9000′h. + 4°.6, cor. Oct.-Temp. Turner Voy. p. 402.
Delhi	28.36	74.52	750	23.0	Zeit? nach Royle. Journ. As. Soc. Beng. by Prinsep IV.
Nipâl (Thal)	27.40	85.20?	4250	17.2	1 J. 1825 um 8, 12 u. 10h (d. Lück. interpol.). Wahrsch. zu Khatm. Phys. S. Calc. Tr. VI.
Kathmandu	27.42	85.20	ca. 4350	16.9	nahe 2 J. a) 11 Mon., Apr. 180$\frac{2}{3}$, Hamilton obs. 4, 12, 3 u. 9h in Ham. (Buchan.) Acc. of Nepaul. p. 230. Vgl. v. Humb. Voy. rég. éq. X. 425: 17°.5. Alle 4 Std. geben nach Ausscheid. d. Rechenfehler: 18°.0; aus 4h Morg. oder Tagesanbruch u. 3h Nmittg. = 17°.4. — b) 1835 mit Interpol. der erst. Mon., obs. Robinson 7 (7½) u. 2 (2½), Beng. J. v. V. 824.
Nipâl	do.	do.	4300	17.0	Aus den vorigen 3 J. 180$\frac{2}{3}$, 1825 u. 35 im Durchschnitt.
Futtigurh	27.22	77.12	560	25.0	2 J. 1832, 33; obs. Edgeworth tgl. Extr. Beng. As. J.
Darjiling	27. 0	86. 4	6540	12.0	2 J. Obs. 1) 12°.2 n. Herbert, As. J. N. S. III. 340. u. 2) 183$\frac{6}{7}$ tgl. Extr., obs. Chapman: 11°.9. Beng. J. VI.
Goruckpore	26.45	81. 0	. . .	23.2	1 J. Nov. 182$\frac{3}{4}$, obs. H. Clarke, ⊙aufg., Mitt. u. 9h Ab.; a. d. Beob.journ. ber. — Phys. S. Calc. Tr. I. 375.

Cawnpore	26.29	78. 2	430?	25. 4	1⅓ J. Juni 1834—Sept. 35, obs. Pollock 10 u. 4h, deren Med. 27°.1, corr. Beng. J. V. p. 823.
Nasírabád	26.18	72.25	1400	24. 5	4 J. 1831—34, obs. Oliver 4mal tägl.; Md. a. „day and night" (?). Glean. in Science. I. J. Beng. IV. 49. **k. M. 14.5; w. M. 32.4.**
Gowhattee (U.-Assam)	26.12	89.25	. . .	22. 7	1 J. (?) nach Leslie's Obs. Std.? Ph. S. Calc. Tr. v. VI. 38. $\frac{W\ 15.7}{S.\ 26.7}$.
Mozafferpúr (Tirhût)	26. 7	83. 4	. . .	23. 1	3 J. Dec. 1832—35, obs. Dashwood. Bb. im Zimmer um $9\frac{3}{4}$h Mg. u. $4\frac{1}{2}$h Abd., corr.; d. tägl. Extr. (in der Sonne!) für denselben Zeitraum in freier Luft **24°.4**; zu hoch. Beng. As. J. II, III. 81 u. V. 822.
Ghazipúr	25.35	83.14	380	25. 2	Ebend. v. I, II.
Benares	25.19	80.35	300	25. 4	5 J. 1822—26, obs. Prinsep, meist tgl. Extr. As. Res. XV. u. Phil. Tr. 1828 p. 251. v. Humb.: 25°.2 (tgl. Extr., Voy. XII.). N. Falconer auch 25°.4. — $\frac{k.\ M\ 15.6}{w.\ M\ 33.2}$.
Chunar	25. 9	80.34	n.300	25. 2	Mai 18$\frac{19}{20}$, 4mal tgl. Zimmerbeob. Ed. Ph. J. IV. 303.
Bancoorah	23.20	84.52	. . .	26. 2	4 J. 1827, 28, 31 u. 32, 10 u. 10h u. tgl. Extr., obs. McRitchie. James. J. 183$\frac{2}{3}$ p. 343.
Chandernagor	22.51	86. 9	. . .	24. 2?	Zeit? n. Brewster. Ed. J. Sc. N. Ser. IV. 303, vgl. Cotte Mém. II. 303; **24°.6** n. Not. Statist. Col. Fr. 3.
Mhow	22.40	73.30	1900	23. 3	Zeit? n. Sykes, 7th. Report brit. Assoc.
Calcutta	22.35	86. 0	(30 u. 90)	25. 8	17 Jahre: a) gg. 2 J. Febr. 1784 bis Dec. 85, obs. Trail, Asiat. Research. II. 421 geben **26°.3** cor.; ⊙fg., 3 u. 11h; b) gg. 8 J. März 1816—1. Dec. 1823, obs. Hardwicke (Zeit? 1822 7-mal tägl.) zu Dum Dum, 8 engl. Meil. nöstl. v. Ft. William (30′ h.), deren Med. = **25°.56**; c) 3 J. in Calc. md. phys. Tr.: v. IV (1 J.?, tägl. Ertr.), V. p. 447 u. VI. 507 (1830 u. 31 ⊙aufg. u. 2h 50′), deren Med.: **25°.6**; u. d) 4 J. 1834—37, Bb. um 10 u. 4h, mon. in Prinsep's As. J. of Bengal v. III—VI, J.: 28°.03; corr. — Dasselbe (c.) Med. hat M. Martin (? Jahre) aus 6 u. 3h. Brit. Col. I. 99. $\frac{k.\ M.\ 18.7}{w\ M.\ 30.0}$ (14 J., corr.), $\frac{18.4}{29.7}$ (8 J.), $\frac{W.:\ Decbr.—Febr.\ 20.0}{S.\ Juni—Aug.\ 28.5}$ (10 J.).

Ort.	N. B. ° ′	Ö. L. P. ° ′	Höh. P. F.	M. Jahr.-Tp. ° C.	Zeit der Beobachtung etc., Winter- und Sommertemperatur.
Nagpúr	21. 9	76.51	. . .	27. 3	3 J. April 1814—17 obs. Lloyd, ⊙fgg., 8, 3 u. ⊙untgg. cor. Asiat. J. v. VIII. p. 172. von Dove ber. a. a. O. **K. M. 21.9 ; w. M. 35.7,** uncor.
Bombay	18.56	70.34	—	26. 4	2 J. 1825 u. 27, obs. ⊙fgg., 11, 1, 4 u. 9ʰ; nach Lütke's Beob. u. Madras corr. (od. n. Leith). — 1 J. n. Kämtz: **26°.5**; v. Humb. **26°.7.** Voy. t. XII. — 1 J. Juli 181$\frac{6}{7}$ Bb. um 10, 1 u. 4ʰ (Zimmer-Einfl.!) geben **27°.1.** Asiat. J. VI. 480, XXII. (vgl. Bombay Trans. I.); Beob. um 11 u. 4ʰ in Phys. Soc. Calc. IV. 400: **27°.4,** n. Martin Br. Col. I. 99: **27°.7** (? Jahre). Alle diese Angaben liefern nach Madras corr. (zu niedrig) **25°.8.**
					Indus-Delta: Winter (1 J.): 17°.8. Lond. Geogr. J. v. 8.
Tafelland von Dukhun	zwischen	zwischen	mittl H.		
	18 28 u. 19.11	71.15 u. 72 29	1600	25. 8	1825, obs. Sykes um ⊙aufgg, 9½ u. 4ʰ. Phil. Trans. 1835. p. 205 fg.
	18. 0 u. 19. 8	71. 5 u. 72 30	1700	24. 7	1826 dessgl.
	17.25 u. 19 27	71. 5 u. 73 33	1600	25. 3	1827 dessgl.
	17.40 u. 19 11	71. 5 u. 73.33	1700	25. 6	1828 dessgl.
	18.10 u. 19.23	71. 0 u. 72.10	1700	23. 8	1829 dessgl.
Ahmednuggur	19. 8	72.28	1800	25. 6	1 J. 1818, obs. Walker nach Sykes im 7. Report Brit. Assoc. 233.
Poonah	18.32	71.42	1710	25. 4	1830, obs. Sykes a. a. O. Hr. Dove ber. im Mittel v. 1826—30 f. Poonah (eigentl. das Plateau in d. neben bezeichn. Grenzen!) **24°.9,** u. **k. M. 20.8 ; w. M. 27.9,** a. a. O.

Darwar	16.28 / 15.32?	72.50	2250	23.7	Jan.—Oct. 1827, obs. Turnb. Christie 10 u. 10h u. 2-stdl. (Nov. u. Dec. eingeschalt.) James. N. Ph. J. 1828.
Madras	13. 5	77.57	—	27.8	25 J. 1796—1807 u. 1813—25 nach stdl. Beob. (monatl. 3 Tage) auf wahre Med. red. von Goldingham, Madras Observ. Pap. 1827, p. 359 sq. $\frac{\text{W. } 24.6}{\text{S. } 30.3}$; $\frac{\text{k. M. } 24.0}{\text{w. M. } 31.2}$ (a. 21 J.) — Roxburgh's Beob. geb. nur 26°.9 Phil. Tr. In einer kahlen Ebene.
Bangalore	12.58	75.17	2730	23.7	7 J. Febr. 1820—Dec. 25, 1830 u. 35, obs. Mouat Std.? Med. der ersten 6 J. 23°.7. D. einz. Jahresmed. zeigen eine Diff. von 3°.6. Calc. Tr. v. VI; 2-stündl. Bb. 1835 v. Mouat geben 23°.56; 10h Mg. 0°.3 weniger. Beng. J. V. 296.
Arcot	12.54	77. 8	590	27.7	1 J. 1827 Std.? Ebdas. Arnee: Std. etc. ebf. unbek.; 1828, 1 J.: 29°.0.
Seringapatam	12.45	74.21	2260	25.0	2 J. 1814 u. 16, obs. Scarmann i. Zimmer, ⊙aufg. u. 3—4h. Brewst. Ed. J. Sc. V. 259. Kämtz rechnet 25°.2
Mercara	12.26	73.30	4200	20.8	1 J., 6 u. 10h Morg.; a. d. 2-stdl. Bb. in Bangalore ist die Corr. auf 10h Morg. angewendet, daher das Mittel höher als Baikie's Angabe (18°.5); vielleicht zu hoch. Madr. J. of Science, Oct. 1836 (Bibl. univ.).
Pondichéry	11.56	77.32	—	28.6?	A. mangelh. Ang. geschätzt; Not. statist. — 29°.6 v. Humb. l. is., gewiss zu hoch. N. Cossigny's Bb. (vgl. Port Louis!) u. Le Gentil Voy. mers de l'Inde I. 474. 4 J. 1736—9, 68 u. 69. K. M. 24.5; w. M. 33.0? Sandige Küste.
Mahé	11.42	73.12	...	26.1	J.? Mg. u. Mittg.-Bb. Not. stat. Col. Fr. III. 23.
Anjarakandy	11.40	73.20	40	27.2	Auf d. Vorhöh. d. Ghats bei Tellichery; 10 J. Std.? (1810—13, 18—23), obs. Murdoch Browne. Tr. Lit. Soc. Madr. P. I. 1827. p. 89. $\frac{\text{K. M. } 25.7}{\text{w. M. } 29.7}$.
Ootacamund	11,25	74.30	6900	14.0	3 J.: 1 (?) J. Beob. aus 6, 3 u. 9 (13°.6) und 2⅓ J. (1831—33) aus 6 u. 3h v. Baikie. Ph. S. Calc. Tr. v. IV. 77, J. Beng. III. 653, B's Topogr. of Neilgher., Martin Br. Col. I. Jackanary: 4700′ h. (1 J.?) a. Beob. um 6, 3 u. 9h: 15°.6. Zu niedrig? Dimhutti: 5800′ h.: 17°.8; nach Ritter's Asien IV.

Ort.	N. B. ° ′	O. Lge. Par. ° ′	Höh. P. F.	M. Jahr.-Tp. ° C.	Zeit der Beobachtung etc., Winter- und Sommertemperatur.
Karikal	10 55	77.24	...	28.7	1 J. 1825, 9 u. 9^h, Zimmerb., östl. Lage. K. M. 25.5; w. M. 31.5. Not. Stat. Col. fr.
Ceylon:					
Trinconomale (Ft. Frederick)	8.34	79. 2	—	27.1	3 J. 1809, 10 u. 12, obs. Marshall 6, 3 u. 9^h. (Corr. Brewster: 27°.0). Davy Acc. of Ceyl., Phil. Mag., Edinb. J. Sc. V. 143. **K. M. 25.4; w. M. 29.1.**
Kandy	7.18	78.30	1580 (1370)	22.7	5—6 J. 1817—19, Nov. 1833—Dec. 35, obs. Ord etc. th. 6—7, 12, 9—10, th. 8 u. 8^h?; corr. — Davy Acc., Ed. J. ebd., Phil. Mg. u. Beng. As. J. IV, V. $\frac{\text{k. M. 21.8}}{\text{w. M. 24.1}}$.
Colombo	6.57	77.40	—	27.2	1 J. 1812, 6, 3 u. 9^h; d. J. 1815: 7, 12, 3 u. 8^h: 26°.7 cor., nicht ganz zuverl. Ed. J. V. 141, Davy Ceyl. — Nach Martin Temp. d. Küsten: $26\frac{3}{4}$°.
Newera Ellia	6.51	78.30	5600	12.8?	Zeit? Tag- u. Nachtbb. Martin Br. Col. I. Zu niedrig.
Point de Galle	6. 0	77.56	—	27.3	Beob. v. März bis Nov. 1812; 27°.7, v. Brewst. corr. Ed. J. V.

IV. Hinter-Indien und der indische Archipel.

Ort.	N. B. ° ′	O. Lge. Par. ° ′	Höh. P. F.	M. Jahr.-Tp. ° C.	Zeit der Beobachtung etc., Winter- und Sommertemperatur.
Arrakan	20.35	91.15	...	27.1?	Unsicher. Vom Juli bis Nov. 1825 5—7m. Lindsay, Oliphant, Mittel aus 7 od. 9^h u. 3 od. 4^h für jene Monate: **28°.5.** Mittel vom Sept. bis Nov. aus 9 u. 9^h: 27°.6. Das J.-Med. ungef. ber. — Madr. Soc. Trans. v. I, Ph. Calc. Tr. v. III. India Gazet.
J. Pulo Penang (Pr. Wales'-J.)	5.25	97.59			
a) Government-Hill	„	„	2100 (2600?)	22.5	1 J. Mai $183\frac{1}{2}$ aus 8, 3 u. 8^h (?). Ph. S. Col. Tr. v. VI. p. 498. $\frac{\text{k. M. 21.1}}{\text{w. M. 23.3}}$.
b) GeorgeTown	„	„	—	26.4	4 J. a) Mai $183\frac{1}{2}$, 8, 3 u. 8^h, in e. offnen Verandah, Md. = **27°.2;** u. b) 3 J. $181\frac{5}{6}$, $\frac{20}{21}$ u. 23 (3—4mal tägl.; 7—8, 12, 4^h), obs. Coombs; sämmtlich corr. N. Falconer: **26°.7.** J. As. S.; Ed. J. Sc. VIII. 65. As. Soc. Trans. I. App. $\frac{\text{k. M. 25.6}}{\text{w. M. 28.9}}$ (1 J. corr. s. Gov.-Hill). An d. Nordküste.

Alor Gajah (bei Malacca)	2.16	99.52	...	27. 4?	½ J. nur; Aug. 1832—Jan. 33, obs. Maurice, 6, 2 u. 8h; a. 6 u. 2h: 28°.6. Md. d. Jahres aus Singap.-Beob. ber. Fortwährender Regen.
Malacca	„	„	...	26. 3	1 J. 1809 nach Farquhar; a. 8 u. 4h M.: 26°.7, corr. Ed. J. VIII. 62, As. Soc. Tr. I, App.
Singapore	1.17	101.30	—	26. 7	2 J. 1822 u. 23 a. 6, 12 u. 6 Med. = 27°.1, n. Madr. corr. (n. Lütke's Beob. c. 26°.9). Dieselbe Corr.-Grösse bringt Brewster an durch theilweise Corr. Ed. J. 8. Tr. Asiat. Soc. I. K. M. 26.0; w. M. 28.1 (uncorr.).
Archipel:	N. B.				
Manilla	14.36	118.39	—	25.6*?	Nach Humb. l. isoth. u. Fragm. Asiat. t. 2. — $\frac{\text{k. M. } 20.0}{\text{w. M. } 30.5?}$
	S. B.				
Batavia	6.9	104.33	—	27. 8?	N. Reinwardt; Zeit? Ed. J. Sc. v. V. p. 270. — 1½ J. Jan. 1758—Juni 1759, obs. Kriel, 6, 12, 2 u. 10h im Zimmer: 25°.7 (Haarlem Soc. v. VI. p. 9, 1762; daraus ber. v. Moll in Ed. J. Sc. V. 269; 1758 giebt 25.8). D. J. 1779 giebt a. 3 tägl. B.: 26°.8. Verhand. van het Batav. Genootsch. 3 dr. IId. p. 383. $\frac{\text{k. M. } 25.6}{\text{w. M. } 26.7}$.
—					Weltervreden (bei Batavia) soll nach Reynolds Angabe etwa 30° mittl. Temp. haben (?) Journ. Voy. round the world, 1835 p. 314.
Buitenzorg	6.50	104.30	690	27. 2?	5 J., 6 u. 2h, n. Ruschenberg. N. Reinwardt 26°.1; Zeit? Ed. J. V. 40 engl. M. v. Bat.

*) Meyen, aus dessen Nachforschungen hervorgeht, dass Le Gentil in der Sonne und nur in der trocknen Jahreszeit beobachtet hat, (Voy. Mers de l'Inde t. 2.), glaubt, dass die mittlere Temp. nicht 25° erreicht. Reise Th. II.

V. China und Japan.

	N. B.				
Peking	39.54	114. 9	300?	12. 7?	6 J. 1757—62, Weing.-Therm.! obs. Amyot, Cotte Mém. II. 497. v. Humb. l. isoth. tab. p. 602. $\frac{\text{W. } -3.2}{\text{S. } 29.1}$? Aus Fuss' Beob. dagegen folgt (a. 8, 12 u. 10h): W. in dem verhältnissmässig kalten Jahre 1831 u. nach altem Stil gerechn. nur — 1°.0! Auch die Sommertemp. scheint zu hoch zu sein. $\frac{\text{k. M. } -4.1}{\text{w. M. } 29.1}$? n. Amyot. Fuss in Mém. de l'Ac. Pétersb. III. p. 112.

Ort.	N. B. ° ′	Ö. Lge. Par. ° ′	Höh. P. F.	M. Jahr.-Tp. ° C.	Zeit der Beobachtung etc., Winter- und Sommertemperatur.
Nangasaki (Kiusiu)	32.45	127.32	—	17. 3	a. 11 Mon. Mg. u. Mittg. 1779, Verhand. v. het Batav. Genootsch. II d. 400, daraus falsch abgedr. in Voy. de Thunberg, woraus nach Humb. Ber. 16°.0; lign. isoth. tab. p. 602. $\frac{W.\ 6.5}{S.\ 28.4}$. — A. Mittagsb. 1775 u. 76 (an versch. Punkten!) ergiebt sich corr. **18°.8**, a. Mg.- u. Nachmittagsbeob. unc. **19°.4**; nach Decad. ber. a. Thunb. Voy. III. 161 im MS. d. Hrn. v. Humb.
Canton	23. 8	110.56	n. 0	21. 9	5 J.: 1 J. 1785, obs. Deguignes, Mg. u. Abd., von Meyen (s. Macao) ber.: **22°.3.** 1 J., obs. Raper bei Kirwan on Temp. 113: **24°.0**; 3 J. 1829—Sept. 1831 nach dem Canton Register for 1829—31 (obs. um 12 u. 12 Mitternacht): **21°.6.** Corr. — $\frac{W.\ 14.2}{S.\ 27.8}$ (5 J., meist corr.).
Macao	22.11	111.14	—	22. 5	3 J. Beob. zu Macao u. Canton 1809—11, a. Mg., Mittg. u. Abd.: **22°.1**, $\frac{W.\ 14.7}{S.\ 29.5}$; a. Mg.- u. Abdbb.: **21°.5**, $\frac{W.\ 14.1}{S.\ 27.1}$. Ph. Soc. Calc. Tr. v. VI. 369. Bibl. univ. 1834: **20°.9.** nahe 6 J.: 1814, obs. Richenet a. tgl. Extr.: **23°.3** (Humb. voy. t. 10; in Ann. de Chim. **22°.9**); März 1827—Dec. 1830, obs. Beale, 6 u. geg. 4h: **22°.3** (N. Act. Acad. Caes. Leop. Car. XVII. p. 871); u. 1831, obs. Blettermann um 7 u. 2½h: **23°.0.** Corr. — Chinese Alman. f. 1833; $\frac{W.\ 16.5\ (5\ J.)}{S.\ 28.6\ (6\ J.)}$ corr. — 3-j. Beob. 1829—31, 7 u. 2h: **23°.5** (zu hoch). Phys. Soc. Calc. Tr. v. VI. p. 369.

Anm. Es ist in diesem und in den folgenden Erdtheilen nicht selten das Werk von Martin über die brit. Colon. benutzt worden, weil seine Quellen uns nicht zugänglich waren (z. Th. Manuscr.-Beob.); bei einer genaueren Durchsicht der von ihm mitgeth. met. Beob. zeigt sich jedoch, dass dieselben in den meisten Fällen wegen der fehlenden Ang. über Jahr und Std. d. Beob., wegen Druck- oder Rechenfehler, Berechnung u. dgl. m. nicht auf den Grad von Genauigkeit Anspruch machen können, als andere. Diese Bemerkung findet überhaupt bei den meisten statist. u. medicin. Werken ihre Anwendung, wesshalb ihnen selten grösseres Zutrauen geschenkt wurde.

C. AFRIKA.

I. Nord- und Central-Afrika.

Tunis	36.48	7.51 O.	–	20.3	3⅓ J. Juli 1824—Oct. 1827, obs. Falbe tgl. Ext.; Kämtz rechnet noch die Bb. zw. 10 u. 12h Ab. hinzu u. findet d. Med. 20°.1. Obs. 1829—32 von Read noch nicht publ. — $\frac{W. + 12.9}{S. \quad 28.3}$ (W. 12°.6 Kämtz.).
Algier	36.47	0.43 -	100?	19.6	2 J. 1837 u. 38 Mittagsb. (12h?) 22°.0, nach Pad. corr. Monit. Algér. 1839, Etabl. fr. Algérie 1838, u. MS. d. Hrn. v. Humboldt. Keine Zehntelgrade! — N. Taitebout's Obs. 1⅓ J. 173⅚ bei Cotte Mém. II. 198, Mém. Par. 1765: 21°.3; n. Genty de Bussy (Alg. t. II. 60) aus 183⅔ Winter- u. Sommer-Med. (Mon. u. Std.?) 21°.6; n. Rozet: 18°. Nach einer grossen Menge v. Beob. ist die Cisternen-, Quellen- etc. Temp. = 18°, Bruguière in Bergh. Ann. VII. 516. Rozet giebt die Cist.-Temp. nur zu 16°.8 an (Voy. Rég. d'Alg.). — N. Bérard Lufttp.: 18°.9 (s. d. Anm.). A. 1837 u. 38 u. Bér's Ang. 19°.4 u. $\frac{W. 15.1}{S. 23.8}$ (cor.)?; $\frac{11.7}{24.7}$ Bér. Unsicher.
Constantine	36.20	4.14 -	1000?	17.2	1 J. 1838 Std.? Etabl. franç. dans l'Algérie. 1839. p. 166. Sommer: 26°.6.
Funchal (Madeira)	32.38	19.15 W.	80	19.1 (18.9)	8 J.: a) 6 J. 1824—29, obs. Heineken th. tgl. Ext., th. 10 u. 10b; J. 19°.0; W. 16.5; S. 20.9 (3 J.). Ed. J. Sc. 1. u. 2. Ser. j. — u. b) Mason 1834 u. 35

Anm. zu Algier: Eine Discussion der Beob. in der ital. Halbinsel scheint zwar Bérard's Mittel (18°.9) zu bestätigen; aber daraus würde auch hervorgehen, dass die Nähe der südlich gelegenen Ebenen und der Wüste auf Algiers Temp. fast ohne Einfluss sei, was doch nicht wahrscheinlich ist. In dieser Beziehung schien eine Vergleichung der Wintertemp. namentlich entscheiden zu können; Palermo hat in einer ganz ähnlichen, den Nordwinden ausgesetzten Lage 11°.2 mittlere Winterwärme, während Bérard für Algier, wo im Winter westl. u. südl. Winde vorherrschen, nur 11°.7 angiebt. Hier hat das Meer an seiner Oberfläche 15°.0 mittlere Wärme im Januar u. seine grösste mon. Temp. im Juli: 23°.5, u. sogar eine mittl. Sommertp. v. 22°.4. Man vergl. mit der Sommertp. (24.7, 23.8) die von Canea = 25°.2 u. v. Tunis = 28°.3 (4 J.!), das im 3-j. Mittel genauer Beob. 12°.9 Wintertp. besitzt. Bérard's Bb. sind wohl vorzugsweise an Bord des Schiffes während der Aufnahme der Küsten angestellt, was auf das Mittel von Einfluss sein muss, wie auch Beob. zeigten; ferner benutzte er Beob. von Rozet, die in dem dort merkwürdig kalten Jahre 1830 angestellt wurden und auf welche Decandolle auch seine Zweifel stützt (Bibl. univ. t. 3. N. S.); und endlich geht aus seiner Tabelle nicht hervor, ob er nicht zum Theil die Mittel der monatl. Extreme, welche auf den Küstenfahrten vom Juni 1827 bis Ende 1834 beobachtet wurden, zur Berechnung des jährl. Med. angewendet! Bérard selbst hält seine Angaben für mangelhaft und unvollständig, u. spricht die Hoffnung aus, dass bald genauere ihre Stelle einnehmen werden. B's Beob. bei der Aufnahme der Küsten vom Mai bis Novb. in den Jahren 1831—33 wurden zwischen 37½ u. 35° n. Br. und zwischen 6½° ö. und 5½° w. Lge. (d. i. die Posit. der Küstenpunkte selbst) angestellt. S. Bérard Descr. naut. des Côtes de l'Algérie. Paris 1837. p. 61 u. a. O. — Das Jahres-Mittel möchte sich wohl wenig von 19½° entfernen.

Ort.	N. B. ° ′	Lge. Par. ° ′	Höh. P. F.	M. Jahr.-Tp. ° C.	Zeit der Beobachtung etc., Winter- und Sommertemperatur.
(Funchal)					tgl. Ext., weg. d. Höhe red.; 1 Meile v. Meere zu St. Luzia. Brit. med. Alm. f. 1838 p. 119. Vielleicht noch etwas zu hohes Md., da Hein. d. Md. f. 1824 u. 25 (Bb. „out of doors") f. zu hoch hält. Heberden's Bb. 1749—52, 7 u. 3h, corr.: **19°.7**; mit jenen verein., 12-j. Md.: **19°.3.** Kirwan, Cavendish u. Gourlay (in 370′ H. a. 18 J. Std.?) geben 20°.5 (G. nach einer and. Angb. 19°.0; ebenso Bowdich, 2—300′ H. Excurs. in Mad.). — $\frac{W.\ 17.2}{S.\ 21.9}$ (9 J., deren Med. **19°.5**); $\frac{16.6}{21.4}$ (5 J. tgl. Ext., Med. **18°.9**).
Cairo	30. 2	28.55 O.	...	22. 2 (22.4)	(5? J.): a) 1—3 J.? 1799—1801, obs. Coutelle, 5—7h Mg. u. 12—3h Mitt.: **22°.2.** Déscr. de l'Egypte, Hist. nat. II. 321. N. v. Humb. a. Nouet's etwas mangelh. Bb. **22°.4**; Mém. d'Arc. 3. tab, 602. — b) 4 J. 1835—38, obs. Destouches, Std.? **22°.45**, l'Inst. VII. N. 250. — Temp. am Bod. des Josephbrunn. 22°.5. — **W. 14.7; S. 29.3** (aus a). Nahe 3 J. alter Bb. 1759 u. 60 v. Boyer u. Nov. 1761—Aug. 1762 v. Niebuhr, aus denen Cotte d. Med. 22°.4 zieht, sind ganz unbrauchbar, denn Boyer beobachtete Mittags in einem verschlossenen Zimmer u. Niebuhr 3mal tägl. (aber nicht zu denselben Std.) ein Th. in OSO.; Cotte's Med. enthält keine Corr. für die Mittagsb. Boyer's.
					Marocco: 31½° n. ?′ h. **19°.5.** Ali Bey al Abassi Reise, n. Gehl. W. 9. I. Tp.-Taf.
Laguna	28.37	18.35 W.	1630 1700	17. 1	8 J. 1811—18, obs. Saviñon 3mal, Std.? $\frac{W.\ 13.6}{S.\ 20.2}$, $\frac{k.\ 12.9}{w.\ 21.7}$. Trans. Met. Soc. Lond. I. 78. Phil. Mg. 3 S. v. XII. Zu niedrig? Soll nach v. Buch (Canaren p. 65) durch Wärmestrahlungsverlust der kleinen Hochebene, worauf Lag. liegt, an local. Abkühl. leiden.
Santa Cruz de Tener.	28.28	18.34 -	—	21. 6	2⅓ J. Mai 1808—Aug. 1810, ⊙aufg. u. Mittg., obs. Escolar; von Buch Iles Canar. p. 60. In den übrigen Theilen der Ins. in den Ebnen **20°.7.** Humb. l. isoth. 602. **W. 18.4; S. 24.8; — k. M. 17.7; w. M. 26.0.**

Orotava	28.25	18.45 -	960	21. 0	Zeit? Humb. l. is. p. 496. Am Fuss des P. de Teyde. v. Buch setzt d. Temp. v. Teneriffa = $21\frac{1}{4}$—$22\frac{1}{2}$°. (Ebd. p. 38.)
Las Palmas	28.20	17.50 -	...	21. 3	3 J., Mittgsb. v. Bandini de Gatti, auf wahre Md. red. n. Escolar's Bb. v. Buch Klima d. Can. p. 11. W. 17.2; S. 23.0.
Saint Louis	16. 1	18.53 -	—	24. 7	5 J. 1824—28, Std.? Not. statist. s. l. Colon. Franç. t. III. 211. — Senegal: 26°.5. Zeit? v. Humb. Voy. XII.; Kirwan: 26.7; Est. Temp., Phil. Tr. 1780 p. 478; obs. Schotte nicht zu denselb. Std. Aug. 1778—Jan. 79. — Dagang, 2 J. Std.? Md.: 27°.8? Stat. Col. Fr. (Nähere Angab. fehlen.)
Richard-Tol	15.25		...	25. 6	2 J. 1826, 27, Std.? Stat. Col. Fr. (a. 3 J. 26°.6?). 20 li. v. St. Louis.
Bakel	14.53	14.41 -	...	27. 5?	5 J. 1824—28 Std.? Ebds. Die Jahresmed. weichen um 4°.7 ab! Unsicher.
Gorée	14.40	19.47 -	...	24. 9	5 J. 1824—28 Std.? Ebd. Diff. d. Extr.-Jahresmed. 2°.5. — 35 li. v. d. Gambia-Mdg.
Kobbe	14.11	25.48 O.	1500 ?	26. 5	Nahe 2 J. 1794, 95, obs. Browne, 7 u. 2h. Trav. 2 ed. 1806 p. 473. App. Ber. v. Kämtz: 27°.2, n. Pad. corr. v. Schouw. $\frac{\text{W. } 19.7}{\text{S. } 30.0}$; $\frac{\text{k. M. } 18.8}{\text{w. M. } 30.3}$ cor.
Kouka	13.10	12.10 -	1100 ?	28. 1	$1\frac{1}{2}$ J. März 1823—Aug. 24, obs. Oudney 6, 12 u. 3h; Clapperton's Travels Afr. App. p. 262. Cor. n. Pad. m. Rücks. auf Var. v. Schouw. 11 Mon. März $182\frac{3}{4}$ (Febr. interp.) Med. = 29°.3; n. Kämtz = 28°.7. — $\frac{\text{W. } 23.8}{\text{S. } 29.0}$, $\frac{\text{k. M. } 20.6}{\text{w. M. } 33.7}$ cor.
Soccatu	13. 5	3.52 -	600?	29. 7?	Nur a. 4 Mon. Jan.—April 1824 u. 27, obs. Clapperton u. Lander, nach Berghaus' Phys. Atl.
J. Socotora	12.30	51.30 -	—	28. 1?	An d. Küste; aus 5 Mon. Jan.—März, Juni u. Juli 1834, Beob. an Bord des Schiffes v. Haines um 8 u. 8h. Wärmste Mon. 31°.4. Beng. As. J. V., Lond. Geogr. J. V. Wellsted Trav. Bergh. ber. a. einem Mon. J.: 29°.5.
Kano	12. 0	7. 0 -	1600 ?	26. 1?	Nur a. 5 Mon. Jan., Feb. 1824, Sept.—Nov. 27, obs. Clapperton u. Lander, n. Bergh. l. c.
Sierra-Leone Küste	8.30	15.40 W.	—	27. 2	1 J. 1793, obs. Winterbottom 4m. tgl., Std.? (Acc. of the Afric. of S. Leone I. 282). $\frac{\text{W. } 27.4}{\text{S. } 26.2}$. Ob sorgfält. ber. Md.? Bergh. phys. Atl. a. 4 J.: 26°.3?

Ort.	N. B. ° ′	Lge.Par. ° ′	Höh. P. F.	M. Jahr.-Tp. ° C.	Zeit der Beobachtung etc., Winter- und Sommertemperatur.
Freetown	8.30	15.30W.	...	27. 2	J. u. Std.? aus d. mon. Extr. ber.; dagg. giebt Martin, Br. Col., 26.3 u. 27°.8 an.
Dän. Colonien: Guinea (Christ., Adda etc.)	5.30	2. -	...	27. 4	1⅓ J., 16. Oct. 1783—Sept. 84, März—Juni 85, obs. Isert, 6, 1 u. 9h (wahr. Md.). **k. M. 25.6 ; w. M. 28.8.** I's Reis. Guin. 1788 Anhg.
Christiansborg	5.24	2.10 -	...	27. 2	3—4 J. März 1829—Oct. 31, Jan. 183⅔, obs. Trentepohl u. Chenon, 6—7, 9, 12, 4 u. 9—10h, nach Pad. mit einer jährl. Cor.-Ziffer u. Rücksicht auf d. Var. corr. v. Schouw, Clim. Italie p. 118; $\frac{\text{W. } 27.4}{\text{S. } 25.5}$, $\frac{\text{k. M. } 24.6}{\text{w. M. } 29.2}$.
Quorra	5—9°	—	...	29. 3?	1 J. Aug. 183¾, obs. Oldfield Std.? auf d. Schiffe a. d. Nigerfl. Unsicher. $\frac{\text{k. M. } 26.7}{\text{w. M. } 31.7}$.
Guinea-Küste (Zahn-, Gold-, Benin-K. und B. v. Biafra)	3—4°	zwischen 10° W. u. 7° O.	—	26. 6	A. 20 Mon. 1819—22, obs. Kelly um 8, 1 u. 8h; corr. Diese Mon. sind aus einer Reihe v. Schiffsbb. zw. d. Fl. Sierra Leone (8½° n.) u. d. Aequat. ausgewählt. Unsicher. Thoms. Ann. Phil. v. V. (Vgl. üb. d. Goldküste Monrad's Guin.). — $\frac{\text{k. M. } 25.4}{\text{w. M. } 28.4}$.
					II. Süd-Afrika.
	S.Br.				
Deadwood (St. Helena)	15.55	8. 4W.	...	19. 6	Sechellen, Mahé: 4°38′ s., 53°5′ O.: 21.7? Nach Martin's sehr ungenauer Ang. Br. Afric. 119. Vgl. Sta. Cruz de Tener. — Oberguinea, Küstentp.: 28½°? Kastn. Arch. XVIII. — Congo 9° s.: 25½°, Schätzung n. Smith, v. Buch Pogg. A. XII. 2 J. Std.? obs. Short. Martin Br. Col. IV. 528. — James' Town: 22°.8. Zeit? n. Falconer Asiat. J. III. Ennis giebt **23°.3**; v. Humb. n. Beatson 22—23° (l. is.). Aus Beatson's Angabe der j. Extreme in Plantation House u. der Diff. d. Temp., mit Jamest. vergl., folgt für letzteren Ort (Zimmertemp.!) 22°.8? Tracts relat. to S. Hel. by B. 1816 p. XXXIII. — **W.: 20°**; Agricult. Soc. Hel. Asiat. J. v. 22.
Port Louis (J. de France)	20.10	55. 80.	40	24. 9	9 J. 1788—92, 1803, 04 (24°.8), 28 u. 31 (Md. 25°.7), obs. Lislet-Geoffroy (50 J. Obs. etwa nicht publ.) Trans. As. Soc. II. Beng. As. J. III. Freycinet Voy. I. 360.

J. de Bourbon	20.52	53.10 -	130	25. 0	Aeltere Angabe: 26°.7; a. Cossigny's Bb. 1732 fg. 27°.0! Cotte Mém. II. — Ort? 1837 a. 4 Beob., Mg., Mitt., Abd. u. Mittn. 22°.8; l'Inst. — $\frac{W.\ 21.7}{S.\ 28.4}$ (8 J.) Powdermills im Innern, nö. v. P. Louis, J.? a. ⊙aufg., Nachm. u. ⊙untg.: **24°.4.** Martin Br. Afr. p. 179. Mehrj. Bb. n. Not. statist. sur l. Col. Franç. t. II. p. 24. In Thomas' Stat. de Bourb. J.: **24°.95.** Dasselbe Med. liefern 4 Mon. Jan., Apr., Juli u. Oct. 1818, obs. Desmolières. Billiard Voy. — **W. 22.1; S. 26.7.**
Graaf Reynet	32.11	23.40 -	1100	16. 8	Die Bai v. Antongil 15½°s. ist nach Le Gentil nicht kälter als Pondichéry? 1 J. Mai 18$\frac{18}{19}$, obs. Knox, 6—7, 1 u. 7—8h; Ed. Phil. J. v. V.
Tulbagh	33.15	16.45 -	...	19. 3	(a. 2 J. 1821, 22?) Std.? n. Colebrooke, Ed. Phil. J. N. XVIII. p. 241. $\frac{W.\ 14^{0}}{S.\ 25}$. — J.: **19°.1** n. Martin Br. Afr. p. 51.
Zwartland	33.15	16.15 -	...	19. 2	Zeit? n. Colebrooke l. c., 19°.3 n. Löwenberg (s. u.), 19°.1 n. Martin. 2 J. zw. Juli 1821 u. Dec. 1823 a. d. mon. Extr.: 19°.6.
Stellenbosch	33.50	16.20 -	...	19. 1	3 J. 1821—23 Std.? Vor- u. Nachmittagsb., a. d. tgl. Bb. im Meteor. Diary v. mir berechn. Nach Colebrooke l. c. ebenso. Löwenberg a. d. Diary (1821—22?) 18°.95; d. J. 1821 aus Mg.- u. Nachm.-Bb. (Std.?) 18°.9, a. d. mon. Extr. dagg. 19°.5 (ebenso aus allen 3 J.). N. Martin 19°.2. — **W. 14.0; S. 23.5** (3 J.).
Capstadt	33.55	16. 2 -	...	19. 1	10—11 J.: a) 2⅔ J. 1810—12, J.: **18°.9;** v. Freycinet ber. u. b) 8 J. α) Sept. 1818 —Juli 1821, obs. Wahlstrand, tgl. Extr.; β) Mai 1822—Aug. 26, obs. Pulemann 3mal tgl.; Std.? (einige Mon. fehlen), deren Med. **19°.2.** Freyc. Voy.; v. Buch Pogg. XV., Cap-Zeitg. — v. Humb. l. isoth: 19°.4; Calc. Ph. Trans. v. IV: 19°.6; dasselbe Med. a. mehr. J. haben Colebrooke u. Martin l. c. — **W. 14.8; S. 23.4** (a. 11 J.).
Zwellendam	34. 0	18. 0 -	...	18. 7	Bergh. a. 10 J.: Jahr **19°.5; W. 14.2; S. 24.8.** Phys. Atl. 4. Lief. 1821—22? $\frac{W.\ 16^{0}}{S.\ 22}$. Beilage z. Uebers. von v. Humb. Fragm. Asiat. Aus 41 Mon. 1821—24, deren Med. aus den mon. Extr. ber. ist, erhalte ich dasselbe Jahresmittel!

Ort.	S. B. ° ′	Lge. Par. ° ′	Höh. P. F.	M. Jahr.-Tp. ° C.	Zeit der Beobachtung etc., Winter- und Sommertemperatur.
George Town	34. 0	20.20 O.	...	16. 6	N. d. Meteor. Diary (1821—22?); n. Löwenberg: 17.8. A. 14 Mon. zw. Nov. 1821 u. Sept. 23 erhalte ich nur J.: 16°.6 (tgl. Extr. oder Mg.- u. Nachmitt.-Bb.).
Hottentots Holland	34. 2	16.28 -	3500 ?	13. 1	2 J. Std.? Bergh. Phys. Atl. 4. — 1830? Std.?: 13°.8 n. Mart. Br. Col. IV. 51.

D. AMERIKA.

A. NORD AMERIKA.

I. Westküste.

Ort.	N. B	W. Lge.	Höh. P. F.	M. Jahr.-Tp. ° C.	Zeit der Beobachtung etc., Winter- und Sommertemperatur.
					Kotzebue-Sund: Sept.-Tp. a. 2 J. 1826 u. 27: 6°.1, daher J. nahe 0° wahrsch. Beechey Voy. App.
Novo-Arkhangelsk (Sitkha)	57. 3	137 38	...	7. 4	3 J. 1832—35 (einige Mon. fehlen), obs. v. Wrangell 1832 um 8, 12, 4 u. 8h, später 9, 12, 3 u. 9h Corr. n. Leith u. a. neuen St. red. von v. Baer; Bull. Ac. Pétb. t. V. 128. — 1828 (alt. St.) a. d. mon Extr. 7°.3, Kupffer im Bull., Pogg. XXIII; 1829 n. Erman corr. Md. aus 6, 12 u. 6h: 7°.1 (Kämtz' Met.), n. Lütke mit abweichender Angb. d. Bbstd.: 8°.2; a. beid. J. (mon. Extr.): 7°.7 u. a. 4 J. (29, 32—35): **7°.3.** Lütke Voy. aut. du monde. — **W. + 1.5; S. 13.5** (3 J.).
Iluluk (J. Unalaschka)	53.52	168.45	...	4. 2	1¾ J. Oct. 1827—Juni 1829 (alt. St.), ungefähr um 8, 1 u. 9h, Md. 4°.4, n. Leith corr. Lütke Voy. I. p. 281 u. Kupffer l. c. (Bull. scient. Pet. 1833 t. II.)
Ft. George (Col.)	46.18	125.20	...	10. 1	2 J. Juni 182½ u. Apr. 182¾, obs. Scouler; a. 6, 12 u. 6h; corr. Kämtz: 9°3; a. d. Jahreszeiten erhalte ich auch **10°.1.** Ed. J. Sc. v. VI.
Ft. Vancouver (Col.)	45.38	122.34	60	11. 4	3 J.: a) 183⅔, obs. MacLoughlin 6 u. 6h; Compt. rend.: 12°.8, cor.; dasselbe Med. geben 6 u. 2h; u. b) Juni 1833—35, obs. Gairdner 7—8, 12, 3h u. ⊙untg., c. nach Pad., Plym., Leith. Die beiden letzten Jahre geben aus 7—8 Mg., 3h u. ⊙untg.: 11°.5

					unc. James. Ed. N. Ph. J. 1835—6. — N. Kämtz, Zeit? J. 10.8; W. + 3.7; S. 18.4. Vorles. Meteor. W. $183\frac{5}{6}$: + 3.1 cor. San Francisco, $37\frac{1}{2}$° n., Decbrtp.: 10°.0. Erman's Reise.

II. Nordküste, Grönland, Labrador u. die Binnenländer nördl. v. 54° Br.

Winter Harbour (Melville J., Süd-Küste)	74.47	113. 8	—	—18.7	1 J. Sept. $18\frac{19}{20}$, obs. Parry 2-stdl. (i. Journ. Lond Geogr. Soc. IX. detaill. veröffentl.). Md.: — 17°.0, ist wegen Einfl. d. Schiffswärme (2 bis 5° F.) nach d. versch. Mon. versch. corr. v. Richardson. N. Arago: — 18°.5 (Ann. Chim. t. 27). Parry Journ. 1821 p. 269 u. Ed Phil. J. v. XII. — $\frac{W. - 33.5}{S. + 2.8}$; $\frac{-36.1}{+2.5}$ (n. Rich. Corr.).
Pt. Bowen	73.14	91.15	—	—15.8	1 J. Sept. $182\frac{4}{5}$, kaltes J.; obs. Parry. 2stdl. 3d. Voy. 1826. App. N. Richardson's Berechn.; die Bb. selbst geben — 15°.4. Im Sept. 1824 war die Länge zum Theil veränderlich u. östlicher. $\frac{W. - 31.7}{S. + 2.7}$; $\frac{-33.3}{+2.4}$ cor. Rich.
Upernawik (Grönl.)	72.48	58.14	—	— 8.7	Zeit? N. Giesecke's Mitth. Brewster in Ed. Ph. J. N. Schouw a. 3 tgl. B. v. Cortsen, 11 Mon. $183\frac{0}{1}$: — 8°.0. Pog. XXVI.
Grönland-S.	72.	22.	—	. . .	Sommertp. = + 1°.4; 1822, tgl. Extr. wahrsch.; ber. a. Scoresby's Bb.; Voy. to Greenl. App. IV. p. 430.
Omenak	70.41	54.19	—	— 8.6	Zeit? N. Giesecke; Brewster ebd.
Victory Harbour.	70. 9	93.54	—	. . .	Med. des ½ J. Oct. 1831 bis Apr. 32, obs. Thom stündl.: — 27°.9; W. — 33,6. Ross' Sec. Voy. App. XLIII.
Sheriffs Harb.	70. 2	94.12	—	—16.6	1 J. Oct. $183\frac{0}{1}$; ebd. — ½ J. $\frac{Oct.\ 1830}{Ap.\ 1831}$ Md. — 28°.3. $\frac{W. - 32.2}{S. + 1.9}$.
Felix Harb.	70. 0	94.13	—	—14.8	1 J. Oct. $18\frac{29}{30}$; ebd. — ½ J. $\frac{Oct.\ 1829}{Ap.\ 1830}$ Md. — 27°.3. $\frac{W - 33.7}{S. + 4.8}$.
Boothia Felix	70. 0	94.10	—	—15.7	2—3 J., 1829—32; a. d. vorigen 3 Orten; $\frac{W. (3 J.) - 33.2}{S. (2 J.) + 3.4}$. Dasselbe Jahresmittel geben die 2 Jahre Oct. $183\frac{0}{2}$; v. Baer rechnet d. j. Med. — 16°.9. Bull. scient. Pét. t. II. N. 19; er hat für April — 31°.9, ich finde bei Ross aus 2 J. nur — 19°.2 u. s. w. D. Berechn. der v. B. mitgeth. mon. Mittel d. einzelnen Std. giebt ebenf. J.: — 15°.7.

Ort.	N. B. ° ′	W. L. P. ° ′	Höh. P. F.	M. Jahr.-Tp. ° C.	Zeit der Beobachtung etc., Winter- und Sommertemperatur.
Igloolik J.	69.19	84.23	—	— 16.6	1 J. Sept. $182\frac{2}{3}$, 2-stdl. Bb.; Parry's 2d. Voy. N. Richards. red. weg. d. Schiffswärme. Arago hat, wegen Fehler in d. Mon. seiner Tab. nur — 13°.9. Ann. Chim. t. 27. Uncorr. Md. d. Bb. — 14°.7; d. Jahr Aug. 1822—23 giebt — 14°.6. — $\frac{W. -29.7}{S. +1.7}$; $\frac{-32.6}{+1.5}$ c. Rich.
Godhavn (Grönl.)	69.14	55.44	—	— 5.5	Zeit? N. Giesecke's Mitth. Ed. J. 4. A. Graah's 3 tgl. Beob. 6, 12 u. 8h ergiebt sich Oct. 1823—Juli 24: — 6°.2 (Dec.—Juli: — 6°.9) also d. Jahresmed. gegen — 5°. Fasting obs. 1830 u. 31; das 20-mon. Mittel = — 2°.2; Schouw in Pogg. XXVI.
Winter J.	66.11	85.31	—	— 14.0	1 J. Juli $182\frac{1}{2}$, obs. Parry 2stdl., ber. v. Richards. Unc. Med. — 12°.3; n. Brewster — 14°.2 (Ann. Chim.; Ed. J. 2). Sec. Voy. NW.-Pass. 1824. Das J. Aug. $18\frac{21}{22}$: unc. — 12°.5. — $\frac{W. -29.1}{S. +1.5\ (68°\ Br.)}$, $\frac{W. -31.6}{S. +1.7}$ corr. Rich.
Ft. Franklin (Gr. Bären-S.)	65.12	125.33	200	— 8.4	$1\frac{3}{4}$ J. Sept. 1825—7, 1- u. 3-stdl.; n. Rich. Franklin's J., Ed. J. XI. etc. $\frac{W. -27.2\ (2\ J.)}{S. +10.2\ (1\ J.)}$.
Ft. Enterprise	64.28	115.26	800	— 9.9?	a. 9 Mon. Sept. 1820 fg., tgl. Extr., obs. Franklin u. Richardson (Journ.), v. Rich. ber. mit Interpol. u. wegen veränderter geogr. Br. in einigen Mon. auf 64° Br. red.; dasselbe Med. setzt Brewster. In Ann. de Chim. t. 27: — 9°.2, ohne Rücksicht auf die geringere Br. im Sommer 1820. — **W. — 30.6; S. + 10.9** (64° Br.).
Godthaab	64.10	54. 2	—	— 3.3	Zeit? n. Giesecke's Mitth. l. c. 6 Mon. Jan.—Juni 1787, obs. Ginge (Manh. Eph.) geben — 3°.9, der Frühling — 2°.3; 6 Mon. v. Wormskiold Dec. 1812 bis Mai 1813: + 0°.5, n. Schouw l. c.
Ft. Reliance (Sklav. S.)	62.46	109. 1	330 600?	— 5.9?	a. Nov. 1833 bis Mai 34 u. Nov. 34 bis Febr. 35; Md. v. Nov. bis Mai: — 23°.0. Back 15m. tgl.; Arct. Land-Exped. App. p. 563. Jahresmittel durch Interpol. **W. — 29°.1** (2 J.). **S. + 13°.9**; durch Interp. die J.-Tp. ber. v. Richardson l. c.
Slave Lake	61.12	115.32	330?	— 6.9?	
Julianaeshaab	60.43	48.21	—	— 0.9	Zeit? Nach Giesecke's Mitth., Brewster l. c. Frederikshaab in 62° n. Sommertp. **+ 6°.1** n. Müller.

Ft. Churchill	59. 2	95.30	—	−3.7	1 J. 176$\frac{8}{9}$; Kirwan Temp., v. Humb. l. isoth.; in Kämtz' Tab. J.: — 0°.9, $\frac{W. - 5.6}{S. \quad 11.5}$.
Ft. Chepewyan (Athab. S.)	58.43	113.38	470	−4.7?	**S. — 15°.6;** d. J.-Med. durch Interpol. n. Richardson (eine andere Angabe ist — 1°.6). Frankl. Journ.
Okak (Labr.)	57.20	65.20	—	−3.2	2 J. Aug. 177$\frac{7}{8}$ u. Aug. $\frac{79}{80}$; de la Trobe in Phil. Trans. f. 1779 p. 657 u. 1781 p. 197. Corr. v. Kämtz, Met. II. v. Humb. giebt — 2°.1, Brewster — 0°.6; bei Cotte — 1°.2. — **W. — 15.4; S. 8.1** corr.
Nain („)	57.10	64.20	—	−3.6	3 J. Sept. 17$\frac{77}{80}$, obs. 8, 12, 4 u. 8h; de la Trobe ebd.; v. Kämtz corr; v. Humb. u. Cotte Mém. II. 473: — 3°.1; Brewster: — 1°.1; Meyer (plant. labr. p. 160): — 4°.2. — **W. — 18.5; S. 7.8.**
Cumberland House	53.57	104.37	750	0.0	1 J. Sept. 18$\frac{19}{20}$, obs. Franklin u. Richardson (Journ.) z. Theil tgl. Extr.; wegen Entfern. v. C. H. in einigen Mon. und Localeinflusses von Rich. corr. Kämtz: + 0°.2; Arago gegen — 1°.0. Ann. Chim. t. 27 (wenn die mehrere Breitengrade nördlichere Lage in d. Sommermon. nicht in Rechnung gezogen wird). $\frac{W. - 15.7}{S. \quad 14.0 \text{ (59° Br.)}}$; $\frac{-20.2}{19.9 \text{ (auf Cumb. red.)}}$ n. Rich.

III. Canada und die Verein-Staaten.

St. John's (N. Foundl.)	47.34	54.58	...	3.7	3$\frac{1}{2}$ J. 1834—Jun. 37, obs. Templemann tgl. Extr. $\frac{W. - 4.6}{S. \quad 12.5}$; **W. M. 14.9.** Lond. Met. Soc. Trans. v. I.
Quebek	46.49	73.36	...	5.4?	4 J. n. v. Humb. l. isoth., Brewster Ed. J. IV. Kämtz a. 10 Mon., obs. Gauthier: 5°.6. Sehr unsichere Angaben bei Cotte Mém. II. 520 (1744—48).
Cape Diamond	„ „	„ „	310	3.1	8 J. 1829—36, Std.? obs. Watt; a. Trans. Lit. Soc. Queb.; Martin Br. Col. I.
Ft. Brady (Mich., Sup. S.)	46.39	87,16	560	5.2	3 J. 1823—25; a. 7, 2 u. 9h. Uncorrig. wie alle Med. aus denselben Stunden in Lovell's meteorol. Register for 1822—25. Washingt. 1826. Nach den stündl. Beob. in Europa sind diese Med. bis 0°.3 wahrscheinlich zu hoch. — Amer. Alman. f. 1834.

Ort.	N. B. ° ′	W. L. P. ° ′	Höh. P. F.	M. Jahr.-Tp. ° C.	Zeit der Beobachtung etc., Winter- und Sommertemperatur.
Fredericton (N. Braunsw.)	46. 3	69. 5	. . .	5. 3	Zeit? Mitgeth. v. Mc Grigor, Martin Brit. Col. I.
Ft. Mackinac (Hur. S.)	45 51	87.25	570	4. 3	2 J. 1821, 22. obs. Beaumont, a. 7, 2 u. 9^h unc. Met. Table f. 1821 u. Long's 2d. Exped to Peter's Riv. (Keating). Philad. 1824.
Montreal	45.31	75.55	. . .	6. 4	12 J. 1826—37, obs. Arch. Hall u. M'Cord, 7 u. 3^h; Md. 7°.1, corr.; 1828—34: 7°.9 unc. — $\frac{W. - 7.7}{S. \quad 20.5}$ cor. a. 10 J., deren Md. 6°.9 c. — James. Ed. J. XXI. 237, Pogg. A. XLI. 661; Brit. Assoc. Rep. 8th.
					Unter-Canada, Ort? 45° n. Br., J.: 5°.6 (1 J. 1820). N. Mc Grigor's Mitth.
					Ober-Canada, Ort? 42° n. Br., J.: 9°.1 (?J.). Bouchette Brit. Dom. in N.-Amer. I. 337.
Ft. Sullivan (Easport., Me.)	44.54	69.16	n. 0	5. 7	6 J.: a) 4 J. 1822—25; zu Sull. obs. Sargent. Lovell's Reg. $\frac{W. - 5.2}{S. \quad 15.5}$; u. b) 1833, 34 z. Eastp. Amer. Alm. 1836 p. 181.
Ft. Snelling (St. Anthony, Missis.)	44.53	95.28	740	6. 9	5 J. 1820—22, 24, 25; obs. Purcell. Lovell's Met. Reg. etc.
Penetanguishene	44.48	83. 0	570	6. 8	3 J. 1820, 8^h Mg, 1823, 3^h Nmittg. u. Mai 182½, 8, 12, 3 u. 8^h (cor. 7°.2), obs. Todd; auf wahre Med. red. Frankl. Narr. 2d Exp. App. 2. Geogr. Soc. Journ. vol. IX. 377.
St. Lawrence (N. Y.)	44.40	77.20	370	6. 2	zw. 1828—36, obs. Hale u Pettibone; Mg. 6, 3^h u. eine Std. nach ⊙untergg., daher wohl sehr nahe wahres Med; dieselbe Zeit gilt für alle die folgenden Oerter, die aus einem Durchschnitt aus den „Returns of meteor. Observ. made to the Regents of the University of the State New-York" für d. einz. Jahre entnommen sind. Die Berechn. der Beob. im St. N.-York rührt von Rom. Beck u. Henry her.
Ft. Howard (Green B. Mich. T.)	44.40	89.22	570	6. 9	4 J. 1822—25, obs. Wheaton. Lovell's Reg. W. — 7.2; S. 20.6.
Halifax (N. Scot.)	44.39	65.57	n. 0 —	6. 2	4½ J. (einz. Mon. 1820—1828), tägl. Extr.; wahrsch. z. Halifax (N. Scot.). Halib. Hist. Acc. N. Sc. II. 348. — Ohne Angaben in Mart. Br. Col. I.: Jahr 4°.5 u. $\frac{W - 6.8}{S. \quad 16.4}$,

Burlington (Vt.)	44.28	75.33	320	6.6	8 J. 1803—8, 28 u. 32, Std.? Am. Alm. f. 1834 u. 36.
Kingston (O.-Can.)	44. 8	78.59	...	6.8	1 J. 1832, Std.? nach McGrigor's Mitth. in Martin Br. Col. I.
Middlebury (Vt.)	44. 1	75.32	...	6.4	1 J. 1815, Std.? Am. Alm. 1834.
Sackett's Harb.	43.57	74.37	...	9.2	2 J. 1820 u. 1821. Met. Reg. Unit. St.
Brunswick (Me.)	43.53	72.15	...	5.4	Wahrsch. Med. a. mehreren Jahren. Std.? Am. Alman.
Lowville (N. Y.)	43.47	77.45	760	7.2	3 J. 1828—30. Met. Returns N. York. Ed. J. Sc.
Union Ellesburgh (N. Y.)	43.46	78.31	...	7.4	? J., zw. 1830—36. N. York Met. Ret.
Hanover (N.H.)	43.40	74.30	...	5.0	3 J.: Nov. 1834—37. Med 4°.5 a ⊙aufg., 1½ u. 9½h; Med. a. den beiden ersten Zeiten genommen. Vermont Chronicle, Am. Alm. v. VIII—X. Wegen d. kalten J. zu niedrig.
Portland (Me.)	43.39	72.40	—	7.6	2 J. 1821 u. 22, obs. Eaton in Long u. Keat. Narr. Pet.-Riv. u. Met. Reg. Un. Stat.
Ft. Niagara (Ont. S.)	43.15	81.25	230	8.6	1 J. 1822, obs. Ballard. Ebd.
Dover (N. Hamps.)	43.13	73.14	...	6.8	5⅓ J. 1833 bis April 38, obs. Tufts, ⊙aufg., 1 u. 10h. Am. Alm. f. 1836 p. 184 u. folg. J.; 1833 u. 34 geben 7°.3. Epping (N. Hamp.) obs. Plummer 2 J. 1833 u. 34: 7°.1.
Concord (N. Ha.)	43.12	73.49	...	6.9	10 J. 1828—37, obs. Farmer, ⊙aufg. (Herbst u. Wint. 6h), 12—2 u. 9h; 1828—35 geben J: 7°.2; W. — 2.6; S. 25.9.
Lewiston (N. Y.)	43. 9	81.30	270	9.1	6 J. 1830—36. N. York Met. R.
Washington (N. Y.)	43. 8	76. 1	...	10.8	3 J. 1828—30, obs. Williams. N. York Met. R.
Rochester (N. Y.)	43. 8	80.11	480	8.5	5 J. 1830, 33—36. Ebdas.
Utica (N. Y.)	43. 7	77.33	450	7.4	(11 J.?) 1826—36, obs. Prentice. A. 4 J.: 8°.8. M. Ret. N. York. Am. Alm. Repos.
Fairfield (N.Y.)	43. 6	77.14	1110	6.9	zw. 1826 u. 36, obs. Kinnicut u. Chassel; a. a. O.

Ort.	N. B. ° ′	W.Lg.P. ° ′	Höh. P. F.	M. Jahr.-Tp. ° C.	Zeit der Beobachtung etc, Winter- und Sommertemperatur.
Portsmouth (N. Hampsh.)	43. 5	73. 6	...	7. 7	Zeit? Mellish's Descript. Portsmouth Med. 1820: 7°.7. Met. Abst.
Ft. Constitution (Me.)	43. 4	73. 9	—	8. 8	1 J. 1822, obs. Goodune bei Long u. Keating. Giebt nach 4 J. (nur) Obs. zu Ft. Howard das wahre Med. —
Ft. Crawford (Prair. du Chien Missis.)	43. 3	93.20	550	7. 4	3 J. 1821, 22 u. 24, obs. Mendenhall. Lovell's Met. Reg.
Onondaga (N. Y.)	43. 2	78.30	390	9. 1	10 J.? 1826—29 u. zw. 31—36, obs. Woolworth. N. York Met. Ret.
Cambridge (N. Y.)	43. 2	75.42	...	7. 7	zw. 1828—36, obs. Prime u. Stevenson. Ebd.
Johnstown (N. Y.)	43. 0	76.28	...	7. 3	zw. 1828—36, mehrere Beobachter. Ebd.
Fayetteville (Vt., New Fane)	42.58	75. 2	...	7. 0	7 J. 1. Mai 1826—33, obs. Gen. Mart. Field; ⊙aufgg., 2 u. 9h. Silliman Amer. Journ. vol. XII. seq. (jährlich). $\frac{W. - 6.1}{S.\ 18.9}$ (a. 6 J.. deren Med. 0°.2 geringer).
Pompey (N.Y.)	42.56	78.25	1200	6. 5	11 J.? 1826—36, obs. Barrows, Howe u. Huntington. N. York Met. Ret.
Auburn (N.Y.)	42.55	78.48	620	8. 6	zw. 1828—36, obs. Rudd. Ebdas.
Canandaigua (N. Y.)	42.54	79.37	...	8. 2	zw. 1828—36, obs. Howe u. Thurber. Ebdas.
Canajoharie (N. Y.)	42.53	76.55	270	8. 1	1 J. 1830. Zu niedrige Jahrestp.? Ebdas.
Middlebury (N. Y.)	42.49	80.30	760	8. 7	4 J. 1826, 28—30, obs. Cushing. Ebdas. 5 J. (1815 incl. n. Am. Alm.): 8°.3.
Lansingburgh (N. Y.)	42.48	75.58	—	9. 2	11 J.? 1826—36, obs. McCall. N. York Met. R.
Hamilton (N. Y.)	42.48	77.52	1060	6. 9	zw. 1828 u. 36, obs. Morse. Ebdas. Oneida Institute (Madison Co., N. Y.) zw. 1830—36: 6° 9. Ebdas.

Cherry-Valley (N. Y.)	42.48	77.26	1250	6.9	zw. 1828—36, obs. Dayton. N. York Met. R.
Schenectady (N Y.)	42.48	76.15	210	7.9	zw. 1829 u. 36. Ebdas. Cayuga, Aurora, 42°45′ n. 79°0′ w. 390′ h. 1830: 9°.7. Ebd.
Williamstown (Mass.)	42.43	75.33	1000 ?	7.1	4 J. 1816—19, obs. Dewey, 7, 2 u. 9h. Mem. Am. Acad. v. IV. 386. Amer. Alm. f. 1834. 61.
Albany (N. Y.)	42.39	76. 5	120	9.2	17 J., obs. Romeyn Beck, 7, 2 u. 9h; cor. a. 9°.5. Met. Returns f. 1832. 11 J. 1826—36: 9°.2. N. York Met. R.
Ipswich (N. Y.)	42.39	73.12	...	10.0?	3 J. Obs. 1781—83, Std.? v Humb. l. isoth. Ungenau, da das Therm. nicht völlig freie Expos. hatte. Kirwan Temp.
Andover (Mass.)	42 38	73.27	180	8.9	{11 J. 1798—1808, obs. Jon. French, ⊙aufgg. u. Max.; — ⊙untergg. dazu ger. giebt 8°.7. $\frac{W - 29}{S. \quad 20.6}$ Mem. Amer. Acad. III. 399. Mitgeth. v. Farrar.
Hartwick (N. Y)	42.38	77.33	...	7.6	11 J.? 1826—36, obs. Hazelius u. Miller. N. York Met. R.
Deerfield (Mass.)	42.35	74.59	...	6.6	$1\frac{3}{4}$ J. März 1817 bis Nov. 18, obs. Hitchcock; 6, 2 u. 10h v. Mai b. Oct. incl.; 7, $1\frac{1}{2}$ u. 10h in d. übr. Mon. Nach Salem um 0°.7 ca. zu erhöhen wegen der Beob.-Jahre. Sill. Am. J. IV. 333.
Salem (Mass.)	42.31	73.14	—	8.9	43 J. 1786—1828, obs. Holyoke; nach Padua corr. Mittel aus 8, 12, ⊙untergg. u. 10h: 9°.4; von Hale corr. **8°.4**; Med. v. 1786—1818: **8°.7** c.; von 1807—24 **8°.6** cor. Mem. of the Amer. Acad. v. II, IV u. N. S. I. 107. Berechn. v. Elisha Clap (im Auszug in Am. Alm. f. 1834 p. 54). Bestbestimmter Punkt in Amerika. Rom in fast gleicher geogr. Br.: **15°.5!** — $\frac{W. \; -2.4}{S. \quad ...}$ (47 J.), $\frac{-2.3}{21.1}$ (43 J. unc.), $\frac{-2.1}{20.6}$ (corr.)
Franklin (N. Y.)	42.30	79.34	...	7.5	2 J. 1829 (kalt) u. 30. N. York Met. Ret.
Ithaca (N. Y.)	42.26	78.50	400	9.1	zw. 1828 u. 36; obs. Phinney. N. York Met. Ret.
Oxford (N. Y.)	42.26	77.58	910	7.2	zw. 1829 u. 36. Ebd.
Fredonia (N. Y.)	42.25	81.44	610	9.0	zw. 1830 u. 36. N. Y. Met. R.

Ort.	N. B. ° ′	W. Lg. P. ° ′	Höh. P. F.	M. Jahr.-Tp. ° C.	Zeit der Beobachtung etc., Winter- und Sommertemperatur.
Grenville (N. Y.)	42.25	76.41	...	7.1	zw. 1826 u. 36, obs. Wheeler. N. York Met. Ret.
Kinderhook (N. Y.)	42.24	76. 5	120	7.9	zw. 1830—36. Ebd.
Detroit (Mich.)	42.24	85.18	530	10.1	3 J. 1818, 20—22, obs. Delavan. Met. Abstr. Unit. St., Long's Exped., Mellish's Descript.
Cambridge (Mass.)	42.22	73 28	—	9.1	62 J., nach Padua corr. Med. a) 1742—74, obs. Winthrop, 7 u. 3h, Med.: 10°.1; b) 1783—88, obs. Williams: 8°.1 u. 1790—1812, obs. Webber u. Farrar, 7, 2 u. 9h: 9°.2. Mitgeth. v. Farrar in Am. Acad. Mem. III. 1809. p. 361. $\frac{\text{W.} - 2.6}{\text{S.}\ 21.2}$ a. 23 J.; $\frac{-5.2}{21.0}$ a. 29 J.; W. — 5.1 (a. 43 J.), Med. aus 7, 2 u. 9h.
Boston (Mass.)	42.21	73.24	...	9.6	10 J. 1820—29; obs. 7, 2 u. 9h. Sill. J., Am. Alm. **W. — 1.4; S. 21.0.** Boston Harbour 1821: 8°.8. Met. Abstr. Unit. St.
Medfield (Mass.)	...	...	...	8.2	12 J. 1821—32, obs. Sanders, ⊙aufg, 2 u. 9h. Am. Alm. f. 1834 p. 56. $\frac{\text{W.} - 3.0}{\text{S.}\ 19.6}$. 18 engl. Meil. südw. v. Boston.
Delaware (N. Y.)	42.17	77.14	1300	7.7	2 J. 1828 u. 30, obs. Johnson. N. York Met. R.
Hudson (N. Y.)	42.14	76. 6	140	10.5	2 J. 1828 u. 29 (kalt), obs. Fairfield. Ebdas.
Westfield (Mass.)	42. 6	75. 3	...	9.8	2 J. Nov. 1824—6, obs. Davis, ⊙aufg., 2h, ⊙unterg. u. 9h. Nach Davis' u. Atwater's Beob. (im vor. Jahrhdt.) ist das Mittel 10°.
Redhook (N. Y.)	42. 2	76.16	...	8.7	zw. 1830—36. N. Y. Met. R.
Kingston (N. Y.)	41.55	76.26	180	9.8	zw. 1829—36. Ebdas.
Providence (Rhode J.)	41.50	73.45	...	8.5	Brown Univ.; 7 J.: 1810, 11, 17, u. 1832—35, obs. Caswell, ⊙aufg. (Winter) od. 6 (Sommer) 1 u. 10h. Am. Alm. 1834 p. 61, 1836 p. 182 u. 1837.

Dutchess (N. Y.)	41.41	76.14?	...	11.1	? J., zw. 1828—36, obs. Fay. N. York Met. Ret.
New Bedford (Mass.)	41.38	73.16	...	9.6	5 J. 1827—31; 4mal tägl. beob. Das Med. aus ⊙aufg., 2 u. 10h. Jährlich in Sill. J.
Montgomery (N. Y.)	41.32	76.30	...	9.5	zw. 1828—36, obs. Millspaugh. N. Y. Met. R.
Newburg (N. Y.)	41.31	76.21	140	9.7	zw. 1828—36, obs. Burt u. Stark. N. York M. R.
Ft. Wolcott (Newport, Rh. J.)	41.29	73.40	—	10.5	5 J. 1821—25, obs. Turner. Lovell's Met. R. — $\frac{W. + 0.2}{S. \quad 20.6}$ (4 J., Med. 10°.6).
Council Bluffs (Missur. T., Platte)	41.25	98. 3	750	10.0	6 J. 1820—25, obs. Gale. Lovell's etc. Met. Reg. — $\frac{W. - 4.6}{S. \quad 23.8}$ (4 J., Med. 10°.5).
North Salem (N. Y.)	41.20	75.57	...	10.1	2 J. 1829 u. 30. N. York Met. Ret.
New Haven (Conn.)	41.18	75.18	...	9.6	1 J. 1827, giebt wahrsch. nahe d. wahre mittl. Tp. Das sehr heisse J. 1828 dazu gerechnet, würde d. Tp. auf 10°.5 erhöhen. Beob. v. Olmsted, ⊙aufg. u. 2—3h Leider sind die stündl. Beob. v. Loomis 1835 im Zimmer angestellt; ihr Med. ist = dem Mittags-Med. des Jahres 1827. Connect. Acad. Pap., Sillim. Journ.
Clinton (N.Y.)	41. 0	74.39	...	9.0	zw. 1828—36, obs. Dayton. N. York Met. Ret.
Springmill (a. Shuylkill, Pen.)	40.50	...	...	11.9	17 J., obs. Legaux Std? Nach v. Humb. lign. isoth. 602.
New York (N. Y.)	40.43	76.21	—	12.1	2 J. 1782—4, obs. Retif de la Serve. Cotte Mém. II. 479. Nach Picture of N. York, 1828. ist d. Med: 12°.8?
Ft. Columbus (N. York's Harb. N. J.)	40.42	76.29	—	11.6	5 J. 1820, 22—25. Lovell M. R., Mellish Descript. Mit den vorigen 2 J. verbunden: 11°.8.
Union-Hall (N. Y.)	40.41	76.16	...	9.9	11 J.? 1826—36, obs. Potter. N. York Met. R.
Erasmus-Hall (N. Y)	40.37	76.18	...	10.8	11 J.? 1826—36, obs. Kidder. Ebdas.
Pittsburgh (Pa.)	40.32	82. 8	...	12.3	1 J. 1820 a. Report West. Stat. Flint.

Ort.	N. B. ° ′	W.Lg.P. ° ′	Höh. P. F.	M. Jahr.-Tp. °C.	Zeit der Beobachtung etc., Winter- und Sommertemperatur.
Middletown (N. J.)	40.24	76.33	. . .	12. 1	3 J. Juni 1831—34, obs. Jenkins, ⊙aufg., 2 u. 9h; die beiden ersten Zeiten geben 12°.5. Sill. Am. J.
Germantown	40. 3	77.37	190	11. 3	9 J. Juni 1819—Aug. 1828, obs. Haines, Morg., Mitt. u. Abend (Std.?). Mitgeth. v. Darby Unit. States.
Zanesville (Oh.)	39.59	84.20	. . .	13. 2	1 J. 1819. Unit. St. Met. Rep.
Philadelphia (Pa.)	39.57	77.31	—	11. 9	20 J., 1807—26, obs. James Young, Phil. Insurance Office, Std.? bei Darby. Um annähernd das aus d. Beob. folg. Med. 14°.7 zu red., konnte ich nur v. Humb. Angabe 12°.7 für 7 Jahr zur Corr. d. ganzen Beob.-Reihe anwenden; dies ergab 13°.3. Eine 2te auch unsichere Corr. aus 7 J. gleichzeit. Beob. zu Germantown auf die ganze Reihe ausgedehnt, gab dagegen nur 10°.4. A. beiden Medien ist d. Mittel gesetzt. Dieselbe Grösse giebt d. Mittel aus Rush's Angabe: 11°.4 u. Coxe's: 12°.3. Die kalt. J. 1836—38, obs. Cpt. Mordecai Std.? 10°.4; Frankl. Inst. Journ. Nach d. Reports hat 1820: 12°.0 (Normaljahr in Salem). Humb. l. isoth., Drake View of Cincinn. p. 116. — A. Ft. Mifflin 2 J. Bb. auf vielj. Med. red.: 12°.8. — W. + 1.1 / S. 24.0 (7 J.).
Ft. Mifflin (Delaw.)	39.52	77.32	—	12. 9	2 J. 1823, 24. Lovell's Met. Reg.
Wilmington (Del.)	39.41	77.48	. . .	10. 7	1 J. Aug. 183⅘. Am. Alm. f. 1836 p. 184.
Marietta (Ohio)	39.25	83.50	600?	11. 6	11 J. 1826—36 (1828—34: 11°.9); obs. Hildreth, ⊙aufgg. (6h Sommer u. 7h Wint.) 2 u. 9h. Jährl. in Sill. Am. J. — Hildr. setzt das wahre (?) Mittel um ½° höher. W. + 0.7 / S. 22.1 (a. 10 J. 1827—36). Das J. 1819 (Std.?) hinzuger., giebt d. Med. des Jahres 11°.7.
Chillicothe („)	39.20	85. 7	. . .	14. 9	Nur 1 J. 1819. Std.? Unit. St. Rep. Flint.
Baltimore (In d. Nähe v. B.; Md.)	39.17	78.58	. . .	11. 6	8 J. 1817—24, obs. Brantz, ⊙aufg., 2 u. 10h. Companion to the Amer. Alm. f. 1834 pt. I. p. 53. W. + 1.2; S. 23.1.

Cincinnati (Oh.)	39. 6	86.47	500	12. 4	9 J. 1806—13, obs. Mansfield. Drake View Cinc. p. 94. **W. + 0.5; S. 22.8;** u. 1819 Med. 13°.7 Std.? Met. Abstr.
Ft. Severn (Annap., Mary.)	38.58	78.52	—	14. 1	1 J. nur, 1822, obs. Claude. Lovell's Met. R. Ft. Washington 1821: **14°.9.** Met. Abst. Unit. States. for 1821.
Washington City (D. C.)	38.53	79.22	. . .	13. 5	6 J. 1820, 21, 23—25, Mai 182$\frac{6}{7}$, obs. Little u. Meigs, 7, 2 u. 9h; nach Darby.
St. Louis (Missur.)	38.36	91.56	520	12. 9	7 J. 1830—36? ⊙aufg., 2 u. 9h. Die 3 J. 1817, Mai 181$\frac{8}{9}$ u. 1820, obs. Giddings (Std. 7, 2 u. 9h?) ber. v. Lew. Beck, geben folg. Med.: J. **13°.5;** $\frac{W. + 1.4}{S.\ 24.1}$. Vielleicht sind diese in den vorigen 7 J. eingeschlossen. Beck Gazetteer of Illin. and Missouri 1823. p 197. Sill. Am. J. **W. + 0.3; S. 24.0.**
Jeffersonville	38.12	87.56	. . .	15. 7	Zu hoch. Nur ein (sehr warmes) Jahr 1819. Met. Abstr.
New Harmony (Ind.)	38.11	90.14	320	13. 7	Nach Troost's Obs. 1826 u. 27 geben 13°.8; 3 J. Juli 1826—28: 13°.7. Aus New Harmony Gaz. bei Darby p. 379. Amer. Trans. 1824. p. 7. Frankfort (Kent.) 38°14′ n. 87°0′ w. ?′ h.: **10°.1,** Med. 1815. Am. Alm. f. 1834.
(Bei) Charlottesville (Va.)	38. 0	80.20	. . .	15. 4?	6 J. 1823—28, obs. Watson ohne nähere Angaben. Am. Alm. f. 1836. p. 184. Juli 183$\frac{7}{8}$ aus ⊙aufg. u. 2h: 13°.2. Alm. f. 1839. p. 139. Also a. 7 J.: **15°.1?**
Richmond (Va.)	37.32	79.48	. . .	13. 8	14 J. 1824—37, obs. Chevalier; Morg., Mitt. u. Abd., Std.? Brit. Assoc. 8th. Rep. A. 4 J. (1824—27): 13°.4, n. Darby.
Williamsburg (Va.)	37.15	79. 3	. . .	14. 5	6 J. 1772—77, obs. Jefferson; zu hoch? v. Humb. lign. isoth. 602. — 3 J. 1760—62, obs. Fauquier, 8 u. 2h, auf wahre Med. reduc.: **13°.5** (Kämtz). Cotte Mém. II. 606.
Norfolk (Va.)	36.51	78.29	—	17. 5?	1 J. 1822, obs. Archer, bei Long u. Keating Exped. Pet. Riv.
Nashville (Tenn.)	36.10	89. 9	. . .	15. 4	nur 1 J. 1834, obs. J. Hamilton. Am. Alm. f. 1836. p. 184.

Ort.	N. B. ° '	W.Lg.P. ° '	Höh. P. F.	M. Jahr.-Tp. ° C.	Zeit der Beobachtung etc., Winter- und Sommertemperatur.
Chapel Hill (N. Car)	35.54	81.19	...	15.3	2 J. 1820 u. 21, obs. Caldwell. Std.? Vom Jahr 1822 sind d. Beob. nicht ganz zuverlässig; dadurch würde d. Med., a. 3 J., auf 15°.7 erhöht werden. Sill. Am. J. v. X. 294. **W. + 5.4 ; S. 25.2** (3 J.).
Huntsville	34.36	89.17	...	17.6	1 (warmes) J. 1819. Met. Abstr. Vgl. Jeffersonville p. 113.
Ft. Johnston (Smithville, N C)	34. 0	80.25	...	19.3	5 J. 1820 u. 1822—25. Lovell's etc. Met. Reg. $\frac{\text{W. } 11.3}{\text{S. } 26.7}$ (4 J.).
Charleston (Ft. Moultrie, S. C)	32 47	82 17	—	18.6	8 J. 1738—42: 18°.9 und 1822—24: 18°.1. Am. Alm. 1834 u. Lovell's Met. Reg. Vgl. Drayton View of S. Carolina.
St. George's (Bermudas-J.)	32.20	67.10	56	19.7	1 J. Juli 183$\frac{6}{7}$, obs. Emmett tägl. Extr. Phil. Mag. (Lond. Edinb.) 3. Ser. vol. XI. u. XII. Montg. Martin (Br Col. II.): 23°.2? ohne Angaben. — **S. 25°.4** (2 Jahre).
Savannah (Geo.)	32. 5	83.27	...	19.5	3 J. Juni 1832—34, obs. Williams Std.?: 20°.7. Sill. Journ. XXV u. XXVII; u. Juni 183$\frac{7}{8}$, obs. Oemler um 8, 2 u. 6h nach Pad. corr.: 19°.5; dieselben Stunden sind für die ersten 2 J. angenommen. Am. Alm. v. IX. p. 183. $\frac{\text{W. } 11.8 \text{ (4 Jahr)}}{\text{S. } 26.9 \text{ (3 Jahr)}}$.
Mississipi Ter. bei Natchez (La)	31 34	93.45	180	18.4	4 J. 1799—1802, obs. Dunbar. Amer. Phil. Soc. VI. p. 23 u. Humb. MS. $\frac{\text{W. } 9.2}{\text{S. } 26.2}$.
Gloster Place	do.	...	...	18.3	9 J. 1810—18, Std.? Mississ. Republ. Gaz. 1819. $\frac{\text{W. } 10.0}{\text{S. } 25.4}$. 2 engl. M südl. v. Natchez.
JesupCantonm. (b. Natchitoches La.)	31.30	96. 9	140	20.2	3 J. 1823—25. Lovell's Met. Reg. **W. 11.9 ; S. 28.4.**
Ft. Scott	30.43	86.45	...	20.4	1 J. 1820. Met. Abstr. Flint.
Fernandina (Fl.)	30.35	84.55	—	21.1	2 J. 1820 u. 21. Met. Abstr. Unit. St.
Baton Rouge (La.)	30.26	93.25	60	20.0	1 J. 1822, obs. Harney. Long u. Keating Exped. u. Lovell Met. R.

Cant. Clinch (Pensacola, Flor.)	30.24	89.34	...	20. 4	3 J. 1822—24, obs. Elliot u. McMahon. Lovell's Met. R. $\frac{\text{W. } 11.9}{\text{S. } 27.7}$.
New-Orleans (La.)	29.58	92.27	...	19. 4	4 J. 1833—36, obs. Barton, ⊙aufg., Mitt. u. ⊙untg. Sill. Am. J. XXXI. Am. Alm. v. IX. p. 185. **W. + 11.8 ; S. 26.5.**
St. Augustine (Flor.)	29.48	83.55	...	22. 3	1 J. 1825. Lovell's Met. R.
Ft. St. Philip (La.)	29.29	91.41	—	20. 8	2 J. 1821 u. 22, obs. Lea. Long u. Keating's Exped. u. Met. Abst. Unit. Stat.; 1822 Med. 21°.2.
Ft. King (Fl.)	29. 3	84.30	...	22. 3	1 J. Sept. 183¾, 7, 2 u. 9h. (Berghaus' Ann. XII. 337, corr. 22°.1.)
Cant. Brooke (Fl.)	27.57	84.55	—	22. 4	1 J. 1825. Lovell's Met. Reg. Sumpfgegend.
Key West (Flor. Keys)	24.34	84.13	—	24. 8	6—7 J. 1830—32 u. 34—37 (10 Mon. fehlen), obs. Whitehead. Amer. Alm. f. 1836 fg. Pogg. A. XLIII. Dasselbe Medium geben die ersten 5 J.; die Beob. wurden bis 1832 incl. um ⊙aufg., 2 u. 10h, von 1834 an mit einem Rutherfordschen Therm. angestellt. Südlichste Stadt der Verein-Staaten. N. Kämtz, Zeit? J.: **25°.2**; $\frac{\text{W. } 22.6}{\text{S. } 28.7}$. Ich erhalte: $\frac{\text{W. } 21.1 \text{ (Jan. u. Febr. 7; Dec. 5 J.)}}{\text{S. } 27.9 \text{ (6 J. Beob.)}}$ u. $\frac{\text{k. M. } 20.7}{\text{w. M. } 28.1}$. — Einfluss d. Golfstroms.

B. MEXIKO UND WESTINDIEN.

Nassau (N. Provid., Bahama J.)	25. 0	79.50	...	25. 8?	Zeit? M. Martin Brit. Colon. II. In der Nähe des Golfstroms.
Habana	23. 9	84.43	(90)	25. 2 (25.0)	10 (od. 8) Jahre. — 1794 obs. um 6 od. 7, 12 od. 3 u. 10h; a. d. tgl. Extr.: 27°.5 (ganz unzuverlässig, und desshalb nicht benutzt). — 3—4 J., März — Dec. 1800, obs. Ant. Robl(r)edo dies. Std., jedoch im Zimmer; 1801 (zu Habana?), 1806 u. 07; ob dieselb. Std. u. ebenso aufgestellt? Jahr: **24°.85**; $\frac{\text{W. } 21.0}{\text{S. } 29.0}$; $\frac{\text{k. M. } 20.1 \text{ (3 J.)}}{\text{w. M. } 29.6 \text{ (4 J.)}}$. — 3 J. 1810—12, obs. J. Ferrer tgl. Extr.?: Jahr: **25°.7**: $\frac{\text{W. } 21.8}{\text{S. } 28.5}$; $\frac{\text{k. M. } 21.1}{\text{w. M. } 28.8}$. Nach R. de la Sagra leiden die Beob. in der Stadt wegen ihrer Lage an Localitäts-Einfl.,

Ort.	N. B. ° ′	W.Lg.P. ° ′	Höh. P. F.	M. Jahr.-Tp. ° C.	Zeit der Beobachtung etc., Winter- und Sommertemperatur.
(Habana)	(23.9	84.43)			durch den die Temp. erhöht wird. Er hält seine Beob. (Aug.1823—1.Apr.35) für möglichst frei davon; sie sind ausserhalb d. Stadt angestellt, doch wohl nicht im Zimmer (Cuba I. p. 103: „en la casa del Jardin botan. (?)“ Er scheint die tägl. Extreme beob. zu haben; doch steht in Humb. Voy. t. XII. 199. bei mit seinen Angaben übereinstimmenden Med. f. 1825, er habe 3mal tgl. obs.! Seine Instrumente waren mit denen des Paris. Observ. verglichen. Aus den vollständigen 7 Beob.-Jahren 1825—31 ergiebt sich Jahr: **25°.05**; $\frac{\text{W. }22.6}{\text{S. }27.4}$; $\frac{\text{k. M. }21.9}{\text{w. M. }27.5}$. — Aus Ferrer's u. Sagra's Beob. in 10 J. ergiebt sich: J.: **25°.25**; $\frac{\text{W. }22.4}{\text{S. }27.7}$; $\frac{\text{k. M. }21.6\text{ (Jan.)}}{\text{w. M. }27.9\text{ (Aug.)}}$. Vgl. Matanzas. Rechnet man 1806 u. 07 (Std.?) Obs. in der Stadt hinzu, so ergiebt sich J.: **25°.36**. — Frühere Angaben: 24°.8; 25°.3. Aus 6 J. n. Kämtz J.: **25°.5**; $\frac{\text{W. }22.0}{\text{S. }28.5}$; $\frac{\text{k. M. }21.3}{\text{w. M. }28.7}$. Aus 8 J. (bis 1829) J.: **25°.4**; $\frac{\text{W. }22.5}{\text{S. }27.8}$; $\frac{\text{k. M. }21.8}{\text{w. M. }27.9}$. Die Med. z. Theil a. d. MS. v. Humb. u. Sagra mitgeth. H's Voy. t. XI, XII; Conn. d. tems, 1817. p. 338. Ramond de la Sagra verbessert seine ältere Angaben (in Mem. Soc. econ. Haban., Anaes d. Cienc. Hab. 1830., Mem. Hortic. Cubana. New York 1827; daraus auch in Ann. Chimie t. 33, Bibl. univ. Génève; Hist. econ. stat. de Cuba. Hab. 1831) in d. Hist. fisica etc. de la Isla de Cuba I. 96 fg. Einfluss des Golfstroms in N. u. W. Vgl. Calcutta, Canton u. Macao, Rio-Janeiro.
Ubajay (Cuba)	23. . .	. . . .	290	23.0	4—5 J. Dec. 1795—Febr. 1800, obs. Robl(r)edo 7, 12 u. 10^h (nahe wahr. Med.). $\frac{\text{W. }18.0\text{ (5 J.)}}{\text{S. }28.3\text{ (4 J.)}}$; $\frac{\text{k. M. }17.2}{\text{w. M. }28.7}$. — 5 Seemeilen v. la Habana auf einem Plateau. A. d. MS. b. Humb. Voy. XI, XII. (Sagra l. c.)
Guanabacoa (Cuba)	. . . .	. . . .	. . .	24.8	1 J. Oct. $18\frac{19}{20}$, obs. um 6, 12 u. 9^h (nahe wahr. Md.). Huber Aperçu stat. de Cuba. p. 199. 4—5 M. v. Habana.

Matanzas (Cuba)	23. 2	83.58	110	25. 5	3 J. 1833—35, obs. Mallory ⊙aufgg., 2^h u. ⊙untgg.; **Med. 25°.8, corr. Aus der Diff. d. Bb. der tgl. Extr. mit jenen 3 tgl. im J. 1835 ergiebt sich das corr. Md. 25°.7.** $\frac{W.\ 24.3}{S.\ 28.3}$ (1 J.); $\frac{22.5}{27.6}$ (3 J.), $\frac{k.\ M.\ 21.5}{w.\ M.\ 27.8}$ unc. Vgl. Habana.
Veta grande (bei Zacatecas)	22.50	104.45	8030	13. 8	2 J. 1829 u. 30, obs. Burkart $8\frac{1}{4}^h$ Mg. u. $4\frac{1}{2}^h$ Abd. i. Zimmer? (Med. 14°.1). corr. n. Var. B's Reise in Mexiko I. $\frac{W.\ 10.1}{S.\ 16.2}$, $\frac{k.\ M.\ 9.5}{w.\ M.\ 17.5}$ unc.; $\frac{W.\ 9.6}{S.\ 16.0}$, $\frac{k.\ M.\ 9.0}{w.\ M.\ 17.3}$ cor. Veta gr. liegt 2 leguas n. v. Zacat.
Dominica (bei C. Français)	19.46	74.38	. . .	26. 6	1 J. Mai $178\frac{2}{3}$, gute Bb. um 7, 12, 3 u. 7^h (Med. 27°.3), corr. Voy. d'un Suisse dans différ. Colon. d'Amér. 1786. p. 336. Bei Kirwan Est. Temp.: 27°.2.
Tlalpujahua	19.45	102.25	7870	15. 4	1 J. Sept. $182\frac{5}{6}$, obs. Burkart um 8, 2 u. $6\frac{1}{2}$ (Md. 15°.6), corr. n. tgl. Var. — $\frac{W.\ 12.7}{S.\ 17.5}$, $\frac{k.\ M.\ 12.1}{w.\ M.\ 19.0}$ unc.; $\frac{W.\ 12.6}{S.\ 17.1}$, $\frac{k.\ M.\ 12.0}{w.\ M.\ 18.0}$ cor. B's Reise I.
Camp de Louise (Domingo)	19.42	. . . .	. . .	25. 1	Juni 1775—Sept. 76, obs. Thomas 3mal tgl. Cotte Mém. II. 294. Bei C. Français. Tivoli (St. Dom.) Höhe? 23°.3 (1779; Kirwan Temp.).
Xalapa	19.30	99.15	4060	18. 2	Zeit? v. Humb. lig. isoth. 579. — Valladolid de Mechoac.: 19°42′ n. 103°12′ w. 6000′h.: 18°.0.—Real del monte, 8600′h.: 14°.0. Encero: 19°.8. v. Humb. Nov. Gen. t. I.
Mexiko	19.26	101.26	6990	16. 3	1 J. 1826, obs. 7, 3 u. 11^h (Md. 15°.9), n. Var. (⊙einfl.?) cor.; Burk. Mex. I. Alzate's Bb. Ap.—Dec. 1769; 7 u. 6^h geben f. 9 Mon. 16°.6; Cotte Traité p. 339. u. Mém. II. Nach v. Humb. l. isoth., Neu-Spanien IV. u. Voy. I.: **17°.0.** Wohl zu hoch sind die Angaben (Std. unbekannt): 19°.8, Lyon's Mex. 1828. II. 196 (Richardson); Sommer: 20°.7; u. ferner 19°.9 für Mai $183\frac{3}{4}$ n. v. Gerolt's Mitth. — $\frac{W.\ 12.0}{S.\ 18.4}$; $\frac{k.\ M.\ 11.1}{w.\ M.\ 18.5}$ unc. Burk.
Toluca	19.16	101.42	8240	14. 0	Zeit? Lyon's Mexiko ebd.; v. Humb.: **15°.**
Vera Cruz	19.12	98.29	—	25. 4 (24.6)?	13 J. Apr. 1791—1803, obs. de Orta an Dollondschen verglichn. Therm. 6, 12, 4 u. 10^h; a. d. Mittagsmed. corr. von v. Humb. Nouv. Esp. IV. Ch. 12. u. Manuscr. Aus 5 J. (?) nach Kämtz 25°.0 (Temp. Taf. Meteor. II.). Nach Madras corr. wäre d. Med.: **23°.8,** nach Lütke's Bb. auf d. still. Ozean: **25°.46.** Dieser Schatz von Beob. ist vielleicht verloren gegangen. — $\frac{W.\ 21.8}{S.\ 27.5}$; $\frac{k.\ M.\ 22.1}{w.\ M.\ 27.7}$. — In einer dürren Ebene.

Ort.	N. B. ° ′	W.Lg.P. ° ′	Höh. P. F.	M. Jahr.-Tp. ° C.	Zeit der Beobachtung etc, Winter- und Sommertemperatur.
Puerto Rico	18.29	68.33	...	26.9	J.? obs. José Vertez um 7, 12 u. 5h (Med. 27°.4), corr. Flinter Acc. present State of Puerto R. 1834.
St. Domingo	18.29	72.20	...	27.3	Zeit? Kretschmar Zeitschr. f. Met. I. N. Kirwan (Temp. p. 157): 27°.2; n. Sagra's Cuba: 26°.2.
St. Bernard's (Tortola)	18.27	67. 0	800	26.0	3 J. 1831—33, a. 6, 2 u. 6h, corr. $\frac{\text{k. M. } 24.2}{\text{w. M. } 27.3}$ c. Berghaus' Almanach 1837.
St. Thomas (Virg. I.)	18.21	67.16	...	27.3	1 J. 1833, a. 6—7, 4 u. 8h. **W. 26.6; S. 28.2?** Ebdas.
Port Antonio (Jam.)	18.20	78.40	...	25.3	2 J. 1819 u. 20, obs. Arnold Mg. u. Mittgs. Brewster, dessen Formel 23°.9 giebt, hält das Mittel noch für zu hoch (?). Edinb. Phil. J. v. 7. An der Nordküste. Kingston, a. d. Südküste v. Jam., soll 26°.7 haben. Ebdas. Spanish Town, a. d. Südküste v. Jam., soll 27°.2 haben. Kirwan.
Jamaica	(17.50?	79. 2?)	...	26.1	Ohne Ortsangabe. 5 J. 1786—90, obs. Col. Lindsay 3mal tgl. Die Zeiten der Extreme (⊙aufg. u. 1—2h) geben 26°.1; 8—9h Abd. hinzuger. ein nur um 0°.1 niedrigeres Medium. $\frac{\text{W. } 24.6}{\text{S. } 27.8}$; $\frac{\text{k. M. } 24.4}{\text{w. M. } 28.1}$. Mitgeth. v. Trevelyan in James. N. Edinb. J. 1827.
Chilpantzingo	18.11	...	4250	20.6	Zeit? Humb. l. isoth. p. 579. Auf einem wärmestrahlenden Plateau, a. d. Westabfall.
Stoney Hill	18. 5	79. 8	1200	23.7	? J. Md. a. 6, 2 u. 6h (24°.0; Berghaus' Temp.-Taf., wo die Höhe 1880′) corr. Tulloch's Report Sickness Westind.
Up-ParkCamp (Jam.)	17.58	79.10	200	27.0	Zeit? Mitth. a. McGrigor's office bei Martin Brit. Col. II. 2 engl. M. n. v. Kingston. Dasselbe Mittel setzen Blagden und Hunter für die Küste nach v. Humb. l. isoth. Tabl. 602; nach Sagra's Cuba: 27°.2.
St. Barthelemy	17.53	65.20	...	26.5	1 J. Mai 178$\frac{6}{7}$ obs. Fahlberg 6, 12 u. 6h (Med. 26°.6); cor. a. 6 u. 12h. Aus dem Bb.-Journ. berechn. N Schwed. Akad. Abhdl. VIII. 134. $\frac{\text{W. } 26.1}{\text{S. } 27.4}$; $\frac{\text{k. M. } 25.9}{\text{w. M. } 28.5}$ (a. 6 u. 12h).
St. Croix	17.44	67. 9	...	27.7?	Zeit etc.? Berghaus' Almanach f. 1837. p. 450.

Belize (Hondur.)	17.30	90.29	. . .	26. 4	Zeit etc.? Mitgeth. in Martin Brit. Col. II.
St. Kitt's J.	17.15	65.12	. . .	27. 2	Zeit etc.? n. Tulloch's Report. West-Ind.
Antigua	17. 3	64.27	. . .	26. 5	Zeit etc.? b. Martin l. c. p. 360.
Acapulco	16.51	102. 9	. . .	26. 8?	Zeit etc.? n. Berghaus' Temp.-Taf. (Länderk. I.), a. Angab. in Humb. Prolegom.?
Basse Terre (Guadel.)	15.59	64. 5	. . .	27. 5	Mehrjährige Beob. Std.? Not. statist. sur l. colon. franç. I. 159. Hist. phys. des Antilles p. Moreau de Jonnès I. 186. Le Gaux Beob. 1782: 28°.4. Cotte Mém. II. 375. Nach Monnier's Déscr. de Martin. hat die trockne Zeit: 26°.2, Regenzeit: 27°.5.
Roseau (Dominica)	15.18	63.42	. . .	25. 6?	1 J. (Dec. interp.). Martin l. c.
Ft. Royal (Martin.)	14.36	63.22	. . .	27. 2	Mehrjähr. Beob. Std.? Not. statist. Col. franç. I. M. de Jonnès' Hist. d. Antilles.
Barbadoes	13. 5	61.57	. . .	26. 4	Zeit etc.? Hist. d. Antilles I. 189.
Kingstown (St. Vincent.)	12.56	63.10	. . .	27. 1	Mittel aus 3 J.-Med. (ohne Angabe der Std. etc.): a) 1831: 27°.1, b) 26°.8 u. c) 27°.5. M. Martin l. c. Berghaus Alman. f. 1837.
Antillen	. . . .	. . . . .	—	27. 5	Nach v. Humb. lig. isoth. Mém. d'Arcueil III. 508. Mittlere Temp. des Antillen-Meeres aus einer grossen Anzahl einzelner Beob.: 26°.5. Dess. Voy. t. XII.
Curaçao	12. 6	71.22	. . .	27. 5*	J. a. Dörffel's Bb. v. Nov. 1756 bis Juli 1757 um 5, 12 u. 9h ber. S. Paramaribo (S.-Am.).
Puerto de España	10.39	63.58	. . .	26. 7	Zeit? n. Tulloch's Report. Aus d. (mon.?) Extr. bei Martin l. c. ergiebt sich nur: 25°.6? — Aus Lavayssé's sehr unvollständ. Angab. (Voy. Trinidad etc. t. I. p. 194) ergiebt sich auch ungef. 26°.7 (in Gehler's Wörterb. Bd. IX.: 27°.5?). — P. d. Esp. an der Westküste der Insel Trinidad.

*) Englische Colonien in Westindien, Windward- u. Leeward-Inseln, zwischen 10 u. 17° n. Br. u. 62—65° w. Lg. im Durchschnitt 26°.9, in keiner über 27°.8 oder unter 26°.1. Tulloch's Parl. Stat. Report Sickness etc. in the West-Indies (nach Auszügen in engl. Journalen).

Ort.	N. B. ° ′	W.Lg.P. ° ′	Höh. P. F.	M. Jahr.-Tp. ° C.	Zeit der Beobachtung etc., Winter- und Sommertemperatur.
					C. SÜD-AMERIKA.
Rio de la Hacha *)	11.28	75.20	—	28. 3	Jahrestp. abgeleit. aus Bb. um 7 u. 3ʰ (corr.) v. Dec. 1822 b. Juni 23 d. Col. Francis Hall u. Wright. Ann. Chim. 1833. Phil. Mag. N. S. vol. XII, XV. — Trockne Küste.
Santa Marta	11.19	76.29	nahe 0	29. 0	J. a. 3 Mon. 182½ (27°.9). Unsicher. Fr. Hall u. Wright l. c. Boussingault fand die Tp. eines 5ᵐ tiefen Brunnens im Juli: 28°.6. Sehr trockne Gegend; weisser Sand.
Barranquilla	10.50	77.10	„	27. 1?	J. a. 2 Mon. Bb. 1820. Hall, Ann. Chim. t. LIII. 225; Wright l. c. Münd. d. Rio-Magdal.
Maracaybo	10.43	74.12	„	29. 0	1 Jahr Sept. 182¾, obs. 6—7 u. 2—3ʰ. Corr. Wright Phil. Mg. XIV, XV. $\frac{\text{W. }27.6}{\text{S. }30.2}$; $\frac{\text{k. M }27.0}{\text{w. M }30.3}$ c. Vielleicht die heisseste Gegend in der neuen Welt. — Sandige Ebene.
La Guayra **)	10.37	69.27	—	28. 1	Aus Herrera's Obs. Mai 1799 bis Jan. 1800, Mittags, abgel. v. Humb. Voy. t. II, IV. N. Rivero u. Boussing. dagegen nur **27°.0.** — $\frac{\text{W. }23.5}{\text{S. }29.0}$. Am Fuss einer hohen Bergkette.
Caracas	10.31	69.25	2730	22. 0	A. einigen Mon. Obs. v. Humboldt's (21°.5) u. Sept. 1821—Mai 22 b. Wright l. c. (21°.9); n. Fr. Hall: 22°.0. Humb. Voy. t. IV, XI. — Vielleicht zu hoch. $\frac{\text{W. }20.9}{\text{S. }23.4}$. In einem nicht breiten Thale. Selten heitrer Himmel.
Cumana	10.28	66.30	—	27. 4	A. d. Bb., theils um 7 u. 2ʰ, mit corr. Therm., Nov. 1799 b. Aug. 1800, v. Rubio, v. Humboldt (5 Mon. 1799 u. 1800). Wegen d. Std. corr. — Humb. Voy. t. XI, lign. isoth.: **27°.7.** Semanario del N. R. de Grenada t. I, II. Ann. Chim. t. XXII, XXXIII, LIII. — **k. M. 26.2; w. M. 29.1.** — Trockene, wenig waldige Gegend mit weissem, staubigen Boden.
					Columbia, mittlere Tp. d. atlant. Küste a. 4 Orten: **28°.3** (n. Wright: **28°.1**).

Cartagena de Indias: 10°25′ Br. 7750°′ Lg. — ′h.: 27°7. Aus einigen Beob. v. Wright. Tp. d. Wassers einer Regencisterne (Juli 1832): 27°.5, Bouss. Sumpfgegend.* — Barranco nuevo: 27°.6, Bouss. — Maracay (Tacar.-S.), 1350′ h.: 25°.5, Rivero u. Bouss. — N. Valencia: 10°10′ Br. 70°35′ Lg. 1430′ h.: 26°.0; a. 2 Mon. 1821, Wright. l. c. N. Hall 25°.7; n. Bouss. u. Rivero auch 26°.0 (1500′ h.). — La Vittoria: 10°13′ Br. 69°51′ Lg. 1730′ h. (Thal v. Aragua): 25°.6, n. Riv., Bouss., Hall; 25°.5, Humb. Voy t. V. — Barquisimeto, 1600′ h.: 25°.6, Riv. u. Bouss. Trocken. Vgl. Wright l. c. — Tocuyo (Venez.), 1940′ h.: 24°.4, Riv. u. B. — Truxillo (Venez), 2260′ h.: 25°.0, R. u. B.; 2560′ h.: 24°.0, Wright. — Carache (Venez.), 3620′ h.: 21°.3, Bouss. — Merida, 4980′ h.: 20°.5; aus: 22° u. Bouss. u. 19° n. Wright. Plateau. — Cucuta, 380′ h.: 28°.3, Wright. — Mucuchies, 9210′ h.: 14°.4. Trock. Sierra de Merida Hall, Bouss. — Ebnen v. Venezuela, 500′ h.: 29°.3 (?) Wright, Hall (Humb. de distrib. plant. 92). — Magdalenen-Thal, 610′ h.: 28°.3, Wright, Hall a. wenigen Bb. — Orinoco-Thal, 470′ h.: 25°.7, v. Humb., Hall.

San Carlos	9.30	71.15	510	27.5	Zeit? n. Rivero u. Bouss.; n. Hall: 27°.3. A. Juni 1821 folgt nur gegen 27°.0. — Grosse Ebene.
Panama	9. 0	81.41	...	27. 1?	A. 1 Mon., 18. Sept.—Octb. 1824. Hall u. Wright l. c.
Antioquia	7.15	77.30	1560	25. 1	A. den Angb. v. Humb. 25°.0 (l. isoth.) u. Bouss. 25°.3 l. c.
					Estrella, 5300′ h.: 18°.8; obs. Restrepo. Bergig. — Aguadas, 6770′ h.: 16°.5, Bouss. — Sonson, 7500′ h.: 14°.0, Bouss. Waldig. — S. Rosa, 7900′ h.: 14°.3, obs. Restrepo. Kleines isol. Plateau. v. Humb. lign. isoth.
Pamplona	7. 5	74.40	7520	16. 2	Zeit? v. Humb. l. isoth. Mém. d'Arc. t. III. 581.
			6810	16. 5	Zeit? Bouss. u. Rivero.
Stabroek (Demerary)	6.45	60.24	...	27. 1	A. d. (mon.) Extr.; Jahre? Martin Br. Col. H. W. 26.1; S. 27.4. Guiana: 28°.1, W. 27.6; S. 28.7. Zu hoch. v. Humb. l. isoth.
					Brit. Guiana (Ort?), 6° n. Br.: 26°.9. Tulloch's Report. West-Ind.

*) Die Resultate aus den von Hall u. Wright angestellten Beob. sind meist aus wenigen Monaten oder einem einzigen Jahrgange höchstens abgeleitet, und solche Jahres-Temperaturen können desshalb nur als den wahren genäherte Werthe betrachtet werden; ausserdem sind die Beob.-Std. oft nicht dieselben. Hall's u. Wright's Mittel weichen von den hier gegebenen mehr oder weniger ab, da sie selten auf die Abweichung der Monate vom Jahresmedium etc. Rücksicht genommen.

**) Teenstra bestätigt die hohe Temp. dieser Küsten, vielleicht aber auch eine grosse Veränderlichkeit. Nederland. West-Ind. Eild. 1837. II. St.

Ort.	N. B. ° ′	W.Lg.P. ° ′	Höh. P.F.	M. Jahr.-Tp. ° C.	Zeit der Beobachtung etc., Winter- und Sommertemperatur.
Rio Berbice	6.29	. . .	. . .	27. 1	1 J. 1772, obs. Masse, 7, 3 u. 6½—7h, corr. Verhand. Haarl. Maatsch. d. XVI.
Medellin	6.15	78.10	4650	20. 5	Zeit etc.? v. Humb. u. Bouss. Plateau.
Paramaribo (Surinam)	5.45	57.33	. . .	26. 5	2—3 J. (Mai u. Dec. nur 1 J.) Jan. 1833 bis Febr. 35, obs. Dieperink, 7, 2 u. 7h, Med. 26°.8, corr.—Juni—Aug.: 26°.4, Dec.—Fbr.: 25°.6, $\frac{\text{k. M. 25.3}}{\text{w. M. 27.9 (Sept.)}}$, cor. n. tägl. Var. Mitgeth. v. Wenckebach in Nat.- en Scheik. Arch. 1838 dl. VI. p. 65. Bull. d. Scienc. phys. 1839, Surinamsche Alman. voor 1828, 34 etc.
Am Commewyne (e. Plantation)	5.38	55. 2	. . .	26. 7	2 J. 1743 u. 44, Std.? Med. 25°.6; bei Cotte (u. Kämtz) 25°.5 unrichtig. N. Wenckeb. a. Holland's Magazijn 1750. III. Wendet man Dieperink's Beob. Mai b. Aug. 1825 um 6, 12—1 u. 10h (Alg. Konst- en Letterbode) zu einer Corr. der Temp.-Curve u. des jährl. Med. an, so erhält man J. 26°.7, was mit Dieperink's Bb. zu Param. gut übereinstimmt. Bull. Sc. phys. de Néerl. 1839, livr. I.
Vega de Zupia	5.35	78.35	3770	21. 5	Nach zahlreichen Beob. 1825, 26 u. 29, Std? n. Boussingault. Ann. de Chim. 1833.
Marmato	5.27	77.45	4390	20. 4	(2 J. 1833, 34?) n. Bouss. l'Institut. 1836.
Tunja	5.20	76.15	8800	13. 7	Zeit? N. v. Humb. l. isoth. u. Bouss. Ann. Chim. l. c. — Grosses Plateau.
Honda	5.12	77.15	1130	24. 9	Zeit? N. Francis Hall u. Wright genaues Med. — Höhe n. v. Humb. 283m.
			640	(27.7)	„ N. Boussing.
					Orinoco, 5—8° n. Br.: 27—28°, v. Humb. Voy. VIII. — Mariquita, 1690′ h.: 25°.4, Bouss. — Giramena, Meta-Steppen, 660′ h.: 27°.2, n. Bouss., Roulin u. Rivero. — San Martin, ebd., 1330′ h.: 26°.6, n. denselben Beob. — Guaduas, 35°3′ n. 77°8′, 3540′ h.: 19°.7, v. Humb. l. isoth.; 3150′ h.: 23°.8, n. Boussing. l. c. Oft nebl. Himmel.

(Bei) Anserma Nuevo	4.50	78.32	3230	23. 8	Zeit? Aus Caldas' Beob.; Bouss. hat 23°7. — Im Cauca-Thale.
Carthago	4.45	78.27	2950	23. 8	Derselbe Beob.-Ort? N. v. Humb. Angabe. Das Cauca-Thal ist local sehr warm.
Santa Fé de Bogota	4.36	76.34	8100	15. 0	1—2 J., 7 Mon. 1808, obs. Caldas, Bouss. u. Rivero 182¾; a. 9 u. 4h, unsichere Corr. N. v. Humb. Berl. Akad. Berichte 1838 p. 41: 14°.5. Aeltere Angaben 14°.3, a. Mutis' Beob., lig. isoth.; 14°.6, 16°.2. Voy. t. X u. XI. Hall giebt 15°.8. Phil. Mg. v. XII. — **K. M. 14.2; w. M. 16.6** uncorr. Grosses Plateau. Facativa, a. Rande des Plat. v. Bogota in gleicher Höhe: **13°.1.**
La Meza	4.27	76.57	3960	22. 5	Zeit etc.? v. Humb. lign. isoth. — Tocayma: 4°20' Br. 77°10' L. 1480' h.; 27°.5 v. Humb. Ebd. p. 580. — Cayma, 1210' h.: 27°.7, Bouss. — Estangue, 1310' h.: 26°.8, Boussing. l. c.
Annay	3.56	60.56	1000 ?	. . .	Med. d. 6 Mon. Oct. 1835 bis März 36 zw. 6 u. 6h (?), obs. Schomburgk: 26°.7. Lond. Geogr. Soc. Journ.
Neiva	3.10	77.45	1600	25. 0	Zeit? a. Obs. Caldas' n. v. Humb. l. c. — Caripe, 2180' (3000) h. nicht unter 16°.8; v. Humb. Voy. III. (aus d. Sept.-Med.: 18°.5). Zu p. 121.
La Plata	2.30	78.12	3230	23. 7	Zeit? a. Obs. Caldas' n. v. Humb. In einem sehr heissen Thal b. R. Magdalena.
Popayan	2.26	79. 0	5470	18. 6	Zeit? a. Obs. Caldas' (18°.7). v. Humb., Hall u. Wright l. c. Boussing setzt die Höhe 5570', die Bodentemp. 18°.2 (im Tabl. 17°.5). Auf einem kleinen, wenig über dem Cauca-Thal erhabenen, bergigen Plateau.
Almaguer	1.54	79.15	6960	17. 10	N. v. Humb. l. is. Mit dichter Veget. bedeckter Abhang der Cordill.

In Choco: Tumaco: 1°40' Br. 80°55' L. ?' h.: 26°.1, Bodentp. in 1' Tiefe, im Febr. 1832 beob. v. Bouss. Sehr feuchte Waldgegend. — Novita, 550' h.: 26°.1. Feucht u. waldig. — Haguita, 1430' h.: 26°.1. Waldig. — Tambo Orq., 2260' h.: 25°.0. Waldig. — Chami, 2770' h.: 22°.5? Waldig. Im Cauca-Thal: Cartago, 2910' h.: 24°.5, vgl. oben. — Roldanello, 2950' h.: 24°.4. — Buga, 3030' h.: 24°.4. — El Palo, 3420' h.: 23°.3. — Arma, 4360' h.: 20°.5. Sämmtlich Angaben von Boussingault l. c.

Pasto	1.13	79.42	8030	14. 6	Zeit? A. Caldas' Bb. n. v. Humb. u. Bouss. Bodentp.: 14°.7. Waldberge.

Ort.	N. B. ° ′	W.Lg.P. ° ′	Höh. P. F.	M. Jahr.-Tp. ° C.	Zeit der Beobachtung etc., Winter- und Sommertemperatur.
Zotara, 6940′ h.: 16°.0, Bouss. Waldig. — Malvasas, 9360′ h.: 12°.4, n. Caldas. — Plat. de los Pastos, 9480′ h.: 12°.5, v. Humb. Sehr kaltes Plat. — Pucarà (b. Ibarra), 9220′ h.: 10°.0, Bouss. Feucht. — Cumbal, 9900′ h 10°.7, Bouss. Plateau. — Die Paramos, 10750′ h.: 8°.5, v. Humb. — Paramo de Herve, 9750′ h.,: 10°.3, Bouss. Waldig.					
Esmeraldas	0.51	81.55	...	26. 5?	N. Fr. Hall's Angb.; Bouss. a. Obs. im Juni 1828: 26°.4. Feuchte Waldgegend. Ann. Chim. t. LIII. 225.
					Die Westküste zwischen 9° n. u. 3° s. Br. aus 4 Orten: 26°.4 (n. Wright: 26°.7). West-Küste zwischen 10° n. u. 10° s. Br.: 26°.6 n. Pentland.
					Aequatorialzone zwischen 3° n. u. 3° s. Br.: 27°.5, v. Humb. (Bouss.);
					Aequatorialzone . . . . 27°.6, Hällström a. Lütke's Beob. im still. Ozean. Obs. d. Pendule. 1836.
Quito	S. Br. 0.14	81. 5	8970	15. 6	A. 29-mon. Beob. zw. Juli 1825 u. Juli 28, mehr. Mon. Lücken, v. Hall u. Salaza, ⊙aufg. (6, selten 7h) u. 2h. Vielleicht noch zu hoch. — N. Fr. Hall: 15°.8. Temp. d. trocknen Erde 15¼° n. Bouss.; v. Humb. a. 4 Mon. nur 14°.4,15°. — $\frac{\text{W. } 15.6}{\text{S. } 15.6}$; $\frac{\text{k M. } 14.8}{\text{w. M. } 16.3}$. — Lign. isoth., Pogg. XL, Ann. Chim. 1833, Phil. Mg. v. XV. — A. Fuss d. Pichincha.
Cordill. v. Quito, 0° bis 1°30′ s. Temp. d. Ebenen: 27°.7; Sommer 28°7, v. Humb. — Mindo, 3690′ h.: 18°.6, Fr. Hall. Am Westabhange des Pichincha. — La Chorrera (bei Quito), 7670′ h: 16°.1, Bouss. Trocken. — Antisana, Meierei, 12400′ h.: 4°.4. Plateau. Vergl. Drontheim u. Petersburg. — Lisco (bei Quito), 10920′ h.: 8°.9, Bouss. — Gletscher des Antisana, 16800′ h.: — 1°.7. — Vergl. auch die Beob. v. Wright Phil. Mg. XV.					
Llactacunga	0.55	82.40	8850	15. 0	A. ½ Mon. 1826 deduc. J.: 14°.5 n. Wright. Phil. Mg. XV. N. v. Humb.: 15°.0 (Höhe 8900′); n. Bouss. 15°.5 (Höhe 8810′). Trocken u. sandig. — Callo, a. Fuss des Cotopaxi, 9370′ h.: 12°.2. Trockne Ebene. — Guaranda, a. Chimbor., 8380′ h.: 14°.1, Hall. a. 1 Mon. Beob.

Riobamba Nueva	1.42	81. 5	8860	16. 3	N. v. Humb.: 16°.2; n. Bouss.: 16°.4. In der trocknen, mit Bimstein bedeckten Ebene v. Tapia. Abkühlender Einfluss der Schneegebirge. El Guavo (a. Chimbor.), 9140′ h.: 11°.0, Bouss.
Guyaquil	2.12	82.18	—	25. 6?	A. einigen Mon. 1824, 26 u. 29 abgeleitet, J.: 25°.0. Sehr unsicher. Phil. Mg. XV. In Ann. de Chim. t. LIII. 25°.6; Bodentp.: 26°.0 (Jan. 1832), Bouss. Sumpfige Waldgegend.

Alausi: 2°13′ s. 81°21′ w., 7480′ h.: 15°.0, v. Humb. — Hambato: 2°15′ s. 80°40′ w., 8300′ h.: 15°.8, v. Humb.; n. Bouss: 16°.1. Sehr trocken — Ambarg.: 8700′ h.: 14°.7, Hall. — Region der Paramos, 16—900[t]: 12°.2 bis 5°.2; stets Nebel. — Steinige Region, 1900—2460[t]: 5½° bis 1°.6; W. 1°.2; S. 1¼°, v. Humb.

El Morro	2.30	82.40	. . .	26. 9	Unsicher; a. 3 Mon. 1825, obs. Jameson 10 u. 10[h], deduc. Phil. Mg. XV. 297.
S. Luiz do Maranhão	2.31	46.36	—	26. 8	1 J. 1821, obs. Ant. Bern. Pereira Lago; Med. 26°.7 a. 7—8, 3—4 u. 11—12[h]., corr.; a Mg. u. Mitt.: 27°.3; a. d. mon. Extr.: 27°.5. Annaes das Sciencias etc. 1822, XVI. p. 55—80. $\frac{\text{W. 26.9 (J.—Aug.)}}{\text{S. 26.8 (D.—Fbr.)}}$, $\frac{\text{k. M. 26.3}}{\text{w. M. 27.1}}$ (a. d. 3 Std.). Aus d. Beob.-Journ. berechn.

Cuenca: 2°55′ s. 81°34′ w., 8100′ h.: 15°.6, v. Humb. — Loxa: 4°0′ s. 81°44′ w., 6400′ h.: 19°.4, v. Humb.; 19°.2, Fr. Hall. Auf einem kleinen Plateau. — Payta: 5°5′ s. 83°14′ w., ?′ h.: 27°.1, Bodentp. im Jan., obs. Boussing. Auf einem sandigen, vegetationslosen Terrain, wo es nie regnet. — Von der Bai de Cupica bis z. Golf v Guayaquil, feuchte Waldregion: 26°, Bouss. — Tomependa: 5°31′ s. 80°57′ w., 1200′ h.: 25°.8, v. Humb. — Caxamarca: 7°9′ s. 80°56′ w, 8800′ h.: 16°.0; 17°.2 v. Humb. Auf einem trocknen, rings von einer Mauer nicht schneebedeckter Berge umschlossenen Plateau, heiterer Himmel.

Juanjuy (Huallag.)	7.30	77.30	. . .	24. 5	Zeit? obs. Pöppig. Reise II.
Tocache	8.20	78.	. . .	24. 0	Dessgl.
am Monzon-Fl.	9.20	77.45	. . .	22. 5	Dessgl.
Pampayaco	9.30	77.15	. . .	22. 5	Mittel v. 9 Mon. Juli 1829 bis März 1830, obs. Pöppig; Std.? Ebd. In den Urwäldern v. Peru auf den Waldbergen im Osten.

Ort.	S.Br. ° ′	W.Lg.P. ° ′	Höh. P.F.	M. Jahr.-Tp. ° C.	Zeit der Beobachtung etc., Winter- und Sommertemperatur.
Lima	12. 3	79.28	530	22. 4	2½ J.: 1799 u. 1800 Mittagsbb. mit guten Instr. (aber meist nur 6—8mal mon.) im Zimmer von Unanue, deren Med. 20°.4; Corr. nach v. Humboldt's Bb., gleichzeit. in freier Luft u. im Zimmer, Nov. u. Dec. 1802 oft 12mal tägl. (a. d. Manuscr.), u. März bis Mai 1826, obs. Rivero. Unsicher. Vgl. Meyen's Bb. Reise II. — Aus (denselben?) 2 J. n. Stevenson: **21°** (?), Brunnentp. ebenso. Travels in Arauca, Chile, etc. — N. Caldcleugh: 22°.5 (Mittel d. jährl. Extreme?). Travels, II. — Unanue's Obs. sobre el Clima de Lima. 1806. Locale Nebel; den Süd- u. West-Winden offene Lage.
Rio Janeiro	22.55	45.36	. . .	23. 1	7—9 J. 1782 bis Mai 88, obs. Sanches Dorta 7—8mal tgl., u. Febr. 1813 bis Oct. 14; auf wahre Med. reduc. — Die Zimmerbb. v. Oliveira 1835 (Jan.—Sept.) 8h Mg. (u. 2h) u. 1785 a. 10 u. 10h geben 23°.8. N. Caldcleugh: 23°.1; n. Freycinet a. 3—5 J.: **22°.8**; $\frac{\text{W. 19.9}}{\text{S. 25.8}}$ u. $\frac{\text{k. M. 19.1}}{\text{w. M. 26.6}}$. Ich erhalte: $\frac{\text{W. 20.3 (a. 8 J.)}}{\text{S. 26.1 (a. 7 J.)}}$, $\frac{\text{k. M. 19.6}}{\text{w. M. 26.7}}$ corr. — Mem. Math. etc. Acad. Lisboa 1799 t. I. 356, II. 348, III.; v. Humb. Voy. X, XI u. XII; Freycin. Voy. aut. d. monde t. I. 92; l'Instit. 1837 (Bibl. univ. N. S. t. V.). Capitanie Goyaz, a. Beob. in versch. Höhen u. Br., daher unsicher, n. Littrow's Berechn. 24°.9, Pohl's Reise in Brasil. I.
Cordova de Tucuman	31.15	65.25	2350	17. 1	a. ¾ J., Oct. 1813—Juni 14, obs. G. Paroissien, 6, 12, 6 u. 12h, mit Interpol.; aus dem Manuscr. ber. Sommer: **23°.7**.
Valparaiso	33. 2	73.55	. . .	14. 5	a) Aus Fitzroy's (Survey. Voy. App.) Beob.-Journ. ergiebt sich für 183⅘ d. Mittagsmed. des Winters 11°.9, des Frühlings 16°.8. b) a. Meyen's Beob. Febr. u. Reynold's (nicht ganz zuverlässig) Dec. u. Jan. 8h Mg. — M. u. R. Reisen um die Welt. Wohl zu niedrig.
Santiago	33.25	72.45	1650	15. 3	A. Felipe's mehrj. Bb. der mon. Extr. (n. Meyen Mittags) mit vielen Lücken; corr. El Mercurio Chileno. 1828.
Buenos Ayres	34.37	60.44	—	16. 9	1—2 J. 1822 bis Juni 23, 6—8, 2 u. 10h, vielleicht kalte Jahre; corr. — 1805, Std.?: **17.7**. Aus beiden das Med.: **17°.3**. — $\frac{\text{W. 11.3 (1—2 J.)}}{\text{S. 22.9 (2 J.)}}$ corr. — MS.-Bb., Ac-

					count hist. statist. of Un. St. of R. de la Plata p. 186 fg., Encycl. Britan. V., Parish's Buen. Ayres etc. 1839 p. 406. Registro Estadistico. Es giebt Beob. seit 1817.
Talcahuano (Chile)	36.43	75.17	...	14. 0	A. Bb. v. Pöppig (Reise: 1828 April: 17°.9, Oct.: 12°.8); Kotzebue, Beechey u. Duperrey, Voy. Unsicher. Rio de Concon (Chile): 1828 April: 17°.7, Oct. 14°.5. Ebd.
Chilóe, San Carlos	41.52	76.10	...	10. 5	Unsicher. Aus 4-mon. Obs. Juli, Septb., Oct. u. Nov. 1829, um 9h Mg. King Survey. Voy. v. I. p. 296. (auch Bibl. univ. Génève t. XXII. 1839). Es sollen diese Monate ungewöhnlich trocken gewesen sein. Vgl. Aguëros Descr. Histor. Prov. de Chilóe. 1791.
Falkland Ins.	51.25	62.19	—	8. 3?	Gegen 2 J. 1776, 77, Std.? b. Kirwan (8°.5) n. v. Humb. Tabl. lign. isoth. Herbst: 9°.2; Winter: 4°.2 (Mittel beider J.-Zeiten: 6°.7); Sommer: 11°.7. — Nach dem Beob.-Journ. in King u. Fitzroy Narr. Surveying Voy App. to vol. II. ist für Berkeley-Sund, 51°35′ Br. 60° Lg. das Mittagsmed. des Mon. Sept. aus zwei J. 1833 u. 34. 8°.8, daher das Jahresmed. für die Falkl.-Inseln wahrscheinl. zu hoch; auch n. Duperrey ist die Tp. des Mon. vor d. Sommersolst. nur 9°.0 (in London 15°.0); Voy. Pt. hist. p. XX. Selten sinkt d. Th. unter 0° (Dup.); Extr. seit 1825 Mittags: — 5°.6 n. 26°.7 (Fitzroy).
Port Famine (Magelh. Str.)	53.38	73.14	—	5. 5?	Unsicher; aus Bb. um 6, 9, 12, 3 u. 6h v. King, Febr. bis Aug. 1828. Herbst: 5°.1, Winter: + 0°.4 (Mittel beider 2°.2), cor. Vgl. Falk. Ins. — Jahr daraus n. Kämtz: 5°.0. Vorles. Met., Journ. Geogr. Soc. Lond. 1830, 31 (Berghaus' Kabin.-Bibl. I. 1834 p. 154), Narrat. Voy. Beagle etc. I. 563.
(Bei) Cap Horn	55½—60°	69—70°	—	. . .	Sommer gegen 10°. Darwin's Journal 1839; theils Schiffsbeob.!
				3. 6?	A. mehr. Umsegl. d. Caps bestimmt. Mittel, Schiffsbb.; n. Bergh. Ländk. I. 365. Unsicher.

E. AUSTRALIEN.

I. Neu-Holland und Van Diemens-Land.

Fort Dundas (Melville-I.)	11.25	127.45	—	27. 0	1 (oder mehrere?) J. April 182⅞ (wahrsch.) mitgeth. v. Campbell; obs. um 6, 8, 12, 3, 9 u. 12h (ohne Decimalstellen in den mon. Med.), Med. 27°.2, corr. Aus 6 u. 3h: 27°.4. Lond. Geogr. Soc. Journ. vol. IV. 152. Bei Meinicke: Austr. I. 44. sind sämmtl. Med. der

Ort.	S. B. ° ′	W.Lg.P. ° ′	Höh. P. F.	M. Jahr.-Tp. ° C.	Zeit der Beobachtung etc., Winter- und Sommertemperatur.
(Fort Dundas	11.25	127.45)			Mon. fehlerhaft. Vgl. Berghaus' Vorbem. zum physik. Atl. p. 18. $\frac{\text{W. } 24.3}{\text{S. } 28.9}$, $\frac{24.0}{28.8}$ cor.; $\frac{\text{k. M. } 22.6}{\text{w. M. } 29.4}$, $\frac{22.3}{29.3}$ cor. — Sumpfgegend.
York	31.53	114.20	...	18. 5	1 J. 1833 Std? obs. Ommaney (im Jan. in der Nähe Waldbrände). Lond. Met. Soc. Trans. v. I. **W. 10.6; S. 27.4.**
Perth (S. W.-Austr.)	31.55	113.10	...	20. 4?	1 J. 1832., gewöhnl. Wittr., a. d. mon. Extr.: 20°.4.; Mitth. d. Medical returns v. Mc Grigor in Martin's Austr. — 1831: 20°.4; ebenfalls unsicher, da die mon. Med. a. d. mon. Extr. der Beob., u. um 7, 2 u. 7h, im Zimmer, berechnet zu sein scheinen. Cross' Journ. several exped. in West-Austr. p. 238.
Paramatta und Sydney	33.49 33.52	148.41 148.54	60 60	18. 3 (18.0)	3 J.: a) Mai 182½, obs. Goulbourn, 6, 12 u. 8h, Med.: 18°.7. Cunningham New S.-Wales p. 87. b) Par., Mai 182⅔, obs. Brishane: Med. 17°.3; Field Mem. on N. S. Wal. 385, Edinb. J. Sc. I. 83. A. beiden J.: **18.0** u. $\frac{\text{W. } 12.8}{\text{S. } 23.0}$. — c) Zu Sydn. 1 J. 1824, obs. Raymond, Std.? (3mal tgl.?): **18.9**, $\frac{\text{W. } 12.0}{\text{S. } 23.8}$; Martin l. c. p. 280. — Aus 13 Mon. Oct. 1813 — Oct. 14, Std.? (Mon. a. d. mon. Extr. ber.?) ergiebt sich J.: **20°.0**, Nicholas' Voy, t. N. Zealand II.; dasselbe Med. für N. S. Wal. giebt Sturt 1833 an aus d. Sommer- u. Winter-Halbj. (resp. 21°.1 u. 18°.9). St's Exped. in Austr. I. p. LV. — Bei Martin l. c. aus den Jahreszeiten eines (?) Jahres; **18°.1**, $\frac{\text{W. } 12.8}{\text{S. } 22.2}$ (Std.?); In den Calcutta phys. Tr. werden (sehr wahrsch. a. Brisb. Bb.) 17°.2 angegeben. — $\frac{\text{W. } 12.5}{\text{S. } 23.3}$, $\frac{\text{k. M. } 11.7}{\text{w. M. } 24.6}$ (a. 3 J. 1821—24). — D. Bb. z. Param. sollen a. local. Erwärm. leiden.
Port Jackson	33.50	148.59	—	18. 0	Aus einigen Mon. Beob. v. (Hunter, mon. Extr.) Péron u. Freycinet 1802 Mittags, corr. N. Lign. isoth. Mém. d'Arc. III p. 566. J.: 19°.3. Péron's Voy. Unsicher. W.: 14.0.
Albany	35. 0	115.30	...	16. 1	1 vollständ. J. Mai 1831, obs. Collie 8h Mg. u. ⊙untgg., corr. Zum Theil a. d. Journ. bei Cross' West. Australia etc. 239 berechn.; vergl. Meinicke Austr. I. 43. $\frac{\text{W. } 12.6}{\text{S. } 19.0}$ cor.

Woolworth	40.42	142.25	—	12.5	1 J. Mai 183 7/8, mitgeth. v. Schayer, a. d. Manuscr. ber.; obs. um 8, 2 u. 8h. N. d. Var. cor. Nur im Winter-Halbj. ist im Freien beob., in den übr. 6 Mon. sind die Med. a. Zimmerbb. red.; Jahresmed. der letzteren 14°.2. Wegen des ungew. nassen Sommers ist das Med. wohl zu niedrig. **W. 9.5; S. 15.1** cor. (W. meist im Freien, S. nur zum Theil. *) W. liegt an der NW.-Spitze v. V. Diem. L.
Macquarie Harbour	42.12	143. 8	—	13.2	a. 9 Mon. Apr.—Dec. 1822, obs. um 9 u. 9h? n. Brisbane in Edinb. J. Sc. II. 75. (Med. 13°.0?) **W. 7.4.**
HobartTown**	42.45	145.15	—	11.3	1 J. 1822, 9 u. 9h n. Brisbane ebd. **W. 5.6; S. 17.3.** Fast in der Breite von Rom u. Salem (Amer.). Nach Evans ist die mittl. Temp. v. V. Diem. Ld. 15°.6 (?). Descr. of V. D. L. 1822 p. 27.

II. Inseln des grossen Ozeans.

Honoruru	21.19	160.21	...	23.7	A. 2—3 J. die mon. Med.: Aug. 1819, obs. Freycinet 4-stdl.; 1 J. Aug. 182 1/2, Obs. d. amerik. Missionaire***) um 8, 3 u. 8, Md. 24°.0; W. 21.7; S. 25.7 unc. (n. Freyc. Corr. zu niedrig J.: **22°.6; W. 20.2; S. 24.4)**; Febr. 1827, obs. Beechey 2-stdl.; Juli — Sept. 1831, obs. Reynold, 8, 12 1/2 u. 8h, a. d. Journ in Meyen's Reiseber.; Jan. — Juni 1837, obs. Rooke 7, 2 u. 10h. — Mit Rücksicht auf d. tägl. Variation corr. **W. 21.6; S. 25.5; k. M. 21.3; w. M. 25.9**; cor. — Beechey theilt noch d. Med. f. 1821: **23°.9** (Std ?) mit. Die Veränderlichkeit in

*) Nach 8-jähr. Erfahr. war die Regenmenge im Winter eine mittlere; Schnee fällt häufig in Hobart Town, ist dagegen in Woolworth gar nicht bekannt.

**) Aus den gleichzeitigen Beobachtungen des Jahres 1822 ergiebt sich für:

Sydney u. Paramatta. Jahr: **18°.6**; $\frac{\text{W. } 12.1}{\text{S. } 23.2}$. — Macquarie H. (J.: 13°.2); $\frac{\text{W. } 7.4}{(\text{S. } 17.9)}$. — Hobart T. J.: **11°.3**; $\frac{\text{W. } 5.6}{\text{S. } 17.3}$.

***) Diese Beob. (1821/2) sind nicht, wie gewöhnlich angegeben wird, auf Hawaii angestellt, sondern auf Woahu; Hawaii liegt fast 2 Breitengrade näher am Aequator!

Ort.	N. B. ° ′	W. Lg. P. ° ′	Höh. P. F.	M. Jahr.-Tp. ° C.	Zeit der Beobachtung etc., Winter- und Sommertemperatur.
(Honoruru	21.19	160.21)			den Winter-Mon. ist nicht unbeträchtlich. — Rooke's Beob. Juli 183 7/8 (Ort?) liefern J.: 25.1. W. 22.9; S. 26.2. Std.? Berechn. d. Mon. unsicher, a. d. mon. Extr.? Bull. scient. Petersb. t. VI. N. 139. Freycinet's u. Beechey's Voy., Haw. Spectat. u. (Ellis') Mission. Tour around Hawaii; Boston 1825. p. 242. (abgedr. auch in Edinb. J. v. V. Vgl. auch Cook's Beob. 3d. Voy. 1776—80 (Mittags).
Manilla *)	14.36	241.21	...	26.5?	1—2 J. 1766 u. 67, obs. Le Gentil, aus ⊙aufg. (nicht ganz sicher) corr.; die Mittagsbb. zu hoch durch ⊙-Einfl., daher nicht ber. Fast das ganze Jahr Regen. Zu hoh. Med. An der Westküste von Luzon. **K. M. 22°, w. M. 29°.**
Guahan (Marian. I.)	13.20	142.34	—	27.0	Aus 2½ Mon. 1819, obs. Freycinet 4-stdl. Er setzt das J.-Med. 27°.3. Voy.
Ualan (Carol. I.)	5.19	199.14	—	28.0	A. 3 Mon. (1828), obs. Lütke (u. Freycinet) 4-stdl. L.'s Voy. aut. du monde. P. naut. astr.
Rawak	S. Br. 0. 2	231.25	—	27.6?	A. Bb. Freycinet's wenige Wochen 1819, 20. Ebd.
Timor	10.10	121.15	60	26.1	A. 6 Mon. Bb. v. Péron u. Freycinet Mittags corr. Voyages etc. Vgl. Ft. Dundas p. 127.
Raiatea (Ulieatea)	16.40	153.50	...	25.4	1—2 J., obs. Wales 1773 3m. tgl. u. 1822, obs. Threlkeld 3m. tgl. Std? n. der Var. ungef. cor. Med. a. den 3 Bb.: 25°.8, Mg. u. Mittag: 26°.0, Mg. u. Abd. 25°.1, zu niedrig (n. Brewster 24°.9?). A. d. 3 Bb.: **W. 25.2; S. 26.4** (Mg. u. Abd.: 24°.6, 25°.7); **k. M. 24.3; w. M. 27.2** unc. (Mg. u. Abd.: 23°.6, 26°.1). Edinb. J. Sc. v. X. 280. (im Mon. Juni ein Fehler im Mg.-Med. berücksichtigt).
Otaheiti	17.29	151.49	...	25.7?	Aus 7 Mon., Obs. v. Wales, Bayley, Parkinson (3m. tgl.) u. Beechey 4stdl.; Voyages etc. w. M. 27.7.

*) Vergl. die ältere Angabe in diesen Tab. p 95., nebst andern Punkten im asiatischen Archipel. Es bedarf kaum der Bemerkung, dass dergleichen Media oder andere aus wenigen Monaten abgeleitete, nur als Annäherungen an die wahren Mittel zu betrachten sind, deren Sicherheit um so grösser, je mehr Analogie das Klima etc. des der Reduction zu Grunde gelegten Ortes besass.

Ort.	S. Br.	W. Lg.	H.	Jhr.-Tp. °C	Zeit der Beob. etc.
Neu-Seeland	34.36	. . .	...	16. 7?	N. Meinicke's Berechn. a. 9 Mon. Obs. 1820 in Cruise's Journ. W. 13.3 (ob einmal tgl. u. Std. nicht angegeben, daher unsicher). Vgl. Duperrey's (Lesson) u. Dumont d'Urville's Voy. aut. d. monde 182$\frac{6}{9}$.
Königinn Charlotte's Sund (N.-Seeld.)	41. 0	171.30	—	14. 5	A. einigen Mon. 1773 Obs. v. Wales u. Bayley ber.; 3mal tägl., Std.? Astron. and meteor. Observations.

Nachträge.

Bei dem sehr langsam vorrückenden Druck der vorstehenden, vor mehr als einem Jahre gemachten Sammlung von Temperatur-Medien war es nur selten möglich, bedeutende Aenderungen oder Zusätze in den Tabellen selbst, die namentlich durch neuerdings publicirte Beobachtungen etc. vervollständigt werden konnten, unmittelbar vorzunehmen. Ein grosser Theil davon musste desshalb ganz zurückgelegt werden, so wichtig es auch für die Uebersicht und Vergleichung gewesen wäre, sie jener Sammlung selbst einzuverleiben. Die erforderlichen zahlreichen literarischen Materialien verhinderten früher ebenfalls die Berechnung mancher Angaben (namentlich für die Winter- und Sommerwärme) Bei einigen wenigen Orten änderten sich die in den Tabellen mitgetheilten Resultate durch eine nochmalige schärfere Berechnung. Wenn wir auch andere Werke, worin diese Temperatur-Verhältnisse der Erde in den letzten Jahren behandelt wurden, insbesondere Kämtz' Vorlesungen über die Meteorologie, Halle 1840. und Schouw's Italie I. Kopenh. 1839 berücksichtigt, und zur Vergleichung einzelne Media daraus den unsrigen beigefügt haben, so geschah dies, um dem Zweck einer Abhandlung für ein „Repertorium der Physik" zu genügen, und die Sicherheit verschiedener Berechnungs-Methoden dadurch zu erläutern.

Den unvermeidlichen Uebelstand einer geringeren Uebersichtlichkeit des Vorhandenen haben wir möglichst zu beseitigen gesucht, indem wir die Zusätze nach den Seitenzahlen geordnet. Es konnte nicht fehlen, dass die in den Tabellen selbst gemachten Aenderungen und das Material in diesen Nachträgen etc. noch zu einigen Folgerungen und Verbesserungen der in der Einleitung angedeuteten Resultate führten, welche sich am Schicklichsten an die Nachträge zu den Tabellen anschliessen.

Im Januar 1840.

Zu den Tabellen in 4to. p. 8 und p. 12—15.

Die wichtigsten stündlichen Beobachtungsreihen, welche seit der Abfassung jener Tabellen publicirt wurden, verdanken wir den Bemühungen von Richardson, Kämtz u. der British Association. Auch liefern die trefflichen Beobachtungen auf den russischen meteorologischen Observatorien, die neueren zu Apenrade, Dresden, Prag, Genf u. Mailand bereits für klimatisch verschiedene Orte ein Mittel, wenigstens annähernd den täglichen Gang der Wärme daraus abzuleiten. Die Berechnung der Nachtstunden-Media nach der bekannten Interpolationsformel aus 2- oder 3-stdl.

Beob. vom Morgen bis Abend zeigt jedoch manche beträchtliche Abweichung von den wirklich beobachteten Werthen. Es wäre daher sehr zu wünschen, dass man im continentalen Klima z. B. in Russland an 2 oder 3 Stationen auch ein Paar Nachtbeobachtungen einrichtete. Die in Kopenhagen gegenwärtig noch im Gange befindlichen Beobachtungen werden zugleich Licht auf die öfter angeregte, wichtige Einwirkung einer geringen Höhe auf den Gang der Wärme-Aenderungen werfen. Für die tropische Zone ist durch 2 Jahre stündl. Beobachtungen an der Westküste des südlichen Vorderindiens (Trevandrum) gesorgt, die wohl bald veröffentlicht werden. Die Stunden, welche vom meteorologischen Comité in London für Ross' antarktische Expedition und die magnetischen Stations-Beobachtungen vorgeschlagen sind, würden mit grösserem Erfolge für die meteorologischen Instrumente mit den vorgeschriebenen magnetischen Beobachtungszeiten zu vertauschen sein. — Da zu der Vergleichung stündlicher Observationen in denselben Jahren jetzt schon Material vorhanden ist, so machen wir hier nur noch darauf aufmerksam, dass Göttingen und Padua — Port Bowen und Leith — Novaja-Semlja, Petersburg, Jekaterinenburg, Mühlhausen u. Plymouth — Igloolik-I. und Apenrade etc. sich zusammenstellen lassen, wobei man jedoch die temporäre Wärme-Vertheilung in Bezug auf vieljähriges (wahres) Mittel der Zeiträume, da so ferne Punkte häufig entgegengesetzte Abweichung zeigen, nicht ganz aus den Augen setzen darf, zu welchem Behuf es auch rathsam erscheint, erst die Publication von Beobachtungen an Zwischenörtern abzuwarten.

Wir lassen nun die Abweichung der einzelnen Stunden, ganz in der Form der p. 8 mitgetheilten Tabellen, für 4 Punkte in der arktischen Zone von Nord-Amerika und für Halle, Dresden und Plymouth folgen.

Tab. I.

Abweichung des Mittels einzelner Stunden vom wahren Medium im jährlichen Durchschnitt. — °C.

Stunden.	Melville J. [1]) 74°47′n. 113°8′w. 1 J. 18$\frac{1}{2}\frac{9}{0}$	Port Bowen [2]) 73°14′n. 91.16 w. 1 J. 182$\frac{4}{5}$	Igloolik J. [3]) 69°21′n. 84.13 w. 1 J. 182$\frac{2}{3}$	Winter J. [4]) 66°11′n. 85.31 w. 1 J. 182$\frac{1}{2}$	Halle [5]) 51°30′n. 9.37 ö. mehr. J.	Dresd. [6]) 51° 3′ n. 11.23 ö. 370′ h. 10 J. 1828—37	Plymouth [7]) 50°22′ n. 6.28 w. 5 J. 1833—37
Morg. 5	. . .	+ 0.75	. . .	. . .	+ 2.71	. . .	+ 2.05
6	+ 0.83	. . .	+ 1.02	+ 0.74	+ 2.28	+ 2.26	+ 1.72
7	. . .	+ 0.17	. . .	. . .	+ 1.71	. . .	+ 1.09
8	+ 0.28	. . .	+ 0.09	+ 0.09	+ 0.94	. . .	+ 0.25
9	. . .	— 0.59	. . .	. . .	+ 0.02	— 0.28	— 0.68
10	— 0.54	. . .	— 1.05	— 0.79	— 0.95	. . .	— 1.50
12	— 1.09	. . .	— 1.80	— 1.41	— 2.57	— 3.21	— 2.56
Nmitt. 1	. . .	— 1.23	. . .	. . .	— 3.07	. . .	— 2.69
2	— 1.39	. . .	— 1.99	— 1.52	— 3.28	. . .	— 2.57
3	. . .	— 1.06	. . .	. . .	— 3.20	— 3.60	— 2.22
4	— 1.20	. . .	— 1.53	— 1.22	— 2.84	. . .	— 1.77
6	— 0.69	. . .	— 0.58	— 0.57	— 1.65	— 1.80	— 0.57
7	. . .	+ 0.04	. . .	. . .	— 1.01	. . .	— 0.01
8	— 0.14	. . .	+ 0.24	+ 0.14	— 0.38	. . .	+ 0.84
9	. . .	+ 0.53	. . .	. . .	+ 0.22	+ 0.57	+ 1.11
10	+ 0.45	. . .	+ 1.04	+ 0.72	+ 0.82	. . .	+ 1.30
11	. . .	+ 0.92	. . .	. . .	+ 1.39	. . .	+ 1.51

Stunden.	Melv. J.	P.Bowen	Iglool. J.	Wint. J.	Halle	Dresden	Plymth.
4 u. 4	+ 0.01	. . .	— 0.01	+ 0.03	+ 0.04	. . .	+ 0.14
5 u. 5	. . .	+ 0.12	. . .	. . .	+ 0.22	. . .	+ 0.45
6 u. 6	+ 0.07	. . .	+ 0.22	+ 0.09	+ 0.32	+ 0.23	+ 0.57
7 u. 7	. . .	+ 0.11	. . .	. . .	+ 0.35	. . .	+ 0.54
8 u. 8	+ 0.07	. . .	+ 0.17	+ 0.12	+ 0.28	. . .	+ 0.36
9 u. 9	. . .	— 0.03	. . .	. . .	+ 0.12	+ 0.14	+ 0.08
10 u. 10	— 0.04	. . .	— 0.01	— 0.03	— 0.07	. . .	— 0.20
11 u. 11	. . .	— 0.08	. . .	. . .	— 0.22	. . .	— 0.42
12 u. 12	— 0.04	. . .	— 0.19	— 0.15	— 0.32	— 0.29	— 0.53
Extr.-St.	. . .	. . .	. . .	. . .	— 0.18	. . .	— 0.32
6, 2 u. 8	— 0.23	. . .	— 0.24	— 0.21	— 0.46	. . .	— 0.13
7, 2 u. 9	. . .	— 0.15i	. . .	. . .	— 0.45	. . .	— 0.21
7, 2, 9+9	. . .	+ 0.02i	. . .	. . .	— 0.28	. . .	+ 0.05
{8, 4, 12	+ 0.03	. . .	— 0.09	— 0.01	+ 0.10	. . .	0.00
{6, 2, 10	— 0.04	. . .	— 0.02	— 0.02	— 0.06	. . .	+ 0.09
6 u. 12 M. } 6 u. 12 A. }	+ 0.01	. . .	+ 0.01	— 0.03	0.00	— 0.03	+ 0.02

1—4) 2-stdl. Beob. auf **Parry's** Expeditionen, meist **auf dem Schiffe**! Es zeigten u. a. schwimmende Eismassen oft localen Einfluss, dessen Compensation durch andere der Art zweifelhaft erscheint. In den kalten Monaten wächst die Unsicherheit der Media durch die Unterschiede in den Angaben der Alkohol-Thermometer bei hohen Kältegraden, obwohl man die vom Mittel am meisten abweichenden Angaben nicht benutzt hat; da ferner zu dieser Zeit die Einwirkung der Sonne ganz unbeträchtlich an den nördlichsten Punkten ist, so wird dann die tägliche Variation durch die Zeit des Einsetzens und die Dauer der verschieden warmen Winde, wie der Nebel und der Veränderung der Himmelsansicht fast ausschliesslich bestimmt, und es dürfte überraschen, dass sich in den Differenzen für die Wintermonate (s. u.) nicht mehr Anomalieen zeigen. Von welcher Wirkung die Lage der Thermometer auf einem Schiffe und in einer Zone, wo die Sonne täglich den ganzen Horizont umkreis't, in den Sommermonaten auf die Temperatur-Angaben ist, wurde schon früher besprochen. Wir erhalten durch den Gang der Differenzen in diesen Monaten keine vollkommene Vorstellung von dem Wärmegange **auf dem Lande**; denn zu dieser Zeit segelte man oft nicht einmal dicht an der flachen Küste; und deutlich erkennt man den Einfluss des Meeres, wenn man aus den stündlichen Beob. in der arktischen Zone, auch auf Novaja Semlja, die mittlere Zeit des täglichen Maximums berechnet, welche früher als in südlicheren Breiten eintritt, was sich auch schon in den Tafeln unmittelbar herausstellt. Alle diese Umstände rechtfertigen es wohl, wenn ich das Mittel zwölfmaliger Beobachtung täglich als wahres angenommen, u. die Differenzen der einzelnen Stunden vom Tagesmittel aus den beobachteten u. nicht aus den berechneten gegeben.

Wir geben noch folgende Erläuterungen zu den obigen Tafeln: 1) Aus gleichzeitigen Beob.-Reihen auf 2 Schiffen, Sept. 181 9/20. — 2) Sept. 182 4/5. — 3) Aus 2 Reihen, August 182 2/3. — 4) Dessgl. Juli 182 1/2. — Die Berechnungen rühren von **Richardson** her. London Geogr. Soc. Journ. v. IX. pt. 3.

5) Aus mehrjährigen Beobachtungen von **Kämtz**, von 6^h Mg. bis 10^h Abd. alle 1 oder 2 Std., berechnet. Die fehlenden Nachtbeobachtungen wurden interpolirt. Vorles. über Meteor. 1840 p. 23. Hier findet sich, ebenfalls in monatlichen Mitteln der Stunden, (mit Interpol.) eine Tabelle für **Göttingen** aus mehrjährigen Beob. **Gatterer's**. — 6) 10 J. 1828—37 Obs. um 6, 9, 12^h Morg. u. 3, 6, 9 u. 12^h Abd.; die fehlenden Stunden durch Interpol.-Ber. Mittheil. des statist. Vereins in Sachsen XI. Liefr. **Lohrmann** setzt das wahre Med. zu niedrig. — 7) Die Resultate der längsten publ. Reihe stündlicher Beobachtungen, welche leider nur im Durchschnitt aller 5 Jahre bekannt gemacht sind, so wichtig auch eine Vergleichung der einzelnen Jahre (wie 1833 u. 34) gewesen. Es zeigt sich hier eine sehr befriedigende Uebereinstimmung mit den früher p. 8. Tab. I. mitgetheilten Differenzen der beiden ersten Jahre, woran das gleichförmige Klima und die localen Verhältnisse des Beobachtungsortes wohl einen nicht geringen Antheil haben. In der Tabelle, British Association 8th. Report. p. 24. (u. Pogg. Ann. Suppl.-Bd. I. 191), finden sich folgende Fehler: im Juni 1 u. 2^h Mittg. muss resp. 64°.129 u. 63°.940 F. gesetzt werden.

Zur Ergänzung der Tabellen über die Abweichung der Stunden im Mittel der **Jahreszeiten** (p. 12 fg.) haben wir die folgenden Differenz-Tafeln berechnet. Wir enthalten uns des beschränkten Raumes halber der Berechnung der Combinations-Stunden, für welche die Correction ohnehin leicht gefunden werden kann, wesshalb wir auch in der vorigen Tabelle nur die wichtigeren Combinationen angegeben haben. Für die Polarzone geben wir nur den Sommer und Winter (d. i. die 3 gebräuchlichen Mon. Dec. fg.), für Halle u. Plymouth auch die beiden andern Jahreszeiten. Auch hier verdient die Gleichzeitigkeit einiger Beobachtungsreihen Beachtung.

Tab. II.
Abweichung im Winter. — °C.

Stunden.	Melville J. Med. −33°.53	Port Bowen Med. −31°.68	Igloolik J. Med. −29°.66	Winter J. Med. −29°.08	Ft. Franklin*) Med. −27°.28	Halle Med. 0°.20	Plymouth Med. 7°.15
4 Morg.	+ 0.40		+ 0.39	+ 0.30	+ 0.73	+ 0.99	+ 0.81
5		− 0.01			+ 0.78	+ 1.06	+ 0.90
6	+ 0.44		+ 0.34	+ 0.17	+ 0.82	+ 1.10	+ 0.94
7		− 0.05			+ 0.82	+ 1.09	+ 0.92
8	+ 0.38		+ 0.31	− 0.09	+ 0.74	+ 0.96	+ 0.73
9		− 0.28			+ 0.61	+ 0.49	+ 0.33
10	− 0.08		− 0.34	− 0.49	− 0.06	− 0.05	− 0.38
11		− 0.34			− 0.83	− 0.72	− 1.11
12	− 0.30		− 0.98	− 0.74	− 1.48	− 1.25	− 1.57
1 Nmitt.		− 0.06			− 1.76	− 1.64	− 1.67
2	− 0.52		− 0.95	− 0.65	− 1.64	− 1.78	− 1.54
3		+ 0.15			− 1.22	− 1.61	− 1.25
4	− 0.39		− 0.33	− 0.30	− 0.73	− 1.28	− 0.85
5		+ 0.04			− 0.44	− 0.81	− 0.32
6	− 0.13		+ 0.04	+ 0.11	− 0.24	− 0.45	− 0.06
7		+ 0.18			− 0.20	− 0.18	+ 0.10
8	− 0.16		+ 0.33	+ 0.38	+ 0.11	0.00	+ 0.25
9		+ 0.15			+ 0.35	+ 0.19	+ 0.36
10	− 0.06		+ 0.39	+ 0.46	+ 0.38	+ 0.36	+ 0.44
11		+ 0.18			+ 0.56	+ 0.48	+ 0.49
12	+ 0.22		+ 0.45	+ 0.58	+ 0.66	+ 0.61	+ 0.54
Extr. Std.					− 0.47	− 0.34	− 0.36

Tab. III.
Abweich. im Herbst. — °C.

Stunden.	Halle Med. 9°.28	Plymouth Md. 11°.60
4 Morg.	+ 2.70	+ 1.71
5	+ 2.68	+ 1.78
6	+ 2.44	+ 1.65
7	+ 1.99	+ 1.37
8	+ 1.26	+ 0.66
9	+ 0.31	− 0.45
10	− 0.91	− 1.46
11	− 1.91	− 2.19
12	− 2.72	− 2.60
1 Nmitt.	− 3.19	− 2.73
2	− 3.36	− 2.43
3	− 3.15	− 2.07
4	− 2.69	− 1.46
5	− 2.11	− 0.78
6	− 1.44	− 0.26
7	− 0.82	+ 0.18
8	− 0.24	+ 0.45
9	+ 0.30	+ 0.71
10	+ 0.80	+ 0.93
11	+ 1.30	+ 1.11
12	+ 1.71	+ 1.26
Extr.-St.	− 0.33	− 0.48

*) In 65°12′ n. Br. 125°33 w. L. 220′ h.; beim grossen Bärensee. A. 19 Obs. tgl. v. Septbr. 1825 bis Mai 26 (die Juni-Beob. verloren; Juli u. Aug. 3-stdl.) Richardson l. c. Media mit Interpol. der fehlenden Stunden ber.

Tab. IV.
Abweichung im Sommer. — °C.

Stunden.	Spitzberg.*) Med. 3°.42	Melville J. Med. 2°.83	Port Bowen Med. 2°.73	Igloolik J. Med. 1°.71	Winter J. Med. 1°.75	Halle Med. 17°.14	Plymouth Med. 16°.04
4 Morg.	. . .	+ 1.42	. . .	+ 2.13	+ 1.55	+ 4.48	+ 2.99
5	+ 0.52	. . .	+ 0.81	. . .	. . .	+ 3.83	+ 2.83
6	. . .	+ 0.67	. . .	+ 1.03	+ 0.94	+ 2.87	+ 2.01
7	+ 0.04	. . .	0.00	. . .	. . .	+ 1.81	+ 0.80
8	. . .	— 0.08	. . .	— 0.35	+ 0.01	+ 0.55	— 0.47
9	— 0.19	. . .	— 0.56	. . .	. . .	— 0.56	— 1.46
10	. . .	— 0.86	. . .	— 1.41	— 0.94	— 1.59	— 2.17
11	— 0.59	. . .	— 1.26	. . .	. . .	— 2.54	— 2.67
12	. . .	— 1.43	. . .	— 2.09	— 1.60	— 3.40	— 3.03
1 Nachm.	— 0.77	. . .	— 1.31	. . .	. . .	— 3.99	— 3.12
2	. . .	— 1.45	. . .	— 2.33	— 1.77	— 4.31	— 3.20
3	— 0.66	. . .	— 1.28	. . .	. . .	— 4.40	— 2.75
4	. . .	— 1.18	. . .	— 2.05	— 1.50	— 4.09	— 2.40
5	— 0.43	. . .	— 0.55	. . .	. . .	— 3.47	— 1.80
6	. . .	— 0.78	. . .	— 0.98	— 0.79	— 2.64	— 1.08
7	0.00	. . .	— 0.11	. . .	. . .	— 1.78	— 0.25
8	. . .	— 0.06	. . .	+ 0.01	+ 0.13	— 0.78	+ 0.60
9	+ 0.17	. . .	+ 0.42	. . .	. . .	+ 0.20	+ 1.25
10	. . .	+ 0.76	. . .	+ 1.36	+ 0.82	+ 1.21	+ 1.63
11	+ 0.47	. . .	+ 1.14	. . .	. . .	+ 2.21	+ 1.90
12	. . .	+ 1.35	. . .	+ 2.13	— 1.29	+ 3.18	+ 2.27
Extr.-Std.	. . .	. . .	. . .	. . .	. . .	— 0.16	— 0.11

Tab. V.
Abweich. im Frühling. — °C.

Stunden.	Halle Med. 8°.95	Plymouth Med. 9°.82
4 Morg.	+ 3.55	+ 2.70
5	+ 3.28	+ 2.68
6	+ 2.72	+ 2.26
7	+ 1.96	+ 1.27
8	+ 0.98	+ 0.08
9	— 0.13	— 1.14
10	— 1.24	— 1.99
11	— 2.13	— 2.58
12	— 2.90	— 3.06
1 Nachm.	— 3.44	— 3.25
2	— 3.69	— 3.12
3	— 3.63	— 2.82
4	— 3.29	— 2.35
5	— 2.72	— 1.65
6	— 2.05	— 0.86
7	— 1.27	— 0.04
8	— 0.52	+ 0.56
9	+ 0.21	+ 1.04
10	+ 0.90	+ 1.43
11	+ 1.57	+ 1.69
12	+ 2.24	+ 1.95
Extr.-Std.	— 0.06	— 0.28

*) In Hecla Cove, 79° 55′ n. Br., 14° 29′ ö. L. Par.; obs. auf Parry's Exped., an Bord, Juni—August 1827.

Nachträge zu den Tabellen über die mittlere Vertheilung der Wärme auf der Erdoberfläche p. 29 fg. Länge von Paris. Höhe in Pariser Fuss. Cent.-Grade.

A. EUROPA.

Zu p. 30. Ostersund. Nach Forsell's Mitth. Lond. Geogr. Journ. IX. ist d. Md. (Std.?) a. 6 J. 1823—28 J.: 2°.1. W. — 9.3, S. 13.9.

p. 31. Falun. In Lond. Geogr. S. J. IX. a. 9 J. 1830—38, Std.? J. 4°.4. W. — 5.5, S. 14.6; k. M. — 7.4, w. M. 15.7.

p. 33. Göteborg. A. 46 Jahren 1787—1832 Std ? J. 7°.9 (nicht 7.3). N. Forsell ebd. Vgl. Tuneld's Geogr. Sver. I. — Wexiö a. denselb. 34 J. W. — 2.3, S. 17.7; k. M. — 2.8, w. M. 18.9. — Kopenhagen. Aus 52 J. 1767—76, 82—88, 98—1809 Beob. auf d. Observatorium, u. 1814 —24, 27—38 im botan. Garten; von Schouw ber., auf wahre Med u. auf den bot. Garten reducirt, ergiebt sich ebenfalls J. 8°.2. W. — 0.4, S. 17.2. Climat de l'Italie 1839.

p. 34. Apenrade. Dasselbe wahre Med. ergaben 16 J. (1832 u. 33 hinzuger.). — Näs u. Reikiavig 1823—1. Juli 29, obs. um 8 u. meist 9h Mg., dann tägl. Extr. bis 1835, v da bis z. 1 Aug. 1837 nahe tägl. Extr. (Zeit) von Thorstensen. 8 J. 1829—36 tgl. Extr. J. 3°.4. W. — 2.0, S. 10.7; k. M. — 3.1, w. M. 12.1 (8—9 J.); a. 14—15 J. 1823—37 J. 4°.1 corr. nach d. stdl. Beob. in d. Polarzone u. z. Leith (dasselbe Med. findet Schouw); W. — 1.6, S. 12.0 (14—15 J.), k. M — 2.0 (Febr.), w. M. 13.5 (a. 15 J.). Sommerwärme des Meerwassers (4—5 J. Vormittags): 10°.1. Collectanea meteorolog. fasc. II. Hafn. 1839; Monats-Ber. d. geogr. Ges. z. Berlin 1839.

p. 35. Stromness u. Sandwick Manse, Orkney's J. in 58° 57′ n. u. 5° 49′ w., ?h. a. 12 J. 1827—38, obs. Clouston, 10 u. 10h cor. J. 8°.0. W. 4.0, S. 12.5; k. 3.4, w. 13.0. An der Westküste der J. Pomona. James. Edinb. J. 1839. — Alford, Aberdeensh., in 57° 13′ n. 400′ h. 26 engl. M. v. d. Küste v. Aberd.sh. A. 7. J. 1833—39, obs. Jam. Farquharson, 9¼ Mg. u. 8½h Ab. J. 7°.3. Edinb. J. 1840.

p. 36. Kinfauns Castle. Aus 27 J. bis 1839 ebenfalls J. 8°.1.

p. 37. Canaan Cottage bei Edinburgh, 280′ h., a. 11 J. 1824—31, 34, 35, 37, obs. Adie tägliche Extr. J. 8.5 (ebenso a. 12 J., 1839 incl.). W. 3. 5, S. 14.2; k. 2.4, w. 15.0; mit Playfairs cor. Beob. vereinigt 17 J: J. 8.6. W. 3.6, S. 14.4; k. 2.8, w. 14 9. Die absol. Höhe beider Beob.-Oerter ist fast gleich.

p. 38. Applegarth Manse, 55° 13′ n., 5° 32′ w. 170′ h. A. 12 J. 1827—38, obs. Dunbar 9 u. 9h etc. (Med. bis 1839, 13 J. 7°.9); corr. Med: J. 8.1 W. 2.4., S. 13.4.; k. 1.2, w. 14.1. 10 engl. Meil. v. d. See. James. Ed. J. vol. 28. u. 1840. Phil. Mag. monatl. — Carlisle k. 2.3, w. 14.8.; cor. a. 24 J.

p. 39. Lancaster. 7 J. 1784—90 cor. zu den 6 J. (p. 39. Med. 9°.5.) hinzugerechnet, geben als 13-j. Medium: 9°.1.

p. 40. Dublin. A. d. 17. J. Beob. v. Kirwan ergiebt sich W. 4.3, S. 15.3; k. 3.6, w 16.0. — Lyndon. A. Barker's Obs. 1771—98 Morg. u. Nmitt. (Zeit d. Extr. vielleicht) J. 9°.2. W. 2.7, S. 16.6.; k. 1.8, w. 17.5. Phil. Trans. — Great Malvern 490′ h. a. 3 J. 1835—37 tägl. Extr.: J. 8.9. Lond. Met. Trans. v. I. — Einige Beobachtungsreihen, z. B. für Thetford in diesen Transactions sind völlig unbrauchbar; in andern sind unbegreiflicher Weise die gröbsten Fehler unbeachtet geblieben.

p. 41. Cheltenham. Aus den wahrscheinlich nicht immer genauen Berechnungen und zuweilen (Nov. u Dec.) fehlerhaften monatl. Mitteln von Beob. der tägl. Extreme von Moss ergiebt sich im 13-jähr. Durchschn. W. . . ., S. 15. 8.; k. 2. 7, w. 16.8. Aus dem mon. Med. ber., in Trans. Met. Soc. v. I. — London. Tägl. Extr. k. 1 7, w. 17.3., (24 J. Beob. auf dem Lande); k. 3. 0, w. 17.6. (20 J. Stadt-Beob. d. Roy. Soc.)

p. 42. Gosport. A. 16 J. 1816—31. J.: 11°.0. W. 5.0, S. 17.1; k. M. 3.9, w. M. 17.8. — Lyme Regis a. 13 J.: k. M. 4.5, w. M. 15.8.

p. 43. Plymouth. Das 5-jähr. Md. aus d. stdl. Obs. ist nicht 11.4, sondern 11.16; n. 8th. Report brit. Ass. Daher Md. a. 7 J. J.: 10.8 (nicht 11.0). — k. 5.9, w. 16.5 (n. Harris a. 11 J.). — Penzance. W. 6.9, S. 16.0; k. 5.7, w. 16.7 a. 21 J. cor. n. Plym.; aus 10 J. tägl. Extr.: W. 6.8, S. 15.7; k. 5.8, w. 16.4.

p. 45. Breda, 30′ h. Aus Wenckebach's Beob. 1838, 7—8h u. 1½h, ergiebt sich, auf vieljähr. Med. nach Brüssel reducirt, J. 9°.8. — Alost, a. d. 3 J. 1835, 36 u. 38, tägl. Extr. J.: 10°.7. Ann. l'Obs. 1837.

p. 47. Brüssel. Höhe 180′. A. d. tägl. Extr. der 6 J. 1833—38 J.: 10°.4. W. 3.7, S. 18.0. Aus den älteren vieljähr. Beob. J. 10.3. W. 1.6. S. 19.7 (?); Kickx obs. 6, 10, 2, 6 u. 10h. — Maestricht. Höhe 160′. A. d. 16 J. 1818—33, um 9 u. 9h, J.: 10°.1. W. 1.8, S. 18.0; k. —0.2, w. 18.9. — Lüttich. A. 4—5 J. 1830—35, 9 u. 9h: J. 11.1. W. 3.7, S. 18.6. Höhe 70m üb. d. Maas.

p. 49. Paris. A. 29 J.: k. M. —1.9, w. M. 18.8.

p. 50. Tours, 47° 24′ n., 1° 39′ w. ? h. J.: 11°.5, Zeit? Berghaus' Länderk. V. 40.

p. 52. Avignon. In den Ann. des Sc. natur. wird aus 27-j. Beob. Guérin's angegeben: J. 14°.4. W. . . . ., S. 24.1. (cit. Més. bar. p. 121—158). Nach Schouw's Italie. I., a. 25 J. v. G., mit Rücksicht auf d. tägl. Var.-Grösse corr. J. 14.4. W. 5.8, S. 23.1; k. 4.8, w. 23.8.

p. 53. Marseille. A. 5—6 J., obs. Sylvab. (Schön Wittr.) ergiebt sich J. 14.6. W. 7.3, S. 22.7. Das 20-j. Mittel v. Thulis etc. ist wahrsch. unbrauchbar, indem die Media aus den monatl. Extr. ber. zu sein scheinen (wenigstens gilt dies v. J. 1807 in d. Mém. de l'Acad. de Mars. p. 1807 Tabl.). Nach Berghaus' phys. Atl. Tp.-Tf. a. 4 J. J.: 14.4. W. 8.3, S. 20.0; Std. ? A. d. 12 J. 1823—34, obs. Mittags, corr. nach der Differenz dieser Stunde vom wahren Med. in einigen Jahren J. 14.5; dasselbe Med. liefern 18 J. (Sylvab. u. 1838 zu jenen hinzugefügt. A. d. 16 J. 1823—38, n. Valz etc. (MS.): J. 14°.1; Std.? Jedenfalls rechtfertigt sich die bei Mars. Z. 4. ausgesprochene Vermuthung, dafs das Med. 14.7 noch zu grofs sei. Aus 9—10 J. erhalte ich W. 8.0, S. 21.8.

p. 54. Tilsit. A. 19 J. bis 1838: J. 6.8. W. —3.4, S. 16.5; k. —5.2, w. 17.3. — Königsberg. Schouw giebt a. denslb. Jahren: J. 6°.2 an. Die Zeit d. Beob. war im Sommer (welche Mon.?) 6, Max. (od. 2) u. 10h, im Winter Min. od. 8 Mg., Max. (od. 2) u. 10h. K. —4.2, w. 17.0.

p. 55. Stralsund. Berghaus, Alm. f. 1840, giebt auch corr. a. 11 J. MS.-Beob. J. 8.1. W. —0.2, S. 16.5; k. —1.6, w. 17.9. — Starkenhorst, corr. u. auf vielj. Med. red. J. 8.5. — Altona, 53° 33′ n., 7° 36′ ö., 120′ h. A. 5 J. gleichzeit. Beob. v. Hansen etc. mit Apenrade auf 16-j. Med. (s. p. 136) red.: J. 8.9.

p. 56. Neustrelitz. Corr. n. Salzuf. u. wegen d. jährl. Abweich. auf vielj. Med. n. Berlin red. J. 8°.8. — Prenzlau. Ebenso ber. J. 8°.8. — Perleberg. Ebenso ber. J. 9.0. — Thorn. A. d. (unvollstd.) J. 1821, 22, 24, 25 im MS. findet Berghaus, Alman. f. 1840, d. corr. Med. J. 8.2. W. +0.9?, S. 16.5. — Berlin. Schouw corr. 13 J. zwischen 1783 u. 1837 u. findet J. 8.5. W. —0.2, S. 17.1. Berghaus giebt 1839, zum Theil aus eigenen Beob. an: J. 8.9. W. +0.1, S. 17.9; k. —0.3, w. 19.3. Länderk. 4. Bd. Mädler aus 17 J. 1822—38, tägl. Extr., J. 9.0. W. —0.4, S. 18.1; k. —2.6, w. 18.8. Astron. Nachr. 1839 p. 106. Corrig. man diese mit Kämtz' Coeffic. (Vorles. p. 28.), so ergiebt sich J. 8°.8. W. —0.4, S. 17.7; k. —2.6, w. 18.4. Nach gleichzeit. Beob. d. Extr. u. um 6, 2 u. 10h corr. finde ich J. 8°.5. — Hannover, 52° 22′ n., 7° 24′ ö., ? h, J. 8.75. Zeit? N. v. Reden 1839. — Klausthal. J. 6°.1. Zeit? Ebders.

p. 57. Münster. A. 10—11 J. 1818—26, 1833, 34 (dieselb. Std.) J. 9.5. W. 2.2, S. 16.8; k. 0.7. w. 17.4. — Brocken. 2 J. 1838 u. 39,

6, 2 u. 10h J. +1°.2. Sächs. Provbl. — Kottbus, 51° 45′ n., 12° 0′ ö., 200′ h. 3 J. 1830—32, obs. Loof n. ⊙fg., 12—1h u. ⊙untg. unc. J. 8°.4. 9tes Progr. — Göttingen, Höhe 410′. J. 9.1. W. + 0.6, S. 17.6. Mehrere Jahre; nach Kämtz' Vorles. Met.

p. 58. Halle. Aus mehrj. Beob. v. Kämtz; wahre Med., MS. J. 8°.8 (mit Red. weg. d. j. Abw.). W. 0.0 (9—10 J. 1827—38), S. 17.5 (6—7 J.); k. —2.3 (10 J.), w. 19.2 (6 J.). — Allstedt (vgl. p. 59), 51° 25′ n., 9° 4′ ö., 450′ h. Aus 7. J. Std.-Corr.? J. 9.1. W. 0.5, S. 17.6. Bergh. phys. Atl. Met. 4. Tp.-Tf. — Düsseldorf (Rheinhöhe 85′). Nach Günther J. 10°, n. Heis 11°.1 (?) Std. unbekannt. 1. Jahresb. des Rhein. bot. Vereins (auch Bergh. Ann. 1839). — Polnisch Wartenberg, 51° 19′ n., 15° 21′ ö, 460′ h. Obs. Hofrichter 15 J. 1818—32, 7, 2 u. 10h; Manuscr. Cor. n. Halle: J.: 7°.7 (unc. 8.1); W. —2.0. S. 16.8; k. —3.7, w. 18.5. — Görlitz, 51° 7′ n., 12° 21′ ö., 650′? h. 2 J. 1837 u. 38, um 7, 2 u. 9 h v. Hertel, nach d. sächs. Beob. auf 11 J. red. J. 7.3 cor. — Breslau. A. 30 J. (Std.-Corr?) n. Bergh. phys. Atl. 4. Taf. J.: 7.9, W. —1.0, S. 17.2. — Dresden. Eine zweite Reduction auf wahres Med. ergiebt J. 8°.5, a. 11 J. (Kämtz' Vorles. J. 8.3. W. —1.2, S. 17.2.) Berghaus ber. (offenbar viel zu hoch) a. 24 J. bis 1835 cor. J. 9.6. W. + 0.4, S. 18.3; k. —1.1, w. 19.5. Alman. f. 1840.

p. 59. Eisenach. A. 7 J., Std.-corr.? J. 8.3. W. — 0.2, S. 16.8. Berghaus l. c. — Wartburg. A. 10 J., Std.-corr.? J. 8.2. W. 0.0, S. 16.2; k. —2.1, w. 17.1. Ebd. — Köln, 50° 55′ n., 4° 35′ ö., 120′ h.; a. 3 J. 1833—35, obs. Garthe, Std.? J. 10°.6. — Zittau. 11 J. bis 1838 geben J. 8°.8; corr. n. Var. 7.6.

p. 60. Aachen, 50° 47′ n., 3° 44′ ö., ?′ h. J. 9°.2. Zeit? N. Benzenberg. Rhein. Pr. Bl. II. — Marburg. Die Veränderlichkeit der Beobachtungsstunden wie die Lage des Thermometers in einigen Jahren etc. erregen einiges Misstrauen. Schrift. d. nat.-hist. Ges. zu M. II. 1829. — Ilmenau; a. 10 J. Std.-corr.? J. 7.4. W. — 1.2, S. 15.9; k. — 3.1, w. 16.6. — Frankenheim, 50° 32′ n., 7° 46′ ö., 2200′ h. A. 7 J., Std.-corr.? J.: 5.7. W. — 1.9, S. 13.5. Berghaus l. c. — Koblenz, 50° 22′ n., 5° 16′ ö., 180′ h. A. 16 J. (Std.?) 1819—35 v. Mohr u. Ulffers. J. 10.6 (?). W. — 0.2, S. 19.2 (?) 1. bot. J.-Bericht. — Koburg. J. 7.8 (zu niedrig?); W. — 0.9, S. 17.1; k. — 1.7, w. 17.6. A. 12-j. Beob. 1782—93 v. Ernst Friedr., Herzog v. Kob. Mg., Mitt. u. Abd. (Manh. Std.?); Abweich. v. Mittel v. Arzberger berechnet (wie?). Schweigg. J. Bd. 35.

p. 61. Tetschen. 8—9 J. März 1828 bis Dec. 1836. J.: 9.0. W. — 1.2, S. 18.8. — St. Peter. 4—5 J. Juni 1828 bis Dec. 1832. J.: 5.5. W. — 3.6, S. 14.1. — Hohenelbe. 15 J. 1822—36. J.: 6.7. W. — 2.6, S. 15.6; k. — 4.3, w. 16.4. Einflufs des Riesengeb. — Leitmeritz. 6 J. 1830—34 u. 36. J. 9.4. — Rotenhaus. 10 J. 1827—36. J. 8.2. W. — 2.1, S. 17.9.

p. 62. Saaz. 13 J. bis 1836. J.: 8.9. W. — 1.4, S. 18.3. — Königgrätz. 9 J. bis 1836. J.: 8.2. W. — 1.4, S. 18.1. — Smetschna. 8 J. (1834, 36 hinzuger.) J.: 8.2. W. — 2.4, S. 17.9. — Eger. 9 J. bis 1834. J.: 7.3. — Prag. 15 J. 1822—36, nahe wahres Med. J.: 9.5. W. — 0.6, S. 19.1; k. — 2.4, w. 20.2. — Landskron. 14 J. 1822—34, 36. J.: 8.0. W. — 2.4, S. 17.9; k. — 4.6, w. 18.8.

p. 63. Brzezina. 6 J. 1828—30, 33, 34, 36. J.: 7.0. — Deutschbrod. 8 J. 1828—34, 36. J.: 7.9. W. — 2.1, S. 17.1. — Seelau. A. 6 Jahren bis 1836. J.: 8.0. W. — 1.0, S. 21.2. Unzuverlässig. — Olmütz, Höhe gegen 800′. — Tabor. 14 J. bis 1836 a. 7 u. 2h J.: (8.1), corr. 7.3. W. — 2.8, S. 17.0. — Rehberg. 8 J. 1828—34, 36. J.: 5.9. W. — 3.3, S. 14.9. — Neubistritz. 8 J. 1828—34, 36. J.: 5.8. W. — 3.6, S. 15.1. — Krumau. 5 J. 1832—36. Med. 7.4, auf 11 J. n. Hohenfurth red. 7.2. Nullpunkt des Therm. corr. — Hohenfurth. 11 J. 1824, 27—36. J.: 6.7. W. — 3.3, S. 16.4; k. — 5.0, w. 17.5.

p. 64. Frankfurt a. M. k. — 0.7. w. 19.1, a. 32 J. n. Berghaus.

p. 65. Trier. Nach Schäfer's trier. Flora. I. p. VI. J.: 9 5. S. Delamorre in Häberle's met. Heften, 1811.

p. 66. Karlsruhe. Schouw giebt a. 30 J. die corr. Med. J.: 10.4. W. 1.4, S. 19 0.

p. 68. München. Zeile 1 l. 7 J. 1781—86, 88. Höhe 1620′. Aus den 25 J 1805—29, 6, 1—2 u. 9h, also nahe wahres Med. J : 9°.2. W. + 0.3, S. 17.6; k. M. — 1.3, w. M. 18.2. Bair. Ann. 1832 p. 77. Mit den älteren 7 J. vereinigt, ist d. 32-j. Med. W. 0.0, S. 17 7.

p. 69. Kremsmünster. N. Kämtz' Vorles. J.: 8°.3. W. —1.9, S. 17.6 (a. ? J.). — Andechs. N. Kämtz' Met. (zu hoch?) W. —1.0, S. 19.0.

p. 70. Tegernsee. 8 J. 1781—88, geben n. Schouw's Italie I. d. (unsicher) corr. Md. J : 6°.6. W. —1 9, S. 15.3. — Innsbruck. Aus 51 J, obs. Zallinger gegen 4h Mg u. gg. 1½h ergiebt sich n. der Corr. mit Rücksicht auf d. tägl. Var, die jedoch in manchen Mon. anomal erscheint, J.: 9.0. W. —1.9, S. 18.3; k. -- 3.8, w. 18 4. Aus den 18 J. 1807—24 ebenf. corr. J.: 8.9. W. — 1 9, S 18 0; k — 3.8, w. 18.5. Zall. Met. Beob. Decbr. 1833. — Murau hat 2650′, Grätz 960′, Schönstein 1270′, Laibach 900′? Höhe.

p. 71. St. Gallen, 47° 26′ n., 7° 2′ ö., 1300′?h. J.: 8°.5. W. 0.0, S. 17.2. A. 10 J 1817—26. Wahre Med.; MS.

p. 75 Mailand. D. 77-j. corr. Med. 1768 — 1839 J.: 12°.7. — Saint-Jean de Maurienne, 45° 18′ n., 4° 4′ ö., 1700′ h. Aus 12 J. April 1826—38, obs. Billiet an einem corr. Therm. Zeit d. tgl. Extr., kurz vor ⊙aufg. u. 2 od. 3h: J.: 9°.7. W. + 0.2, S. 18.7; k. — 0 8, w. 19.9. Localer Einfl. durch Berge und Thalwinde. Mem. Acc. di Torino. 2. Ser. t. I. p. 161

p. 76. Mantua. 4 J 1827—30. J: 13°.4; tägl Extr. i. MS. — Modena, 44° 39′ n., 8° 35′ ö., 220′ h. J.: 11.7 (Zu niedrig?) cor. a. 8 J. 1830—32, 33—38, obs. Bianchi Mittags (Md. 14 5) i. MS.

p. 77. Camajore. A. 45 J. Beob. v. Butori bis 1821 corr. J. 14.2. — Pisa: J. 12.7 (R ? = 15.9 C) Zeit? N Grassi's Descriz. storica etc. di Pis. II.; ebenso Clark Clim. (Schouw's Med. zu niedrig?)

p. 78. Cattaro, 42° 17′ n., 16° 11′ ö., J.: 14° 6; Zeit? N. Berghaus' Länderkde. IV. — Neapel. A. 9 J. 1821—28 u. 36 corr. J.: 16.9. Obs. auf d. Spec. d. marina.

p. 80. Penafiel, 41° 17′ n., 10° 30′ w. Lg., 970′ h. Aus 4 J. (Std.?) J.: 16.8 (zu hoch). W. 9.6, S. 24.5 (?) Unzuverlässig. N. Berghaus' phys. Atl. Tp.-Tf. — Madrid, 1801 wurde um 11 (nicht 10)h Abd. obs.

p. 81. Konstantinopel. A. 11 Mon. Mittagsbeob. (1799 Meigs u. 1816 Turner) u. a. d. J. 1835 ergiebt sich cor. J.: 13 8 W. 5 2, S. 22 1. Mit Rücksicht auf die Abweich. dieser Jahre vom vieljähr. Md. aus Beob. in Südrussland und Italien scheint das wahre Med. J.: 13 5 (bis 14.0), W. 5°, S. 23° festgestellt werden zu dürfen (vgl. p. 81). Vgl. Niebuhr's Reise. — Canea. Das Med. des J. 1818 weicht in Palermo nur um + 0.1 von 39-j. ab. Es ist also 18°.6 wahrsch. für Canea als vielj. Mittel zu betrachten, wenn die Beob.-Std. nicht eine Corr. erfordern!

p. 82. Warschau. 370 h. J : 7°.3, a. 13 J. 1826—38, obs. Arminski, Std.? 1828—38: 7°.2 (in Krakau 7°.9 cor.). — Krakau. 620′ h. A. 13 J. a) 1826—36 um 7, 12, 3 u. 9h, obs. Steczkowski (corr. J. 8°.3); b) 1837 u. 38 um 6, 2 u. 10h. J : 8.0 (also Med. p. 82 nicht zu niedrig). W. — 3 3, S. 19.1; k — 5.3, w. 19 6. D. J.-Med. 9°.0 (p. 82) ist fehlerhaft, da das unc. Med. 9 3 der älteren Beob. wahrsch. schon die neueren von 1826 an einschliesst. Alle 19 J. (nicht 18) geben unc. J.: 9.2. W. — 2.0, S. 19.9; k. — 4.0, w 20.7. Result. d Beob. a. d. Observ. zu Kr. 1839. — Lemberg. 840′ h. J.: 6°.1 (Std.?) aus 3 J. auf 13 J. in Krak. red. Zu niedrig? Einfl. der Karp.?

p. 83. Ofen. A. 10 (zw. 1827—38) oder mehr J. Beob. auf der

Sternwarte; Std.? J.: 10.2. W. —1.1, S. 20.9. Nach v. Dorner's Mitth. — Cserna-Thal, Höhe? 1827—38 (10 J.; gleichzeit. mit Ofen?) nach Martini's Beob., Std.? J. 12°.4. W. —0.9, S. 22.8. Von hohen Felswänden umschlossenes, grösstes Querthal des Banater Alpenstocks. — Uleåborg. Die Std.-Corr. des j. Md. d. 6 J. Beob. v. Julin ist nur + 0.1 (nach v. Buch's Annahme + 0.7); red. man d. Med. wegen der kalten Beob.-Jahre auf vielj. Med. (n. Upsala), so erhält man jedoch wieder J.: + 0°.7. —

p. 84. Petersburg. k. M. — 9.6, w. M. 17.6 corr. a. 14 J. Aus den 15 J. 1823—34, 36 u. 37 ergiebt sich als wahres Med. J.: 4°.0.

p. 85. Kasan. Nach einer andern Corr. a. d. stdl. Beob. in höheren Breiten ergiebt sich ebenfalls a. 12½J. J.: 2°.2. A. 8—9 J. um 9 u. 9ʰ: W. — 14.4, S. 17.0; k. — 16.6, w. 18.6 unc. — Moskau. Nach der tgl. Var. corr. (Druckfehler machen jedoch d. Result. nicht ganz zuverlässig,) erhalte ich W. (17—18 J.) — 9 4, S. (18 J.) 16.2; k. —10.6 (Decbr.) w. 17.5 (Juli). Alter Styl.

p. 86. Nicolaïeff, 46° 59′ n., 29° 39′ ö., 80′ h. ca. (75′.7 engl. üb. d. Ingul). A. 14 J. 1825—38 Beob. im hydrogr. Depot i. MS. v. Knorre um 10 u. 10ʰ, neu. St.; corr.: J.: 9.3. W. —3.3 (14—16 J.), S. 21.5 (15 J.); k. — 5.2, w. 22.3 (15 J.) Gleichzeit. Beob. an der Pilotenschule geben im 5-jähr. Mittel ein um 0°.5, a. 6—9 (unvollst.) J. ein um 0°.4 höheres J.-Med. — Cherson, 46° 38′ n., 30° 17′ ö., 100′ (96′ engl. üb. d. Dnjepr). A. 14 J. 1825—38 Beob. in d. Corderie v. Ouchakoff und Oudaloff, wahrsch. um 10 u. 10ʰ, i. MS.; neu. St.; corr.: J. 9°.4. W. — 3.7 (11—13 J.), S. 21.6 (14 J.); k. — 5.9 (11 J.), w. 22.5 (14 J.). — Odessa, a. 2 J. Std.? n. Bergh. phys. Atl. J.: 9.9. W. + 1.2, S. 20.8. — Astrakhan. Lokhtin's Beob. geben wegen d. Std. ein zu hohes Med. Nach den gleichzeit. Beob. in Südrussland ist die Abweich. des J. 183$\frac{4}{5}$ = 0.6, daher das Med. wahrscheinlich nur 8°.5. — Sympheropol. A. 13 J. 1822—33, Sept. 183$\frac{4}{5}$, obs. v. Steven, ⊙aufgg. 2—3 u. 10ʰ. Mitgeth. v. Démidoff Voy. dans la Russ. mérid. 1839, aber nicht fehlerfreie Zahlenangaben. Aus d. tägl. Extr. etwa, mit Var.-Corr. J.: 9°.9. W. + 1.0, S. 19.9. D. Med. aller 3 Beob., n. der Var. corr., ist a. 13 Jahren, J.: 9.9, u. aus 12 J. W. + 0.6, S. 19.8; k. — 0.2, w. 20.9. Alter St. Gegen Nordwinde geschützte, aber den Ostwinden ausgesetzte Lage. — Sewastapol. A. 15 J. 1824—38, obs. Zasybine u. Prostotieff, 10 u. 10ʰ; i. MS.; neu. St.; corr.: J. 11.5. W. + 1.7 (14—15 J.), S. 21.7; k. + 0.6, w. 22.4. — Nikita (Südk. d. Krym); a. 3 J. gleichzeit. Beob. mit Sympher. auf 13-j. Md. red. (Std. dieselben?): J. 12°.0 (vielleicht etwas zu hoch). Olivengärten.

B. ASIEN.

p. 86. Spitzbergen, 80° n. Nördlichster Punkt, wo Temp.-Beob. auf der Erde angestellt sind.

p. 87. Novaja Seml., 74¾° n., Westküste: W. (183$\frac{7}{8}$) —15.0. — Jakuzk, aus mehrj. Beob., welche Erman im Lond. Geogr. Soc. J. v. IX. mitgetheilt, um 6, 2 u. 9ʰ (alt. Styl?) Corr. gering: J. — 9.7. W. — 39.1, S. 17.2; k. — 41°.0, w. 20°.0. (Nach Kämtz' Met. Vorles. J. — 10.0. W. — 37.4, S. 16.2.)

p. 88. Jekaterinenburg. Wenn d. Med. der beiden kalten Jahre 1836, 37 nach den Beob. im mittl. Russland auf vielj. red. werden darf, so entfernt sich d. j. Medium wenig von + 1.0. — Irkutzk. Auch Kämtz giebt J. — 0.2; u. corr. W. — 17.9, S. 16.0. Vorles. — Khirgisen-Steppe, 46° n. W. (18$\frac{39}{40}$) — 20.0; a. d. Exped. v. Berg u. Tschichatschew (1 —) 2 J.: W. in 46° Br. ca. — 19.7 (sehr kalte J.)

p. 91. Bancoorah, Höhe 200′? Das 4-j. corr. Md. ist 26°.0.

p. 92. Nagpur. N. Kämtz' Corr. ist d. Med. 27.5. Vorles. 1840.

p. 93. Mahabuleshwur, 17° 59′ n., 71° 10′ ö., 4300′ h. J. 18°.6

(a. ? J.). D. J. 1834, obs. Murray tägl. Extr. 19°.6. Nahe dem Westabhange des Ghats. Local-Einfl. durch Nebel (Max. des j. Regenquant.) Die mittl. Var. d. tägl. Extr. betrug in einem Regenmon. (Sept.) nur 1°.6. Athenaeum, Brit. Assoc. Rep., l'Instit., Bibl. univ. 1839). — Bombay wird ebendas. aus ? Jahren u. Std.? das zu hohe Med. 27°.8 beigelegt.

p. 95. Ueber Manilla vergl. spätere Berechn. bei Australien p. 130. Wahrscheinlich sind jene Jahre sehr warm gewesen, daher das Med. nicht als vieljähriges gelten kann. — Weltervreden. Gälte jenes Med. (s. p. 95.) f. d. Mittagsbeob., so würde d. wahre Med. 27°.3 ca. sein. — Ft. Raaff, b. Bg. Merapi, nordöstl. v. Padang, 1950′ h. A. ? J., um 6, 12 u. 6h corr. J. 23.5; n. Müller's Berichten a. Sumatra.

C. AFRICA.

p. 97. Algier. Aus den Beob., welche Reaumur 1½ J. 1735 u. 36 anstellen liefs, ergiebt sich d. ungef. corr. Med. 20°.3. Lambert's Pyrom. — Madeira (Ort u. Zeit?) Nach Clark's Infl. of Clim. Tab. II. soll das Med. nur sein: J. 18.1. W. 15.3, S. 20.7; k. 14.7, w. 22.8.

p. 98. Marocco, Höhe 1350′. — Santa Cruz liegt an einer Felswand und dies kann wie bei La Guayra von Localeinflufs sein.

p. 99. Ciudad de las Palmas, Canar., 28° n. Br., 18° w. L., ? ′ h. Mehr als 12 J. Beob. (Std.?); a. d. halb. Summe der Extr. der monatl. Mittel in diesem Zeitraum ber. J. 21.8. W. 18.0, S. 23.8; k. 17.8, w. 29.2 (Oct.). Der monatl. Gang der Temp. zeigt eine sehr befriedigende Uebereinstimmung mit dem von v. Buch gefundenen (nur aus Mittagsbeob., also auch etwas unsicher red.). Mitth. des Gen.-Cons. Mc Gregor. Can. 1831.

p. 100. Zu Christiansborg wurden die Beob. in 45′ Höhe angestellt. — J. de France. k. M. 21.2 (8 J.), w. M. 28.4 (10 J.)

p. 101. St. Dénis (J. de Bourb.), 130′ h. 2 J. 1818 u. 19, beob. Gibert-Desmolières auf d. Obs. mit sehr guten Instr. von Fortin (vielleicht im Zimmer) tägl. Extr. J. 25.0. W. 22.6, S. 26.7; k. 22.1, w. 27.1. Nach Thomas' Mitth. Cossigny's Beob. 11 Mon. April 173¾ geben J. 24°.3. Lambert's Pyrom. 351. — Graafreynet, Höhe nach Drege 2400′ (frz. oder engl.?); obs. J. Ernst. Im S. u. SW. eine grofse Wüste.

D. AMERICA.

p. 102. Novo Arkhangelsk. Eine nochmalige Corr.-Rechn. derselben (von Lütke u.) Baer mitgeth. Beob. (s. auch Beitr. z. Kenntnifs Russl. 1839) liefert J.: 7°.0. W. + 0.7, S. 12 7. — Iluluk. Eine nochmal. Ber. d. Angab. in Lütke's Voy. aut. d. monde aus denselb. 1—2 J. liefert J.: 3.9. W. —0.1 (2 J.), S. 10 3 (1 J.). An der Küste von Aliaska u. Unimak fand Lütke, ebd., a. 4-stdl. Beob. die mittl. Tp. von 40 Tg. (15. Juni bis 25. Juli, alt. St.): 7°.4. — Ft. George. Corr. Md. W. + 3.8, S. 15.5. — Ft. Vancouver. Eine nochmal. Ber. der früher (p. 102) benutzten Jahre 183⅔, ¾ u. ⅘, verbunden mit d. Beob. v. Parker Winterhalbj. 183⅚ um 7 u. 1h liefert die corr. Md. a. 3—4 J. J. 11.0. W. 3.6, S. 18.2; k. 2°, w. 19°. Schliesst man den Winter 183¾ als extrem-kalt aus, denn er gehörte zu den strengsten seit den Zeiten der Ansiedelung der Weifsen (auch d. W. 183⅚ war sehr kalt), so erhält man W. 4.3.

p. 103. S. Francisco, 37° 48′ n., 124° 49′ w. Aus 2-j. Beob. von Beechey 2-stdl. u. A. Erman im Nov. u. Dec. ergiebt sich, nach d. Gange der Temp. im südwestl. Europa, J. etwa 16°.0.

p. 105. Ft. Clarke (47° 15′ n., 102° w., ...′ h.?) am Missuri, obs. Prinz Max v. Neuwied, MS.: S. (aus 2 J. 1832—33, mäfsig warme Somm.) aus Mg.- u. Mittgbeob. (nahe tgl. Extr.-Zeit) corr. 21°.4; die Abdbeob. eingeschlossen 21°.2. Mädler ber. a. d. Beob. Apr.—Juli 1832

u. Jan.—Sept. 1833 nach d. Interpol.-Form. J. 7°.1, was natürlich unsicher. Beide Jahre waren in diesen Breiten an der Ost-, wie an d. Westküste kühl, daher d. Md. vielleicht noch zu niedrig. Man vergl. die Einleit. p. 24 u. 25 über die Temperatur des Innern und der Ostküste des Continents.

p. 106. Ogdensburgh, N. York. 1838 Zeit d. tgl. Extr. J.: 6°.4.

p. 107. Dover. A. 6—7 J. 1833—Mai 39 um ⊙aufg., 1 u. 10ʰ: J. 6°.9. W. —5 0, S. 19.0; k. —5.5, w. 21.1.

p. 114. Camden, 34° 17′ n., 78° 13′ w., ?′ h., 1 J. 1838, obs. Holbrook ⊙aufg., 1 u. 9ʰ. J. 16.1. Kaltes Jahr. — Savannah. 2 J. Juni 183⅞, 8, 2 u. 6ʰ geb. n. d. Var. corr. Md. J. 16°.9. Kalte Jahre.

p. 115. Key West. 7—8 J. bis 1838 incl. geben J.: 24.7.

p. 117. Port San Blas, 21° 33′ n., 107° 35′ w., 130′ h. Nach n. 2 Mon. Beob. v. Beechey scheint die Winter-Temp. eines Jahres gegen 23° zu betragen. Voy. App.

p. 118. Road Town, Tortola, soll ¾° kälter, als das nördlichere Anegada sein. Wurden die Beob. gleichzeitig angestellt? Schomburgk in Bergh. Ann. 3. R. I.

p. 125. Parà, 1° 28′ s., 50° 51′ w., 0′ h. Aus 20 Beob. der Bodentemp. in geringer Tiefe v. Todon im Juli 27.1. Reise der sardin. Freg. Euridice 183$\frac{6}{7}$ n. Süd-Amer. Mem. Torin. I. Aus den jährl. Extr. in 2 J., obs. Dr. Arbuckle, würde sich das Medium 27.5 ergeben. — San Luis do Maranhão. Die Bodentemp. a. Meere (Ende Juli) 28°.2; die Lufttp.-Beob. des sard. Cons. (Std.?) in 50′ H. liefern 27°.7; die Quelltemp. 27°.3. Ebdas. Es scheint hiernach das Med. 26.8 (p. 125) zu niedrig zu sein. — Pernambuco, 8° 3′ s., 37° 12′ w. Aus d. Beob. des Consuls, Std.? J. 25.6. Ebdas.

p. 126. Bahia, 12° 58′ s., 40° 51′ w. Aus d. Beob. des sardin. Cons., Std.? J. 24.8. Ebdas. — Rio Janeiro. Bodentemp. am Meere a. mehr. Beob. (im Oct.) 23°.8, also 0°.7 höher als die Lufttemp. (p. 126). Ebdas.

p. 127. Montevideo, 34° 54′ s., 58° 33′ w. L., ?′ h. 1 J. 25. Sept. 181$\frac{8}{9}$, obs. Larrañaga, Std.? J. 18°.9. W. 14.1, S. 25.2. Warmes Jahr? Freycin. Voy. Hist. II. p. 1333. — Falkland Jⁿ. Aus 1 J. Febr. 176$\frac{6}{7}$, obs. Mac Bride zu Pt. Egmont. J. 7°.2. W. 4.4, S. 11.5 (tgl. eine Beob., Mittags?) Freycin. Voy. II.

p. 128. Paramatta. A. d. 2 J. Mai 1822 b. Mai 1824 J. 17°.7. Freycin. Voy. II.

Mittlere Vertheilung der Wärme auf der Erdoberfläche.

Fortsetzung der Bemerkungen über die Bestimmung der Luftwärme und die Inflexionen der Isothermen (p. 1—25).

Die Resultate, welche wir aus der vorstehenden Sammlung von Jahresmitteln gezogen, stützen sich in Hinsicht auf den Lauf der isothermen Linien zum Theil bereits auf den jetzt erwiesenen Satz, dafs benachbarte Orte im Allgemeinen gleiche oder doch analoge Abweichungen in den Wärmemitteln einzelner Perioden vom wahren zeigen.*) Das Wichtigste aus den später gewon-

*) Dadurch ist man in den Stand gesetzt, kürzere Beobachtungsreihen auf eine längere Periode zu reduciren, wie dies in den Tabellen selbst

nenen Ergebnissen nebst einigen weiteren Bemerkungen über den Werth und die Zuverlässigkeit der vorhandenen Angaben lassen wir hier noch folgen. Dass jene Resultate in so kurzer Zeit zu erhalten möglich gewesen, kann nur von dem Gesichtspunkte aus richtig beurtheilt werden, wie Genauigkeit der Instrumente und der Methoden der Beobachtung und Berechnung glücklicher Weise fast gleichen Schritt mit dem sich während des Drucks der Tab. selbst schnell anhäufenden Material hielten, und wie zuweilen ein neuer gut bestimmter Punkt geeignet ist, eine noch unsichere und mehr hypothetische Ansicht zum Naturgesetz zu erheben. Manche ältere Angaben, z. B. die meisten für Frankreich, ja fast für die ganze Westküste des eigentlichen Continents von Europa (Holland und Belgien machen eine rühmliche Ausnahme von dieser Theilnahmlosigkeit) werden desshalb bald ganz verworfen werden müssen. Neue Combinationen treten dann an ihre Stelle, um das Gesetz der Wärmevertheilung analytisch auszudrücken. Dennoch behalten jene Zahlen, deren relativen Werth gewiss Niemand weniger verkennt, als ich — ich hätte nie eine Vergleichung älterer und neuerer Beobachtungen an demselben Orte anstellen müssen, wenn dies ein Vorwurf für die Sammlung werden sollte — einen bleibenden Werth, indem sie für die neuere Geschichte der Wissenschaft immer Geltung besitzen, welche eine Zusammenstellung der Art, wie die vorliegende, offenbar innerhalb gewisser Grenzen kritisch zu berücksichtigen hatte. — Der Maafsstab zur Beurtheilung jener Zahlen ist ein sehr verschiedener, von den Instrumenten, der Localität und der Zeit abhängiger. Wie selten findet sich jedoch verhältnifsmäfsig, selbst bei neueren Publicationen, eine genügende, vollständige Beschreibung der Oertlichkeit und Beschaffenheit des Instruments, als ob man absichtlich (oder aus Unkenntnifs oder Vorurtheil) den Local-Einflufs leugnet (vgl. p. 4—6, 25 u. zerstreute Andeutungen in den Tabellen selbst), der sich selbst bei Vergleichung von Beobachtungen an einerlei Ort nach den Stunden und Monaten verschieden wirksam zeigen mufs. Sehr wenige Meteo-

öfter geschehen. Zur Construction einer Isothermen-Karte dürfen aber viele Medien der Tabellen nicht unmittelbar angewendet werden, wie auch die folgenden Bemerkungen über die Correctionsmethoden etc. (s. u.) lehren. — Ein Auszug aus einem zweiten Vortrage in der Gesellschaft f. Erdkunde zu Berlin über diese Ergebnisse kann wegen einiger Aenderungen und kritischer Bemerkungen über neuere Untersuchungen auf diesem Gebiete verglichen werden (i. Monatsber. d. Ges. 1839. N. 3. p. 64).

rologen haben früher darüber vergleichende Untersuchungen angestellt, aber gewöhnlich nur über die Grösse der mehr oder weniger directen Einwirkung der Sonne, woran wohl niemand gezweifelt. Zur näheren Begründung dieser p. 4, 25 ausgesprochenen Behauptung sind jedoch Beweise erforderlich. Ich wähle dazu absichtlich nur Beobachtungen aus der neuesten Zeit und von Beobachtern, deren Sorgfalt und deren Instrumente gerechten Anspruch auf Zuverlässigkeit zu haben scheinen; die Jahre oder Monate sind ohne besondere Auswahl, sondern wie sie mir zu Gebote standen, genommen, um nicht der Vermuthung Raum zu geben, als ob meine Hypothese sich eben nur manchmal bestätigte. Die Abweichungen gleichzeitiger täglicher Beobachtungen an Thermometrographen waren z. B.

London: a) Apartments der Royal Society, obs. Roberton, u. b) Chiswick, botan. Garten, obs. Thompson. Die monatl. Mittel resp. a) mit R, b) mit T bezeichnet, ergiebt für R = T ± d (Unterschied der Mittel = d) in Centesimalgraden:

1838. Nov.	Dec.	1839. Jan.	Febr.	März	April
— 0.22	— 1.07	— 0.73	— 0.14	— 0.33	+ 0.88
1839. Mai	Juni	Juli	Aug.	Sept.	Oct.
— 0.17	— 1.69	— 0.94	— 0.38	— 0.30	. . .

Dies liefert im 11-monatlichen Durchschnitt R = T — 0°.46. Fehler der Instrumente sind nicht die Hauptursache dieser Abweichungen. (Die Striche bezeichnen d. jährl. Min. u. Max. d. Abweich.)

Berlin. Beobachtungen der tägl. Extreme von Poggendorff (P) u. Mädler (M) liefern M = P ± d in °C.

	Jan.	Febr.	März	April	Mai	Juni
1830.	+ 0.05	. . .	+ 0.44	+ 0.57	+ 0.81	. . .
183½.	+ 0.95	+ 0.02	+ 0.19	(— 3.94?)	. . .	. . .
1835.	+ 0.42	+ 0.30	+ 0.40	+ 0.31	. . .	— 0.19
1836.	+ 0.54	+ 0.11	— 0.25	— 0.14	— 0.25	+ 0.01
1837.	+ 0.19	— 0.10	+ 0.02	+ 0.01	+ 0.02	— 0.01
	Juli	Aug.	Sept.	Oct.	Nov.	Dec.
1830.	. . .	. . .	. . .	. . .	0.0	+ 0.16
183¼.	. . .	. . .	+ 0.41	+ 0.61	+ 1.20	+ 1.02
1835.	— 0.37	+ 0.56	+ 0.24	. . .	+ 0.39	+ 0.16
1836.	— 0.14	— 0.01	— 0.30	— 0.02	— 0.16	+ 0.15
1837.	+ 0.22	— 0.09	+ 0.26	+ 0.56	+ 0.46	+ 0.46

Also 1835 im 10-monatl. Mittel M = P + 0°.18; 1836 im jährl. Durchschn. M = P — 0°.04, und 1837 M = P + 0°.16. Für die 3 Sommermonate betrug die Differenz 1835 0°.0, 1836 — 0°.05, 1837 + 0°.04, für die 3 Wintermonate (Jan., Febr. u. Dec.) 183$\frac{4}{5}$: + 1.06 (?), 1835 + 0.29, 1836 + 0.27, 1837 + 0.18.

Was sich zum Theil als Einfluſs localer Verhältnisse in den täglichen Extremen mittelst der Register-Thermometer ausspricht, deren Unvollkommenheit man in den meisten Fällen zu wenig berücksichtigt hat, das kann sich nothwendig auch nicht eliminiren, wenn zu bestimmten Stunden observirt wird, wo überdies Abweichungen von $\frac{1}{4}$ oder $\frac{1}{2}$ Stunde von der festgesetzten Zeit gewiſs nichts Ungewöhnliches, obschon sehr selten Zugestandenes sind; und sie müssen Differenzen erzeugen, die um so grösser, je stärker zur Beobachtungszeit die stündliche Veränderung der Wärme ist. Aber es ist wahrscheinlich, dass solcher Einfluſs sich in den täglichen Minimis und Maximis nicht eben im kleinsten Maasse ausspricht, und dass die Stunden der schnellsten Veränderung im täglichen Temperaturgange das Extrem solcher Einwirkung zeigen. So z. B. ergeben die gleichzeitigen Beobachtungen 1828 in Dresden in einer nur um 2′.8 par. verschiedener Höhe von Lohrmann und Wiemann, die Media resp. mit L u. W. bezeichnet, im jährlichen Durchschnitt.

	9^h Morg.	L = W — 0°.26 C.
	12^h Mittg.	L = W + 0.33
	3^h Nmittg.	L = W + 0.01
	6^h Abend	L = W + 0.58
	9^h Abend	L = W + 0.36
im Mittel der	5 Stunden	L = W + 0.204

Oder die Zunahme und Abnahme der Temperatur, mit + und — resp. bezeichnet, war

	Mg. 9—12^h	12—3^h	3—6^h	6—9^h	9 Ab.-9^hMg.	Summe d. tgl. Var.
Lohrm.:	+ 2.37	+ 0.48	— 1.48	— 2.23	(+ 0.86)	7.42
Wiem.:	+ 1.78	+ 0.80	— 2.05	— 2.01	(+ 1.48)	8.12

In Petersburg geben die gleichzeitigen einjährigen Beob. Juli 183$\frac{5}{6}$ im jährlichen Mittel um 2^h Nachmitt. an dem Institut des Mines 4.53, an der Académie des Sciences 4°.81 R., also hien ein um 0°.35 C. höheres Med. als dort; dagegen stand um 8^h Abds. das Therm. am Institut noch um 0°.15 R. höher, als an der Académie um 9^h, so dass das gleichzeitige Med. um 9^h Abds um 0°.72 C. differiren musste. Reducirt man die acht 2-stündl. und die 3-maligen Beobachtungen täglich auf wahres Med., so ergiebt sich für den Beobachtungspunkt an der Akademie ein um 0°.28 C. höheres Jahresmittel, als für den des Instituts.*) — Einzelne Monate und Stunden bestätigen dies; z. B. das März-Medium 1837 für 12^h Mitt. differirte aus den Beobachtungen v. Mädler und Poggendorff um + 0°.925 C. Zwei Beobachtungsreihen um 6, 2 und 10^h, ebenfalls zu Berlin, geben für den Sept. 1837 eine Differenz von 0°.14 C. unter einander, u. s. w. Vgl. auch Sykes in Lond. Phil. Trans. 1835. p. 205. fg.

Diese Beispiele werden genügen, um die Zuverlässigkeit von Temperatur-Angaben bis in Zehntelgrade gewöhnlich schon wegen der Localverhältnisse zweifelhaft erscheinen zu lassen.**)

Ueber die Ableitung des wahren Mittels aus gewissen Stunden-Beobachtungen haben neuerdings noch Ansichten nnd Methoden angegeben: Schouw in seiner trefflichen und in ihrer Art einzigen Monographie „Climat de l'Italie" (a. d. Dän.) und Kämtz in den „Vorlesungen über Meteorologie," worauf wir Kürze halber hier verweisen. Jedoch dürfen wir folgende Bemerkungen nicht übergehen. Bei der auf die Grösse der Variation sich stützenden proportiontlen Reduction auf wahre Media aus stündlichen Beobachtungen an andern Orten ist bisher nicht genugsam beachtet worden, dass hier die verschiedene Tageslänge und Sonnenhöhe in verschiedenen Breiten von Einfluss sind und dass man daher in der Correction etwas entfernter Punkt leicht Fehler begehen kann, wovon eine Vergleichung der Variationsgrössen zwischen einerlei Tageszeiten überzeugt. Ferner: Wenn Feuchtigkeit, Durchsichtigkeit der Atmosphäre und Windverhältnisse sich auch im täglichen Wärme-Gange von nicht geringem Einflusse zeigen, wovon namentlich das ozeanische Plymouth und die benachbarten Oerter im mittleren Deutschland so schöne Beweise liefern, so ist auch die Vermuthung begründet, dass im Innern der Continente jene Momente sich in zwar ähnlicher, aber doch abweichender Weise von Orten der Westküsten mit das ganze Jahr hindurch vorherrschenden westlichen Winden und so oft wiederkehrender Trübung des Him-

---

*) Man vgl. auch Schouw's Veirl. Tilstand p. 52, 60 ff., Climat de l'Italie p. 68. etc.

**) Es versteht sich, dass hier nicht der relative Werth der Beobachtungen an demselben Orte in verschiedenen Jahren gemeint ist.

mels *) darstellen. Die Beschaffenheit der Luft im Continente muss auch im Mittel anders auf die stündliche Wärme-Zunahme und -Abnahme, so lange die Sonne über dem Horizont, anders in der nächtlichen Abkühlung einwirken, wenn oft Monate lang die Heiterkeit der Atmosphäre, wie in der heissen Zone und im tiefen Innern grosser Continente, Insolation und Ausstrahlung im Extrem begünstigt, wovon jede Reise überraschende Schilderungen liefert. Daraus folgt von selbst, dass die meisten Temperatur-Mittel für solche Gegenden nur als Annäherungen an die wahren Werthe zu betrachten sind, denn der Fehler der Bestimmung aus wenigen Tagesbeobachtungen mittelst Interpolationsformeln scheint einleuchtend, wo der Gang der Wärme in der Nacht nirgend gehörig empirisch ermittelt ist. Wo die Abweichung der täglichen Extreme oder die mittlere tägliche Variation ihr Maximum erreicht, **) hat die Bestimmung der wahren mittleren Temperatur auch die geringste Sicherheit. Selbst im hohen Norden der sibirischen Ebenen schmilzt in den Wintermonaten oft Mittags der Schnee, wenn Nachts das Thermometer unter den Gefrierpunkt des Quecksilbers hinabgesunken!

Auf der Höhe, an Gebirgsabhängen oder auf Gebirgspassagen (z. B. St. Bernhard ***) wird die Localität der anliegenden Landschaft und ihre Oberflächengestalt †) zweifelsohne in Folge des Wechsels der auf- und absteigenden Luftschichten und des verschiedenen Eintritts der Winde in der Höhe und im Tieflande einen noch grösseren Wirkungskreis erhalten, als im ebenen Lande; denn hier gesellen sich zu dem örtlichen Einflusse des Punktes auf der Höhe, der aus der Trübung oder der Höhe der Wolken

*) Die Zahl der Regentage beträgt z. B. in England, den Niederlanden und West-Frankreich 1.3 mal soviel als in Ofen, 1.7 mal soviel als in Kasan und 2½ mal soviel als im Innern Sibiriens. Dabei bringen dem Westen Herbst und Winter die meisten Regen, während in Deutschland und noch mehr in Russland und Sibirien im Winter am wenigsten, und im Sommer am meisten Regen fällt.

**) Die grösste Variation findet sich im nördlichen Afrika und in Hindostan, besonders auf dem Plateau von Dekan.

***) Vgl. d. Repertor. 3. Bd. p. 336 fg.

†) S. u. a. Memorie Accad. di Torino, 1839. t. I. p. 161 fg. über solche Einflüsse der den Beobachtungsort umgebenden Berglandschaft einige neue Bemerkungen von Billiet.

am Gebirge, der Windrichtung, der Beschaffenheit des Bodens, seiner Pflanzenbedeckung etc. hervorgeht, noch alle jene modificirenden Erscheinungen der Tiefe; und ihre Wechselwirkung bei den meisten Höhen, die sich noch in anderen Phänomenen ausspricht, bringt vielleicht jedem solchen Orte einen mehr oder weniger abweichenden eigenthümlichen Gang der Wärme (s. z. B. Innsbruck). Dadurch wird hier die Ermittelung wahrer Medien aus wenigen Beobachtungen oder aus den tägl. Extremen bis zu einer gewissen Höhe noch mehr erschwert.

Aehnliches gilt von Orten auf kleinen Plateaus. Die Lage z. B. nahe dem Rande, die Umgebung hoher Bergketten oder ganzer Reihen von Schneebergen mit den kalten Stürmen, die oft an solchen Punkten ganz plötzlich herabstürzen u. dgl. m. verhüllen hier eine Menge von Localitäts - Verhältnissen in dem Gange der Temperatur, so dass man kaum die Mittel längerer Beobachtungsreihen zur Bestimmung der Temperatur - Abnahme mit der Höhe benutzen darf, und dann bei Vergleichung mit Orten in anliegenden weiten Tiefländern wenigstens sehr vorsichtig zu Werke gehen muss. Einige neuere gleichzeitige Beobachtungen in Gebirgsgegenden motiviren diese Behauptung. Selbst auf grösseren Hochebenen gestatten die vorhandenen stündlichen Beobachtungen kaum eine unmittelbare Anwendung, so häufig auch neuerdings dafür Corrections-Rechnungen angebracht sind. [Vgl. Tab. I. zu p. 8. Anm.*)] Ganz abgesehen von der Lage eines Plateau - Ortes gegen ein Gebirge muss sich hier, wie (meist etwas vereinzelte) Beobachtunpen darzuthun scheinen, die Wärme - Aenderung schon desshalb etwas verschieden darstellen *), weil die verticalen Bewegungen in der Luftsäule der Umgebung bei dem elastisch-flüssigen Elemente sich auch in gewisser Entfernung noch auf die Plateau-Atmosphäre wirksam erweisen können. Ist aber der tägliche Spielraum der Temperatur auf Hochebenen bis zu gewissen Höhen bedeutender, als im Tieflande, **) so ergiebt sich daraus eine geringere Sicherheit der Reduction für solche Gegenden. Aus demselben Grunde dür-

*) Die mittlere tägliche Variation zu Quito scheint nahe so gross als zu Trincomale (vielleicht aber Zimmerbeobachtungen) und auf Novaja Semlia zu sein.

**) In der lombardischen Ebene beträgt er 6°, in ebenen Gegenden Süddeutschlands dagegen $8\frac{1}{2}$° C., wie in Tunis (im jährl. Mittel).

fen auch alle mitgetheilten Medien für tropische und subtropische Länder, in denen auch die Eintrittszeit der Regen und ihre Dauer oder Unterbrechung noch wesentlich modificirend wirkt, nur als annähernde betrachtet werden, wenn nicht, wie an den Küsten der Continente und der Inseln namentlich, das Wechselspiel der Winde in der täglichen Periode eine bedeutende Annäherung der täglichen Temperatur-Extreme erzeugt. In der Entfernung weniger Meilen von der Küste und in nicht beträchtlicher Höhe kann sich bekanntlich diese locale Erscheinung der Land- und Seewinde mit den zahlreichen Modificationen kaum noch geltend machen, daher schon hier die grosse Variation in dem täglichen Wärme-Gange.*) Viele Angaben für Punkte im Innern der Continente der heissen und gemässigten Zone erscheinen demnach weniger zuverlässig. Die Beobachtung der täglichen Extreme, welche öfter in diesen Gegenden vorkommt, könnte sogar ein ziemlich abweichendes Mittel von dem wahren geben, wie das Folgende schon für das etwas continentale Deutschland und für Russland zu beweisen geeignet ist.

Die Reduction auf wahre Media hängt offenbar hauptsächlich von der Kenntniss der mittleren absoluten tägl. Variation oder von dem Spielraum zwischen gewissen Stunden ab. Wie wenig darüber bekannt ist, lehrt jedes Werk über Meteorologie. Eine für diesen Endzweck eigens unternommene Untersuchung bewies jedoch, namentlich in Betreff der wirklichen mittleren tägl. Extreme eine nicht geringe Veränderlichkeit, welche noch durch die Empfindlichkeit und die Art der Aufstellung der Instrumente, z. B. den Abstand vom Boden, wesentlich bedingt ist, und es bestätigte sich nur, dass dieselbe von N. nach S., doch nicht gleichförmig zunimmt, und nahe dem Aequator wieder abnimmt, dass sie auf gleichem Parallelkreise nach dem Innern der Continente hin wächst und bis zu gewissen Höhen bei Plateauflächen meist zunimmt.**) Eine genügende Correction aus den stündlichen Beobachtungs-Reihen für

*) In der Sahara sind Temperaturen unter 0° wiederholt beobachtet werden. Man vergl. auch Russegger's Reiseberichte in mehr. Journ. — Schon Lambert bemerkte den Localeinfluss in der Pyrometr.: „Im heissen Erdstriche sind die jährlichen Veränderungen der Wärme gering. Um desto mehr können die besondern Umstände des Ortes denselben andere Bestimmungen geben."

**) Auf dem St. Bernhard beträgt der tägliche Spielraum 7°.3, in Genf gleichzeitig 8°.4 C. im Mittel vieler Jahre.

die monatlichen Media, wovon bei der beträchtlichen Verschiedenheit des wahren mittleren monatlichen Spielraums in verschiedenen Monaten die des Jahresmediums abhängt, scheint mir unter diesen Umständen noch nicht möglich; selbst mehrjährige Beobachtungen an Registerthermometern und zu Stunden, welche wahres Medium liefern, sind localen Einflüssen (s. p. 151 fg.) ausgesetzt. Es scheint jedoch überhaupt die wahre Temperatur eines Jahres an Punkten höherer Breiten aus 2 oder 3 Beobachtungen täglich selten bis 0°.1 genau ermittelt werden zu können, wo nicht die tägliche Variation gering ist. Die Methode, die täglichen Extreme zu beobachten, welche zuerst de Bèze 1686 und späterhin v. Humboldt und Hällström empfohlen, behält desshalb noch immer ihren Werth, abgesehen davon, dass die Kenntniss der täglichen Variation für die Entwicklung des organischen Lebens ein wichtiges Moment ist. Die vorgeschlagene Anwendung constanter Factoren *) setzt für die verschiedenen Monate voraus, dass ein Ort denselben Gang der mittleren täglichen Veränderung in der jährlichen Periode habe; bei mehr continentalen Gegenden namentlich zeigt sich jedoch, dass diese Annahme nicht naturgemäss ist, und dass selbst an demselben Orte dies Verhalten in verschiedenen Jahren ansehnlich variirt, besonders in den Monaten der grössten täglichen Variation.**) Auch zeigen öfter ziemlich nahe gelegene Punkte erhebliche Abweichungen. Wirklich sind die Fehler der Media aus den absoluten täglichen Extremen meist nicht beträchtlich für die mittlere Wärme eines Jahres; im Allgemeinen scheint in unserer Zone das Medium daraus

---

*) S. u. a. Kämtz' Methode im Lehrb. Met. I. p. 97 u. Vorles. Met. p. 28 u. A.

**) Für Berlin betrug die Corr. der Extr.-Media mittelst der Kämtz'schen Coefficienten im 17-jähr. Durchschnitt für den Juni — 0°.45 C. (im J. 1838: + 0.03), für den April + 0.30 (1838: — 0.26), für den Decbr. — 0.06 (1838: + 0.22 C.); jedoch war die Abweichung in den andern Monaten des Jahres 1838 minder beträchtlich. Für dies Jahr habe ich die Beob. der Extreme nach Kämtz' Regel corrigirt, eben so die Media aus 6, 2 u. 10ʰ auf wahre reducirt und gefunden, dass hiernach die erste Correction in den 12 Mon. der Reihe nach um — 0.05, + 0.10, — 0.36, — 0.49, — 0.29, — 0.90, — 0.47, — 0.18, — 0.05, — 0.25, — 0.49, — 0.21 C. und für das Jahr um — 0°.22 C., wie die Vorzeichen unmittelbar angeben, zu verbessern ist (s. u.). Die allgemeinere Zulässigkeit jener Methode ist somit wohl etwas zweifelhaft.

etwas zu hoch. Hällström (Pogg. Ann. IV.) fand z. B., dass die Correction für Paris aus mehreren Jahren —0°.14 C. beträgt; die geringen positiven Correctionen für Halle und Åbo sind weniger zuverlässig, und er ist überhaupt geneigt, die Unterschiede als Resultate der Beobachtungsfehler anzusehen.

Jedoch zeigt sich dasselbe an andern Punkten. Die an einer geringen Anzahl von Tagen angestellten Observationen auf Freycinet's Reise liefern für alle Orte und Zeiten in der Passatzone ein zu hohes Medium aus den abs. Extr. In Kasan übertraf das Mittel der tägl. Extr. 1833 das wahre, aus 4 oder 6 (?) Beobachtungen täglich berechnete, um 0°.40 C. Für Berlin ergiebt sich die mon. Corr. der tägl. Extr.-Media nach den um geringe Grössen corrigirten Mitteln der Beobachtungsstunden 6, 2 u. 10^h in ° C.

	Jan.	Febr.	März	April	Mai	Juni	
1837.	...	...	...	...	...	...	
1838.	+ 0.06	— 0.05	— 0.50	— 0.75	— 0.70	— 0.87	
	Juli	Aug.	Sept.	Oct.	Nov.	Dec.	Jahr
1837.	...	...	...	— 0.11	— 0.54	— 0.74	...
1838.	— 0.82	— 0.52	— 0.70	— 0.57	— 0.50	+ 0.01	— 0.49

Für Fort Franklin, Corr. der wirkl. tägl. Extreme gegen das Mittel der stündlichen Beobachtungen (1 Jahr). °C.

Jan.	Febr.	März	April	Mai	Juni	
— 0.03	+ 0.45	+ 0.44	+ 0.44	+ 0.36	...	
Juli	Aug.	Sept.	Oct.	Nov.	Dec.	Jahr
+ 0.37	+ 0.24	— 0.12	+ 0.31	+ 0.26	+ 0.31	(+0.25)

im 11-monatl. Durchschnitt + 0.27.

Für die folgenden Orte habe ich die Correction für die monatl. Mittel der Extr.-Stunden (also nicht genau absol. Extr.) gegen das 24-stdl. berechnet. Die näheren Angaben über die Jahre der Beobachtung u. s. w. s. m. in den Anm. auf Tab. I. f. zu p. 8. u. auf p. 132, 33. Nur über Boothia Felix ist zu bemerken, dass die in Bd. III. des Repertor. vom Herausgeber mitgetheilten Media aus 2 Jahren dieser Rechnung zu Grunde gelegt wurden.

	Jan.	Febr.	März	April	Mai	Juni
BoothiaFel.2J.	+ 0.05	— 0.32	— 0.92	— 0.46	+ 0.15	— 0.20
Leith. 2 J.	— 0.15	— 0.27	— 0.16	+ 0.11	+ 0.07	— 0.10
Plymouth 2 J.	— 0.17	— 0.35	— 0.34	— 0.41	— 0.15	+ 0.05
do. 5 J.	—0.323	—0.396	—0.389	—0.416	—0.024	—0.047
Salzufflen 1 J.	— 0.14	— 0.35	— 0.19	+ 0.01	+ 0.52	+ 0.10
Halle Mehr. J.	— 0.28	— 0.41	— 0.25	+ 0.20	+ 0.46	+ 0.30
Göttingen do.	— 0.55	— 0.66	— 0.47	— 0.30	— 0.03	— 0.19
Mühlhaus. 1 J.	— 0.48	— 0.60	— 0.31	— 0.14	+ 0.10	0.00
Padua. 1⅓ J.	— 0.16	— 0.04	+ 0.10	+ 0.06	+ 0.12	+ 0.06
Madras. 1 J.*)	+ 0.04	+ 0.46	— 0.12	— 0.07	— 0.34	— 0.13

Also fast ohne Ausnahme ein zu hohes Medium aus den tägl. Extremen, zwischen + 0°.2 (Ft. Franklin) und — 0°.5 (Berlin)**) Wahrscheinlich würde man durch gewisse 3 oder 4 äquidistante Beobachtungen täglich noch mehr „zu etwas Zuverlässigem und Constantem gelangen,“ als durch die Beobachtungen der absoluten täglichen Extreme. Die in den Tabellen mitgetheilten Media aus diesen sind daher noch um geringe Grössen zu verbessern; doch erlauben sie, bis die Correctionsgrösse und die Methode genauer ermittelt ist, eine Vergleichung solcher Orte, die in ähnlichen Klima-Bezirken gelegen sind, z. B. den britischen Jnseln, und eine Correction derselben wird auch dann erst durchgängig anwendbar sein, wenn man die Media der Extreme getrennt giebt. Die Correction der Mittel mancher Orte aus einzelnen Stunden konnte

*) Wegen des anomalen Ganges des Thermometers, besonders Morgens, weniger sicher. Wirkt hier nicht auch der Wechsel der Land- und Seewinde auf die Zeit des Eintritts der täglichen Extreme beträchtlich ein, wie für das tägliche Maximum bereits an mehreren Punkten der heisseren Küstenländer erwiesen ist?

**) Da die Eintrittszeit des täglichen Maximums u. Minimums in der jährlichen Periode sich ändert, in der Tab. II. zu p. 8. u. Tab. I. auf p. 133 aber nur die jährliche mittlere Zeit der Extreme betrachtet wurde, so zeigen sich im jährlichen Durchschnitt zwischen den obigen und den dort mitgetheilten Corrections-Grössen Unterschiede. Wollte man daher die Beob. der veränderlichen Zeiten der täglichen Extreme corrigiren, so würden die hier berechneten Grössen eine genauere Annäherung geben. Auch die Corr.-Tabellen p. 11, 16—19 für die Jahreszeiten sind hiernach leicht zu vervollständigen.

Juli	Aug.	Sept.	Oct.	Nov.	Dec.	Jahr
+ 0.05	— 0.08	— 0.21	— 0.33	+ 0.11	+ 0.03	— 0°.18C
+ 0.15	— 0.04	— 0.13	— 0.12	— 0.30	— 0.22	— 0.10
— 0.29	— 0.02	— 0.57	— 0.56	— 0.62	— 0.49	— 0.34
— 0.212	— 0.333	— 0.436	— 0.573	— 0.401	— 0.379	— 0.327
+ 0.10	+ 0.04	+ 0.04	— 0.04	+ 0.14	+ 0.15	+ 0.05
+ 0.18	0.00	— 0.11	— 0.37	— 0.43	— 0.31	— 0.118
— 0.10	— 0.14	— 0.25	— 0.52	— 0.32	— 0.47	— 0.333
+ 0.01	— 0.21	— 0.55	— 0.57	— 0.26	— 0.33	— 0.28
+ 0.03	— 0.23	— 0.13	— 0.28	— 0.60	— 0.50	— 0.13
— 0.50	— 0.05	— 0.51	+ 0.07	— 0.33	— 0.46	— 0.16

desshalb ebenfalls gar nicht vorgenommen werden, weil die Stunden-Media zur Berechnung der täglichen Variation nicht mitgetheilt worden.

Wir haben uns zur Beurtheilung der vorhandenen Beobachtungen in Hinsicht ihres absoluten Werthes, der für die Wärme-Vertheilung auf der Erde allein in Betracht kommt, noch zu obigen Bemerkungen veranlasst gesehen, weil die Methoden, das wahre Mittel aus den Beobachtungen abzuleiten, offenbar von der höchsten Wichtigkeit sind. Oft haben wir uns der einfacheren bedient, denn es schien uns keinem Zweifel zu unterliegen, dass gegenwärtig sich unsere (corr.) Angaben innerhalb der Fehlergrenzen halten, welche durch Localverhältnisse, durch die Beschaffenheit der Instrumente und die Sorgfalt der Beobachter, und endlich durch die Abweichungen einzelner Jahre oder selbst Jahresreihen (s. d. Tab. bei mehreren Orten) vom wahren Medium hervorgehen. Erst wenn auf alle diese Umstände gehörig geachtet wird, und dies sollte wohl nach dem Standpunkt der Wissenschaft gefordert werden, dürfen wir hoffen, Materialien zu erhalten, welche so wichtige Probleme, wie die Aenderung der Wärme auf der Erde *) u. s. w. zu lösen, von der Nachwelt geeignet betrachtet werden können. Es ist wirklich Erstaunen erregend, wie wenige Beobachter bisher über die Veränderung ihrer Thermome-

*) Schouw berichtigt Libri's Angaben und entkräftet zugleich vollkommen dessen Beweis, dass das Klima von Toscana sich in den letzten 150 Jahren nicht geändert habe. Italie. I. Suppl. p. 99.

ter*) in längeren Zeiträumen Untersuchungen angestellt und veröffentlicht haben.

Bevor wir nun zu den später erhaltenen Resultaten über die Lage der Isothermen übergehen, müssen wir noch eines Umstandes gedenken, der von der höchsten Wichtigkeit für die Berechnung und Construction der Isothermen-Karten ist. Bekanntlich reducirt man die Beobachtungen überall auf den Meeresspiegel, und gewöhnlich geschieht dies nach einem allgemeinen Gesetz aus der an einigen Punkten gefundenen mittleren Erhebung für die Temperaturabnahme mit der Höhe um 1°. Die Beobachtungen in Grossbritannien zeigen jedoch auffallende Verschiedenheit von den Bestimmungen für das südliche Deutschland und Italien, und bei grösseren Höhen begeht man daher bei jener Reduction beträchtliche Fehler. Um diese zu vermeiden, wird die Zahl von gleichzeitigen Beobachtungen der Art noch für viele Gegenden sehr vermehrt werden müssen. Bei niedrigeren Hochebenen und bei Tiefebenen sind die Fehler in Vergleich zu den früher gedachten unbedeutend, wenn nicht eine besondere Configuration störenden Einfluss ausübt. Für das mathematische Gesetz der Wärme-Vertheilung werden am besten Punkte dicht am Meeresspiegel combinirt, weil dies im westlichen Theil des alten Continents durch die Gliederung des Erdtheils leicht möglich ist. Wo aber der Lauf der Isothermen in grösserem Abstande vom Meere aus auf das Meeresniveau zu reducirenden Punkten bestimmt werden muss, ist eine solche sichere Herleitung schwieriger; denn das Thermometer sinkt im jährl. Mittel um 1° C. n. v. Humboldt an Bergen in Süd-Amerika bei 98^t, auf Bergebenen und an grösseren Bergmassen bei 128.7^t, nach Kämtz (nahe wie Saussure) in Süd-Deutschland und Nord-Italien zwischen 45—50° Br. und zwischen Wien u. Genf bei 88.6^t, am St. Bernhard 103.7^t (99.0 Gauttier), nach Schouw am Süd-Abhange der Alpen bei 86^t, nach Reich in Sachsen bei 89.4^t, für Böhmen finde ich 88.2^t, nach Bischof bei Bonn 91^t, nach Guérin am M. Ventoux 90^t, bei den Apenninen in $43\frac{1}{3}$° Br. bei 95^t, bei Nicolosi

*) Das Instrument Billiet's zu St. Jean de Maurienne ward um 0°.7, Prof. Städtler's zu Triest um 1°.5, Quetelet's zu Brüssel 0.4 u. v. a. fehlerhaft gefunden; man vgl. auch Gintl's Untersuchungen über die Verrückung des Nullpunktes (um $\frac{1}{4}$ bis $\frac{1}{3}$° R. in 10—12 Jahren) und ihre Ursachen. Baumgartner Zeitschr. f. Phys. V. p. 8, 117 ff. (Zusatz z. p. 3.)

auf dem langsam sich senkenden Abhange des Aetna bei mehr als 200^t, in Grossbritannien nach Brisbane und Galbraith, zwischen 55 u. 57° Br., bei 59.7 (ich erhalte 66^t), nach Watson, zwischen 53 u. 59° Br., bei 67.3^t, nach Jameson bei nur 42.2^t (?), nach Playfair 76^t, nach Atkinson 60^t, an den Lead-Hills bei 57.2^t; nach Kämtz in Ungarn bei 57.4^t (?), im westl.. Sibirien bei 127^t in den (östl.) verein. Staaten Nord-Amerikas bei 114^t, im südlichen Vorder-Indien bei 91^t, im nördlichen bei 116^t.5, in Südamerika auf Bergebenen 125^t, in Mittel aller Beob. v. Boussingault 113^t. Die Höhen sind demnach ziemlich verschieden. Das allmälige Ansteigen des Bodens, wie die Ausdehnung grösserer Plateauflächen und die Entfernung vom Meere bewirken im Allgemeinen, wie auch jene Zahlen bestätigen, eine langsamere Abnahme der Wärme mit der Höhe, als an steilen Berg-Abhängen oder an Bergen im Inselklima. Ist nun der Endzweck der Isothermen-Zeichnung der, den Einfluss aller Momente auf die Luftwärme, wie die Configuration der Continente etc., nämlich die Abweichung von dem Parallelismus ihres Laufs auf einer homogenen Kugel darzustellen, so müssen wir entweder Beobachtungen im Innern ausschliessen oder nur unter sich vergleichen; oder wir müssen, was offenbar naturgemässer ist, den Einfluss grosser continentaler Tiefebenen oder Hochländer auf die mittlere Wärme darin darstellen, aus demselben Grunde, wie wir im südlichen Europa den erwärmenden Effect des südlichen Continents in den Karten berücksichtigt finden, worin wieder die kleinen localen Perturbationen am Südfusse der Alpen einer speciellen Untersuchung anheimgestellt werden, und eben so wie die Beobachtungen an den Steilküsten Norwegens (oder West-Amerikas) mit Punkten der flachen Küsten Mitteleuropas verbunden werden, um den Einfluss der Lage des Continents gegen das Meer in verschiedenen Breiten gegen das mehr continentale Europa zu ermitteln. Wir abstrahiren nach richtigem Princip in dem allgemeinen Gesetz der Wärmevertheilung von allen localen Einflüssen, aber wir dürfen bei so grossen Gebieten der Erdoberfläche doch nicht von Localverhältnissen im eigentlichen Sinne reden. Um hier nun die erforderliche Reduction festzustellen, scheint mir der einzige Weg zu sein, dass man die Temperatur-Abnahme an einzelnen Bergen oder an Gebirgsketten hier empirisch untersuche; dadurch wird man, wie v. Humboldt in seinem Mémoire sur les lignes isothermes bereits gezeigt, die Einwirkung solcher Flächen ziemlich genau in Zahlenwerthen anzugeben in den Stand gesetzt. So lange solche Messungen für den grössern Theil des Innern der Continente noch fehlen, wird man für die niedrigeren Tiefebenen diese Reduction entweder nach den obigen Höhenangaben vornehmen müssen, oder bei der geringen Niveau-Verschiedenheit in vielen Tiefländern für diese Räume eine besondere Untersuchung vornehmen, wodurch man wenigstens die dem wahren Laufe nahe parallele Lage der Isothermen-Curven zu ermitteln im Stande ist. Die Reduction bei grösseren Höhen versäumen, wie z. B. für das Innere Afrikas geschieht, scheint uns jedenfalls naturwidrig.

Dies möge genügen, um die Vergleichbarkeit der für diese Untersuchung nothwendigen absoluten Werthe von Temperaturangaben in's rechte Licht zu setzen, was bei numerischen Werthen so häufig vernachlässigt wird. Alles berechtigt uns zu dem Schluss, dass von den meisten Orten die Bestimmungen aus längeren Beobachtungsreihen selbst nur bis auf 1 Viertelgrad, bei sehr wenigen bis auf 1 Zehntelgrad zuverlässig sind. Danach sind die bisher aufgestellten empirischen Formeln für die Temperatur-Vertheilung zu beurtheilen, ebenso auch die allgemeinen Resultate, welche wir früher gegeben, und denen wir nun noch einige der wichtigeren hinzufügen. Es würde uns zu weit führen, wollten wir die neuen Ergebnisse, welche Kämtz in den Vorlesungen über Meteor. p. 224—230 und Schouw in Italic t. I. für den Lauf dieser Curven erhalten, und wir verweisen desshalb auf diese Werke, indem wir nur auf bedeutendere Abweichungen aus unsrer Sammlung eingehen,*) aus welcher bei den meisten Orten, gegen die früheren Bestimmungen gehalten, eine geringere Mittelwärme hervorgeht.

Die Isothermen der heisseren Zone auf der nördlichen Hemisphäre. Brewster und Kämtz zeigten, dass diese Curven nicht den Breitenkreisen parallel laufen. Nach meiner Un-

*) Geringere übergehen wir hier, z. B. dass die Isotherme von 10° die Westspitze der Krym schneidet, wie wir es bereits 1836 angegeben (Forbes' Gesch. d. Met.), und jetzt noch mehr bestätigt gefunden.—Eine Berichtigung verdient die Angabe auf p. 23. dahin, dass im südlichen Europa überhaupt die Isothermen in der Mitte des mittelländischen Meeres einen convexen Scheitel haben. Schouw's Isothermen im Innern der alten Welt sind unrichtig.

tersuchung *) ist der Unterschied sogar noch weit beträchtlicher, als er früher angenommen wurde, und ich gebe desshalb den Lauf derselben für folgende Temperaturen nach meinen Bestimmungen hier näher an, als auf p. 23.

Isotherme von 20° C. Von der Westküste Afrika's, die sie im Parallel der Insel Lancerote schneidet, hebt sie sich nach N., geht wenig südlich von Algier fort, läuft dicht beim Cap Bon und C. Passaro (Sicilien) fort, senkt sich nun mit der Küste, bleibt im S. von Candia, geht mitten zwischen Cypern und der Nilmündung durch das levantische Meer, zwischen Damaskus und Jerusalem fort, nach N. steigend bei Teheran vorüber über das Plateau von Iran, sich langsam senkend, bis sie im Parallel der Likeio-Inseln die Ostküste Asiens trifft. Die Halbinsel Californien schneidet sie im mittleren Theil, läuft fast parallel den Breitenkreisen etwas nördlich von der Nordküste des mexikanischen Busens fort, steigt zur Mündung des Alatamaha-Flusses, bei Savannah, und zieht an den Bermudas-Inseln vorüber, dem Aequator sich nähernd an den Canaren vorbei zur Westküste Afrika's.

Isotherme von 25° C. Vom Cap Verd, südlich von der Mündung des Senegal, hebt sie sich schnell nach N., geht südlich von Fezzan, und erreicht bei Esne den Nil (nahe dem Wendekreise). Unter dem Einflusse der arabischen Wüste steigt sie noch weiter nach N., geht durch den persischen Busen bei Abuscheher und dann in südwestl. Richtung bei Delhi, etwas nördlich von Benares und bei Murshedabad vorüber, worauf sie sich in der hinterindischen Halbinsel nach S. senkt, um im Parallel von Manilla die Ostküste zu treffen. Dann hebt sie sich wahrscheinlich etwas gegen den Pol, erreicht aber nicht die Gruppe der Sandwich-Inseln und steigt dann von der Westküste Mexikos, wo keine Beobachtungen angestellt sind, etwas nördlich zur Ostküste. Sie geht dicht bei Vera Cruz und Havanna vorbei und senkt sich dann beträchtlich wieder gegen die Westküste der alten Welt.

Isotherme von 27°.5 C. Sie trifft vielleicht nirgend die Westspitze von Ober-Guinea, sondern scheint sich ebenfalls im Innern nach N. zu ziehen und südlich von Dongola und Mekka fortzulaufen, dann aber rückläufig durch das Innere von Afrika

*) Eine graphische Skizze s. im 2. Jahrgg. der Monatsber. der geogr. Ges. zu Berlin. 1840.

zu gehen, oder vielleicht sich zur südlichen Spitze Vorderindiens fortzusetzen, von wo sie, sich plötzlich nach N. hebend, an den Ghats entlang zieht, um hier wieder im Innern Dekans eine zurücklaufende Curve zu bilden, welche den bengalischen Busen bei Madras erreicht. Ob sie in Verbindung steht mit den Punkten des stillen Ozeans, welche in der Nähe des Aequators diese Temperatur zu erreicheu scheinen, ist noch nicht zu entscheiden; wahrscheinlich bildet sie hier sich gabelnd *) zwei Linien im N. u. S. des Aequators, deren nördlicher Arm sich im stillen Ozean etwas nach N. hebt und die Westküste Amerika's beim Cap Corrientes erreicht. Von hier läuft sie, ganz ähnlich wie in Dekan, fast in der Richtung des Meridians nördlich **) und im stark gekrümmten Bogen durch den südlichen Theil des Antillen-Meeres, und schneidet dann an 2 Punkten nördlich (in höherer Breite, bei Cumana) und südlich (nahe am Aequator) die Ostküste von Süd-Amerika, so dass sie hier eine durch das Innere rücklaufende oder ganz unterbrochene Curve bildet.

So verwickelt diese Verhältnisse auch erscheinen, so scheint doch dieser Lauf der Isothermen mit eben so grosser Bestimmtheit darauf hinzudeuten, als die Inflexionen im N. auf das Vorhandensein von 2 Kältepolen, dass im Innern des tropischen Theils der Conti-

---

*) Diese Bifurcationen in der heissen Zone sind, was gewiss sehr merkwürdig ist, auch, jedoch als locale Anomalieen, in der gemässigten Zone zu finden. So gabelt sich die Isotherme von 10° wahrscheinlich am Canal la Manche und dessen Fortsetzung in die Nordsee, so dass der eine Arm an der nördl. Küste der Niederlande, der andere etwa westsüdwestlich in's Innere des Continents fortläuft. Es giebt also auch hier grössere Flächen, auf denen, im Widerspruch mit dem Gesetz der Temperaturabnahme mit zunehmender Breite (ausser nahe den Kältepolen oder im Innern der tropischen Länder s. o.), keine merkliche Temperatur-Differenz oder wohl gar eine Temperaturzunahme aus den Beobachtungen hervorgeht, ähnlich den Erscheinungen nahe dem Aequator, wodurch die Untersuchung über die Isothermen zu einer weit complicirteren, als die Theorie bisher angenommen, wird. Man wird dort auf Kenntniss der Wärme ganzer Gebiete und nicht mehr weniger isolirter Punkte ausgehen müssen.

**) Küsten-Gebirge, wie die Ghats und Andes, erzeugen hier einen höchst auffallenden Temperatur-Unterschied zwischen Orten am Meeresspiegel und im Innern, zum Theil wegen ihres Einflusses auf die Winde (vgl. p. 24.), die Bewölkung und die Regenmenge. Es ist somit nicht allein die Einwirkung des Plateaus oder ausgedehnter Ebenen, welches dies Verhältniss erklärt, wie p. 23 ausgesprochen wurde.

nente die Isothermen in sich abgeschlossene Curven bilden, welche mit den isobarometrischen Linien, wie sie Kämtz (1831 u. 1840) bestimmte, Aehnlichkeit haben, und merkwürdiger Weise, wenn auch nicht der geogr. Lage, so doch der Form nach, einige Analogie mit den Linien des tellurischen Magnetismus darbieten, wie sie aus den neuesten Untersuchungen von Sabine, Erman und Gauss bestimmt worden sind. Aber so wenig, als sich bis jetzt die Lage der Kältepole aus den vorhandenen Beobachtungen im Innern von Amerika und Asien feststellen lässt, so wenig reicht das Material aus, hier Näheres zu bestimmen. Eine grössere Sicherheit der Medien und eine grössere Anzahl von Orten ist dazu unbedingt erforderlich; bis dies eingetreten, halte ich obige Bestimmungen nur für die erste Basis und einen Anhaltpunkt für künftige Untersuchungen. Nur dies halte ich mich verpflichtet hinzuzufügen, dass ich bei allen diesen Ergebnissen nicht von hypothetischen Ansichten ausgegangen, sondern sie durch Rechnung und Construction aus den mitgetheilten Medien der Sammlung erhalten, von denen ich nur die zuverlässigeren kritisch ausgewählt. Die grosse, mich selbst überraschende Analogie in diesen Curven, deren Form von der Configuration der Continente völlig abhängig ist, scheint das Naturgemässe in hohem Grade zu verbürgen. Es giebt also im tropischen Afrika, Süd-Asien und Amerika drei isolirte, geschlossene Systeme von Isothermen-Curven, deren geringste Temperatur wahrscheinlich wenig grösser als $27\frac{1}{2}°$ ist.

Der sogenannte Wärme-Aequator. Bei einer Durchsicht der Beobachtungsjournale der Seefahrer, namentlich der Expeditionen um die Welt, welche ich in der wenig erfüllten Hoffnung vornahm, um für die als Ruhestationen häufig besuchten Inseln der heissen Zone*) so viel Material zu erhalten, um annä-

*) Wie sich an den Küsten und im Innern der Continente Unterschiede in dem täglichen Wärme-Gange, sowohl in der Zeit der Extreme als der Grösse der täglichen Variation zeigen, so liefern auch alle Beobachtungen der Seefahrer zahlreiche Beweise, dass jedesmal bei Annäherung an Inseln auf hohem Meere (und noch weit mehr an Continent-Küsten) Modificationen in dem an der Meeresluft auf dem Schiffe beobachteten Temperatur-Gange (namentlich eine grössere tägliche Variation) statt finden. Dies lässt vermuthen, dass solche isolirte Beobachtungspunkte nicht die einer gewissen Breite und Länge entsprechende Temperatur der Meeresluft selbst liefern, sondern analog dem über die Wirkung grösserer

hernd ihre mittlere Temperatur zu bestimmen, und so etwas mehr Zuverlässigkeit in die Lage der Isothermen auf dem Ozean zu bringen, ergab sich als ein ganz unerwartetes, aber fast überall auffallend hervortretendes Resultat, dass auf der Erde oder zunächst auf den beiden grossen Ozeanen der Aequator nicht allein nicht die wärmste Linie ist, was auch früher vermuthet wurde, sondern dass es hier zwei Linien grösster Luftwärme giebt, die eine nördlich vom Aequator, die andere südlich davon und näher der Linie. Es zeigte sich nämlich fast ohne Ausnahme in den Beobachtungsjournalen, deren ich eine sehr beträchtliche Anzahl benutzt, dass, zu welchen Stunden auch beobachtet sein mochte, die Seefahrer in der Nähe des Aequators *) gewöhnlich zweimal eine Linie grösster Wärme durchschnitten, oder in einigen Fällen, dass die Temperatur von einer wärmsten Linie nicht stätig abnahm. **) In den verschiedenen Meridianen, wo die Linie geschnitten wurde, zeigte sich dies doch deutlich auf dem atlantischen, wie auf dem stillen Ozean. Aus solchen vereinzelten Beobachtungen, deren Gewicht auf ihrer grossen Anzahl beruht, lässt sich die mittlere Lage dieser von den Monaten abhängigen Linien nicht genau bestimmen. Die Beobachtungen an den tropischen Küsten in der Gegend der Linie sind nicht

---

Länder (p. 149 u. a.) Gesagten eine Erhöhung oder Erniedrigung der mittleren Wärme derselben, je nach der geogr. Lage, hervorbringen. (Vgl. v. Humboldt Voy. t. II. p. 66.) Je kleiner die Inseln, desto mehr wird sich der Unterschied ausgleichen. Da jedoch Beobachtungen an einem Punkt auf dem Meere selbst nicht möglich sind, so habe ich diesen Umstand erwähnt, um auf solche mehr oder weniger von Local-Umständen bedingte Einwirkung auf die mittlere Wärme der Luft auf den grossen Meeresbekken aufmerksam zu machen, worauf sich doch die Isothermen-Zeichnung für diese stützen sollte. Die Wirkung von kalten oder warmen Strömen, welche sich bei den Galapagos-Inseln etc. so auffallend zeigt, und ähnliche Umstände (s. Monatsber. d. Berl. geogr. Ges. 18$\frac{39}{40}$. N. 11.) verdient noch mehr Beachtung.

*) Locale Ausnahmen in höheren Breiten gehören nicht hierher, z. B. die im asiatischen Archipel oder die durch Einfluss kalter oder warmer Meeresströme u. s. w. —

**) Lenz' Beobachtungen des Salzgehaltes des Meeres (Pogg. A. XX), liefern ebenfalls 2 Maxima desselben nördl. und südl. vom Aequator, zwischen denen in der Region der Calmen ein Minimum liegt. Die Journale von J. Davy, Marcet, Horner, Beechey u. A. stimmen damit im Allgemeinen überein. Die Maxima des Salzgehaltes scheinen jedoch näher den Wendekreisen als dem Aequator zu liegen.

ganz hinlänglich, da merkwürdiger Weise nirgends auf der Erde in dieser Gegend bedeutende Städte liegen. Für Südamerika scheinen mir jedoch Boussingault's schöne Beobachtungen und meine Berechnung der Medien (p. 120 bis 125) diesem Resultate eine grosse Sicherheit zu verleihen: die beiden Linien grösster Wärme im N. und S. der Gegend zwischen der Bai de Cupica und dem Golf von Guayaquil besitzen hiernach 27—27½° oder eine mindestens um 1—1½° höhere Temperatur, als die Gegend am Aequator selbst. An der Ostküste desselben Erdtheils nimmt die Temperatur ebenfalls von Maracaybo etc. nach Süden (SO.) ab, erreicht zu Paramaribo und Cayenne eine vielleicht über 2° geringere Grösse und nimmt südlich von der Amazonen-Mündung (San Luis do Maranhão) wieder zu.

Für die Küsten von Afrika scheint der Beweis noch nicht empirisch möglich. — Vorder- und Hinterindien, die Sunda-Inseln etc. (p. 23—54, 99, 130) liefern dagegen eine eben so schöne Bestätigung, als Südamerika. Von Madras südlich und noch mehr südöstlich bis zum Aequator sinkt die Wärme um mehr als einen Grad und nimmt von der südlichen Halbinsel Hinterindiens gegen Batavia und die Melville-Insel wieder merklich zu; mit der excessiven Erhöhung der Temperatur Vorderindiens steigt die kälteste Linie zwischen jenen beiden wärmsten dem Anschein nach noch weiter gegen N., als in den grossen tropischen Continenten. Diese wärmsten Linien haben offenbar in den verschiedenen Meridianen nicht einerlei Temperatur; ihre Maximum-Temperatur erreichen sie wahrscheinlich im Innern der grossen Continente, von dem uns fast alle directen Beobachtungen noch fehlen.

Wiewohl man die Zuverlässigkeit der hier zur Bestätigung benutzten Beobachtungen nicht zu hoch schätzen darf, indem theils die Correction auf wahres Medium nicht völlig genügend erscheint, theils auch die absolute und relative Veränderlichkeit der Jahresmittel der Temperatur für diesen Erdstrich noch nicht in Anschlag gebracht werden konnte, so halten wir doch die vollkommene Analogie in den gedachten Bestimmungen für einen indirecten Beweis der Richtigkeit unseres Resultats. Die Ursachen eines so anomal scheinenden und doch so allgemein auftretenden Gesetzes in der Wärmevertheilung sind ohne Zweifel: 1) Die beständigen, fast das ganze Jahr hindurch herrschenden Regen, welche in der Region der Calmen die Temperatur deprimiren, während in der angrenzenden Region des beständigen Passats Regenfälle und als Folge Abkühlung der Luft selten eintreten; — 2) auf dem hohen Meere der Einfluss der Aequatorialströmung; diese hat, nach Rennell's Ermittelung aus einer grossen Anzahl von Beobachtungen, auf dem atlantischen Ozean eine geringere Temperatur, als das im N. und S. daran stossende Meer; dasselbe Verhältniss finde ich, jedoch geringere Unterschiede, auf dem stillen Ozean; — 3) aber wirken hierauf die Schnelligkeit der Declinations-Aenderung der Sonne, die verhältnissmässig geringe Aenderung der Sonnenhöhe dort, und die Zeitabstände des doppelten Zenithdurchganges dieses Gestirns mit ein, was auch den Wendekreisen eine so beträchtliche Wärme und der ganzen tropischen Zone eine mehr gleichmässige Temperatur verleiht.*) — Eine unmittelbare Folge dieses Phänomens ist eben sowohl, dass die Temperaturformeln für den Aequator eine zu hohe Temperatur liefern, als dass ein sogenannter thermischer Aequator gar nicht existirt, von dem man irrig angenommen, dass er durch die mittlere Lage der Windstillen bezeichnet würde. Wenn nun, der Analogie mit gewissen Isothermen der Tropen zufolge, die beiden Linien grösster mittlerer Wärme im Innern der Continente in sich zurücklaufende, geschlossene Curven bilden, so ist es wahrscheinlich, dass sie mit der Entfernung von den W.- und O.-Küsten die Meridiane in wachsender geogr. Breite schneiden, und dass daher die wärmsten Linien in verschiedenen horizontalen Abständen vom Meeresgestade nicht einer Isotherme angehören, sondern eigene Curven bilden, welche im Innern eine kältere und nicht die heisseste Gegend der Erde einschliessen. Sie vollständig graphisch darzustellen, ist zur Zeit noch nicht möglich, wiewohl Berghaus einen sogenannten Wärme-Aequator mit zahlreichen Inflexionen (Physik. Atlas, Liefr. 2.) vor Kurzem gefunden zu haben vermeinte.**) Es muss jedoch noch

*) Hr. v. Littrow scheint aus der Betrachtung der verschiedenen Declinationsänderung sogar zu dem wunderbaren Resultat zu kommen, dass die Temperatur der Wendekreise „in der That" beträchtlich höher ist, als die des Aequators.

**) Welchen Eindruck solche zum Theil ganz naturwidrige und hypothetische Constructionen nicht bloss auf das grössere Publicum machen, das die Grösse und Zahl der Abweichungen in solchen Linien als einen Maassstab für die Sicherheit und Genauigkeit der zu Grunde gelegten Beobachtungen zu nehmen pflegt, beweist u. a. die Recension dieser Darstellung im Münchner gelehrten Anzeig. 1839. (M. vgl. Kämtz' Vorles. Met. p. 223 u. 224.)

ganz dahingestellt bleiben, ob das Gesetz, was für das offene Meer und die tropischen Küsten gilt, auch auf das Innere der grossen Continente übertragen werden darf. Wir sind fast völlig unbekannt mit den Wind- und Regenverhältnissen in diesen Gebieten nahe dem Aequator, und jener Verallgemeinerung durch Induction mangelt daher eine recht sichere, erfahrungsmässige Basis.

Für einen Theil der heissen Zone wenigstens verlieren somit die analytischen Ausdrücke für das Gesetz der Wärmevertheilung, als einer einfachen Function der geogr. Breite, vollkommen ihre Anwendbarkeit, ebenso wie die aus ihnen abgeleiteten Grössen der Temperatur des Aequators irrig sind. Aber es gehören offenbar mehr und genauere Messungen dazu, als die von uns benutzten, um diese Vertheilung mathematisch durch den sphärischen Abstand von den wärmsten Linien darzustellen; eben so wie man in höheren Breiten, im Innern der Continente dieselbe zugleich als eine Function der Breite, Länge und Höhe der Beobachtungsorte oder des Abstandes von einem Kältepole und einer Linie grösster mittlerer Wärme anzusehen haben wird, sobald erst in diesen Gegenden die Zahl der Orte sich vermehrt, wie die Zuverlässigkeit und die Länge der Periode der Bestimmungen einen höheren Werth erlangt hat, um eine solche Rechnung wirklich mit sicheren Ergebnissen zu lohnen.

Die Isothermen auf der südlichen Hemisphäre. Wegen der zu grossen Breiten-Abstände der meisten Beobachtungsorte auf einander nahe liegenden Meridianen ist eine genaue Bestimmung der Knotenpunkte der Isothermen und Parallelkreise hier noch nicht möglich. Zu einer ersten Annäherung habe ich einen Versuch gewagt, welcher als allgemeines Resultat ergab, dass, analog dem Verhalten auf der nördlichen Hemisphäre, in dem heisseren Gürtel zwischen dem Aequator und 35—40 (Amerika) Grad s. Br. die Westküsten hier näher dem Aequator von den Isothermen geschnitten werden, als die Ostküsten, dass jene also auf gleicher Breite kälter, als die östlichen sind, was am Auffallendsten bei Südamerika, in Folge der kalten Humboldts-Strömung etc. hervortritt. Etwas südlicher dagegen laufen die Isothermen nahe parallel den Breitenkreisen oder ihre Abweichungen sind wenigstens so gering, dass sie aus den oben mitgetheilten Daten nicht näher ermittelt werden können. Während auf der nördlichen Hemisphäre ausgedehnte Ländergebiete in höheren Breiten durch die Kälte der Winter bei heiterer Luft und grösserer Radiation der Wärme die mittlere Jahres-Temperatur deprimiren, wird auf der südlichen*) dasselbe durch die geringere Sommerwärme bei meist trübem Himmel und die dadurch, wie durch die Ausdehnung der Wasserflächen überhaupt geschwächte Insolation bewirkt.

Brewster folgert mit Bestimmheit aus den (uncorrigirten und sogar unvollständigen) Beobachtungen an 2 oder 3 Orten in Neuholland und Van-Diemens-Land, dass auch die südliche Hemisphäre zwei Kältepole besitze. Die Jnseln auf dem stillen Ozean und die Orte an seinen Küsten, wie die an den Gestaden des südatlantischen Meeres lassen jedoch hierüber bis jetzt nicht ganz sicher entscheiden, wenn man nicht etwa die Grenze des Polareises oder des Treibeises mit zu Hülfe nehmen will, um einer solchen Ansicht mehr Wahrscheinlichkeit, als durch blosse Analogie mit dem grossentheils mit Ländermassen bedeckten Norden der andern Hemisphäre zu verleihen. Zwar zeigen allerdings die Ost- und Westküsten der Continente ähnliche Verschiedenheiten auf der südlichen Halbkugel; aber die grössere Nähe der Hauptmasse der Länder an den Aequator — (Afrikas u. Australiens Südenden liegen nahe in der Breite des nördlichsten Theils von Afrika) — macht hier die Analogie in den höheren Breiten ungewiss, oder wo das Continent von Amerika seine Südspitze viel weiter gegen den Pol ausstreckt, ist dasselbe so schmal, dass, wenn sich auch Unterschiede in den monatlichen Mitteln der Ost- und Westküste zeigen, wie King und Fitzroy angeben, die Feststellung der gewiss nicht beträchtlichen Differenz der Jahres-Temperatur beider Küsten doch längerer Beobachtungen bedarf; und dann, diese zugegeben, ist zu beachten, dass hier das Küsten-Gebirge West-Patagoniens mit den beständigen Niederschlägen, die es hervorruft, doch als eine mehr locale Einwirkung auf die Temperatur dieser Küste anzusehen ist, welche im Süden des Cap Horn sich völlig mit dem

*) Zu p. 28. Z. 12. v. o. ist hinzuzufügen: Eine mehr wissenschaftliche Stütze hat die Ansicht der geringeren Wärme der südl. Hemisphäre durch Kämtz' Untersuchungen über die Temp. des Ozeans (Meteor. II. 118) erhalten. Vgl. Moser im II. Bd. d. Repertor. p. 259 u. Monatsber. der Berl. geogr. Ges. 1839. p. 70. — Zu p. 27. Z. 8 v. o. s. m. hinzu (nach „erscheinen"): Somit treten abkühlende oder erwärmende Ursache oft auf dem grössten Theil der nördlichen Continentalmassen, vielleicht auf der ganzen Hemisphäre gleichzeitig auf.

Osten in's Gleichgewicht setzen kann. Stellen wir alle unsere Beobachtungen in den südlichsten Breiten der Continente dieser Hemisphäre zusammen; leisten wir, wozu uns das jetzt vorhandene Material noch zwingt, Verzicht auf die Berücksichtigung der Abweichung der mittleren Temperaturen einzelner Jahre von dem vieljährigen, wahren Medium, ferner auf die Reduction derselben aus den meist nicht ohne Unterbrechung angestellten Beobachtungen*), und endlich auf die Fehler der Instrumente und locale Einflüsse, die wir wegen der wenigen isolirten Punkte nicht, wie anderwärts, zu entdecken und zu vermeiden im Stande sind: so ergiebt sich, unter dieser Restriction, als wahrscheinliches, doch künftig noch näher zu prüfendes Resultat: Die Isothermen-Curven verhalten sich hier in höheren Breiten ähnlich denen unserer Hemisphäre, d. h. die Westküsten sind etwas wärmer, als die östlichen; ferner: die Inflexionen der Isothermen erscheinen in Patagonien grösser, als bei Neuholland und man könnte daraus auf einen grösseren Abstand des südamerikanischen Kältepols, als des neuholländischen vom Rotationspol der Erde schliessen, was durch die Entdeckungen von grösseren Inselmassen im antarktischen Ozean südlich von Feuerland und den auf der nördlichen Hemisphäre erkannten Einfluss ausgedehnterer Ländergebiete in hohen Breiten auf das Gesetz der Temperaturvertheilung noch mehr Wahrscheinlichkeit erlangt.

Ich würde diesen Gegenstand gar nicht berührt haben, weil er zu denjenigen Problemen gehört, deren vollständige Lösung man der Zukunft überlassen muss, wenn er nicht bereits vor längerer Zeit und noch neuerlich wieder zur Sprache gebracht und die Entscheidung mit solcher Sicherheit ausgesprochen worden wäre, dass eine Prüfung an dem mitgetheilten, vermehrten Material sich als Erforderniss aufdrang. Die Einwürfe, welche man dem Ergebniss dieser Untersuchung machen kann, sind oben angedeutet worden; sie haben ein solches Gewicht, dass man dies Problem wohl noch in's Gebiet der speculativen Forschung oder der „negativen Meteorologie“ verweisen darf.

*) Am Unzuverlässigsten sind solche Mittel, die man aus Observationen weniger Tage oder Wochen in diesen Breiten ableitet. Wir haben diese Methode nirgend angewendet, denn sie gehört einem frühern Standpunkt der Wissenschaft an.

Tabelle über die mittlere Jahreswärme, nach Temperatur-Zonen geordnet.

Die Breiten sind nördlich, ausser wo ein s. in der 2ten Spalte steht, die Längen (auch in Decimaltheilen eines Grades) vom Pariser Meridian gerechnet und die Höhen (H.) üb. dem Meere (üb. 100') in Toisen (t.) ausgedrückt. Die Col. Med. enthält die mittlere Wärme der Orte (in Centigraden), und die in der letzten Spalte (J.) enthaltene Zahl giebt die Zahl der Jahre an, welche dem Medium zu Grunde gelegt ist (v. und m. in dieser Rubrik bedeuten viele und mehrere Jahre). Einzelne Abweichungen in den Medien, z. B. in N.-Amerika, von den früher gegebenen rühren von der Reduction auf wahres Mittel etc. her; bei einigen Orten liessen sich jetzt erst publicirte Beobachtungen benutzen, was nicht dabei angegeben ist, weil eine Vergleichung der Zahl der Jahre in den Tabellen mit den hier zu Grunde gelegten davon Kunde giebt. Auch hat eine spätere Berechnung der monatlichen Mittel vieler Orte und die Ableitung des jährlichen daraus öfter Fehler in den Jahresmedien des Originals ergeben, welche dann ausgeschieden wurden. — Nirgends ist eine Reduction der Temp. auf den Meeresspiegel vorgenommen. In den Anmerk., die mit No. bezeichnet sind, finden sich diejenigen Punkte, deren Medium mit den resp. Orten am meisten übereinstimmt, aber minder sicher erscheint, worüber die Bemerkungen der Tabellen p. 29 fg. nähern Aufschluss geben. Nur von den kältesten und heissesten Gegenden der Erdoberfläche sind kürzere und zuweilen minder sichere Beobachtungsreihen aufgenommen, als vorläufige Bestimmungen. Man berücksichtige auch Z. 1—3 der Anm. zu p. 143.

Temperatur-Zone von —18°.7 bis 0° C.

Ort.	N.B. °	Lg. P. °	H. t.	Med. ° C.	J.	Ort.	N.B. °	Lg. P. °	H. t.	Med. ° C.	J.
Winter-Hafen	74.8	113.1w.	—	— 18.7	1	Nov. Semlja,	73.9	52,5 ö.	—	— 7.3	1
Igloolik-I. . .	69.3	84.4 -	—	— 16.6	1	Godhavn 4) .	69.2	55.7w.	—	— 5.5	?
Ustjansk . . .	70.9	136.1 ö.	—	— 16.4	2	Nain, Labr. .	57.2	64.3 -	—	— 3.6	3
P. Bowen . .	73.2	91.2w.	—	— 15.8	1	Okak 5), - . .	57.3	65.3 -	—	— 3.2	2
Boothia Fel. .	70.0	94.2 -	—	— 15.7	2½	Enontekis . .	68.7	20.0 ö.	223	— 2.7	4
Winter I. . .	66.2	85.5 -	—	— 14.0	1	Tobolsk . . .	58.2	65.9 -	50	— 2.3	15
N. Kolymsk .	68.5	166.0 ö.	—	— 11.2	2	St. Bernhard 6)	45.8	4.8 -	1280	— 1.0	21
Jakuzk 1) . .	62.0	126.8 -	60	— 9.7	m.	Juliansbaab, . Grönl.	60.7	48.3w.	—	— 0.9	?
Nov.-Semlja .	70.6	55.4 -	—	— 9.5	1	S. Gotthard 7)	46.5	6.2 ö.	1100	— 0.8	10½
Upernawik, 2) Grönl.	72.8	58.2w.	—	— 8.7	?	Haapakyla 8).	66.4	21.5 -	?	— 0.5	30
Nov. Semlja .	73.0	51.5 ö.	—	— 8.4	1	Irkuzk	52.3	102.0 -	210	— 0.2	10
Ft. Franklin .	65.2	125.5w.	33	— 8.4	2	Eyafiord . . .	65.7	22.0w.	—	0.0	2
Gröuld.See 3)	78.0	bei Spitzbg.	—	— 7.7	m.	Cumberld.-H.	54.0	104.6 -	125	0.0	1

1) Ft. Enterprise (N. Amer.) —9.9? 2) Omenak (Grönl.) —8.6. 3) 2/3 des Jahres durch Interpol., a. 6—12 J.; — 6.8 n. Scoresby's Berechn. 4) Ft. Reliance —5.9? 5) Godthaab — 3.3, Beresow — 3.0, Nertschinsk — 2.9. 6) Aetna in 1350 t. H. — 1.3? Fort Churchill, Hudsons-B. — 0.9? 7) Bogoslowsk — 0.6. 8) Alten (Kaafj., Norw.) — 0.4 (cor.)

Temperatur-Zone von 0°.1 bis 5°.0 C.

Ort.	N.Br. °	Lg. P. °	H. t.	Med. ° C.	J.	Ort.	N.Br. °	Lg. P. °	H. t.	Med. ° C.	J.
Schneekoppe 1)	50.7	13.4 ö.	827	0.2	?	Hernösand . .	62.6	15.5 ö.	—	2.3	28
Slatoust . . .	55.1	57.1 -	165	0.3	3	B. Quebek . .	46.8	73.6w.	50	3.1	8
Jekaterinburg	56.8	58.3 -	130	0.5	2	St. John's 4).	47.6	55.0 -	22	3.5	5
Uleåborg . . .	65.0	23.1 -	—	0.7	6	Moskau 5) . .	55.7	35.3 ö.	55?	3.9	16
Brocken 2). .	51.8	8.3 -	580	1.4	2	Petersburg 6)	59.9	28.0 -	—	4.0	15
Petropaulowsk	53.0	156.4 -	. .	1.9	2	Reikiavig 7) .	64.1	24.3w.	—	4.1	14½
Umeå	63.8	17.9 -	—	2.1	23	Falun . . . . ,	60.6	13.4 ö.	62	4.4	9
Oestersund 3)	63.2	12.4 -	160	2.2	6	Åbo	60.4	19.9 -	—	4.6	17
Kasan	56.0	46.8 -	23?	2.2	12	Ft. Brady 8).	46.6	87.3w.	93	4,8	3

1) Nordcap (Norweg.) 0.1? — 2) Barnaul (Russl.) 1.5, Wiesenbaude (Böhmen) 1.9. 3) Jemteland (Schwed.) 2.2. — 4) Bei C. Horn 3.6? — 5) Iluluk (Unalaschka) 3.9. 6) Chamouny, Ft. Mackinac, Huron.-S. 4.0. — 7) Ob.-Wiesenthal (Sachsen) 4.1; Drontheim 4.3? — 8) Clausthal (Harz) 4.9; Hanover (N.-Amer.) 5.0.

Temperatur-Zone von 5°.1 bis 7°.5 C.

Ort.	N. Br. °	Lg. P. °	H. t.	Med. ° C.	J.	Ort.	N. Br. °	Lg. P. °	H. t.	Med. ° C.	J.
Tambow . . .	52.8	39.1 ö.	32	5.1	12	Hohenfurth . .	48.6	12.0 ö.	285	6.7	11
Söndmör [1]) .	62.5	4.0 -	—	5.3	19	Ft. Howard .	44.7	89.4w.	95	6.7	4
Upsala	59.9	15.3 -	—	5.3	83	Genkingen . .	48.4	6.8 ö.	400	6.8	7
Christiania . .	59.9	8.4 -	—	5.4	10	Wexiö	56.9	12.4 -	73	6.9	35
Mont Cenis .	45.2	4.6 -	1000	5.4	(30)	Dover	43.2	73.2w.	. .	6.9	6½
Eastport [2]) . .	44.9	69.3w.	—	5.4	6	Concord [8]) . .	43.2	73.8 -	. .	6.9	10
St. Peter [3]) .	50.7	13.3 ö.	410	5.5	4½	Cherry Valley	42.8	77.4 -	210	6.9	9?
Dorpat	58.4	24.4 -	35	5.6	m.	N. Archangelsk	57.0	137.6 -	. .	7.0	4
U.-Canada . .	45.	? w.	. .	5.6	?	Bržezina . . .	49.8	11.3 ö.	243	7.0	6
Stockholm . .	59.3	15.7 ö.	21	5.7	65	Fayetteville .	43.0	75.0w.	. . .	7.0	7
Frankenheim	50.5	7.8 -	370	5.7	7	Wilna [9]) . . .	54.7	23.0 ö.	60	7.1	13
N.-Bistritz . .	49.0	12.8 -	320	5.8	8	Eger	50.1	10.0 -	220	7.1	8
Rehberg . . .	49.1	11.7 -	425	5.9	8	Thorshavn . .	62.0	9.1w.	—	7.2	3
Königsberg .	54.7	18.2 -	—	6.2	24	Freiberg [10]) .	50.9	11.0 ö.	207	7.2	9
Saratow . . .	51.5	43.8 -	—	6.2	8	Oxford	42.4	78.0w.	152	7.2	8
Stift Tepl . .	50.0	10.5 -	328	6.2	11	Alford, Schottl.	57.2	. . . -	67	7.3	7
H. Peissenberg	47.8	8.7 -	503	6.2	20	Lund [11]) . . .	55.7	10.8 ö.	—	7.3	50
St. Lawrence	44.7	77.3w.	62	6.2	9?	Gotha	50.9	8.4 -	158	7.3	8
Halifax	44.6	65.9 -	. .	6.2	4½	Tabor	49.4	12.3 -	220	7.3	14
Carlstadt . . .	59.4	11.2 ö.	27	6.3	10	Ullensvang u.	60.3	4.7 -	— }	7.4	30
Mitau	56.6	21.4 -	20	6.3	9	Malmanger . .	60.0	6.3 -			
Braunsberg. .	54.3	17.6 -	—	6.3	7	Dunfermline .	56.1	5.8w.	—	7.4	20
Montreal [4]) . .	45.5	75.9w.	. .	6.4	12	Ilmenau . . .	50.7	8.6 ö.	237	7.4	10
Pompey [5]) . .	42.9	78.4 -	200	6.5	11	Tegernsee*) .	47.7	9.4 -	377	7.4	8
Hof	50.4	9.6 ö.	—	6.6	7	Utica [12]) . . .	43.1	77.5w.	75	7.4	11?
Ft. Snelling [6])	44.9	94.5w.	123	6.6	5	Applegarth M.	55.2	5.5 -	28	7.5	13
Lead-Hills [7]).	55.4	6.8 -	200	6.7	10	Warschau**).	52.2	18.7 ö.	70	7.5	26
Tilsit	55.1	19.5 ö.	. .	6.7	20	Schöndorf . .	51.0	9.0 -	170	7.5	10
Hohenelbe . .	50.6	13.2 -	235	6.7	15						

1) Fredericton (N. Amer.) 5.3. — 2) Brunswick (N. Am.) 5.4. — 3) Port Famine, Magelh. Str. 5.5? — 4) Altenberg (Sachs.) 6.4. — 5) Mt. Louis (Frkr.) 6.5. — 6) Burlington (N. Am.) 6.6. — 7) Bergen (Norwg.) 6.7?, Rottweil (Würtemb.) 6.7. — 8) Fairfield u. Hamilton (N. Am.) 6.9. — 9) Thorshavn (Far-Öer. I.) s. ob., Lemberg, Ft. Crawford, Williamstown, Grenville (N. Am.) 7.1. — 10) Krumau (Böhmen) 7.2, Falklands-I. 7.2 (8.3)? — 11) Johnstown (N. Am.) 7.3. — 12) Union Ellesborough (N. Am.) 7.4.

*) Mit Corr. (unsicher): 6.6. — **) A. 13 J.: 7.3.

Temperatur-Zone von 7°.6 bis 10°.0 C.

Ort.	N. Br. °	Lg. P. °	H. t.	Med. ° C.	J.	Ort.	N. Br. °	Lg. P. °	H. t.	Med. ° C.	J.
Danzig [1]) . . .	54.3	16.3 ö.	—	7.6	30	Kinfauns C. .	56.4	5.6w.	23	8.1	27
				(7.7)	(92)	Stralsund. . .	54.3	10.8 ö.	—	8.1	11
Zittau	50.9	12.5 -	128	7.6	12	Breslau**) . .	51.6	14.7 -	70	8.1	18
Bayreuth . . .	49.9	9.3 -	175	7.6	19	Issny	47.7	7.7 -	363	8.1	4
Hartwick . . .	42.6	77.5w.	. .	7.6	11	Clunie M. . .	57.2	4.9w.	25	8.2	28
Poln. Warten-						Kopenhagen .	55.7	10.2 ö.	—	8.2	52
berg [2]) . .	51.3	15.3 ö.	77	7.7	15	Wartburg . .	51.0	8.0 -	212	8.2	10
Bržeznitz . .	49.6	11.6 -	230	7.7	10	Arnstadt . . .	50.8	8.6 -	150	8.2	10
Tuttlingen . .	48.0	6.5 -	333	7.7	4	Rotenhaus [6])	50.5	11.1 -	195	8.2	10
Koburg [3]) . .	50.2	8.6 -	113	7.8	12	Königgrätz .	50.2	13.5 -	117	8.2	9
Bern	46.9	5.1 -	280	7.8	20	Medfield . . .	42 ?	73 ?w.	. . .	8.2	12
Göteborg [4]) .	57.7	9.6 -	—	7.9	46	Inverness [7]) .	57.5	6.5 -	—	8.3	13
Kielce.	50.9	18.3 -	140	7.9	7	Apenrade . . .	55.0	7.1 ö.	—	8.3	16
Deutschbrod .	49.6	13.2 -	207	7.9	8	Jesmond, Brit.	55 ?	? w.	33	8.3	7
Kinderhook .	42.1	76.1w.	20	7.9	7?	Kendal	54.3	5.6 -	22	8.3	21
Stromness,	58.9	5.8 -	. .	8.0	12	Alderley . . .	53.3	4.7 -	. .	8.3	10
Orkneys-I.						Fulda	50.6	7.4 ö.	138	8.3	11
Praestoe . . .	55.1	9.7 ö.	—	8.0	10	Kremsmünster	48.0	11.8 -	189	8.3	14
Krakau	50.1	17.6 -	103	8.0	13	C. Toward . .	55.8	7.3w.	18	8.4	7
Landskron . .	49.9	14.3 -	170	8.0	14	Carlisle	54.9	5.3 -	—	8.4	24
Augsburg [5]) *)	48.4	8.6 -	253	8.0	22	Giengen [8]) . .	48.6	7.9 ö.	246	8.4	18

1) U.-Kubin (Ungr.) 7.6. — 2) Huntly Lodge (Brit.), Portsmouth und Cambridge (N. York) in N. Am. 7.7. — 3) Carlscrona 7.8. — 4) Gordon C. u. Carbeth (Brit.), Wartburg (N.-Deutschl.)?, Schenectady (N. Amer.) 7.9. — 5) Kitzbühel (Alpen) 8.0. — 6) Smetschna (Böhm.), Canandaigua (N. Amer.) 8.2. — 7) Thorn, Eisenach, Schüttenhofen (Böhm.), Middlebury (N. Amer.) 8.3. — 8) Ingolstadt 8.4.

*) D. Therm. in der Sonne in denselben Jahren: 10.9. — **) A. 30 J.: 7.9.

Ort.	N. Br. °	Lg. P. °	H. t.	Med. ° C.	J.
Edinburgh *) [9])	55.9	5.6w.	47	8.5	11
Swinemünde .	53.9	11.9 ö.	—	8.5	9(v)
Berlin **) . .	52.5	11.0 -	20	8.5	17 n,m
Dresden. . . .	51.0	11.4 -	62	8.5	11
Pilsen	49.7	11.3 -	147	8.5	9
Tübingen . . .	48.5	6.7 -	170	8.5	14
St. Gallen . .	47.4	7.0 -	215?	8.5	10
Providence. .	41.8	73.7w.	. .	8.5	7
Cuxhaven [10]).	53.9	6.4 ö.	—	8.6	18
Regensburg .	49.1	9.8 -	172	8.6	59
Friedrichshaf.	47.6	7.1 -	213	8.6	5
Annat G., [11]) Brit.	56.4	. . w.	27	8.7	7
Glasgow . . .	55.9	6.6 -	—	8.7	v.
N. Malton . .	54.1	3.1 -	. .	8.7	8
Jena	50.9	9.3 ö.	80	8.7	13
Andechs . . .	48.0	8.9 -	360	8.7	8
Redbook . . .	42.0	76.3w.	. .	8.7	6
Aberdeen. . .	57.1	4.4 -	—	8.8	v.
Derby	53.0	3.8 -	27	8.8	40
Sagan [12]) . .	51.6	13.0 ö.	63	8.8	7
Halle	51.5	9.6 -	57	8.8	m.
Marburg . . .	50.8	6.4 -	118	8.8	12
Zürich	47.4	6.2 -	220	8.8	7
Hamburg***)	53.5	7.6 -	—	8.9	19
Altona	53.5	7.6 -	20	8.9	(16)
Saaz [13]) . . .	50.3	11.2 -	132	8.9	13
Freiburg,Schw	46.8	4.8 -	325	8.9	13
Andover . . .	42.6	73.4w.	30	8.9	11
Salem	42.5	73.2 -	—	8.9	43
Cambridge . .	42.4	73.5 -	—	8.9	32
Perth	56.4	5.7 -	. .	9.0	9
York	54.0	3.4 -	. .	9.0	25
Manchester . .	53.5	4.6 -	35	9.0	35
Erfurt [14]) . .	51.0	8.7 ö.	107	9.0	17
Tetschen . . .	50.8	11.9 -	48	9.0	8½
Sigmaringen .	48.1	6.9 -	302	9.0	8
München . . .	48.0	9.2 -	270	9.0?	32
Innsbruck . .	47.3	9.4 -	270	9.0	51
St. Andrew's	56.3	5.1w.	—	9.1	8
Lancaster. . .	54.0	5.1 -	. .	9.1	13
Göttingen . .	51.5	7.6 ö.	69	9.1	v.
Allstedt [15]) .	51.4	9.4 -	75	9.1	7
Westheim . .	49.1	7.5 -	167	9.1	7
Df. Wangen .	48.8	6.9 -	140	9.1	13
Odessa	46.5	28.4 -	—	9.1	11
Onondaga . .	43.0	78.5w.	65	9.1	10?
Ithaka.	42.4	78.8 -	67	9.1	9?
Ob.-Canada. .	42.	. . -	. .	9.1	?

Ort.	N. Br. °	Lg. P. °	H. t.	Med. ° C.	J.
Lüneburg [16])	53.2	8.1 ö.	23	9.2?	12
Lyndon	52.5	2.4w.	85	9.2	28
Lansingburg .	42.8	76.0 -	—	9.2	11?
Albany	42.6	76.5 -	20	9.2	17
Salzufflen [17])	52.1	6.4 ö.	50?	9.3	16
Bushey Heath	51.6	2.7w.	87	9.3	7
Elberfeld . . .	51.2	4.8 ö.	65	9.3	12
Schüttenitz .	50.6	11.8 -	113	9.3	8
Nicolaïeff. . .	47.0	29.6 -	—	9.3	14
Boston	42.3	73.4w.	. .	9.3	10
Rinteln [18]) .	52.2	6.7 ö.	30	9.4	(16)
Oxford	51.8	3.6w.	. .	9.4	8
Epping	51.7	2.1 -	61	9.4	14
Leitmeritz . .	50.5	11.8 ö.	60	9.4	6
Cherson . . .	46.6	30.3 -	17	9.4	14
Genf****) . . .	46.2	3.8 -	203	9.4	{ 43 49
Dublin	53.4	8.7w.	—	9.5	19
Münster [19]) .	52.0	5.3 ö.	32	9.5	10½
Düsseldorf . .	51.2	4.4 -	25	9.5	9
Prag	50.1	12.1 -	98	9.5	15
Bei London [20])	51.5	2.5w.	25?	9.6	24
B. Dieppe . .	49.9	1.2 -	. .	9.6	5
Schönthal. . .	49.3	7.2 ö.	110	9.6	7
Stuttgart . . .	48.8	6.9 -	127	9.6	43
N. Bedford. .	41.6	73.3w.	. .	9.6	5
Council Bluffs	41.4	98.1 -	125	9.6	6
Boston	52.8	2.4 -	. .	9.7	8
Zwanenburg †)	52.3	2.0 ö.	—	9.7	64
Leyden . . .	52.2	2.1 -	—	9.7	19
Cheltenham .	51.9	3.6w.	. .	9.7	13
Genf (††) [21])	46.2	3.8 ö.	203	9.7	49
St. Jean de Maurienne .	45.3	4.1 -	280	9.7	12
Newburg . . .	41.5	76.3w.	23	9.7	9
J. Man [22]) .	54.2	6.8 -	. .	9.8?	9
Frankfurt a. M.	50.1	6.3 ö.	60	9.8	32
Trier	49.8	4.3 -	80	9.8	20
Freyburg. . .	48.1	5.6 -	143	9.8	7
Basel	47.6	5.2 -	135	9.8	11
Amsterdam. .	52.4	2.6 -	—	9.9	14
Schiedam†††)	51.9	2.9 -	—	9.9	19
Strassburg . .	48.6	5.4 -	75	9.9	35
Sympheropol	45.0	31.8 -	135	9.9	13
Union Hall. .	40.7	76.3w.	. .	9.9	11?
Haarlem . . .	52.4	2.3 ö.	—	10.0	20
Würzburg . .	49.8	7.6 -	88	10.0	28
Heidelberg . .	49.4	6.4 -	52	10.0	16
Karlsruhe [23])	49.0	6.1 -	58	10.0	38

9) Keswick (Brit.), Budweis (Böhm.), Rochester (N.-Am.) 8.5. — 10) Auburn (N. Am.) 8.6. — 11) Exeter 8.7. — 12) Neu-Strelitz, Prenzlau, Zlonitz (Böhm.) 8.8. — 13) Pless, Troppau (N.-Deutschl.) 8.9. — 14) Perleberg, Fredonia u. Clinton (N.-Am.) 9.0. — 15) Olmütz (Mähr.). Lewiston (N.-Am.) 9.1 — 16) Minden 9.2. — 17) Arnhem, Middelburg (Holld.) 9.3? — 18) Flottbeck (N.-Deutschl.) 9.4? — 19) Tangermünde, Chur, Lausanne, Montgomery (N.-Am.) 9.5. — 20) Liverpool 9.6. — 21) Kronstadt (Ungarn) 9.7. — 22) Kingston (N.-Am.) 9.8. — 23) Salzburg 10.0.

*) A. 18 J.: 8.6. — **) Vielj. Med. d. tägl. Extr. 9.0. — ***) Die Corr. nach der Var.-Grösse liefert nur 8.6. — ****) Mit Corr. wegen veränderten Nullpunkts des Therm. — †) Aus 27 J.: 9.5. — ††) Uncorr. Nullpunkt. — †††) A. 31 J.: 10.1.

Temperatur-Zone von 10°.1 bis 12°.5 C.

Ort.	N. Br. °	Lg. P. °	H. t.	Med. ° C.	J.
Maestricht . .	50.8	3.3 ö.	27	10.1	16
Wien *) . . .	48.2	14.0 -	85	10.1	24
Ft. George. .	46.3	125.3w.	. .	10.1	2
Rolle	46.4	4.0 ö.	190	10.1	10

Ort.	N. Br. °	Lg. P. °	H. t.	Med. ° C.	J.
Ft. Wolcott .	41.5	73.7w.	—	10.1	5
Chiswick, bei London	51.5	2.5 -	. .	10.2	8
Brüssel [1]) . .	50.8	2.0 ö.	30	10.2	{ 6 (36)

1) Mühlhausen (Frankr.), Leeuwarden (Holl.), Arras (Frankr.) 10.2.

*) A. vielen J. soll das corr. (?) Med. 10.9 sein (?).

Ort.	N. Br. °	Lg. P. °	H. t.	Med. ° C.	J.	Ort.	N. Br. °	Lg. P. °	H. t.	Med. ° C.	J.
I. Wight . . .	50.7	3.6w.	—	10.3	10	F. Vancouver	45.6	122.6w.	—	11.0?	3
Franecker*) .	53.3	3.2 ö.	—	10.3	13	Marschlins 6).	46.9	7.6 ö.	280	11.1?	8
Dunkerque . .	51.0	0.0 -	—	10.3	7	Dutches. . . .	41.7	76.2w.	. .	11.1	9
Manheim . . .	49.5	6.1 -	47	10.3	12	Penzance. . .	50.1	7.9 -	—	11.2	25
Metz	49.1	3.8 -	93	10.3	10	Hobarttown .	42 9s.	145.1 ö.	—	11.3	1
Ofen.	47.5	16.7 -	80	10.3	33	Germantown.	40.0	77.6w.	32	11.3	9
Lyme Regis .	50.7	5.3w.	—	10.4	13	New-York 7)	40.7	76.3 -	—	11.4	7
Montmorency	49.0	0.0 -	72	10.4	33	Sewastapol 8)	44.6	31.2 ö.	25	11.5	15
Schorndorf. .	48.8	7.2 ö.	128	10.4	6	Turin 9) . . .	45.1	5.3 -	143	11.6	30
Haag 2)	52.1	2.0 -	—	10.5?	8	Marietta . . .	39.4	83.8w.	. . .	11.6	11
London, St. 3)	51.5	2.4w.	17	10.5	40	J. Jersey 10)	49.3	4.4 -	—	11.7	5
Newport . . .	41.5	73.7 -	—	10.5	5	La Rochelle***)	46.1	3.5 -	—	11.7	11
Denainvilliers 4)	48.2	1.0 ö.	85	10.7	30	Philadelphia .	39.9	77.5 -	—	11.9?	20
						Baltimore . .	39.3	79.0 -	. .	11.9	8
Erasmus Hall	40.6	76.3w.	. .	10.7	14	Darjiling 11).	27.0	86.1 ö.	1090	12.0	2
Plymouth**) .	50.4	6.5w.	—	10.8	7	Cincinnati . . 12, 13)	39.1	86.8w.	80	12.2	9
Paris	48.8	0.0	33	10.8	33						
Tolmezzo 5).	46.5	10.7 ö.	40	10.9	12	Padua 14, 15)	45.4	9.5 ö.	15	12.5	34
Gosport. . . .	50.8	3.4w.	—	11.0	16	Pavia 16) . .	45.2	6.8 -	44	12.5	13

2) Dijon, Neufchatel (?), San Carlos (Chiloe) 10.5. — 3) Cork? (Irld.), Koblenz (?), Clermont 10.6. — 4) Besançon, Macon (Frkr.) 10.7. — 5) Bedford (Engl.) 10.9? — 6) Helston (Engl.), Lüttick, Hermannstadt 11.1. — 7) Troyes 11.4. — 8) Temeschwar (Ung.) 11.5. — 9) Crespano (Ital.) 11.6. — 10) hambéry 11.7. — 11) Chinon (Frkr.), Nikita (S. Russl.) 12.0. — 12) St. Malo 12.1. — 13) St. Brieux (Frkr.), Semlin 12.2. — 14) Rovigno 12.3. — 15) Poitiers, Cserna-Thal (Banat) 12.4. — 16) Woolworth (V. Diemensld.) 12.5.

*) Etwas zu hohes Med. — **) A. 11 J. 11.2 (corr.?) — ***) A. 7. J. corr.: 11.4.

Temperatur-Zone von 12°.6 bis 15.°0. C.

Ort.	N. Br. °	Lg. P. °	H. t.	Med. ° C.	J.	Ort.	N. Br. °	Lg. P. °	H. t.	Med. ° C.	J.
Mailand 1) . .	45.5	6.9 ö.	75	12.7	77	Mafra 5) . . .	38.9	11.7w.	120	13.9?	4
Peking	39.9	114.1 -	50?	12.7?	6	Ootacamund 6)	11.4	74.5 ö.	1150	14.0	3
Toulouse . . .	43.6	0.9 -	78	12.9	8	Montpellier. .	43.6	1.5 -	17	14.1	14
St. Louis, Miss.	38.6	91.9w.	87	12.9	7	Camajore . . .	43.9	8.0 -	. .	14.2	45
Triest 2, 3) . .	45.6	11.4 ö.	45	13.2	20	Avignon . . .	43.9	2.5 -	—	14.2	37
Bei Siena . .	43.3	9.0 -	170	13.4	5½	Marseille*) . .	43.3	3.0 -	23	14.2	21
Brescia	45.6	7.9 -	78	13.5	18	Madrid	40.3	6.0w.	340	14.2	2
Venedig 4) . .	45.4	10.0 -	—	13.7	19	Bologna. . . .	44.5	9.0 ö.	42	14.3	22
N. Harmony .	38.2	90.2w.	53	13.7	2½	Williamsbg. 7)	37.2	79.1w.	. .	14.5	6
Verona	45.4	8.7 ö.	30	13.8	9	Cascina	43.7	8.2 ö.	. . .	14.6	8
Richmond . .	37.5	79.7w.	. .	13.8	14	Pasto	1.2	79.7w.	1340	14.6	?
Bei Zacatecas	22.8	104.7 -	1340	13.8	2	Lucca 8, 9) . .	43.8	8.2 ö.	. .	14.9	36
Bordeaux. . .	44.8	2.9 -	—	13.9?	10	S. Fé de Bogota	4.6	76.6w.	1350	15.0	1½

1) Nantes 12.6. — 2) Vienne (Frkr.), Chioggia u. Gorizia (Ital.) 13.1. — 3) Lyon, Oléron, Macquarie I. (V. Diem. Ld.), Landur (Ost-Ind.) 13.2. — 4) Dax, (Frkr.), Konstantinopel, Mussuree (Ost-Ind.) 13.7. — 5) Bordeaux (s.o.), Rhodez, Altamura (Ital.) 13.9. — 6) Toluca, Talcahuano (Chile) 14.0. — 7) Valparaiso, Kön. Charlotte-Sund (N.-Seeld.) 14.5. — 8) Pisa 14.7? — 9) Ragusa 14.8.

*) A. 12 u. 18 J. 14.5.

Temperatur-Zone von 15°.1 bis 20°.0 C.

Ort.	N. Br. °	Lg. P. °	H. t.	Med. ° C.	J.	Ort.	N. Br. °	Lg. P. °	H. t.	Med. ° C.	J.
Loboogbat 1).	29.4	79.9 ö.	870	15.2	2	Genua	44.4	6.6 ö.	. .	15.7?	?
Florenz 2) . .	43.8	8.9 -	34	15.3	12	Albany	35.0s.	115.5 -	. .	16.1	1
Rom.	41.9	10.1 -	27	15.4	30	Bei Neapel. .	40.8	11.9 ö.	77	16.2	8
Athen 3) . . .	38.0	21.4 -	. .	15.5	3	Ithaka.	38.4	19.4 -	. .	16.2	4
Nizza.	43.7	4.9 -	—	15.6	23	Lissabon 4) . .	38.7	11.5w.	37	16.3	5
Toulon	43.1	3.6 -	—	15.6	11½	Mexico	19.4	101.4w.	1165	16.4	2
Quito	0.2s.	81.1w.	1495	15.6	2½	Cagliari 5, 6)	39.2	6.8 ö.	52	16.6	3½

1) Chapel Hill (N.-Am.), Santiago (S.-Am.) 15.3. — 2) Hawilbagh (Ost.-Ind.), Tlalpujahua (Mex., 1312 t h.) 15.4, Charlottesville (N.-Am.) 15.4? — 3) Perpignan 15.5. — 4) Pamplona (S.-Am.) 16.5. — 5) Ajaccio, George T. (Cap) 16.6. — 6) Bastia, Coimbra, Neu-Seeland (in 34½° s. Br.): 16.7?

Ort.	N. Br. °	Lg. P. °	H. t.	Med. ° C.	J.	Ort.	N. Br. °	Lg. P. °	H. t.	Med. ° C.	J.
Neapel, Stadt	40.8	11.9 -	38	16.9	9	Mahabaleshwur					
BuenosAyres 7)	34.6s.	60.7w.	. .	16.9	1½	Popayan 14) .	18.0	71.2 -	700	18.6	m.
Nangasaki . .	32.7	127.5 ö.	—	16.9	1	Savannah 15)	2.4	79.0 -	910	18.6	?
Cordova de Tu-						Funchal 16) .	32.1	83.4w.	. .	18.8	4
cuman	31.2s.	65.4w.	390	17.1	1	Capstadt 17) .	32.6	19.2-	—	19.0	8
Laguna, Ten.	28.5	18.6-	270	17.1	8	Stellenbosch .	33.9s.	16.0 ö.	—	19.1	10½
Palermo 8, 9)	38.1	11.0 ö.	38	17.2	39	18)	34.0s.	16.5 -	. . .	19.1	3
Kathmandu. .	27.7	85.3 -	720	17.3	2-3	Smithville . .					
Zu u. bei Para-						Montevideo. .	34.0	80.4w.	. . .	19.3	5
matta 10)	33.8s.	148.9 -	—	18.0?	3½	N. Orleans . .	34.9s.	58.5 -	. .	19.3	1
Smyrna 11, 12)	38.4	24.8 -	. .	18.2	1	Algier 19) . .	30.0	92.4-	. .	19.4	4
Bei Natchez . .	31.6	93.7w.	30	18.3	13	Gibraltar . . .	36.8	0.7 ö.	17?	19.6	2
Cerigo 13) . .	36.2	20.7 ö.	. .	18.5	6	20, 21)	36.1	7.7w.	. .	19.7?	10

7) Graaf Reynet (S.-Afr., 400 th.) 16.8. — 8) Constantine 17.2. — 9) Nangasaki 17.3? (s. o.) — 10) Nicolosi (Sicil.), Charleston (N.-Am.) 18.0. — 11) Gibraltar 18.1? (s. o.) — 12) Messina 18.3. — 13) York (N.-Holld.) 18.5. — 14) Canea 18.6. — 15) Aleppo 18.8. — 16) A. 12 J. (4 ält.) 19.3. — 17) Zwartland (Cap) 19.2. — 18) Tulbagh (Cap) 19.3. — 19) Deadwood (St. Hel.) 19.6. — 20) Catania 19.7? Bermudas-I. 19.7. — 21) Baton Rouge (N.-Am.) 20.0.

Temperatur-Zone von 20°.1 bis 25°.0 C.

Ort.	N. Br. °	Lg. P. °	H. t.	Med. ° C.	J.	Ort.	N. Br. °	Lg. P. °	H. t.	Med. ° C.	J.
Gondar . . .	12.6	35.2 ö.	1150	20.1?	½	Mozafferpur**)	26.1	83.1 ö.	. .	23.1	3
Jesup. Cant. .	31.5	96.1w.	23	20.2	3	RioJaneiro 10)	22.9s.	45.6w.	. .	23.1	8
Tunis	36.8	7.8 ö.	—	20.3	3½	Honoruru . . .	21.3	160.3 -	. .	23.7	2½
Cant. Clinch .	30.4	89.6w.	. .	20.3	3	Bangalore 11)	13.0	75.3 ö.	455	23.7	7
Marmato 1). .	5.4	77.7 -	730	20.4	2?	La Plata . . .	2.5	78.2w.	540	23.7	?
F. St. Philip 2)	29.5	91.7 -	—	20.7	2	B. Anserma N.	4.8	78.5 -	538	23.8	?
Fernandina 3)	30.6	84.9 -	—	21.1	2	Nasirabad 12)	26.3	72.4 ö.	230	24.5	4
Vega de Supia	5.6	78.6 -	628	21.5	2?	Key West 13)	24.6	84.2w.	—	24.7	7
St. Cruz, Ten. 4)	28.5	18.6 -	—	21.6	2	St. Louis . . .	16.0	18.9 -	—	24.7	5
Canton *) . . .	23.1	110.9 ö.	—	21.6	3	Port Louis . .	20.2s.	55.1 ö.	—	24.9	9
Caracas 5) . .	10.5	69.4w.	455	22.0	1	Poonah, Dekan	17 bis	71 bis	280	24.9	5
Cairo 6). . . .	30.0	28.9 ö.	. .	22.2	1-3	Plat.	19.5	73.5 ö.			
				22.4	8?	Gorée 14) . .	14.7	19.8w.	. .	24.9	5
Seharaupur. .	29.9	75.4 -	160	22.4	?	Honda.	5.2	77.4 -	188	24.9	?
Lima	12.1s.	79.5w.	88	22.4?	2½	Abuscheher .	28.2	48.6 ö.	—	25.0	1
Macao 7) . . .	22.2	114.2 ö.	—	22.5	6	Futtigurh. . .	27.4	77.2 -	93	25.0	2
Pampayaco . .	9.5s.	77.2w.	. . .	22.5	3/4	Havanna . . .	23.2	84.7 -	—	25.0	8
Kandy 8) . .	7.3	78.5 ö.	263	22.7	5	St. Dénis, I. de	20.9s.	53.2 -	22	25.0	2
Ambala 9) . .	30.4	74.4 -	165?	22.8	3½	Bourb.					m?
Ubagoy, Cuba	23.0	84.7w.	48	23.0	4	Seringapatam 15)	12.7	74.3 -	377	25.0	2

1) Ft. cott (N.-Am.) 20.4. Perth (N.-Holld.) 20.4? — 2) Mercara (Ost-Ind.) 20.8. — 3) Las Palmas (Canar.) 21.5. — 4) Ciudad d. l. Palmas (Tener.) 21.8? — 5) C. Brooke (Florid.) 22.0. — 6) St. Augustine u. F. King (Flor.) 22.3. — 7) Government Hill (J. Pulo Penang) 22.5. — 8) Gowhattee (Ost-Ind.) 22.7. — 9) St. Helena 22.8. — 10) Delhi 23.0, Bagdad(?), Goruckpore (Ost-Ind.) 23.2, Mhow (Ost-Ind.) 23.3. — 11) Darwar (Ost Ind.), Stoney H. (Jam.) 23.7. — 12) Juanjuy (S.-Am.) 24.5? — 13) Chandernagor, Veracruz (s. u.) 24.6? — 14) Bahia, Guanabacoa (Cuba) 24.8. — 15) Neiva (S.-Am.) 25.0.

*) Aus 10 J. 1829—38 Beob. der tägl. Extr. von Slade (in einer Verandah) ergiebt sich sogar nur J.: 21.0. W. 12.7, S. 27.8; k. M. 11.4, w. M. 28.3. Canton Reg., Sill. J. v. 38 p. 267. Die 10-jähr. mon. Med. sind meist nur in ganzen Graden F. angegeben!

**) In der Sonne gleichzeitig 24.4.

Temperatur-Zone von — 25°.2 bis 31.°5 C.

Ort.	N. Br. °	Lg. P. °	H. t.	Med. ° C.	J.
Ghazipur[1]) .	25.6	83.2 ö.	63	25.2	. .
Pt. Antonio. .	18.3	78.7w.	—	25.3	2
Benares[2]) . .	25.3	80.6 ö.	50	25.4	5
Vera Cruz*).	19.2	98.5w.	—	25.4	13
Raiatea	16.7s.	153.8 -	. .	25.4	1½
Matanzas . . .	23.0	84.0 -	18	25.5	3
Guayaquil[3]).	2.2s.	82.3 -	—	25.6?	½
Calcutta . . .	22.6	86.0 ö.	—	25.7	12
Bancoorah . .	23.3	84.9 -	33	26.0	4
Tortola	18.5	67.0w.	133	26.0	3
Trevandrum .	8.5	74.7 ö.	31	26.0	?
Bombay. . . .	18.9	70.6 ö.	—	26.0	2
Jamaica[4]) Kingston?	17.8	79.0w.	. .	26.1	5
Pulo Penang[5])	5.4	98.0 -	—	26.4	4
St. Barthélémy	17.9	65.3w.	. .	26.5	1
Kobbe.	14.2	25.8 -	250	26.5	2
Paramaribo[6])	5.7	57.7 -	—	26.5	2½
Singapore . .	1.3	101.5 ö.	—?	26.7	2
Am Commewyne[7])	5.6	55.0w.	. .	26.7	2
Brit. Guiana[8])	6.0	? -	—	26.9	?
Up Park Camp, Jamaica	18.0	79.2 -	33	27.0	?

Ort.	N. B. °	Lg. P. °	H. t.	Med. ° C.	J.
Ft. Dundas, Melv. I.[9])	11.4s.	127.7ö.	—	27.0	1?
Colombo . . .	6.9	77.7w.	—	27.0	2
Trinconomale.	8.6	79.0 ö.	—	27.1	3
RioBerbice[10])	6.5	59.7w.	. .	27.2	1
F. Royal,[11]) Martin.	14.6	63.4 -	. .	27.2	m.
St. Kitt's I. .	12.	. . -	. .	27.2	?
Anjarakandy .	11.7	73.3 ö.	—	27.2?	11½
Buitenzorg . .	6.8s.	104.5w.	115	27.2?	3½
Christianborg	5.4	2.2 -	—	27.2	5
S. Luiz do Maranhão	2.2s.	46.6 -	—	27.2	2
Nagpur[12]) .	21.1	76.8 ö.	—	27.3	3
Guinea-Küste	5.5	2.0w.	—	27.4	1½
Cumana. . . .	10.5	66.5 -	—	27.4	1
Guadeloupe[13])	16.0	64.1 -	—	27.5	m.
Madras[14]). .	13.1	77.9 ö.	—	27.8	25
Karikal	10.9	77.4 ö.	. .	27.9	(25)
Kouka[15]) . .	13.2	12.2 -	180?	28.1	1½
Rio Hacha[16])	11.5	75.3w.	—	28.3	⅓
Maracaybo . .	10.6	74.2 -	—	29.0	1
Massaua**). .	15.6	37.1 ö.	—	31.5	2/3

1) Antioquia (S.-Am.) 25.1. Chunar (Ost-Ind.) 25.2. — 2) Cawnpore (Ost-Ind.) 25.4. — 3) Ahmednuggur (Ost-Ind.), Roseau (W.-Ind.), Pernambuco 25.6, Manilla 25.6 (26.5)? Otaheiti 25.7? — 4) Mahé, Timor 26.1? — 5) Malacca 26.3. Barbadoes 26.4. Belize 26.4? — 6) Antigua, Esmeralda (S.-Am.) 26.5? Senegal 26.5.? — 7) Dominica, an d. Guinea-Küste (3½° Br.): 26.6. Trinidad 26.7. — 8) Acapulco 26.8? Batavia 26.8 (27.8)? Puerto Rico, kälteste d. Wind- u. Leeward-Ins. 26.9, El Morro (S.-Am.) 26.9. — 9) Guahan (Austr.) 27.0? — 10) Kingstown (St. Vincent), Panama (?), Stabroek, Payta, Para (Bras.) 27.1. — 11) Freetown, Sierra-Leone-K., Meta-Steppen (S.-Am.) 27.2. — 12) St. Domingo, St. Thomas 27.3. — 13) S. Carlos (S.-Am.) 27.5. — 14) St. Croix (W.-Ind.) 27.7? Arcot (Ost-Ind.) 27.7. Wärmste der Wind- u. Leeward-Ins. 27.8. — 15) Ualan (Austr.) 28.0? La Guayra 28.1. — 16) Pondichéry 28.6 (29.6)?

*) Vielleicht etwas zu hoch; s. p. 117. d. versch. Corr. — **) Wegen der Unbekanntschaft mit dem Gange der Temperatur in der jährlichen Periode an der Küste von Abyssinien unsicher. Die an einem vollständigen Beobachtungsjahre, Sept. 1831/2, fehlenden 4 Monate sind nach dem Wärme-Gange in Kobbe interpolirt. Mädler berechnet das Mittel zu 31.0. Rüppell's Reise in Abyssinien Th. II.

Anhang: Absolute Extreme der Temperatur.

Die absoluten Schwankungen um die mitgetheilten Temperaturen des Jahres, des Winters und Sommers, wie des kältesten und wärmsten Monats in verschiedenen Ländern zu kennen, ist ebensowohl für die Kenntniss des Klimas einer Erdgegend wichtig, als von Nutzen bei Betrachtung der geographischen Verbreitung der organischen Naturproducte. Wir geben desshalb als Anhang zu jenen Medien eine nach den Erdtheilen geordnete kleine Sammlung solcher Extreme, welche mehr und oft zuverlässigere Angaben, als die von Arago, Muncke u. A. mitgetheilten, enthält, und worin ich die zuweilen beträchtlichen Fehler anderwärts durch fast ausschliessliche Benutzung der Original-Quellen oder längerer Beobachtungsreihen vermieden*). Aus mittleren Breiten habe ich verhältnissmässig weniger Punkte aufgenommen, weil hier wegen der grösseren Veränderlichkeit eine sehr lange Beobachtungszeit dazu gehört, die wahren abs. Extreme zu ermitteln. Der Einfluss der Localität, der Instrumente und Beobachtungsstunden veranlasst ausserdem bei solchen Zahlen wohl immer eine gewisse Unzuverlässigkeit. (Die geogr. Lage und Höhe s. meist in den früheren Tabellen, wo auch gewöhnlich der Name des Beobachters zu finden ist.)

*) Eine Tab. der Minima in den heisseren Gegenden der Erde ist von mir im Monatsber. d. Ges. f. Erdkunde zu Berl. 1840. 1. Jahrgg. p. 213 publicirt worden.

I. Absolute Minima der Temperatur. °C.

Luft: A. Europa. Palermo 0°.0. Nicolosi — 2.2. Lissabon — 2.7. Neapel — 3.9 (— 5.0, Tenore). Athen — 4.0. Penzance — 4.4? Rom — 5.9. Pisa — 6.3. Florenz — 8.5. Nizza — 9.6. Toulon — 10.0. Hyèrische Ins. — 11.9, de Beauregard. Avignon — 13.0. Padua — 15.6. La Rochelle, Mailand — 16.2. Turin — 17.8. Reikiavig, Isld. — 20.0. Bei London — 20.6, Howard; Stadt — 11.4, Royal Soc. Frankfurt a. M. — 21.5. Brüssel — 22.5. Kopenhagen, Cuxhafen — 22.7. H. Peissenberg — 22.8. Maestricht — 22.9. Paris — 23.5. Drontheim — 23.7. Strassburg — 25.0. Genf — 25.3. Hamburg, Berlin, Bern, St. Gotthard — 30.0. St. Bernhard — 30.2. Regensburg — 30.5. Warschau, Innsbruck — 31.2. Upsala — 31.7. Stockholm — 32.5. Sagan — 32.6 Wilna — 34.7. Breslau — 35.0. Åbo — 36.0. Astrachan — 36.2. Woronesch — 37.5. Petersburg — 38.6. Tambow — 38.7. Kasan unter — 40.0 *). Moskau — 42.2. Wjätka — 42.5? Ober-Torneå — 50.0? Enontekis, 223^{t}h. — 50.0. *Calix*, *Lappmk.* — 55?

B. Asien. J. Pulo Penang 24.4? Singapore, Batavia (?) 21.7. Ceylon-Küste (6—8½° n.) 20.0. Madras 17.8. Pondichéry 13.0. Kandy 250^{t}h. 11.7. Calcutta 11.1. Seringapatam 275^{t}h. 8.9. Chandernagor 7.5. Benares 7.2. Ft. William b. Calcutta 4.7. Ootacamund 1150^{t}h. 3.9. Macao 3.3. Ambala 170^t?h. 0.3. Canton — 2.2. Mussuri 1100^{t}h. — 2.8. Bagdad — 5.0. Peking — 15.6 (— 9.8, Fuss). Novaja Semlja (73¾° n. Westk.) — 32.5. Novaja Seml. (Felsenb., Ostk.) — 40.0. Bogoslowsk a. Ural **): das Quecksilber bleibt zuweilen Tage lang im Therm. im festen Zustande (n. Protassoff's MS.-Beob.) Kirghisen-Steppe (48° n. Br.) — 43.9, v. Tschichatscheff. Novaja Semlja (Matotschkin Sch., Westk.) — 46.9, Pachtussow u. Ziwolka. Nis'hne Tagilsk — 51.5, n. Demidoff. Nis'hne Kolymsk — 53.9. Jakuzk***) — 58.0.

C. Africa. St. Dénis, J. d. Bourb. 16.0. Sockatu 15.6. Gorée 15.3. P. Louis, J. d. Fr. 15.0. St. Louis, Seneg. 12.5. St. Helena 11.1. Funchal, Madeira 10.6. Kobbe 7.7 cor. Bornu 5.5 (u. unter 0°). Capstadt 5.0, n. Herschel (1.1? n. Kirwan). Cairo 4.4. Tunis 2.5. Algier — 2.5.

D. America. S. Luis do Maranhão 24.4. Curaçao 23.9. J. Barbadoes 22.2. Maracaybo 21.1? La Guayra 21.0. Cayenne 18.7. J. Guadeloupe 18.5. Jamaica 17.8. J. Martinique 17.1, Chanvalon. Paramaribo 16.1 (21.3 gewöhnl.) Vera Cruz, J. Trinidad 16.0. Lima 13.9. Rio Janeiro 11.4. Galapagos J. 11.1. Caracas 450^{t}h. 11.0. La Havana 7.5, v. Humb. (10.0, R. de la Sagra). Key West, Flor. 6.7. Quito 1490^{t}h. 6.0. Sta. Fé de Bogota, 1350^{t}h. 2.5. Ubagoy auf Cuba 0.0, Robledo. Buenos Ayres — 2.2. N. Orleans — 3.9. Falklands Ins. — 5.6, n. Fitzroy. Tallahassee (Flor., 30½° n.) — 15.6. Savannah — 16.1. Charleston — 16.7. Natchez — 17.8. Sitcha — 20.0. Williamsburg, Richmond — 21.1. Newhaven — 23.0. Cambridge — 24.4. Salem — 25.0. Cincinnati — 27.0. St. Louis, Miss. — 27.7. Marietta — 27.8. Dover — 33.3. Boston, Penetanguishene — 35.6. Ft. Brady — 36.1. Montreal — 37.2. Nain — 37.8. Winter J. — 38.6. Ft. Howard — 38.9. Montpellier (Verm., 44¼° n.) — 39.5. Quebek unter — 40.0 †). Anson (Maine) — 40.9. Cumberland-House — 42.2. Grönland, Ort? — 42.5, Gieseke. Igloolik I., u. an d. Hudsons-Bai (Br.?) — 42.8, Mitchel. P. Bowen — 44.2. Melville J. — 48.3. Ft. Enterprise — 49.7. Felix Hafen — 50.8, Ross. Ft. Reliance — 56.7, Back.

E. Australien. Societäts-In. 23.2? Otaheiti 18.3 Ft. Dundas, Melv. J. 17.2. Honoruru 8.9. Sidney — 3.3.

---

*) Quecksilber gefriert in Jemteland, Umeå u. Röraas; ob auch zu Petersburg?

**) Das Gefrieren des Quecksilbers wurde ebenfalls in Jeniseisk u. Solikamsk von Gmelin, in Irkuzk, Krasnojarsk von Pallas u. A. beobachtet.

***) Hansteen soll (nach Muncke, Gehler's Wört. Art. Temp.) in 55° n. Br. zwischen Krasnojarsk u. Nis'hne Udinsk — 62°.5 C. (?) beobachtet haben.

†) Quecksilber sah man auch gefrieren öfter zu Ft. York (Huds. B.), zu Ft. Albany 52¼° n.) n. Hutchins u. zu Bangor in Maine 44.8° n., 71.1° w.

II. Absolute Maxima der Temperatur. °C.

Meerwasser: Atlantischer Ozean (3°.1 n.Br.) 29°.2, v. Kotzebue u. Holmfeldt. — Indischer Oz. (6°.1 n. Br. 102° ö. L. P.) 29.2, Meyen. — Grosser Ozean in 2°27′ n. Br. (ö. v. d. Galapagos-J.) 29.3, v. Humboldt; in 4°19′ n., 82°56′ w.; 7° n., 81° w. 29.7, U. Dirckinck v. Holmfeldt; — in 16° n., 113°36′ ö. 30.5, Meyen; — in 2°5′ n., 81°24′ w. 30.6, D. v. Holmfeldt; — in a) 5° s., 152° w. u. b) 19° n., 113° ö. P. 30.4, Beechey; da diese Temp. aber das Max. der täglichen Mittel von 4-stündl. Beob. ist, so darf man als abs. Max. 30¾ bis 31° ansehen. *)

Meeresluft: Atlant. Ozean 11°12′ n. 29.2, Wales. Südsee 8°55′ s. 30.0, v. Kotzebue. Grosser Oz. 20°10′ n. 30.3, Kotzebue. Moluckenmeer 10°42′ s. 30.6, D'Entrecasteaux. Südchines. M. in 17° n., 117° ö. P. 30.7, Meyen. Grosser Oz. in 4°.7 n., 83°.1 w. 31.0 (in 5°.9 n. 30.5), v. Holmfeldt; a) 5° s., 152° w., b) 19° n., 113° ö. u. c) 14° n., 102° w. P. 31.7, Beechey.

Boden: Sierra Leone-K. 59.0, Winterbottom. Granitsand bei den Cataracten des Orinoco 60.3, v. Humboldt. Bei Theben u. d. J. Philae 67.5, n. Nouet.

Luft im Schatten: A. Europa. Hecla Cove, Spitzbg. (s. u. Am.) 12.8. St. Gotthard 19.4. St. Bernhard 19.7. Reikiavig, Isld. 20.5. Eyafiord Isld. 20.9. Hindoen, Norweg. 25.0, Schytte. Ob.-Torneå 25.0. Bergen, Enontekis 26.0. Drontheim 28.7. Penzance 28.9. Upsala 30.0? Haarlem 32.0? Edinburgh 32.2. Wilna 32.5? H. Peyssenberg 32.7. Kopenhagen 32.9 (33.4?). Cuxhafen 33.4. Petersburg 33.4 (34.4 bei Cotte), Euler. Franecker 34.0. Mailand 34.4. Åbo (n. Leche), Stockholm, Tilsit, Hamburg, Warschau (n. Mager) 35.0. Brüssel 35.0 (33.7?). Prag 35.4, Struadt. Lüneburg, bei London, Sevastapol 35.6. Kasan, Strassburg 36.0. Moskau, Heidelberg, Bern, Genf, Padua (n. Toaldo) 36.2. Karlsruhe, Mühlhausen (Frkr.) 36.3. Regensburg, Wien, Turin 36.9. Münster, Jena, Frankf. a. M., Innsbruck, Nicolaïeff 37.5. Rom 38.0. Avign. 38.1. La Rochelle 38.2. Paris 38.4, n. Arago. Tambow 38.7. Maestricht, Dresden, Lissabon (40?): 38.8. Würzburg 39.1. Berlin 39.3 (37.5). Stuttgart 39.4. Palermo 39.7 (41.7). Athen 40.6, n. Peytier.

B. Asien. Felsenb., Nov. Seml. 10.0. Matotschkin Sch., N. Seml. 13.7. Ebd. 74° Br.: 18.1. Nis'hne Kolymsk 22.5. Ootacamund 1150t h. 25.0. Mussuri 980t h. 25.6. Irkuzk 210t h. 27.5? Jakuzk 30.0. Singapore 31.7. J. Pulo Penang 32.2. Ceylon, Küste 32.8. Bogoslowsk a. Ural 33.0, Protassoff. Malabar-Küste (in 12° n. Br.) 33.9. Ambala (170t? h.) 34.4. Macao 34.6. Canton 35.6. Nangasaki 36.7. Calcutta 37.2. Tobolsk über 37.5. Beit el Fakih (14° n., Arab.) 38.3, Niebuhr. Madras 40.3, Goldingham. Chandernagor 40.6. A. Beema-Fl. (480t h., Dekan) 40.6, Sykes. Pondichéry 41.1 (44.7? Le Gentil). Goruckpore 42.2. Bei Akaba 42.5, Rüppell. Peking 43.1 (39.3 Fuss). Kisslar a. Terek 43.7, v. Steven. Im rothen Meere 44—45°, Tuckey. Benares 44.6 (d. Mittel des tägl. Max. in einem Mon. betrug noch 40.8, zu Mozafferpur sogar 42.6). Ebene v. Peschawer 45.0, Elphinstone. Bassora 45.3, Beauchamp. Seringapatam 375t h. 46.1. Bagdad 48.9. Bir el Barut (21⅘° n., Tehama, Arab.) 50.0, Tamisier. Mascate (46.1, Ruschenberger) im Juni 1821 über 50° (um Mitternacht noch 40.0). Abu-Arich (Arab.) 52.5, Tamisier.

C. Africa. Jamestown, St. Helena 27.8. Funchal, Mad. 29.4. Gran Canaria 31.7. J. de France 32.7. St. Louis, Sen. 35.0. Sierra Leone, St. Dénis a. J. de Bourb. 37.5. Algier 38.0, Bérard. Capstadt 38.6, Herschel (43.7? la Caille). Richard Tol 40.0. Bakel 40.3. Cairo 40.9, Nouet. Kouka 42.7. J. Philae 42.9, Nouet. Sockatu 43.3, Clapperton. Tunis

*) Livingston beobachtete im mexikan. Meerbusen, in 28.7° n., 91° w. P., 31°.4.

44.7. Nubien (15° n. Br.) 46.2, Russegger. Aine Dize (27° n. Br., U.-Aegypt.) 46.7, Browne. Ambukol (18° n., Dongola) 46.9, Rüppell. Esne 47.4, (55°) Burckhardt Chendi (16⅔ n., Senn.) 48.3, Bruce. Bei Essuan 51.7; b. Suez 52.5, franz. Exped. b. Syene 54.0? Murzuk 56.2, Lyon u. Ritchie.

D. America. Bei Spitzbergen (79°.1 n. Br.) 8.9. Winter-J. 10.0. P. Bowen 10.6. Igloolik-J. 15.0. Melville-J. 15.6. Felix Hafen 21.1. Quito 1495th. 22.0. Falklands-J. 26.7, n. Fitzroy. Ft. Franklin 26.7. Nain, Labr. 28.9, de la Trobe. J. Barbadoes 30.0. Grönland, Ort? 31.2, Gieseke. Demerary 31.7. Key West 32.2. Surinam 32.3. La Havana 32.3 (Robledo beob. zu Ubagoy 34.4). Tortola, Curaçao u. Cumana 32.8. Penetanguishene, St. Luis do Maranhão 33.3. J. Dominique 33.4. Trinidad 33.9. Natchez, Rio Janeiro, Paramaribo 34.4. Marietta, Martinique 35.0. Vera Cruz, Buenos Ayres 35.6. Ft. Chepewyan 36.1. J. Bartholomeus 36.4. Montreal, Boston, Williamsburg 36.7. Brunswick, Maine 36.9. Baton Rouge, Maracaybo 37.2. Dover 37.5. Ft. Howard 37.8. Salem 38.3. Charleston (32¾° n.) 38.3. Aequator 38.4, v. Humboldt. Boston 38.9. J. Guadeloupe 39.3? Lachenaic (38.4, Le Gaux). Ober-Canada (42° n. Br.) 39.4. F. Columbus 40.0. Cincinnati 42.0. Council Bluffs 42.2, Gale. Thal v. Upar (Columb.) 42.2, Col. Hall.

E. Australien. Honoruru (Sandw.-J.) 31.1. Otaheiti 32.2. Ft. Dundas (Melv.-J.) 37.8. Sidney, Perth (Austr.) 41.1 (Sidney n. Nicholas 45.6?). Am Fl. Macquarie 53.9, Sturt.

Wind.

1. Mittlere Richtung.

Gemässigte Zone. Die Annahme einer in allen Theilen der gemässigten Zone vorherrschenden westlichen mittleren Windesrichtung und zwar einer mehr südwestlichen in der nördlichen gemässigten Zone und einer nordwestlichen in der südlichen gründet sich ausser dem Zeugniss der Seeleute vorzugsweise auf die Berechnung der mittleren Windesrichtung europäischer Orte und der von Lovell bekannt gemachten Beobachtungen der Militairstationen der Vereinigten Staaten. Die geringe Anzahl der letztern liess eine Vervollständigung derselben wünschen, welche durch die Beobachtungen des Staates New-York nun gegeben ist. In der foldenden Tafel habe ich die meteorologischen Constanten dieses Staates zusammengestellt. Alle Maasse sind englisch. Der neben dem Ortsnamen stehende Exponent bezeichnet die Zahl der Jahre, aus welcher die mittlere Temperatur bestimmt ist. Die Berechnung der mittleren Windesrichtung ist von Coffin entlehnt aus dem 53sten Jahresbericht der Regents of the University of the State of New-York p. 232. Die den Windzeichen folgende St. überschriebene Columne bezeichnet die Stärke auf 100 als Einheit bezogen.

Meteorologische Constanten des Staates New-York 1826—1839.

	Breite	Länge	Höhe	Tmp.	Reg.	mittl. Windesr.	N	NO	O	SO	S	SW	W	NW	St.	Anz.
Albany [14])	42° 39′	73° 44′	130′	48.24	40.″35	S 63° 5′ W	1070	398	103	702	3010	776	1418	2019	30.	9496
Auburn [12])	42° 55′	76° 28′	650	47.11	31.15	S 74° 55′ W	769	243	107	617	1451	1017	749	1623	30.	6576
Bridgewater [4])	42° 55	75° 17	1286	42.66	43.35	S 59° 57′ W	88	37	116	117	775	438	431	418	32.5	7306
Buffalo [2])				46.19	27.27	S 42° 40′ W	33	193	123	137	107	567	152	150	52.	2920
Cambridge Washington [13])	43° 1′	73° 23		45.35	40.14	S 84° 41′ W	1783	191	50	139	1825	1316	990	1012	30.5	1462
Canajoharie [3])	42° 53′	74° 35′	284	45.77		N 84° 14′ W	8	1	182	292	40	72	401	464	27.	1460
Canandaigua [12])	42° 50′	77° 15′		46.01	37.14	S 62° 50′ W	253	120	121	241	1762	899	2340	838	54.	6576
Cayuga [5])	42° 43′	76° 37′		48.43	32.59	S 52° 40′ W	820	20	23	118	1610	119	420	522	26.	3652
Cherry Valley [11])	42° 48′	74° 47′	1335	42.28	41.48	S 73° 53′ W	287	442	330	206	948	1357	2145	861	46.	6876
Cilnton [13])	41° 00	70° 19′	16	48.03	38.27	S 74° 47′ W	490	932	943	868	988	1309	836	1670	9.5	8036
Cortland [7])	42° 38′	76° 11	1096	43.78	.	S 68° 41′ W	24	20	0	257	1196	753	602	1542	50.	4384
Delavare [3])	42° 16′	74° 58′	1384	46.10	35.45	S 58° 59′ W	88	48	47	43	151	134	158	61	29.5	730
Dutchess [9])	41° 41′	73° 57′		52.02	41.22	S 12° 50′ W	824	636	104	1463	874	873	221	851	11.5	5846
Erasmus Hall [14])	40° 37′	73° 58′	40	51.19	43.81	N 75° 57′ W	554	1170	138	668	555	1963	721	2267	29.	8036
Farmers Hall [5])	41° 20′	74° 11	425	46.76	33.08	S 60° 33′ W	49	145	48	91	149	526	286	166	26.5	6576
Fairfield [10])	43° 5′	74° 55′	1185	43.57	32.80	N 55° 51′ W	84	85	1111	952	181	290	1190	2683	44.	1460
Fredonia [9])	42° 26′	79° 24′	645	47.47	36.38	S 64° 42′ W	521	373	202	393	902	1414	1494	545	40.5	5844
Franklin (Pratsbugh) [3])	44° 42′	73° 25′		42.26	29.85	S 76° 46′ W	69	32	6	11	167	121	197	127	47.5	730
Franklin (Malone) [1])				43.22	22.35											
Gaines [1])	43° 17′	78° 15′		46.50	37.55											
Gouverneur higshevl [8])	44° 25′	75° 35′	490	42.73	28.83	S 76° 24′ W	267	423	98	141	454	1405	847	747	61.5	4382
Granville [4])				44.63	27.78	S 88° 9′ W	1013	91	24	110	505	879	153	147	24.5	2922
Greenville [1])				48.05	35.53	N 34° 16′ W	15	65	26	238	17	39	45	285	8.	730
Hamilton [10])				44.30	37.56	S 79° 50′ W	398	141	37	225	984	1657	526	1878	47.5	5846
Hartwick [11])	42° 38′	75° 1′	1100	45.46	37.13	S 59° 20′ W	276	90	102	233	2060	588	1046	1447	43.	5842
Hudson [8])	42° 15′	73° 45′	150	48.09	39.32	S 79° 28′ W	1430	362	167	832	1571	203	451	828	3.	5844
Ithaca [9])	42° 27′	76° 30′	417	47.76	29.33	S 62° 27′ W	892	247	180	570	1501	286	393	1045	13.	5114
Johnstown [9])	43° 00	74° 23′		44.91	40.02	N 89° 18′ W	38	433	932	333	49	433	3239	389	40.5	5846

Kinderhook [10])	42° 18′	73° 40′	125	46.76	37.17	N 62° 18′ W	2207	114	119	214	2350	235	192	1143	14.	6574
Kingston [11])	41° 55′	74° 2′	188	49.39	38.00	N 69° 10′ W	388	1346	257	424	641	1311	685	1452	19.	6574
Lansinburgh [13])	42° 47′	73° 40′	30	48.50	35.99	S 79° 52′ W	1264	258	67	314	2345	672	1584	1874	34.	8078
Lewiston [8])	43° 9′	79° 10′	280	47.69	22.25	S 45° 58′ W	414	391	262	356	776	1897	637	381	39.5	5114
Lowille [1])	43° 47′	75° 33′	800	44.03	33 84	S 89° 31′ W	1033	174	107	768	1089	534	918	1210	23.5	5851
Middleburgy [11])	42° 49′	78° 10′	800	47.43	31.13	S 72° 31′ W	735	377	66	84	141	3542	776	853	56.	6574
Monroe [3])	43° 6′	77° 39′	600	45.84	27.30	S 44° 19′ W	144	67	84	70	376	378	192	151	38.	1462
Montgomery [12])	41° 32′	74° 0′		47 70	35.04	N 84° 25′ W	799	794	214	370	1052	1075	1670	1332	32.	7306
Mount Pleasant [8])	41° 9′	73° 47′		49.05	38.60	N 83° 18′ W	605	378	119	320	915	647	221	1177	20.5	4382
Newburgh [11])	41° 30′	74° 5′	150	48.99	37.18	S 61° 9′ W	467	1134	52	259	1000	1559	599	776	23.5	5846
North Salem [8])	41° 20′	74° 37′	170	48.25	38.62	N 62° 47′ W	259	762	300	567	245	911	611	1457	23.	5112
Ogdensburg [1])	44° 43′			43.49	24.61	S 58° 34′ W									29.5	
Oneida Conferenz [10])	42° 37′	75° 46′	1250	43.64	37.19	S 87° 52′ W	170	113	104	268	933	1125	923	2206	50.	5842
Oneida Institut [6])	43° 7′	75° 14′		44.16	26.87	S 89° 33′ W	180	54	831	153	257	246	1488	443	27.5	3652
Oysterbay [2])	40° 50′	73° 49′		50.81	42 29	S 83° 27′ W	42	316	35	157	107	378	78	347	38.	6538
Onondaga [11])	42° 59′	76° 6′		47.81	31.37	S 67° 8′ W	393	193	187	467	1824	464	1618	1392	45.5	6574
Oxford [10])	42° 28′	75° 32′	961	44.78	34.61	S 88° 38′ W	851	383	110	96	968	1341	1707	1118	15.	1460
Palmyra [1])	43° 5′	77° 16′	450	45.32	25.55	S 69° 7′ W	44	54	19	145	38	163	118	149	26.	730
Pompey [13])	42° 56′	76° 5′	1300	47.63	29.33	S 64° 17′ W	124	103	51	739	1247	2270	1710	1807	54.	8051
Redhook [2])	42° 2′	73° 56′		47.63	37.10	S 82° 13′ W	1830	516	368	536	1966	180	171	277	10.5	5844
Rensselaer Oswego [2])	43° 27′	76° 14′	334′	44.29	34.82	S 57° 24′ W	120	72	31	242	231	266	224	274	38.5	1460
Rochester [8])	43° 8′	77° 51′	506	46.58	27.94	N 89° 32′ W	358	492	220	349	346	1087	1221	939	8.	5112
St. Lawrence [12])	44° 40′	75° 1′	394	43.24	27.89	S 66° 59′ W	521	972	56	194	1136	2589	617	1321	36.	7306
Schenectady [5])	42° 48′	73° 55′		46.24	39.33	N 73° 42′ W	84	93	41	196	223	65	228	532	29.	1462
Springville [2])	43° 30′			47.57	37.44	N 81° 4′ W	24	69	7	24	36	143	224	203	55.	730
Union [6])	43° 45′	76° 10′		45.38	27.31	S 64° 56′ W	388	507	125	239	923	814	819	553	28.5	4368
Union Hall [14])	40° 41′	73° 56′		49.54	39.72	N 70° 32′ W	505	1226	334	796	825	1737	583	2785	24.	8764
Utica [14])	43° 6′	75° 13′	173	45.33	39.14	S 61° 41′ W	8	55	1963	919	295	852	4491	170	33.5	8753
Washington [3])	43° 45′	73° 30′		46.39		S 62° 22′ W	165	155	4	19	188	679	91	162	23.	1463
Staat New-York							26454	18298	11470	19292	46514	47484	46542	51058		

Bestimmt man für die einzelne Jahrgänge für den ganzen Staat die mittlere Richtung und die Resultante in Hundertheilen, so erhält man:

	Richtung				Result.
1826	S	68°	38′	W	30.
1827	S	86	15	W	31.5
1828	S	62	44	W	35.
1830	S	79	43	W	27.
1831	S	76	42	W	35.5
1832	S	69	33	W	29.
1833	S	74	50	W	29.
1834	S	80	12	W	28.
1835	S	72	53	W	33.5
1836	S	76	55	W	22.5
1837	S	85	2	W	29.
1838	S	85	26	W	33.
Mittel	S	76°	54′	W	30.

In einer besondern Schrift „über die nicht periodischen Aenderungen der Temperaturvertheilung auf der Oberfläche der Erde. Berlin 1840. 4.“ habe ich gezeigt, dass, wenn zu einer bestimmten Zeit in Europa eine für die Jahreszeit unverhältnissmässig hohe oder niedrige Temperatur sich zeigt, in Amerika in der Regel der Ausschlag in entgegengesetztem Sinne stattfindet, wonach wahrscheinlich wird, dass in kürzeren Zeitabschnitten die Windesrichtungen der beiden Continente unter derselben Breite nicht übereinstimmen. Nun wird nach den Berechnungen von Schouw, Schübler, Kämtz und mir in Europa die mittlere Windesrichtung vom Winter nach dem Sommer hin immer nördlicher. Diess ist in Amerika grade entgegengesetzt. Wenigstens finde ich nach Berechnung des einzigen mir zugänglichen längeren Beobachtungsjournals von Cambridge in Massaschusets, 1791—1812, Süd als Nullpunkt gerechnet und den Winkel nach West gezählt:

Winter	113°	41′
Frühling	50	26
Sommer	41	12
Herbst	118	19

Viele Naturforscher nehmen an, ohne Gründe für diese Behauptung anzuführen, dass auch in der gemässigten Zone in den höheren Gegenden der Atmosphäre die Luft in einer der untern Richtung entgegengesetzten ströme. Diess wird durch die Beobachtungen von Redfield in New-York nicht bestätigt. Er fand nämlich 1833—1839 durch Vergleichung der Windfahne mit der Richtung der höchsten Wolken unter 1000 Richtungen

	oben	unten
N u. NO	53	216
O u. SO	24	127
S u. SW	565	382
W u. NW	358	275

die südwestliche Windesrichtung also noch entschiedener in der Höhe, wobei aber doch zu bemerken, dass, wenn bei vollkommen durchgedrungenem nördlichen Strome dieser bei heiterm Wetter durch die ganze Atmosphäre herrscht, alle Beobachtungen während desselben nur der Windfahne zu Gute kommen, nicht aber an den Wolken beobachtet werden können.

Heisse Zone. Dass der obere entgegengesetzte Strom in der Passatzone ebenfalls nicht so regelmässig sei als man annimmt, geht daraus hervor, dass bei dem Ausbruche des Cosiguina im Januar 1835 die Asche sowohl 800 englische Meilen östlich auf Jamaica niederfiel, als auch 700 Meilen westlich auf das Schiff Conway im stillen Ozean unter 7° N. B. und 105° W. L. (Silliman. Journ. vol. 33 no. 1.)

Kalte Zone. Bei der geringen Anzahl lange fortgesetzter Beobachtungsjournale aus der Nähe der kalten Zone ist das von der Dänischen Akademie bekannt gemachte Beobachtungsjournal von Reikiavig in Island unter 64° 9′ N. B. besonders wichtig. Nach Holmstedt's Berechnung der Beobachtungen von Thornstensen ist hier die mittlere Windesrichtung bei auffallend niedrigem Barometer das ganze Jahr hindurch NO, ausser im Mai, wo sie NW ist.

2. Drehung des Windes.

In Pogg. Ann. 36 p. 321 habe ich aus dem bei der Theorie der Passate von Hadley zuerst geltend gemachten Principe des Einflusses der Drehung der Erde auf Ströme, die nicht in Parallelkreisen laufen, eine allgemeine Windtheorie entwickelt, aus welcher das Drehungsgesetz als allgemeiner Fall, und als speziellere die Moussons und Passate folgen. In dieser Theorie sind statt eines Stroms mit unveränderlichem Anfangspunkte, wie ihn Hadley annimmt, zwei einander verdrängende mit veränderlichem Anfangspunkte betrachtet. Von dieser Theorie behauptet Dalton (Phil.

Mag. ser. 3. vol. 11. p. 390), dass er sie bereits im Jahr 1793 gegeben habe. Da aber in seinem Werke nicht einmal eine entfernte Andeutung des Drehungsgesetzes sich findet, sondern nur eine unausgeführte Darstellung der von Hadley bereits 1735 viel bestimmter entwickelten Passattheorie, so ist die Veranlassung zu Daltons Bemerkung nicht einzusehn, da bei den Windtheorien gar kein Grund vorhanden ist, Daltons Namen zu erwähnen. Ich finde aber, dass Kant in der 1802 erschienenen physikalischen Geographie sehr nahe an der richtigen Erklärung der Drehung war, nur leitet er die Verwandlung des N in NO und O von dem unrichtigen Principe von Halley ab. Die gewöhnliche Art die regelmässige Drehung dadurch zu bezeichnen, dass man sagt: der Wind geht mit der Sonne (αἱ δε περιστάσεις γινονται κατὰ τὴν τοῦ ἡλιου μεταστασιν, wie Aristoteles sich ausdrückt) verleitet ihn zu der falschen Vermuthung, dass dieses Gesetz vom Laufe der Sonne herrühre (p. 283). Kants allgemeine Theorie verhält sich demnach zur Halleyschen Passattheorie, wie meine allgemeine Theorie zur Hadleyschen Passattheorie. Die Unabhängigkeit der Drehung des Windes von der täglichen Periode habe ich schon 1827 bewiesen. Daraus folgt indirect die Unrichtigkeit der Kantischen Erklärung.

Die Grundbestimmungen der Theorie, deren weitere Ausführung in meinen „meteorologischen Untersuchungen" p. 175—196 nachzulesen, sind folgende:

Die Rotationsgeschwindigkeit der einzelnen Punkte der Oberfläche der Erde verhält sich wie die Halbmesser der Parallelkreise, unter welchen sie liegen, sie nimmt also zu von den Polen, wo sie Null ist, bis zum Aequator, wo sie am grössten ist. Im Zustande der Ruhe nimmt die Luft Theil an der Drehungsgeschwindigkeit des Ortes, über welchem sie sich befindet. Wenn sie daher durch Temperaturdifferenz oder irgend eine andere Ursache ein Bestreben erhält, in einem Parallelkreise zu fliessen, so wird die Drehung der Erde durchaus keinen Einfluss auf sie äussern, weil die Punkte der Oberfläche, zu welchen die strömende Luft gelangt, genau dieselbe Drehungsgeschwindigkeit haben als die Punkte, welche sie verlassen hat. Wird aber Luft durch irgend eine Ursache von den Polen nach dem Aequator getrieben, so kommt sie von Orten, deren Rotationsgeschwindigkeit gering ist, nach Orten, an welchen sie grösser ist. Die Luft dreht sich also dann mit einer geringeren Geschwindigkeit nach Osten, als die Orte, mit welchen sie in Berührung kommt, sie scheint daher nach entgegengesetzter Richtung, d. h. von Ost nach West zu fliessen. Die Ablenkung des Windes von der anfänglichen Richtung wird desto grösser sein, je mehr sich bei gleichbleibender fortrückender Bewegung die Drehungsgeschwindigkeit des Ausgangspunktes unterscheidet von der Drehungsgeschwindigket des Ortes an welchem der Wind beobachtet wird, d. h. je grösser der Unterschied der geographischen Breite beider Orte ist. Daraus folgt:

1) auf der nördlichen Halbkugel gehen Winde, welche als Nordwinde entstehen, bei dem allmäligen Fortrücken durch NO. immer mehr in O. über.

Denken wir uns nun Orte

$$\begin{matrix} A & A_{,} & A_{,,} & A_{,,,} \dots \\ B & B_{,} & B_{,,} & B_{,,,} \dots \\ C & C_{,} & C_{,,} & C_{,,,} \dots \\ D & D_{,} & D_{,,} & D_{,,,} \dots \end{matrix}$$

so gelegen, dass von den unter demselben Meridian liegenden A, B, C, D der Ort A der nördlichste und D der südlichste ist, von den in den demselben Parallel A, $A_{,}$, $A_{,,}$, $A_{,,,}$ gelegenen A der westlichste, $A_{,,,}$ der östlichste, und die ganze zwischen $AA_{,,,}$ und $DD_{,,,}$ enthaltene Luftmasse durch irgend eine Ursache von Norden nach Süden in Bewegung versetzt, so wird, wenn die von $CC_{,,,}$ ausgegangene Luft noch ziemlich als Nord in dem Parallel $DD_{,,,}$ ankommt, die von $BB_{,,,}$ abgegangene schon als Nordost eintreffen, während die von $AA_{,,,}$ ankommende noch mehr als Ostwind erscheinen wird. Für einen in $DD_{,,,}$ befindlichen Beobachter wird also die Windfahne sich allmälig von Nord durch Nordost nach Ost gedreht haben.

2) auf der südlichen Halbkugel gehen Winde, welche als Südwinde entstehen, bei dem allmäligen Fortschreiten durch SO. immer mehr in Ostwinde über.

Bezeichnen daher

$$\begin{matrix} d & d_{,} & d_{,,} & d_{,,,} \dots \\ c & c_{,} & c_{,,} & c_{,,,} \dots \\ b & b_{,} & b_{,,} & b_{,,,} \dots \\ a & a_{,} & a_{,,} & a_{,,,} \dots \end{matrix}$$

Orte, von denen die unter dem Parallelkreis $aa_{,,,}$ liegenden die südlichsten sind, die im Parallel $dd_{,,,}$ die nördlichsten, so wird ein in $dd_{,,,}$ befindlicher Beobachter die Windfahne von Süd durch Südost allmälig in Ost übergehen sehen.

Ist auf der nördlichen oder südlichen Halbkugel auf diese Art ein östlicher Wind entstanden, so wird dieser die Parallelen $DD_{,,,}$ und $dd_{,,,}$ durchlaufen, ohne irgend von der Rotation der Erde modificirt zu werden.

Dauert die Ursache, welche die Luft nach dem Aequator trieb, fort, so wird der entstandene Ostwind hemmend auf den Strom wirken. Durch ein Hemmen der Strömung wird die Luft bald die Rotationsgeschwindigkeit des Ortes annehmen, über welchen sie sich befindet, sie wird zu demselben in einen Zustand relativer Ruhe treten. Bei fortdauernder Tendenz nach dem Aequator zu strömen werden also sich genau dieselben Erscheinungen wiederholen, welche wir eben betrachtet haben.

Wir wollen nun annehmen, dass, nachdem Polarströme eine Zeit lang geherrscht haben, Aequatorialströme eintreten.

In der nördlichen Halbkugel wird ein eintretender Südwind den mehr oder weniger östlich gewordenen Polarstrom durch eine Drehung im Sinne O. SO. S. verdrängen, in der südlichen der als Nordwind eintretende Aequatorialstrom den mehr oder minder östlich gewordenen Polarstrom aus O. durch NO. in Nord verwandeln.

In dem Parallel $DD_{,,,}$ der nördlichen Erdhälfte wird also die bisher beobachtete Veränderung im Ganzen sein:

N. NO. O. SO. S.

In dem Parallel $dd_{,,,}$ der südlichen Erdhälfte hingegen gerade die entgegengesetzte:

S. SO. O. NO. N.

Luft, welche von dem Aequator nach den Polen abfliesst, kommt von Orten mit grösserer Drehungsgeschwindigkeit nach Orte hin, welche sich langsamer nach Ost bewegen. Daraus folgt:

3) auf der nördlichen Erdhälfte geht ein südlicher Wind bei seinem Fortschreiten allmälig immer mehr durch SW. in West über;

4) auf der südlichen Erdhälfte geht ein nördlicher Wind bei seinem Fortschreiten allmälig immer mehr durch NW. in West über.

Bezeichnen

$$D\ D_{,}\ D_{,,}\ D_{,,,}\ldots$$
$$E\ E_{,}\ E_{,,}\ E_{,,,}\ldots$$
$$F\ F_{,}\ F_{,,}\ F_{,,,}\ldots$$
$$G\ G_{,}\ G_{,,}\ G_{,,,}\ldots$$

Orte der nördlichen Hemisphäre, von denen die im Parallelkreis $GG_{,,,}$ die südlichsten sind, so wird, wenn die ganze zwischen $DD_{,,,}$ und $GG_{,,,}$ befindliche Luftmasse sich von Süden nach Norden in Bewegung setzt, ein in $DD_{,,,}$ befindlicher Beobachter, wenn er die von $EE_{,,,}$ ankommende Luft noch ziemlich als Süd erhält, die von $FF_{,,,}$ eintreffende mehr als SW., die aus $GG_{,,,}$ mehr als West beobachten.

Bezeichnen eben so:

$$g\ g_{,}\ g_{,,}\ g_{,,,}\ldots$$
$$f\ f_{,}\ f_{,,}\ f_{,,,}\ldots$$
$$e\ e_{,}\ e_{,,}\ e_{,,,}\ldots$$
$$d\ d_{,}\ d_{,,}\ d_{,,,}\ldots$$

Orte der südlichen Halbkugel, und zwar $gg_{,,,}$ die nördlichsten, $dd_{,,,}$ die südlichsten, so wird, wenn die Luft zwischen beiden Parallelen sich nach dem Südpole in Bewegung setzt, ein in $dd_{,,,}$ befindlicher Beobachter, wenn er die Luft aus $ee_{,,,}$ noch als Nord erhielt, die aus $ff_{,,,}$ mehr als NW., die aus $gg_{,,,}$ mehr als West beobachten.

Ein West wird in beiden Hemisphären auf neue Aequatorialströme hemmend wirken und sie zu relativer Ruhe bestimmen. Bei fortdauernder Tendenz nach dem Pole hin wird also die Erscheinung sich immer wiederholen, bis neue Polarströme den West in der nördlichen Hemisphäre durch NW. in N., in den südlichen durch SW. in Süd verwandeln werden.

Dies giebt:

für die nördliche Halbkugel die Veränderung S. SW. W. NW. N.
für die südliche Halbkugel hingegen N. NW. W. SW. S.

Aus der Gesammtheit der betrachteten Erscheinungen folgt also

A) In der nördlichen Erdhälfte dreht sich der Wind, wenn Polarströme und Aequatorialströme mit einander abwechseln, im Mittel im Sinne S. W. N. O. S. durch die Windrose, und zwar springt er zwischen S. und W., und zwischen N. und O. häufiger zurück, als zwischen W. und N. und zwischen O. u. S.

B) In der südlichen Erdhälfte dreht sich der Wind, wenn Polarströme und Aequatorialströme mit einander abwechseln, im

Mittel, im Sinne S. O. N. W. S. durch die Windrose, und zwar springt er zwischen N. und W. und zwischen S. und O. häufiger zurück als zwischen W. und S. und zwischen O. und Nord.

Daraus folgt:

a) wo in der tropischen Zone nur Polarströme an der Oberfläche herrschen, giebt es gar keine vollständige Drehung, sondern eine der Entfernung des Beobachtungsortes von der äusseren Gränze des Stromes proportionale unveränderte Ablenkung, welche sich nur etwas modificirt durch die Veränderung jener Gränze in den Jahreszeiten. Diess sind die Passate;

b) wo in der tropischen Zone, durch die eigenthümliche Vertheilung des Festen und Flüssigen, im Jahr einmal ein südlicher Strom mit einem nördlichen abwechselt, giebt es nur eine Drehung im ganzen Jahr. Diess sind die Moussons;

c) in den gemässigten und wahrscheinlich auch in den kalten Zonen, wo Aequatorialströme fortwährend mit Polarströmen abwechseln, dreht sich der Wind im Mittel, und zwar öfters in einem bestimmten Sinne durch die Windrose, in der nördlichen Halbkugel aber gerade im entgegengesetzten Sinne als in der südlichen. Dies ist die Erscheinung, welche ich das Gesetz der Drehung genannt habe.

Man sieht also, dass die Windverhältnisse der Tropen der einfachste Fall des Drehungsgesetzes sind.

Die vorhergehende Erörterung ist durchaus unabhängig von der Art, wie wir uns die Entstehung der Bewegung der zwischen den betrachteten Parallelen enthaltenen Luftmasse denken, ob gleichzeitig in allen Punkten desselben Meridians, oder successiv durch Saugen oder Stossen. Es ist auch ganz gleichgültig, ob die entstehenden Ströme in Nord und Süd einander gegenüberliegen oder ob sie mehr oder minder untereinander und gegen den Meridian geneigt sind. Ich halte eben deswegen die Namen, nördlicher Strom und südlicher Strom, für die naturgemässen, um ihre Bezeichnung von den Veränderungen, welche die Jahreszeiten und Localursachen in ihrer Richtung hervorbringen können, unabhängig zu machen,

Die Belege für die gesetzmässige Drehung finden sich in folgenden Schriften.

A. In Beziehung auf die nördliche Halbkugel S. W. N. O. S.

Aristoteles Meteorologie II. 6. 18. Problema 26. 31. p. 943.
Theophrast de vent. §. 52. 59. p. 778.
Plinius historia natural. II. 48.
Bacon historia natur. de ventis.
Mariotte de la nature de l'air p. 160. (Frankreich).
Sturm Physica electiva sive hypothetica II. p. 1206. (Süd-Deutschland).
Toaldo la meteorologia applicata all' agricultura p. 62. (Italien.)
Poitevin Climat de Montpellier p. 65. (Montpellier.)
Romme Tableaux des vents I. p. 56, (Atlantischer Ozean.)
Kant physikalische Geographie. p. 282.
Lampadius systematischer Grundriss der Atmosphaerologie p. 189. (Freiberg.)
Dove über den Wind. Pogg. Ann. 11. p. 545. (Königsberg.)
Schouw Collectanea Meteorologica sub auspiciis societatis Danicae edita 1829. (Dänemark.)
Duden Reise nach den westlichen Staaten Amerikas. (Missuri.)
Hildreth Silliman's American. Journal p. 127. (Vereinigte Staaten.)
Schübler Meteorologie. p. 28.
Wrangel in v. Baer über das Klima v. Siteha p. 12. (Siteha.)
Eisenlohr Untersuchungen über den Einfluss des Windes auf die verschiedenen Meteore. 1837. 4. pag. 6—36. (Karlsruhe.)
Emsmann Windverhältnisse zu Berlin. 4. (Berlin.)

B. In Beziehung auf die südliche Halbkugel. S. O. N. W. S.

Don Ulloa Voyage to South America I. p. 8. ch. 3.
Forster Bemerkungen p. 111.
Le Gentil voyages dans les mers de l'Inde II. p. 701. (Indischer Ocean.)
Churruca Appendice a la Relacion del viage al Magallanes 1793. p. 15.
Wendt (briefliche Nachricht) Pogg. Ann. 36. p. 329. (Cap Horn.)
Dumont d'Urville (briefliche Nachricht.) Reise der Uranie und Coquille.
King and Fitzroy Narrative of the surveying voyages of Adventure and Beagle App. to. vol. II. Südküste von Chile.

Die directeste Methode der Prüfung in einem Beobachtungsjournal ist die Frage, wie oft die folgende Windesrichtung im Sinne der Drehung war oder im entgegensetzten. Dabei ist aber der Fehler nicht zu vermeiden, dass alle mehr als 180 Grad betragenden Drehungen als dem Gesetz widersprechend angesehen werden. Es giebt demnach einen gewissen Abstand der Beobachtundstunden, bei welchen jede solche Berechnung zu einer entschieden falschen Deutung des Resultats führen muss. Ueberschreitet nämlich der Abstand der Beobachtungsstunden die mittlere Dauer einer Drehung durch die halbe Windrose, so wird man ein scheinbares Zurückgehen als eigentliche Bestätigung des Drehungsgesetzes erhalten. Es muss daher einer solchen Berechnung die Untersuchung vorausgehn, wie lange überhaupt im Mittel eine ganze Drehung dauert. Nach meiner Erfahung kann man diess nur durch directe Beobachtung finden, oder dadurch, dass man die in kürzeren Zeiträumen enthaltenen Resultate mit den aus weit abstehenden Zeiträumen genommenen vergleicht. Diess ist für die indirecten Beweise des Drehungsgesetzes in Beziehung auf Barometer, Thermometer und Hygrometer geschehen, man vermisst aber diese wesentliche Untersuchung in allen Arbeiten, welche die directe Prüfung zum Gegenstand einer nicht auf eigne Beobachtungen gegründeten Untersuchung gemacht haben.

Eisenlohr findet in Karlsruhe nach 43jährigen Beobachtungen, dass je grösser die Aenderung der Richtung ist, desto entschiedener das Uebergewicht der regelmässigen Drehung über die unregelmässige. Um das Endresultat seiner Untersuchung in einem Ueberblick zusammenzufassen, habe ich aus allen nach einem bestimmten Winde beobachteten Richtungen die mittlere berechnet, ebenso aus allen vor ihm wahrgenommenen und die letztere von der erstern abgezogen. Plus bedeutet dic regelmässige Drehung, Minus die entgegengesetzte.

	Winter	Frühling	Sommer	Herbst	Jahr.
N	+ 5° 6′	+ 10°	+ 8° 40′	+ 7° 20′	+ 8° 5′
NO	+ 1° 24′	+ 2° 34′	+ 0° 27′	+ 2° 25′	—
O	+ 1° 15′	+ 4° 52′	+ 7° 1′	+ 2° 39′	+ 8° 3′
SO	+ 22° 53′	+ 13° 5′	— 16° 6′	+ 21° 21′	+ 12° 18′
S	+ 0° 19′	+ 2° 42′	+ 4° 42′	— 1° 4′	+ 1° 10′
SW	+ 0° 51′	+ 2° 4′	+ 0° 46′	+ 1° 5′	+ 1° 8′
W	+ 1° 24′	+ 1° 5′	— 0° 23′	+ 1° 26′	+ 0° 41′
NW	+ 11° 23′	+ 11° 12′	+ 7° 40′	+ 10° 45′	+ 9° 50′

Emsmann hat für Berlin in den Jahren 1831—1835 die Octanten summirt. Er findet vorgehende 347.2, entgegengesetzte 277.8, der Ueberschuss der erstern also 69.4, ausserdem im jährlichen Mittel vollständige Drehungen ohne Zurückspringen des Windes 11.2, rückwärtsgehende 3.

3. Einfluss der Winddrehung auf die Veränderungen das Barometers, Thermometers u. Hygrometers.

Die Berechnung der thermischen und barometrischen Windmittel ergiebt (p. 112), dass die Windrose zwei Pole des Druckes und der Wärme hat, d. h. dass es zwei einander nahe gegenüberliegende Punkte in derselben giebt, an deren einem es am kältesten ist und an welchem das Barometer am höchsten steht, an deren anderem es am wärmsten ist und an welchem das Barometer am tiefsten steht. Von dem Maximum des Drucks zum Minimum desselben, eben so vom Maximum der Wärme zum Minimum derselben, nehmen die barometrischen und thermischen Windmittel ununterbrochen ab. Der erste Punkt fällt in die Nähe von NO., der andere in die Nähe von SW. Geht man nun von SW, durch W. bis NO., so nehmen die mittleren Thermometerstände ab, während die mittleren Barometerstände wachsen; geht man weiter von NO. durch O. bis SW., so nehmen die mittleren Thermometerstände zu, während die barometrischen Mittel abnehmen. Was in den thermischen und barometrischen Windmitteln sich zeigt, muss auch in dem Uebergange derselben in einander, d. h. in den mittleren thermischen und barometrischen Veränderungen, hervortreten, und zwar sowohl unter der Voraussetzung einer veränderlichen als der einer gleichbleibenden Drehungsgeschwindigkeit. Da nun aber die Elasticität des Wasserdampfes in Beziehung auf ihre Vertheilung in der Windrose sich genau an die thermische Windrose, der Druck der trocknen Luft aber sich genau an die barometrische Windrose anschliesst, so folgt, dass sich die Veränderungen des Druckes der trocknen Luft und des Barometers grade umgekehrt verhalten, als die Veränderungen der Temperatur der Luft und der Elasticität des in ihr enthaltenen Wasserdampfes. Nimmt man nun, als nothwendige Folge der früheren theoretischen Betrachtungen an, dass der NW. dieselbe Rolle auf der südlichen Halbkugel spielt, als der SW. auf der nördlichen, ein SO. dort, hier einem NO. entspricht, so folgt:

Mittlere Veränderungen der meteorologischen Instrumente.

Nördliche Halbkugel.

1) Das Barometer fällt bei O., SO. und Südwinden, geht bei SW. aus Fallen in Steigen über, steigt bei W., NW. und Nordwinden, und geht bei NO. aus Steigen in Fallen über. (Fig. 1)

2) Das Thermometer steigt bei O., SO. und Südwinden, geht bei SW. aus Steigen in Fallen über, fällt bei W., NW. und Norwinden, und geht bei NO. aus Fallenin Steigen über. (Fig. 2)

3) Die Elasticität des Wasserdampfes nimmt zu bei O., SO. und Südwinden, ihre Zunahme geht bei SW. in Abnahme über, sie nimmt ab bei W., NW. und Nordwinden, bei NO. geht ihre Abnahme in Zunahme über. (Fig. 2)

4) Der Druck der trocknen Luft nimmt ab bei O., SO. und Südwinden, seine Abnahme geht bei SW. in Zunahme über, er nimmt zu bei W. NW. u. Nordwinden, bei NO. geht seine Zunahme in Abnahme über. (Fig. 1.)

Südliche Halbkugel.

1) Das Barometer fällt bei O., NO. und Nordwinden, geht bei NW. aus Fallen in Steigen über, steigt bei W., SW. u. Südwinden, und geht bei SO. aus Steigen in Fallen über. (Fig. 3)

2) Das Thermometer steigt bei O., NO. und Nordwinden, geht bei NW. aus Steigen in Falllen über, fällt bei W., SW. und Südwinden, und geht bei SO. aus Fallen in Steigen über. (Fig. 4)

3) Die Elasticität des Wasserdampfes nimmt zu bei O., NO. und Nordwinden, ihre Znnahme geht bei NW. in Abnahme über, sie nimmt ab bei W., SW. und Südwinden, bei SO. geht ihre Abnahme in Zunahme über. (Fig4)

4) Der Druck der trocknen Luft nimmt ab bei O., NO, und Nordwinden, seine Abnahme geht bei NW. in Zunahme über, er nimmt zu bei W., SW. u. Südwinden, bei SO. geht seine Zunahme in Abnahme über. (Fig. 3)

Das **Gemeinsame** beider Hemisphären besteht also darin, dass die Veränderungen der meteorologischen Instrumente bei Ostwinden in der nördlichen Halbkugel dieselben sind, als bei Ostwinden in der südlichen. Dasselbe gilt von den Westwinden. Der **Unterschied** beider Halbkugeln ist nur quantitativ bei NW., NO., SW. und SO. Winden, hingegen qualitativ bei Nord- u. Südwinden, d. h. die Veränderungen der meteorologischen Instrumente sind im Mittel in der nördlichen Hemisphäre am grössten bei NO. und SW. Winden, am kleinsten (durch Compensation der entgegesetzten Bewegungen) bei NO· und SW. Winden; in der südlichen Hemisphäre bei NW. und SO. Winden (durch Compensation der entgegengesetzten Bewegungen) am kleinsten, hingegen am grössten bei NO. und SW. Winden. Die Veränderungen bei Nordwinden in der nördlichen Halbkugel sind aber, dem Zeichen nach, verschieden von den Veränderungen bei Nordwinden in der südlichen Halbkugel, unter gleichen klimatischen Bedingnngen aber gleich in beiden. Steigt also auf der nördlichen Erdhälfte ein Instrument bei Nord, so fällt es bei Nord in der südlichen und umgekehrt. Dasselbe gilt von den Südwinden.

Die nachfolgenden Tafeln enthalten die Belege für diese Regeln, wie sie seit dem Jahre 1827 bekannt gemacht worden sind.

Die Veränderungen des Barometers sind für Danzig, Halle und Petersburg in Par. Linisn, für Ordensburgh und London in englischen Zollen, für Paris in Millimetern ausgedrückt. Die Beobachtungen am Bord der Princess Louise auf der nördlichen Halbkugel sind in Pariser Linien, auf der südlichen in englischen Zollen angegeben. Das Thermometer ist in Paris und Halle Cent., in Ordensburgh Fahrenheit, der Druck der trocknen Luft und des Wasserdampfes in demselben Maasse als das Barometer angegeben.

Die Veränderungen des Barometers in Paris beziehen sich auf den Zeitraum von 12 Stunden, für das Thermometer auf 6 Stunden, die von Danzig auf 16, die von Ordensburgh auf 1 Stunde, die des Drucks der Luft und der Elasticität des Wasserdampfes in Halle auf 16 Stunden, die thermischen Aenderungen daselbst auf 13 Stunden, die Petersburger Beobachtungen auf 24 Stunden. Bei den Beobachtungen der Princess Louise ist der Abstand der Beobachtungen nicht beständig, häufig stündlich. Die Windesrichtung ist entweder eine Zwischenbeobachtung in dem Zeitraume, an dessen Anfang und Ende die Instrumente abgelesen wurden, oder die mittlere dieses Zeitraums. In Ordensburgh sind die Windesrichtungen und ihre Dauer vermittelst einer registrirenden Windfahne bestimmt, und das am Ende des Zeitraums, während welchem das Instrument sich regristirte, erhaltene Steigen oder Fallen des Barometers dann unter die einzelnen Windesrichtungen proportional der Dauer derselben vertheilt. Winde unter 15 Minuten Dauer wurden nicht berücksichtigt, aber 32

Striche unterscheiden, von denen ich SW. und SW. Z. W. u. s. w. unter SW. vereinigt habe.

Die Pariser und Londoner Beobachtungen sind von mir berechnet und entlehnt aus Pogg. Ann. 11. p. 345, 13. p. 605 und 16. p. 285, die Danziger von Galle berechnet (Pogg. Ann. 31. p. 465), die der Princess Louise auf einer Weltumseglung zwischen 0° und 60° Breite bei der Hemisphären von Galle berechnet (Pogg. Ann. 38. p. 476), die Hallenser vom Kaemtz (Vorlesungen über Meteorologie p. 127. 196. 332). Die Petersburger 1836—1838 von Kaemtz (briefliche Mittheilung), die von Ordensburgh im Staat New-York von Coffin (52 Repert. of the Reg. of the Univ. 1839 p. 233). Sie sind am Ende der gemeinsamen Uebersicht noch besonders beigefügt.

Barometer.

	Paris.		Danzig.	Ordensburg.
	5 Jahre.	10 Jahre.	15 Jahre.	1 Jahr.
SW.	+ 0.1200	— 0.2079	— 0.‴088	+ 0.″00155
WSW.	+ 0.0362	+ 0.0674	+ 0. 157	+ 0. 00422
W.	+ 1.0788	+ 0.9992	+ 0. 059	+ 0. 00582
WNW.	+ 1.1670	+ 1.3622	+ 0. 483	+ 0. 00977
NW.	+ 1.2153	+ 1.1573	+ 0. 491	+ 0. 01010
NNW.	+ 1.1060	+ 1.3714	+ 0. 663	+ 0. 00802
N.	+ 0.4746	+ 0.2941	+ 0. 375	+ 0. 00364
NNO.	— 0.1140	— 0.1633	+ 0. 076	— 0. 00120
NO.	— 0.1414	— 0.2329	+ 0. 311	— 0. 00508
ONO.	— 0.7890	— 1.1633	— 0. 097	— 0. 00743
O.	— 1.0911	— 1.2702	— 0. 078	— 0. 00614
OSO.	— 1.2909	— 1.3935	— 0. 022	— 0. 00454
SO.	— 1.2990	— 1.1704	— 0. 122	— 0. 00580
SSO.	— 0.6924	— 1.1575	— 0. 386	— 0. 00626
S.	— 1.0057	— 1.1350	— 0. 515	— 0. 00644
SSW.	— 1.1602	— 1.1306	— 0. 500	— 0. 00252

	London[3].	Halle[4].	Petersburg.
SW.	— 0.″023	— 0.‴04	— 0.‴603
W.	+ 0. 011	+ 0. 27	+ 0. 338
NW.	+ 0. 032	+ 0. 81	+ 0. 705
N.	+ 0. 049	+ 0. 36	+ 1. 098
NO.	+ 0. 018	+ 0. 08	+ 0. 901
O.	— 0. 012	— 0. 19	— 0. 231
SO.	— 0. 049	— 0. 51	— 0. 467
S.	— 0. 048	— 0. 38	— 0. 603

Thermometer.

	Paris[4].	Ordensburg[1].	Halle.
SW.	— 0.62	— 0.037	— 0.03
WSW.	— 0.78	— 0.050	
W.	— 0.76	— 0.066	— 0.62
WNW.	— 1.29	— 0.267	
NW.	— 0.13	— 0.314	— 0.59
NNW.	— 0.50	— 0.256	
N.	+ 0.05	— 0.181	— 0.13
NNW.	+ 0.22	— 0.104	
NO.	+ 0.61	+ 0.040	+ 0.44
ONO.	+ 0.93	+ 0.096	
O.	+ 0.79	+ 0.133	+ 0.51
OSO.	+ 2.36	+ 0.130	
SO.	+ 1.37	+ 0.143	+ 0.71
SSO.	+ 0.89	+ 0.150	
S.	— 0.36	+ 0.246	+ 0.54
SSW.	— 0.15	+ 0.114	

Elasticität des Dampfes.

	London[3].	Halle[3].
SW.	+ 0.″002	+ 0.‴069
W.	— 0.	— 0. 062
NW.	— 0. 007	— 0. 234
N.	— 0. 014	— 0. 181
NO.	— 0. 005	— 0. 116
O.	— 0. 010	+ 0. 080
SO.	+ 0. 006	+ 0. 315
S.	0. 004	+ 0. 184

Druck der trocknen Luft.

	London.	Halle.
SW.	— 0.025	— 0.049
W.	+ 0.011	+ 0.332
NW.	+ 0.039	+ 1.044
N.	+ 0.063	+ 0.541
NO.	+ 0.023	+ 0.196
O.	— 0.002	— 0.270
SO.	— 0.055	— 0.825
S.	— .0050	— 0.564

Barometer.

Prinzess Louise.

	nördl. Halbk.	südl. Halbk.	südl. Halbk.
SW.	— 0. 047	+ 0.″012	+ 0.″093
WSW.	+ 0. 031	+ 0. 006	+ 0. 048
W.	+ 0. 088	+ 0. 001	— 0. 014

	nördl. Halbk.	südl. Halbk.	südl. Halbk.
WNW.	+ 0.‴ 141	— 0.″004	— 0.″041
NW.	+ 0. 211	— 0. 011	— 0. 043
NNW.	+ 0. 210	— 0. 016	— 0. 042
N.	+ 0. 088	— 0. 015	— 0. 045
NNO.	— 0. 048	— 0. 019	— 0. 041
NO.	— 0. 095	— 0, 025	— 0. 021
ONO.	— 0. 097	— 0. 029	— 0. 013
O.	— 0. 084	— 0. 015	— 0. 001
OSO.	— 0. 071	— 0. 002	+ 0. 002
SO.	— 0. 066	+ 0. 010	+ 0- 009
SSO.	— 0. 082	+ 0. 020	+ 0. 025
S.	— 0. 122	+ 0. 023	+ 0. 052
SSW.	— 0. 117	+ 0. 021	+ 0. 079

Ordensburg.

Wind.	Dauer.	Thermometer.	Barometer.
NO. z. O.	16^{t} 12st 30^{m}	+ 0.094	— 0.00577
ONO.	13 4 38	+ 0.115	— 0.00765
O z. N.	4 21 30	+ 0.077	— 0.00721
O.	2 15 15	+ 0.103	— 0.00620
O z. S.	2 8 15	+ 0.162	— 0.00608
OSO.	2 15 45	+ 0.146	— 0.00510
SO z. O.	2 13 15	+ 0.114	— 0.00397
SO.	2 17 29	+ 0.140	— 0.00513
SO z. S.	4 3 8	+ 0.145	— 0.00647
SSO.	7 4 14	+ 0.138	— 0.00649
S z. O.	8 7 31	+ 0.161	— 0.00602
S.	20 4 0	+ 0.314	— 0.00742
S z. W.	21 4 45	+ 0.177	— 0.00546
SSW.	21 6 45	+ 0.162	— 0.00363
SW z. S.	22 16 30	+ 0.065	— 0.00141
SW.	29 12 15	— 0.018	+ 0.00060
SW z. W.	25 21 30	— 0.055	+ 0.00250
WSW.	16 23 45	— 0.018	+ 0.00274
W z. S.	13 6 0	— 0.081	+ 0.00569
W.	17 5 45	— 0.063	+ 0.00519
W z. N.	12 14 7	— 0.069	+ 0.00645
WNW.	8 19 8	— 0.252	+ 0.00911
NW z. W.	9 8 53	— 0.281	+ 0.01042
NW.	8 20 38	— 0.322	+ 0.01106
NW z. N.	9 15 37	— 0.306	+ 0.00914
NNW.	8 2 15	— 0.276	+ 0.00801
N z. W.	6 9 45	— 0.236	+ 0.00802
N.	7 5 15	— 0.197	+ 0.00333
N z. O.	5 22 15	— 0.163	+ 0.00394
NNO.	8 0 15	— 0.144	+ 0.00067
NO z. N	10 15 15	— 0.063	— 0.00173
NO.	15 1 52	— 0.015	— 0.00439

Stürme.

Am Weinachtsabend des Jahres 1821 sank nach einer schon längere Zeit anhaltenden stürmischen Witterung das Barometer in Europa bei heftigen Stürmen zu einer so bedeutenden Tiefe, dass alle Meteorologen auf diese ungewöhnliche Erscheinung aufmerksam wurden. **Brandes** erliess daher eine Aufforderung, die zu jener Zeit angestellten Beobachtungen ihm zuzusenden, und legte die Ergebnisse seiner Vergleichung in seiner dissertatio physica de repentinis variationibus in pressione atmosphaerae observatis 1826 4. dar. Das Resultat seiner Untersuchung war, dass eine unbekannte Ursache verminderten Druckes über die Erdoberfläche fortschreite, und dass nach dieser Stelle hin die Luft von allen Seiten zuströme. Der entstehende Sturm sei daher seiner Form nach centripetal und entstanden durch das Bestreben der umgebenden Luftmasse, das an einer bestimmten Stelle gestörte Gleichgewicht wieder herzustellen.

Aus der Ansicht, die ich mir über die mittlern atmosphärischen Veränderungen gebildet hatte, dass diese nämlich ihre Entstehung dem Kampfe zweier über dem Beobachtungsorte einander abwechselnd verdrängenden Strömen zu verdanken haben, folgte nothwendig, dass die absoluten Extreme dieser Veränderungen durch das einseitige Vorwalten des einen dieser Ströme hervorgebracht werden müssen. Ein barometrisches Minimum musste daher eine Erscheinung des Südstromes sein, gleichzeitig an vielen Orten betrachtet daher der Südstrom selbst, local angesehen, ein Durchgang durch das Minimum der Windrose, oder beides zusammengefasst musste es ein in der Richtung des Südstromes selbst fortschreitender Wirbel sein.

Nach der Annahme, dass durch irgend eine Ursache an einer bestimmten Stelle der Druck der Luft ungewöhnlich vermindert werde und nun von allen Seiten ein Zuströmen stattfinde, um das gestörte Gleichgewicht wieder herzustellen, wird in einer Linie, in welcher der Druck um gleichviel vermindert ist, zwischen den einzelnen Theilen Gleichgewicht stattfinden, und die Richtung des Windes im Allgemeinen senkrecht auf diese Linie sein. Nach der Ansicht hingegen, dass die Gesammterscheinung Folge einer wirbelnden Bewegung sei, wird die Richtung des Windes im Allgemeinen die dieser Linie selbst sein. Die zweite Annahme führt also auf eine Windesrichtung, welche senkrecht ist auf die aus der ersten folgenden. Um zwischen beiden zu entscheiden, unterwarf ich daher die von Brandes gesammelten Beobachtungen einer neuen Prüfung, und zeigte in einer im Jahre 1828 erschienenen Abhandlung über barometrische Minima (Pogg. Anm. 13 p. 596).

1. dass die Stelle des am meisten verminderten Druckes von Brest nach Cap Lindenaes in Norwegen fortschritt.
2. dass alle begleitende meteorologische Erscheinungen die eines heftigen SW. Sturmes sind,
3. dass an allen Orten auf der Südostseite des fortrückenden Minimum, also vorzugsweise in Frankreich, Italien, Deutschland, Dänemark und Russland die Windesrichtung vor dem Minimum OSO.und SW. wird,
4. dass während des Minimum sie SSW. oder SW, wird,
5. dass sie nach dem Minimum WSW. und W. oder NW. wird.

Diess in eine Anschauung zusammengefasst, giebt, wie Taf. I. Fig. 5 zeigt, einen Wirbel im Sinne S. O. N. W. Da die Beobachtungen an der NW. Seite des Sturmes fehlten, so habe ich in der der Abhandlung beigegebenen Zeichnung durch einen von NO. nach S.W. gerichteten Pfeil diese Lücke hypothetisch als wahrscheinliche Richtung des Luftstromes in Amerika ergänzt.

Nach der Ansicht von Brandes würde die Drehung der Windfahne in demselben Sinne stattgefunden haben, der Anfangspunkt der Drehung aber ein andrer gewesen sein. In Frankreich hätte vor dem Minimum der Wind O. sein müssen statt SO. und S.; in Deutschland, NO. und O. statt SSO.; in Dänemark, Preussen und Russland NO., in England endlich N. statt O. Nach dem Minimum hätte in Deutschland der Wind S. sein müssen statt W. u. s. f., das Minimum selbst endlich hätte nicht sowohl bei SO. als vielmehr bei SSO. eintreten müssen.

Um den Zusammenhang zwischen der localen Drehung der Windfahne und der wirbelnden Bewegung des Sturmes klar hervortreten zu lassen, möge hier noch eine Darstellungsweise folgen, welche von Redfield gewählt worden ist, der drei Jahre später durch eine genaue Untersuchung der Stürme an den Küsten Amerikas genau zu demselben Resultat gelangte, dass nämlich diese Stürme Wirbel im Sinne S. O. N. W. sind.

Geht Fig. 6 ein von SW. nach NO. fortschreitender Wirbel, welcher sich im Sinne S. O. N. W. dreht, grade mit seinem Centrum über den Beobachtungsort, so wird man an demselben, wenn er in A. sich befindet, den Sturm als SO. erhalten, in D. eine vollkommne Windstille wahrnehmen, in G. hingegen, den Sturm grade aus der entgegengesetzten Richtung NW. wehen sehn. Befindet sich hingegen der Ort auf der SO. Seite des fortrückenden Centrums nach einander an den Stellen a b c d e f g, so wird die Richtung der Windfahne sein: SSO. S. SSW. SW. WSW. W. WNW. d. h. eine Dehnung mit der Sonne, in der nordwestlichen Hälfte des Sturmes hingegen, an den Stellen α β γ δ ε η ζ OSO. O. ONO. NO. NNO. N. NNW., also eine Drehung im entgegengesetzten Sinne oder in der Sprache der Seeleute gegen die Sonne.

Ist hingegen der Sturm centripetal (Fig. 7), so wird in der Mitte desselben ein ähnliches, durch eine Windstille getrenntes Umsetzen stattfinden, aber von NO. nach SW., der auf der SO. Seite liegende Ort wird die Windesrichtungen ONO. O. OSO. SO. SSO. S. SW., der auf der Nordostseite liegende, die NNO. N. NNW. NW. WNW. W. WSW. erhalten, dort also ebenfalls eine Drehung mit der Sonne, hier gegen die Sonne, aber mit dem Unterschiede, dass Anfang und Ende der Drehung um volle neunzig Grade von der aus der ersten Ansicht folgenden absteht.

Die von Brandes aufgestellte Ansicht hat ebenfals in Amerika an Espy einen Vertheidiger gefunden, und in dem sich daraus entwickelnden Streite hat Redfield Veranlassung gefunden, die eben angedeuteten Unterschiede klar hervorzuheben. Der Grund des nach einem Centrum hin erfolgenden Zuströmens ist nach Espy die freiwerdende Wärme des zu einer Wolke sich condensirenden Wasserdampfes, wodurch die ihn enthaltende Luft sechsmal mehr ausgedehnt werde, als sie durch Condensation dieses Wasserdampfes an Volumen verliere. Diese Luft steige demnach mit einer Geschwindigkeit von 364 Fuss in der Secunde in die Höhe, äussere in der Höhe den Hagelwolken auf einen Quadratfuss Fläche einen Druck an 120 Pfd., fähig einen kubischen Eisblock von anderthalb Fuss Seite in die Höhe zu führen, ja sogar einen Elephanten aufzuheben. Diese Schlussfolgen, welche Espy selbst unerwartet und ausserordentlich nennt, finden sich in einer 16 Seiten langen Schrift, welche den bescheidnen Titel führt: theory of rain, hail and snow, water spouts, land-spouts, variable winds and barometric fluctuations. Philadelphia 1836, und in einer 8 Seiten langen Fortsetzung derselben: examination of Huttons, Redfields and Olmsted's theories. Die Veranlassung zu der Ansicht, dass Stürme centripetal seien, gab der Tornado am 19. Juni 1835 in Neu Braunschweig. Nach demselben untersuchte Bache und Espy in einem davon betroffenen Walde, die Richtung der umgebrochenen Baumstämme, und fanden alle mit ihren Spitzen nach einem Centrum hinweisend, die westwärts liegenden Stämme mit den Spitzen nach Ost, die nordwätrs nach Süd, die ostwärts nach West, die südwärts nach Nord gerichtet.*) Ein Augenzeuge, Lewis C. Beck, versichert dagegen, dass auch dieser Tornado ein entschiedner Wirbel sei.**)

Die von Redfield über den Gegenstand überhaupt erschienenen Schriften, sind folgende:

Remarks on the prevailing storms of the Atlantic coast of the North-American States. (Sillim. American. Journ. 1831. Avril).

On the Gales and Huricanes of the Western Atlantic. (ib. Vol. 31. No. 1.

On the Courses of Huricanes with Notices on the Tyfouns, of the China Sea and other Storms. (Vol. 35. No. 2.)

Observations on the Huricanes and Storms of the West Indies and the coast of the United States. (Blunts American Coast Pilot. 12 edit.)

Meteorological sketches by an observer. (Americ. Journ. 33. 1.)

Whirlwinds excited by fire, with farther notices of the ty foons of the Chyna Sea. (Vol. ib. 36. No. 1.)

Remarks on Mr. Espy's theory of centripetal storms (Journ. of the Franklin Institut).

---

*) Notes and diagrams, illustrativ of the directions of the forces acting, at and near the surface of the earth in different parts of the Brunswick. Tornado of June. 19. th. 1835. 4.

**) Note en the New Brunswick Tornado or Water Spout of 1835 Americ. Journ. 36. p. 115.

The law of storms (New York Observer 18. Januar 1840.)

Endlich ist über denselben Gegenstand ein mit vielen Karten begleitetes Werk von Lieut. Colonel Reid erschienen, unter dem Titel: An attempt to develop the law of storms by means of facts arranged according to place and hence to point out a cause for the variable winds with the view to practical use in navigation. London 1838. 8. 431 Seiten.

Aus den Untersuchungen von Redfield und Reid ergeben sich ausser der vollständigen Bestätigung der von mir aufgestellten Ansicht, dass alle Stürme Wirbelwinde sind und dass die Drehung in diesem Wirbel auf der südlichen Halbkugel entgegengesetzt ist, der auf der nördlichen, noch zwei wichtige Thatsachen:

1) Die Stürme, welche in der tropischen Zone entstehen, behalten, so lange sie in derselben bleiben, ihre ursprüngliche Richtung von SO. nach NW. fast unverändert bei, biegen sich aber, so wie sie in die gemässigte Zone gelangen, fast rechtwinklich um, und gehen nun von SW. nach NO. Die dem entsprechenden Stürme der südlichen Erdhälfte, welche in der tropischen Zone eine Richtung von NO. nach SW. haben, werden bei ihrem Uebergang in die gemässigte Zone ebenso abgelenkt, und gehen nun von NW. nach SO.

2. Der sich in der tropischen Zone nur sehr allmählig erweiternde Wirbel, nimmt bei diesem Umbiegen plötzlich auffallend an Breite zu.

Die unter Fig. 8 und Fig. 9 aus Reid's Werk entlehnten Chärtchen, welche Berghaus in seinem physikalischen Atlas aufgenommen hat, werden geeignet sein, die Erscheinung unmittelbar anschaulich zu machen.

Der Sturm vom August 1837, kann als Beispiel für die nördliche Erdhälfte dienen, der vom May 1809, für die südliche. In der zweiten Abhandlung hat Redfield den Lauf von 10 Stürme an der Küste von Amerika verzeichnet, von denen die am 23. Juni 1831 und 12. August 1835 in der tropischen Zone bleibend, ganz geradlinig fortschreiten, jener von Trinidad über Tabago, Grenada durch die Mitte von Yucatan bis in die Nähe von Veracruz, der andre von Antigua über Nevis, St. Thomas, St. Croix, Portorico, Hayti, Matanzas auf Cuba nach Texas.

Der Lauf der 8 Stürme, welche die Grenze der Tropen überschritten, ist hingegen folgender:

Der, welcher in der Nacht am 10. August 1831 Barbados verwüstete, traf am 12. Portorico, am 13. Aux-Cayes und St. Jago de Cuba, am 14. Matanzas, die Tortugas am 15., den mexicanischen Meerbusen am 16., endlich Mobile, Pensacola und Neu-Orleans am 17., so dass er in ohngefähr 150 Stunden einen Raum von 2000 Seemeilen durchlief, also mit einer Geschwindigkeit von 13½ Meilen in der Stunde fortrückte. Seine Richtung, ehe er die Grenze der Tropen erreichte, war N. 64° W.

Der am 17. August 1827 in der Nähe von Martinique beginnende Sturm, traf am 18. St. Martin und St. Thomas, ging am 19. nordöstlich bei der Küste von Haiti vorbei, traf am 20. die Turks-Inseln, die Bahamas am 21. und 22., die Küste von Florida und Süd Carolina am 23. und 24., Cap Hatteras am 25., Delaware am 26., Nantucket am 27., Sable Island und Porpoise Bank am 28.; er legte also in 11 Tagen 3000 Seemeilen zurück. Seine Richtung innerhalb der Tropen war N. 61 W., unter 40 Grad Breite hingegen N. 58° O.

Der am 3. Septembar 1804 in der Nähe von Guadeloupe entstehende Sturm, traf am 4. die Virginischen Inseln und Portorico, die Turks Inseln am 5., die Bahamas und den Golf von Florida am 6., die Küste von Georgien, Süd- und Nord Carolina am 7., die Chesapeake Bay, die Mündung des Delavare und die umliegenden Gegenden von Virginien, Maryland und New-Jersey am 8., Massaschusets, New-Hampshire und Maine am 9. Er rückte sehr schnell weiter, da er um seinen krummlinigen Lauf an den kleinen Antillen 2200 Seemeilen in 6 Tagen zurücklegte also 15¼ Meilen in der Stunde fortrückte.

Der dicht bei den kleinen Antillen vorbeistreifende Sturm vom August 1830 traf St. Thomas am 12., war am 13. in der Nähe der Turks Inseln, am 14. bei den Bahamas, am 15. auf dem Golf und an der Küste von Florida, am 16. längs der Küste von Georgien und der Carolinas, am 17. an denen von Virginien, Maryland, New-Jersey und New-York, am 18. auf den George's Bank und Cap Sable, am 19. über der Purpoise und New-Foundlands Bank. Sein Fortrücken beträgt daher 18 Seemeilen in der Stunde. Nimmt man nun die wirkliche Geschwindigkeit des Windes in seiner wirbelnden Bewegung 5 mal grösser als seine fortrückende, so erhält man für 7 Tage eine Bewegung der Luft durch 18000 Seemeilen.

Der westlichste Sturm war der am 29. September 1830. Er beginnt unter den 20. Breitengrade nördlich von Barbados, biegt sich in der Länge von 68° Gr. unter 30° Breite nach Norden und geht westlich bei den Bermudas vorbei, nach dem Ostende der New-Foundlands Bank, wo er am 2. October eintrifft.

Ein sehr heftiger Sturm von viel geringrer Breite, war der vom 1. September 1821 auf der Turks Insel; nördlich von den Bahamas war er am 2., an der Küste der Carolinas am 3. früh, dann später an der Küste von New-York und Long Island; in der folgenden Nacht zog er durch die Staaten Connecticut, Massaschusets, New-Hampshire und Maine, also 1800 Meilen in 60 Stunden. Seine mittlere Geschwindigkeit beträgt demnach 30 Seemeilen die Stunde.

Einen ganz ähnlichen Lauf hatte der Sturm am 28. September 1835. Hingegen rückte der Sturm vom 22. Aug. sehr langsam fort. Er begann nördlich von Portorico unter 22 Grad Breite und blieb nun in gleichr Entfernung von den Küsten Nordamerikas, erreichte aber die New-Foundlands Bank erst am 27.

Mitunter erhält der Sturm erst seine Intensität in der gemässigten Zone, so dass dieser Theil seines Laufes vorzugsweise bekannt wird. So war es mit dem Sturme am 10. November 1835, welcher am nördlichen über den Erie und Ontario See nach der Insel St. John im Golf des St. Lorenz Stromes fortrückte.

Ich werde nun versuchen, die Erscheinungen dieser grossen Aufregungen der Atmosphäre auf dasselbe Princip zurückzuführen, welches oben bei der theoretischen Ableitung des Drehungsgesetzes geltend gemacht worden ist.

Bezeichnet a b Fig. 10 eine Reihe materieller Punkte, welche dem Aequator parallel durch irgend einen Impuls in der Richtung a c nach Nord hin, in Bewegung versetzt werden, so würden diese Punkte nach g h hin sich bewegen, wenn der Raum d b h leer ist. Befindet sich aber in diesem Raume unbewegte Luft, so werden die Theile in b bei ihrer Bewegung nach d hin im Raume d b h immer mit Lufttheilchen von geringerer Rotationsgeschwindigkeit in Berührung kommen, also ihre Geschwindigkeit nach Ost hin vermindert werden. Der Punkt b wird also statt nach h sich nach f hin bewegen. Die Theile in a haben hingegen neben sich auf der Seite nach b hin Theile, ursprünglich gleicher Rotationsgeschwindigkeit, sie bewegen sich also wie im leeren Raume,

d. h. nach g hin. Ist demnach a b eine von Süd nach Nord getriebene Luftmasse, so wird die Richtung des Sturmes auf der Ostseite desselben vielmehr Süd sein, als auf der Westseite, wo sie mehr West ist, und es wird daher eine Tendenz zu einem Wirbel im Sinne S. O. N. W. entstehen. Diese Tendenz zum Wirbel würde nicht da sein, wenn in dem Raum d b h keine widerstehende Masse sich befände, sie wird also zunehmen im Verhältniss, dass dieser Widerstand die westliche Ablenkung des Sturmes hemmt. Der Sturm wird also desto heftiger wirbeln, je unveränderter er die ursprüngliche Richtung seines Laufes beibehält. In der Passatzone aber ist der Raum d b h mit Luft erfüllt, welche von NO. nach SW. fliesst. Der Widerstand wird also hier am grössten sein, die Luft in b also so in ihrer Tendenz nach Westen gehemmt werden können, dass sie ihre Richtung nach d hin unverändert beibehält, während a nach g strebt. Der Sturm wird daher hier am heftigsten wirbeln, aber geradlinig mit unveränderter Breite fortgehen. So wie aber derselbe in die gemässigte Zone gelangt, findet sich im Raume d b h Luft, welche sich bereits von SW. nach NO. bewegt. Der Widerstand, welchen die Theilchen in b finden, wird also plötzlich bedeutend vermindert, oder ganz aufgehoben, d. h. die Richtung b d verändert sich nun schnell in die Richtung b h, der Strom biegt also plötzlich fast rechtwinklich um, während er an Breite schnell zunimmt, da der bisher zwischen der Bewegung der Punkte in a und der Punkte in b vorhandene Unterschied nun aufhört. Die Erscheinungen der südlichen Halbkugel ergeben sich ebenso unmittelbar, der Wirbel geschieht dort im entgegengesetzten Sinne, die Richtungsänderungen an der Grenze der Tropen ist analog.

Aus dieser Erklärung folgt übrigens, dass, wenn die in Bewegung gesetzte Luftmasse so hoch ist, dass sie bei dem Anfange der Bewegung aus dem untern in den obern Passat eingreift, der obere Theil sich nach einer andern Richtung fortbewegen muss als der untere, indem auf den oberen Theil das obige Raisonnement gleich zu Anfang Anwendung findet, welches für den unteren erst eintritt, wenn derselbe die äussere Grenze der Passate überschreitet. Ausserdem wird der untere Theil des wirbelnden Sturmes überhaupt wegen der Reibung an der Erdoberfläche langsamer fortschreiten, als die von der Oberfläche mehr entfernten Theile desselben. Der Wirbel wird daher nicht immer einen geraden, sondern einer vorgeneigten Cylinder bilden, der Wirbel also in den oberen Regionen der Atmosphäre früher eintreten, als in der unteren, welches der dem Sturm vorhergehenden Himmelsansicht entspricht. Warum aber der erste Impuls in der Regel von SO. nach NW. gerichtet ist, könnte vielleicht darin eine Erklärung finden, dass diese Richtung als senkrecht auf der des Passates zur Entstehung einer wirbelnden Bewegung grade am geeignetsten ist, anders gerichtete Impulse, wenn sie auch stattfinden, daher keine Wirbelstürme erzeugen.

In Beziehung auf die complicirten Erscheinungen, welche dann entstehen, wenn dem fortschreitenden Sturme ein anderer Wind in mehr oder minder entgegengesetzter Richtung entgegenweht, verweise ich auf das barometrische Minimum vom 2. und 3. Februar 1823, welches ich Pogg. Ann. 13, p. 606 näher erörtert habe.

Tägliche Aenderungen der Intensität des Windes.

Aus 26000 in den Jahren 1737, 1838, 1839 in Birmingham angestellten stündlichen Beobachtungen, findet Osler folgendes Verhältniss der Intensität.

		Winter.	Frühling.	Sommer	Herbst.	Jahr.
Morg.	1	55	26	16	19	116
	2	54	28	15	19	116
	3	49	28	14	19	110
	4	47	27	11	19	104
	5	47	29	14	22	112
	6	48	29	15	20	112
	7	48	32	18	18	116
	8	51	41	23	21	136
	9	50	56	32	26	164
	10	67	70	34	40	211
	11	73	80	49	47	249
	12	82	82	52	55	271
Ab.	1	89	90	56	58	293
	2	89	89	57	54	289
	3	85	89	60	53	287
	4	79	80	57	44	260
	5	75	81	56	34	246
	6	65	72	41	28	206
	7	63	52	33	27	175
	8	63	45	27	24	159
	9	63	46	18	22	149
	10	59	38	17	20	134
	11	61	33	15	21	130
	12	57	29	16	20	122

Der Gang der Intensität schliesst sich also nahe an die täglichen Aenderungen der Wärme an. Welchen Einfluss hierbei die Entfernung der See vom Beobachtungsorte habe, wird sich erst ermitteln lassen, wenn für continentale Orte ähnliche Beobachtungen vorhanden sind. (Athenaeum 1840, No. 675).

Barometrische Windrose.

Zählt man den Wind von Nord als Nullpunkt nach Ost und bezeichnet bx, die der Windesrichtung von x Graden entsprechenden Barometerstand, so ist für Danzig nach Galle's Berechnung 15 jähriger Beobachtungen von Kleefeld in pariser Linien (Pogg. Ann. 31, 480).

Jahr $b_x = 337.937 + 1.190 \sin(x + 29°\,23') + 0.162 \sin(2x + 175°38')$

Winter $b_x = 338.444 + 1.475 \sin(x + 25°\,35') + 0.784 \sin(2x + 171°20')$

Frühl. $b_x = 337.709 + 1.185 \sin(x + 40°\,21') + 0.297 \sin(2x + 101°28')$

Somm. $b_x = 337.285 + 0.694 \sin(x + 48°\,10') + 0.121 \sin(2x + 148°26')$

Herbst $b_x = 338.503 + 1.926 \sin(x + 33°\,24') + 0.588 \sin(2x + 171°20')$

hingegen für Carlsruhe aus 26 jährigen Beobachtungen nach Eisenlohrs Berechnung (Einfluss des Windes p. 42).

Jahr $b_x = 333.978 + 0.970 \sin(x + 68°\,50') + 0.219 \sin(2x + 309°29')$

Winter $b_x = 334.315 + 1.068 \sin(x + 64°\,33') + 0.117 \sin(2x + 302°46')$

Frühl. $b_x = 333.445 + 0.946 \sin(x + 71°\,47') + 0.248 \sin(2x + 305°46')$

Somm. $b_x = 334.098. + 0.701 \sin(x + 72°\,28') + 0.090 \sin(2x + 43°\,59')$

Herbst $b_x = 334.138 + 1.150 \sin(x + 69°) + 0.410 \sin(2x + 290°\,41)$

Zur Vergleichung füge ich noch die früher von mir für Paris erhaltnen Formeln hinzu; das Barometer in Millimetern angegeben. (Pogg. Ann. 11 p. 559).

$$\text{Jahr}\quad b_x = 755.928 + 3.499 \sin(x + 80^\circ 9') + 0.336 \sin(2x + 356^\circ 21')$$

$$\text{Winter}\quad b_x = 756.835 + 4.887 \sin(x + 81^\circ 24') + 0.568 \sin(2x + 43^\circ 46')$$

$$\text{Frühl.}\quad b_x = 754.748 + 3.795 \sin(x + 80^\circ 42') + 1.104 \sin(2x + 347^\circ 56')$$

$$\text{Somm.}\quad b_x = 755.857 + 3.354 \sin(x + 77^\circ 17') + 0.683 \sin(2x + 344^\circ 22')$$

$$\text{Herbst}\quad b_x = 756.304 + 2.775 \sin(x + 71^\circ 2') + 0.827 \sin(2x + 249^\circ 26')$$

und für London, das Barometer in englischen Zollen. (Pog. Ann. 16, p. 292).

$$\text{Jahr}\quad b_x = 29.8908 + 0.1209 \sin(x + 49^\circ 10') + 0.0424 \sin(2x + 287^\circ 9')$$

$$\text{Winter}\quad b_x = 29.8863 + 0.1309 \sin(x + 107^\circ ') + 0.0448 \sin(2x + 303^\circ 10')$$

$$\text{Frühl.}\quad b_x = 29.8913 + 0.1317 \sin(x + 36^\circ 38') + 0\,0515 \sin(2x + 297^\circ 49')$$

$$\text{Somm.}\quad b_x = 29.9417 + 0.1220 \sin(x + 36^\circ 30') + 0.0282 \sin(2x + 217^\circ 47')$$

$$\text{Herbst}\quad b_x = 29.8196 + 0.2067 \sin(x + 45^\circ ') + 0.1101 \sin(2x + 284^\circ 12')$$

Die verhältnissmässig geringe Uebereinstimmung in den Winkelconstanten derselben Jahreszeit an den einzelnen Orten, zeigt, dass die Vertheilung des atmosphärischen Druckes in der Windrose, wis es auch theoretisch vorauszusehen ist, ein ziemlich complicirtes Phaenomen ist. Um die Aenderungen des barometrischen Werthes eines Windes in der jährlichen Periode näher zu beurtheilen, dienen folgende Tafeln, wo die lokalen Bedingungen ziemlich verschieden sind, da die Küste von Meklenburg und das obere Rheinthal sich ebenso von einander unterscheiden, als das mehr continentale Klima von Petersburg von dem entschiedenen Seeklima in Island.

Barometrishe Windrosen.

Bützow.

	NO.	O.	SO.	S.	SW.	W.	NW.	N.
Januar	339.07	339.78	337.42	336.53	335.29	336.57	338.09	338.82
Februar	39.10	38.48	35.05	33.25	35.74	35.44	36.11	39.08
März	36.41	36.32	34.26	34.58	35.39	37.93	36.36	36.58
April	38.56	38.68	35.24	34.48	35.38	37.69	37.96	38.02
Mai	36.07	37.30	37.48	35.52	34.95	37.81	38.41	38.21
Juni	38.77	37.76	36.16	35.68	37.26	37.70	37 88	38.28
Juli	38.85	37.66	37.29	36.44	36.46	36.75	38.07	38.13
August	38.03	37.34	36.63	35.87	35.39	36.95	38.21	38.19
Septbr.	38.57	37.93	36.31	35.74	35.71	36.45	39.52	41.63
October	38.57	39.66	37.07	36.47	36.73	37.12	38.07	39.76
Novbr.	38.59	39.22	36.17	35.25	34.82	36.70	37.51	39.72
Decmbr.	38.10	39.08	37.25	35.76	36.95	36.67	36.27	37.29
Jahr	38.21	38.35	36.22	35.36	35.90	36.97	37.86	38.79

Carlsruhe 26 Jahre.

	NO.	O.	SO.	S.	SW.	W.	NW.	N.	Mittler
Januar	335.696	335.017	334.843	332.879	333.760	333.349	334.587	335.241	334.532
Februar	35.682	33.897	33.794	33.588	34.083	34.220	35.034	36.098	34.643
März	34.907	34-349	31.493	32.718	33.104	33.658	33.730	33.895	33.922
April	34.211	33.538	32.232	31.399	32.192	32.880	33.847	34 129	33.171
Mai	33.997	34.008	33.755	32.946	32.918	33.334	33.885	34.131	33.531
Juni	34.806	43.082	33.580	33.376	33.362	33.682	34.383	34.806	33.994
Juli	34.675	34.629	33.407	33.591	33.530	33.763	34.384	34.752	34.009
August	34.797	34.426	33.785	33.742	33.671	33.831	34.586	34.746	34.094
Septbr.	35.275	35.117	33.389	33.502	33.585	33.806	34.049	35.200	34. 299
October	35.255	35.108	33.648	32.249	33.054	33.756	34.907	34.909	34.107
November	34.991	35.348	32.943	31.747	33.661	33.819	34.839	34 969	34.133
December	34.762	45.232	34.049	32.000	33.322	33.911	33.957	34.440	33.875
Winter	35.381	34.637	34.326	32.782	33.702	33.863	34.504	35.325	34.362
Frühling	34.482	33.946	32.835	32.380	32.7 50	33.293	33.818	34.055	33.542
Sommer	34.760	34.347	33.582	33.583	33.530	33.759	34.450	34.77 2	34.033
Herbst	35.182	35.138	33.444	32 413	33.447	33 798	34.605	35.032	34.179
Jahr	34.967	34.513	33.496	32.782	33.387	33.660	34.301	34.715	34.026

Petersburg 13 Jahre.

	NO.	O.	SO.	S.	SW.	W.	NW.	N.	Mittel
Januar	28.169	28.165	28.323	28.277	28.150	28.043	27.949	28.076	28.156
Februar	28.153	28.399	28.303	28.251	28.129	28.093	27.954	28.148	28.199
März	28.251	28.257	28.286	28.009	27.963	23.045	27.858	27.990	28.113
April	28.184	28.107	28.077	28.083	28.113	28.114	28.056	28.118	28.111
Mai	28.198	28.113	28.100	28.008	28.075	28.092	28.067	28.080	28.096
Juni	28.095	28.069	28.033	28.007	28.044	28.071	28.024	28.095	28.063
Juli	28.049	28.035	27.934	27.932	27.993	28.021	28.021	27.988	28.004
August	28.113	28.091	28.117	28.007	27.973	28.026	28.062	27.987	28.057
Septbr.	28.219	28.220	28.183	28.062	27.089	28.023	27.964	28.036	28.118
October	28.191	28.138	28.041	28.091	28.108	28.169	28.062	28.066	28.136.
Novbr.	28.088	28.032	28.072	28.028	28 072	27.927	27.883	28.083	28.026
Decber.	28.091	28.307	28.307	28.008	28 107	28.028	27.929	28.108	28.110
Mittel	28.150	28.162	28.136	28.064	28.068	28.054	27.986	28.065	28.099
Jahr	28.148	28.149	28.158	28.072	28.071	28.054	27.986	28.065	28.099

Reikiavig. (1823 — 1836)

	NO.	O.	SO	S.	SW.	W.	NW.	N.
Januar	331.91	331.48	331.19	332.11	329.53	332.64	329.99	332.59
Februar	331.04	329.02	329.40	328.82	328.61	331.23	334.56	331.27
März	332.23	330.11	329.32	330.75	329.61	331.70	330.83	332.29
April	334.23	332.39	333.60	332.49	331.25	339.29	334.20	333.97
May	334.52	334.26	333.33	333.47	334.50	334.33	334.66	334.82
Juni	334.15	333.71	333.94	333.28	333.53	335.63	335.58	333.31
Juli	332.51	333.84	333.66	334.19	333.07	334.82	334.33	334.05
August	333.38	333.35	332.68	333.16	334.08	334.31	335.03	333.39
September	330.39	333.10	332.12	332.48	333.59	329.42	333.44	332.02
October	331.17	331.89	331.76	330.79	329.41	331.87	330.47	333.05
November	330.37	333.03	330.13	328.77	330.53	331.72	332.65	332.83
December	330.44	328.88	330.66	332.28	337.80	330.84	330.58	331.22
Winter	331.14	329.77	330.40	331.33	328.57	331.48	331.46	331.67
Frühling	333.68	332.22	332.39	332.33	331.19	333.72	333.39	333.71
Sommer	333.51	333.57	333.47	333.51	333.53	335.00	334.99	333.59
Herbst	330.72	332.71	331.36	330.69	330.81	331.09	332.57	332.69
Jahr	332.01	331.99	332.03	331.11	330.65	333.46	333.83	332.94

Diese Bestimmungen sind entlehnt aus:

Nizze über den Stand des Barometers zu Bützow in den Jahren 1781 — 1789. Stralsund 4.

Eisenlohr Untersuchungen über den Einfluss des Windes auf Barometer, Temperatur etc. pag. 38.

Kupfer et Wisniewski observations météorolegiques faites a l'Academie Imperiale des Sciences de St. Petersburg de 1822-1834 pag. 218.

Folgende Tafel giebt eine Vergleichung der jährlichen barometrischen Windrosen verschiedener Orte. Ist

$$b_x = a + a_{,} \sin(x + \alpha_{,}) + a_{,,} \sin(2x + \alpha_{,,})$$

so erhält man

	a	a,	a,,	α,	α,,
Berlin	335.188	1.6908	0.5292	68°51′	265°24′
Paris	336.106	1.2496	0.277	68°22′	244°24′
Middelburg	336.224	1.9317	0.41	65°51′	272°27′
Copenhagen	336.779	1.4759	0.1688	72°34′	332°40′
Hamburg	335.863	1.2144	0.2795	52°22′	206°34′
Apenrade	336.155	0.9186	0.7067	50°21′	243°41′
London	336.547	1.362	0.473	49°10′	287°9′
Minden	335.992	1.379	0.212	69°51′	257°27′
Wien	331.486	0.576	0.674	76°59′	113°37′
Ofen	329.535	0.721	0.441	36°32′	181°18′
Prag	329.922	0.892	0.0378	45°33,	273°25′
Stockholm	335.212	1.035	0.255	68°13′	318°25
Moskau	329.013	0.919	0.251	44°17′	326°50′

(Pogg. Ann. 11, p. 588)

die ersten 7 Formeln von mir, die letztern von Kämtz berechnet. (Meteorologie 2, 316.)

Thermische Windrose.

Bei der Kleinheit der täglichen und jährlichen barometrischen Oscillationen, verglichen mit dem bedeutenden Einfluss des Windes auf den Barometerstand, ist eine Berücksichtigung der erstern bei der Berechnung einer barometrischen Windrose, wenigstens für unsre Breiten nicht nothwendig, da die aus der ungleichen Anzahl der einzelnen Windesrichtung entstehende Unsicherheit, jene

Grösse bei weitem übertrifft. Ein ganz anderes Verhältniss zeigt sich aber bei der Bestimmung der thermischen Werthes der Winde. Da nämlich die täglichen Wärmeänderungen sowohl, als die jährlichen sehr bedeutend sind, so ist es keinesweges gleichgültig, in welcher Tages und Jahreszeit die Beobachtungen angestellt wurden, welche zur Bestimmung der Temperatur eines Windes dienen sollen. Die einfache Berechnung des Mittels aus allen in einem längern Zeitraume während einer bestimmten Windesrichtung aufgezeichneten Thermometerständen, kann also keinesweges als die dem Winde entsprechende Temperatur angesehen werden, es muss vielmehr nothwendig vorher die tägliche und jährliche Veränderung eliminirt sein.

Bei der Berechnung der thermischen Windrosen von Paris und London, habe ich die tägliche Oscillation dadurch eliminirt, dass ich den thermischen Werth des Windes aus den beiden Extremen des Registerthermometers bestimmte; die jährliche dadurch, dass ich das jährliche Mittel aus den 12 monatlichen Mitteln bestimmte. Auf ganz analoge Weise hat Kämtz, wo nicht die während eines Tages herrschende Windesrichtung beobachtet war, sondern die zu einer bestimmten Stunde wahrgenommene, die Abweichung des thermischen Werthes dieser Stunde vom Mittel des Tages als Verbesserung angewendet, dann aber die monatlichen Temperaturen zu der des Jahres auf ähnliche Weise combinirt, indem die Abweichung des monatlichen Wärmemittels vom jährlichen als Correction angebracht und die einzelnen Beobahtungen dann zum Mittel sämmtlich vereinigt wurden.

Hingegen ist bei Carlsruhe und Petersburg nicht angegeben, wie die tägliche Veränderungen eliminirt worden ist.

Die Veränderung des thermischen Werthes der Winde in der jährlichen Periode, geht aus folgenden Tafeln hervor:

London. 24 Jahre.

Cent.

	NO.	O.	SO.	S.	SW.	W.	NW.	N.
Januar	— 0.928	— 0.222	1.995	4.662	4.361	2.649	0.746	0.221
Februar	+ 0.351	+ 2.418	3.418	6.157	5.945	5.194	3.384	0.049
März	3.207	4.655	6.021	6.323	7.808	7.206	5.555	2.515
April	7.363	9.593	9 96	10.972	9.468	9.861	8.094	5.887
Mai	11.131	13.243	13.924	14.205	13.317	13 084	11.98	12.231
Juni	14.563	16.91	17.261	16.553	15.442	15.736	14.73	14.57
Juli	16.464	18 333	19.366	18.548	17.633	17.577	16.677	16.093
August	16 278	18.184	18.305	16.297	17.086	16.406	15.73	16.25
September	13.992	14.375	15.172	15.923	14.745	14.004	12.583	12.258
October	8.444	10 702	11.394	12.566	11.514	9.823	8.559	6.884
November	5 077	5.196	6.792	7.598	7.637	6.203	3.929	4.218
December	0.898	2.147	4.158	6.418	5.356	5.047	2 626	0.719
Winter	0.107	1.448	3.190	5.746	5.221	4.297	2.252	0 329
Frühling	7.234	9 164	9.683	10.5	10.198	10.050	8.543	6.878
Sommer	15.768	17 809	18.311	17.133	16.720	16.573	16.712	15.619
Herbst	9.171	10.091	11.119	12.029	11.298	10.01	9.357	7 787
Jahr	8.07	9.629	10.576	11.352	10.859	10.233	8.716	7.653

Carlsruhe. (26 Jahre) Réaum.

	NO.	O.	SO.	S.	SW.	W.	NW.	N.
Januar	— 2.802	— 2.318	— 2.423	0.971	2.010	0.344	0.157	— 1.934
Februar	— 0.339	2.254	3.326	4.244	3.711	3.301	1.356	1.010
März	3.405	4.406	— 4.531	7.529	5.888	6.199	4.194	4.002
April	8.692	10.252	12.500	9.632	8.807	9.403	7.331	7.208
Mai	12.548	13.562	15.478	14.304	11.869	12.941	13.087	12.042
Juni	14.890	15.504	14.689	15.429	13.691	14.330	14.084	14.133
Juli	16.266	17.688	18.389	16.051	14.946	19.048	15.925	14.956
August	15.744	16.107	15.126	15.313	14.603	15.545	15.812	14.698
September	12.516	13.347	12.138	12.493	12.509	13.403	12.366	11.690
October	7.671	8.390	10.092	9.914	9.021	9.532	7.677	7.092
November	2.222	3.362	5.095	6.596	5.321	5.191	4.122	2.610
December	— 1.528	0.976	1.650	4.026	3.446	3.791	2.164	0.392
Winter	— 1.705	— 0.105	0.351	3.400	3.081	2.620	1.200	1.166
Frühling	8.155	10.089	12.548	11.154	8.811	9.372	7.996	8.732
Sommer	15.620	16.320	16.415	15.632	14.438	15.339	15.317	15.038
Herbst	7.570	8.539	9.526	9.490	8.773	9.616	8.480	8.438
Jahr	6.929	8.397	10.462	10.023	8.749	9.922	8.962	8.401

Petersburg 13 Jahre Réaum.

	NO.	O.	SO.	S.	SW.	W.	NW.	N.
Januar	— 11.06	— 8.05	— 9.44	— 8.16	— 5.41	— 5.78	— 8.38	— 8.09
Februar	— 8.86	— 8.01	— 6.56	— 5.82	— 4.16	— 5.09	— 6.88	— 8.02
März	— 5.42	— 2.93	— 2.79	— 0.88	— 2.14	— 3.48	— 3.76	— 4.22
April	0.97	1.46	3.63	4.39	2.78	1.99	1.25	0.48
Mai	6 38	6.99	9.84	9.23	7.28	7.98	6.35	4.89
Juni	11.58	12.20	13.68	14.23	13.35	12.46	10.10	10.93
Juli	13.64	14.54	14.90	14.84	14.63	13.14	12.53	11.86
August	12.44	12.94	13.67	13.85	13.39	12.96	11.48	9.11
September	6.88	9.53	9.51	10.03	9.38	9.09	5.71	6.34
October	2.80	3.14	4.14	4.56	5.08	4.68	1.66	1.42
November	— 2.84	— 2.61	— 2.29	— 0.14	0.61	0.71	— 3.09	— 2.34
December	— 7.83	— 7.31	— 5.16	— 2.76	— 2.01	— 3.04	— 6.36	— 5.69
Jahr	1.56	2.66	3.59	4.45	4.40	3.89	1.72	1.38

Reikiavig 6 Jahre Réaum.

	NO.	O.	SO.	S.	SW.	W.	NW.	N.
Januar	— 2.9	— 0.7	3.1	2.9	— 1.7	—	— 2.8	— 4.0
Februar	— 0.8	— 0.7	0.5	1.6	— 0.5	— 1.5	— 2.9	— 6.6
März	— 1.7	1.6	2.7	3.1	0.2	— 1.2	— 3.2	— 5.2
April	1.6	1.8	3.8	3.3	0.8	4.0	2.6	0.0
Mai	6.5	7.0	8.0	7.7	7.3	8.5	7.2	1.8
Juni	10.3	9.3	9.3	8.7	8.1	9.9	10.7	7.1
Juli	12.0	12.4	12.1	12.8	11.4	11.3	13.2	12.5
August	11.1	11.2	11.2	11.6	10.8	10.4	11.0	9.4
September	7.8	7.8	8.5	7.5	8.1	7.8	6.1	5.6
October	3.0	3.2	3.7	3.4	3.8	4.2	3.9	1.5
November	— 1.6	1.0	2.5	2.5	0.8	2.5	— 1.6	— 4.2
December	— 2.5	— 0.3	1.2	3.8	— 1.4	— 2.2	— 3.9	— 4.3
Winter	— 2.1	— 0.5	1.7	2.7	— 1.2	— 2.0	— 3.1	— 5.0
Frühling	2.2	4.0	5.7	4.5	2.1	4.2	1.8	— 1.7
Sommer	11.0	11.2	11.0	10.7	10.2	10.3	11.6	9.9
Herbst	3.2	4 0	5.9	5.6	3.5	4.6	4.3	0.2
Jahr	1.7	4.1	5.8	6.5	2.9	6.2	6.1	1.4

Bezeichnet

$$t_x = b + b_, \sin(x + \beta_,) \sin(2x + \beta_{,,})$$

die Temperatur, welche der Windesrichtung x entspricht, so erhält man x, von Nord als Nullpunkt nach Ost gezählt:

Jahr. (Cent.)

	b	b,	b,,	β,	β,,
Paris	10.6238	1.2672	0.194	252°59′	168°25′
London	9.289	1.810	0.263	262°57′	269°14′
Hamburg	8.908	1.232	0.098	247°55′	109°22′
Ofen	10.565	1.488	0.220	269°20′	29°11′
Moscau	3.884	2.367	0.484	245°19′	245°17′
Stockholm	5.934	3.028	0.646	264°22′	273°46′
Carlsruhe	10.777	1.812	0.118	225°18′	158°

Winter.

	b	b,	b,,	β,	β,,
Paris	2.9175	2.7762	0.2272	214°38′	190°1′
London	2.593	2.998	0.082	241°47′	16°52′
Hamburg	— 0.452	3.326	0.294	215°3′	58°12′
Ofen	— 0.475	1.449	0.458	238°50′	309°41′
Moscau	— 9.405	5.621	0.438	241°11′	244°19′
Stockholm	— 2.792	4.759	0.995	259°29′	252°45′
Carlsruhe	1.081	3.366	0.408	228°30′	113°50′

Frühling.

	b	b,	b,,	β,	β,,
Paris	9.985	1.2490	0.3172	263°37′	308°7′
London	8.700	1.976	0.522	260°41′	257°16′
Hamburg	8.765	1.269	0.169	279°49′	158°21′
Ofen	10.575	1.747	0.411	267°31′	49°26′
Moscau	4.890	1.711	0.924	230°44′	284°35′
Stockholm	3.258	2.976	0.908	240°56′	241°45′
Carlsruhe	11.339	2.152	0.868	279°39′	166°5

Sommer.

	b	b,	b,,	β,	β,,
Paris	18.5638	1.5342	0.2872	359°39′	94°23′
London	16.295	1.209	0.657	296°30′	227°43
Hamburg	18.219	1.770	0.195	323°37′	108°40′
Ofen	21.845	1.755	0.182	305°55′	322°49′
Moscau	17.735	1.163	0.209	312°0′	221°3′
Stockholm	16.533	1.584	0.425	278°52′	337°30′
Carlsruhe	19.365	0.978	0.865	320°35′	262°

Herbst.

	b	b,	b,,	β,	β,,
Paris	11.0163	1.8924	0.3411	253°53′	153°
London	9.572	1.749	0.470	278°52′	−8°31′
Hamburg	9.140	1.363	0.190	234°19′	279°50′
Ofen	10.556	1.625	0.565	253°32′	28°50′
Moscau	2.199	1.167	0.628	260°21′	212°29′
Stockholm	6.809	3.013	0.813	286°16′	296°6′
Carlsruhe	10.491	1.375	0.499	230°51′	184°23′

Die Resultate für Paris und London, aus Pogg. Ann. 11, p. 576 und 23, p. 61 von mir berechnet, die für Carlsruhe von Eisenlohr, die übrigen von Kämtz. Meteorol. 2, p. 34.

Atmische Windrosen.

Der einzige Ort, für welchen neuerdings die Elasticität der in der Luft verbreiteten Wasserdämpfe in ihrer Abhängigkeit von der Windesrichtung bestimmt worden ist, ist Halle. In den Jahren 1834 — 1837 war sie nach Kämtz Beobachtungen

NO.	2.‴91	SW.	3.‴31
O.	3.06	W.	3.22
SO.	3.24	NW.	3.06
S.	3.47	N.	2.98

Diese Vertheilung schliesst sich also nahe an die von London an, welche sich durch folgende Formel darstellen lässt:

$$ex = 0.''36687 + 0.''06675 \sin(x + 254°58') + 0.01172 \sin(2x + 123°41')$$

Die Berechnung solcher, so wie der thermischen und barometrischen Windrosen, ist besonders deswegen wichtig, weil sich nur durch sie und die relative Anzahl der einzelnen Windesrichtungen beurtheilen lässt, an welchen Stellen der gemässigten Zone die Luft vom Aequator nach dem Pole, oder in entgegengesetzter Richtung fliesst. Da nämlich der Wasserdampf, welchen Aequatorialwinde den Polen zuführen, in immer sich erneuernden Regen besonders an der Südwestseite der Gebirge sich niederschlägt, so wird in dem trocknen, nördlichen Winde zwar dieselbe Luftmasse über einen bestimmten Parallelkreis zu den Tropen zurückkehren, das aber, was als luftförmiger Begleiter auf dem Hinwege mit die Quecksilbersäule hob, fliesst theilweise unter dem Gefässe des Barometers als Tropfbarflüssiges zurück, ohne zur Erhebung der Quecksilbersäule mitzuwirken. Da nun ausserdem die Temperatur der nach dem Aequator zurückfliessenden Luft niedriger als die der von ihm herkommenden, so wird bei gleicher Luftmenge der Polarstrom schmaler sein, als der Aequatorialstrom. Geschieht das Hin- und Zurückströmen im Allgemeinen in veränderlichen Betten, bald über diesen Theil eines Parallelkreises bald über einen anderen, so sieht man unmittelbar, dass unter Voraussetzung eines in dieser Beziehung stattfindenden Gleichgewichts sich jeder Beobachtungsort öfter in einem Aequatorialstrome befinden wird, als in einem Polarstrome, die mittlere Windesrichtung also eine südwestliche werden wird. Die früher mitgetheilten mittleren aus Nordamerika zeigten, dass dort wie in Europa diese vorwaltend S. W. sind. Daraus folgt aber keinesweges, dass überall wirklich ein Abfliessen nach der kalten Zone hin stattfindet. Es kann vielmehr die über einen Parallelkreis im Jahre nach dem Pole fliessende Luftmenge dennoch genau compensirt werden, durch die von ihm zurückkehrende. Die Frage, ob an gewissen Stellen der Hinweg häufiger als der Rückweg geschieht, lässt sich aber bis jetzt nicht beantworten. Findet nirgends ein Ueberwiegen statt, so wird die Zurückführung der Gestalt der Isothermen auf mittlere Luftströme als bedingende Ursache, sehr unwahrscheinlich.

Regen.

In Beziehung auf die Vertheilung der Regenmenge unter die einzelnen Jahreszeiten, giebt Kämtz (Vorlesungen über Meteorologie p. 175) für den Uebergang vom westlichen Europa zum östlichen folgende Tafel in Procenten der ganzen jährlichen Menge.

	Winter	Frühling	Sommer	Herbst
Westl. England	26.4	19.7	23.0	30.9
Inneres England	23.0	20.6	26.0	30.4
Westl. Frankreich	23.4	18.3	25.1	33.3
Oestl. Frankreich	19.5	23.4	29.8	27.3
Deutschland	18.2	21.6	37.1	23.2
Petersburg	13.6	19.4	36.5	30,5

woraus hervorgeht, dass die Regenmenge im Frühling in diesen verschiedenen Gegenden nahe dieselbe ist, die Regenmenge im Sommer hingegen, immer zunimmt, auf Kosten einer Verminderung der Winterregenmenge, wenn man von den Westküsten weiter nach Osten fortschreitet. Dies wird noch anschaulicher, wenn man die letztere als Einheit ansieht, und die Sommerregenmenge als vielfaches derselben bezeichnet, man erhält dann:

westliches England	0.868
Inneres England	1.131
westl. Frankreich	1.071
östl. Frankreich	1.540
Deutshland	2.042
Petersburg	2.670

In Beziehung auf die Vertheilung in den einzelnen Monaten giebt Schouw folgende Tafel: Tableau du Climat de l'Italie p. 186, und zwar die Zahlen Procente der jährlichen Menge.

	Jan.	Febr.	März	April	May	Juni	Juli	Aug.	Sept.	Oct.	Nov.	Dec.
1. Scandiavien	6	5	4	6	7	9	12	13	11	10	10	7
2. Deutsche Ebenen	6	7	6	6	8	13	13	10	8	8	7	8
3. Holland	6	6	6	6	7	9	10	12	11	11	8	8
4. Rheinthal	6	5	7	7	10	11	12	10	9	8	8	7
5. Nordrand der Alpen	6	5	6	5	11	11	13	11	9	8	8	7
6. Alpen	7	5	6	8	8	10	9	7	8	12	12	8
7. linkes Poufer	8	5	6	8	9	9	8	8	9	11	11	8
8. Ungarn	7	4	10	7	8	8	8	10	9	10	11	8
9. Wesküste Frankreichs	8	7	7	7	8	8	7	6	9	12	11	10
10. rechtes Poufer	7	7	7	6	9	9	5	7	10	14	10	9
11. Rhonethal nördl. v. 44°	7	5	6	8	9	7	5	7	13	14	12	7
12. Südküste Frankreichs	9	6	8	7	8	5	3	4	12	15	13	10
13. Apenninen	10	7	8	8	7	6	3	4	8	14	13	12
14. ebenes Grossbrittan.	8	7	6	7	7	8	10	9	9	10	10	9
15. gebirgiges - -	8	8	6	6	7	6	10	10	9	11	9	10
16. Nordfrankr. u. Belgien	8	8	6	8	9	11	9	9	9	7	9	7

oder die absoluten Mengen in französchen Zollen.

	Jan.	Febr.	März	April	May	Jnni	Juli	Aug.	Sept.	Oct.	Nov.	Dec.
Scandinavien	1.49	1.10	0.91	1.12	1.48	1.83	2.35	2.51	2.22	2.05	1.98	1.43
Deutsche Ebenen	1.12	1.18	1.05	1.09	1.38	2.20	2.28	1.81	1.40	1.36	1.23	1.42
Holland	1.52	1.66	1.46	1.44	1.67	2.20	2.68	2.95	2.82	2.88	2 06	2.06
Rheinthal	1.43	1.34	1.65	1.65	2.35	2.57	2.79	2.36	2.27	1.85	2.02	1.79
Nordrand der Alpen	1.57	1.32	1.57	1.37	2.67	2.75	3.43	2.90	2.38	2.10	1:99	1.74
Alpen	3.93	2.96	3.36	4.14	4.40	5.41	5.05	4.06	4.63	6.43	6.71	4.28
linkes Poufer	2.70	1.74	2.10	2.57	3.05	3.10	2.76	2.64	3.12	3.92	3.73	2.87
Ungarn	1.18	0.66	1.63	1.14	1.28	1.32	1.35	1.53	1.38	1.57	1.77	1.22
Westküste Frankreichs	2.05	1.76	1 60	1.68	1.97	1.86	1.67	1.37	2.12	2.85	2.57	2.49
rechtes Poufer	1.56	1.61	1.68	1.44	2.00	2.20	1.28	1.64	2 44	3.40	2.32	2.00
Rhonethal nördl. v. 44°	2.19	1.76	1.83	2.59	2.75	2.40	1.75	2.19	4.10	4.66	4.00	2.39
Südküste Frankreichs	2.08	1.41	1.86	1.83	1.91	1.31	0.73	1.04	2.90	3.71	3.11	2.55
Apenninen	3.33	2.46	2.87	2.56	2.30	1.94	1.18	1.39	2.78	4.59	4.49	3.98
ebenes Grossbittanien	1 65	1.49	1.25	1.43	1.64	1.68	2.23	2.04	2.02	2.22	2.24	1.94
gebirgiges - -	2.96	2.87	2.10	2.08	2.58	2.42	3.60	3.58	3.51	3.90	3.42	3.62
Nordfrankreich u. Belgien	1.69	1.63	1.24	1.75	1.99	2.24	2.00	1.80	1.82	1.53	1.88	1.51

Diesen mittleren Bestimmungen liegen folgende Beobachtungen zum Grunde, wobei die neben dem Ortsnamen stehende Zahl die Anzahl der Jahre bezeichnet.

1. **Scandinavien**, Copenhagen^{45}, Lund^{58}, Vesteras^{14} Wexiö^{22}, Upsala^{23}, Abo^{45}.
2. **Deutsche Ebenen**, Berlin^{12}, Sagan^{12}.
3. **Holland**, Zwanenburg^{40}, Franecker^{13}.
4. **Rheinthal.** Coblenz^{11}, Manheim^{12}, Carlsruhe^{34}, Strassburg^{18},
5. **Nordrand der Alpen**, Genf^{31}, Peissenberg^{10}, Tübingen^{10}, Augsburg^{14}, Regensburg^{30}.
6. **Alpen**, Cercivento^{17}, Tolmezzo^{22}, Udine^{16}, Sacile^{14}, Conegliano^{14}, Valdobbliadene^{21}, Schio^{18}, Vicenza^{17}, Verona^{36}, Brescia^{11}.
7. **linkes Poufer**, Triest^{12}, Pirano^{25}, Padua$^{4.8}$, Chioggia^{26}, Mailand^{68}, Turin^{15}.
8. **Ungarn**, Ofen.
9. **Westküste Frankreichs**, Toulouse^{12}, Bordeaux^{10}, la Rochelle^{17}, la Vallerie^{18}.
10. **Rechtes Poufer**, Bologna^{18}, Parma^{13}.
11. **Rhonethal nördlich** v. 44° B. Orange^{13}, Viviers^{40}.
12. **Südküste Frankreichs**, Toulon^{10}, Marseille^{19}, Montpellier^{26} Nimes^{17}.
13. **Apenninen**, Camajore^{40}, Florenz^{16}, Siena^{10}, Rom^{40}, Ariano^{11}, Molfetta^{13}, Palermo^{24}.
14. **Ebenes Grossbrittanien**, London^{40}, Hackney Wiek^{10}, Lyndon^{66}, Chatworth^{16}, Borrowby^{10}, Glasgow^{17}, Edinburgh^{27}, Dublin^{17}.
15. **Gebirgiges Grossbrittanien**, Alderley Rectory^{10}, Liverpool^{19}, Manchester^{25}, Lancaster^{20}, Kendal^{25}, Dumfries^{16}, Branxholm^{10}.
16. **Nordfrankreich und Belgien**, Denainvilliers^{11}, Paris^{44}, Montmorenci^{15}.

In den ersten fünf Districten fällt daher das meiste Wasser im Sommer, und es zeigt sich überhaupt nur ein Maximum, in den darauf folgenden sechs zeigt sich ein Bestreben, ein zweites Maximum zu bilden; an der Westküste Frankreichs und in den Apenninen ist die Regenmenge im Sommer am kleinsten; in England und Nordfrankreich hingegen, die Vertheilung ziemlich gleichförmig im ganzen Jahre.

Für die Anzahl der Regentage giebt Schouw folgende Bestimmungen:

Holland	170
Nordfrankreich und Belgien	152
Deutsche Ebene	154
Ungarische Ebene	112
Thal des Po	88
Süd Italien	71

also eine deutliche Zunahme mit der geographischen Breite.

Wenn man mit Hrn. v. Buch annimmt, dass die an den Grenzen der tropischen Zone im Winter herabfallenden Regen, und die im südlichen Europa regelmässig eintretenden Herbstregen ihre Entstehung einer gemeinschaftlichen Ursache verdanken, nämlich den an den äussern Grenzen der Passate herabkommenden Aequalströmen, lo liegt es nahe, die Sommerregen Mitteleuropas auf dieselbe Ursache zurückzuführen und anzunehmen:

1. Dass bei nördlicher Abweichung der Sonne, wo die ganze Erscheinung des Passates am weitesten nördlich liegt, jene oberen Ströme in grösster Mächtigigkeit den Boden erst im mittleren Europa berühren, und daher dann hier im Kampfe derselben mit nördlichen Strömen das meiste Wasser herabfällt;

2. Dass zur Zeit der Herbstnachtgleiche diese Ströme erst südlicher den Boden fassen, und dann die Länder des mittelländischen Meeres die mächtigsten Niederschläge haben;

3. Dass bei südlicher Declination der Sonne dieses südliche Herabrücken der Erscheinung im Extrem vorhanden sein wird, und daher die Regen der subtropischen Zone in Nordafrika Winterregen sind.

4. Dass zur Zeit der Frühlingsnachtgleiche die Erscheinungen denen der Herbstnachtgleiche ähnlich sein werde, also den Herbstregen Südeuropas eine Frühlingsregenzeit entsprechen wird.

Diese Frühlingsregenzeit kennt man in Lissabon, Minorca und Griechenland, sie war auch schon den Römern bekannt. Man kann daher die Regenverhältnisse der gemässigten Zone unter folgende Gesichtspnnkte zusammenfassen:

Die Winterregenzeit an den Grenzen der Tropen tritt, je weiter wir uns von diesen entfernen, immer mehr in zwei, durch schwächere Niederschläge verbundene Maxima aus einander, welche in Deutschland in einem Sommermaximum zusammenfallen, von wo an also temporaire Regenlosigkeit vollkommen aufhört.

Bekanntlich hat Dalton zuerst darauf aufmerksam gemacht, dass in England die grösste Regenmenge im Herbst fällt. Aehnliche Fälle scheinen überhaupt an den Westküsten zu gelten, besonders da, wo Gebirge an das Meer treten. Ausserdem zeigt sich da im Frühling eine auffallend geringe Regenmenge. Es fragt sich daher: bildet England eine Ausnahme in einer allgemeinen Regel, oder zeigen sich durch die Lage des mittelländischen Meeres gegen die Sahara nur hier die oben angegebenen Verhältnisse. Dies scheint Kämtz anzunehmen, nach welchem in Deutschland die reichlichen Niederschläge im Sommer dadurch entstehen, dass überhaupt die Courant ascendant Niederschläge dann die häufigsten sind, welche in Italien nur deswegen wegfallen, weil der südliche Strom in der Höhe von der Sahara kommend zu trocken ist, um sie veranlassen zu können, und dass die im Winter niedrigziehenden, von dem atlantischen Ocean aufsteigenden Wolken, ihren Wasserdampf früher absetzen als im Sommer, wo sie, durch weniger Hindernisse aufgehalten, weit in die Continente hineindringen.

Gegen diese letztere Erklärung scheint mir aber zu sprechen, dass in Nordamerika in gleicher Breite mit Italien sich ebenfals eine Tendenz der Regenmenge in zwei Maxima auseinander zu treten zeigt, nur mit dem Unterschiede, dass hier das Frühlingsmaximum das bedeutendste ist, wie folgende Tafel zeigt, der ich nicht die gehörige Vollständigkeit geben konnte, da mir zur Berechnung nur die fünf Jahre 1833, 1834, 1837, 1838, 1839, aus den Returns of Meteorological Observations in the State of New-York zu Gebote standen, deren Mittheilung ich der Güte des Herrn Redfield verdanke. Ich habe die Orte, welche weniger als 5 Jahre enthalten, weggelassen. Die Regenmengen sind in englischen Zollen.

	Jan.	Feb.	März	April	Mai	Juni	Juli	Aug.	Sept.	Oct.	Nov.	Dec.	Jahr
Albany	2.13	2.23	2.06	2.32	6.16	4.49	4.32	3.25	2.93	3.91	2.48	2.82	39.09
Auburn	1.43	1.35	1.57	1.33	4.30	3.66	3.04	3.37	2.42	2.46	1.75	1.89	28.58
Cambridge Washington	2.31	2.34	1.70	3.46	4.59	5.03	3.56	4.31	2.98	3.82	2.61	1.80	38.50
Canandaigua	2.22	2.98	1.97	3.60	4.22	4.43	3.81	3.62	3.08	3.18	2.99	2.43	30.49
Clinton	2.29	2.26	2.29	2.31	3.83	3.35	3.31	2.77	4.40	4.58	2.33	3.29	36.79
Erasmus Hall	2.26	2.04	3.23	3.00	5.03	5.08	3.22	2.68	3.81	3.64	2.13	3 68	41.98
Kinderhook	1.37	1.01	1.81	2.69	4.80	3.98	4.32	2.55	2.56	3.71	1.86	2.46	33.13
Kingston	2.69	1.70	3.03	1.76	5.03	4.83	4.18	2.75	2.81	2.27	2.55	2.89	36.89
Montgomery	1.83	1.99	2.17	1.76	3.09	4.72	3.02	2.48	3.49	3.66	4.23	3.24	33.28
Oneida Conferenz	2.46	1.46	2.20	1.91	4.65	5.17	3.95	3 59	3.31	4.17	2.93	2.67	38.23
Newburgh	2.86	1.61	3.46	1.58	4.15	4.55	2.88	2.51	4.38	4.11	3.20	2.24	45.79
Oxford	2.35	1.39	1.59	1.48	5.15	3.92	3.99	3.22	3.05	3.40	2.30	1.91	33.78
Pompey	0.82	0.58	0.62	0.99	2.98	4.88	4.35	2.55	2.61	2.80	0.82	1.13	27.31
St. Lawrence	1.54	0.73	1.64	1.53	3.29	3.55	4.02	3.33	3.07	3.12	1.77	0.84	28.56
Rochester	1.15	1.75	1.59	1.65	3.82	2.69	2.46	2.68	1.55	3.10	2.35	1.48	26-75
Union Hall	1.27	1.64	2.71	2.42	3.93	3.95	3.95	1.99	3.73	3.29	2.91	1.91	34.00
Mittel	1.94	1.69	2.10	2.11	4.31	4.27	3.65	2.98	3.14	3.70	2.26	2.29	34.55

Grosse Regenmenge.

Vom 14. Februar Abends 8 Uhr bis zum 15. Morgens 6 Uhr sah Roussin in Cayenne 10¼ fr. Zoll fallen, am 11. Mai 1832 fielen in Calcutta in 24 Stunden 12 engl. Zoll, in Bombay am 24. Juni 1828 8.″67, am 12. Juli desselben Jahres 7.″4, am 18. 7.″45, in Hurnee an der Küste des südlichen Konkun 8.″133, in Anjarakandy am 9. Juli 1819 7.″06, den 25. October 1822 in Genua nach Pagano 30 fr. Zoll, am 9. October 1827 in Joyeuse nach Tardy de Brossy's Beobachtungen in 22 Stunden 29″3‴, am 6. September 1801 in Viviers 13 Zoll 2. 3 Linien am 20. Mai 1827 in Genf innerhalb 3 Stunden 6 Zoll, am 21. September 1839 in Marseille 40 Millimeter in 25 Minuten nach Valz.

Abnahme des Regens mit der Höhe.

Von 4 in der Nähe des Bodens aufgestellten Regemessern in York erhielt Philipps am 1. Juni bis 3. Sept. 1840 folgende Verhältnisse der Menge (Athenaeum 1840 p. 793).

12 Fuss über den Boden	8206
6 - - -	8259
3 - - -	8314
0 - - -	8407

Als Mittel dreijähriger Beobachtungen grösserer Höhenunterschiede nämlich des Münsters 241 Fuss 1.45 englische Zoll, des Daches des Museums 72 Fuss 8 Zoll und des Gartens 29 Fuss über dem Spiegel des Humber aber:

Monate	Münster	Museum	Garten
3 sommerliche	13.″473	17.430	20.306
5 wärmere	20.042	26.126	30.916
7 - -	24.834	32.320	38.551
7 kältere	18.220	25.100	33.999
5 - -	14.130	19.789	26.879
3 winterliche	14.138	12.170	17.320

oder in Procenten der untern Menge:

mittl. Temp.	Münster	Museum	Schicht zwischen Garten u. Münst.	Schicht zwischen Gart. u. Dach
60.°8F	66.35	85.83	33.65	14.17
58.5	64.82	84.50	35.18	15.50
55.1	64.42	83.84	35.58	16.16
40.8	53.58	73.82	46.42	26.18
39.3	52 60	73.62	47.40	26.38
36.3	49.91	70.26	50.06	29.74
48.°2	59.15	79.14		

Bezeichnet man mit $t_{,}$ die mittlere Temperatur der ersten Columne, und mit t das allgemeine Mittel des Jahres, mit d d' die Zahlen der beiden letzten Columnen, so ist

$$t : t_{,} = C : d + d_{,}$$

wo C eine Constante. (Pogg. Ann. 43. 423.)

Vom 1. Februar 1834 bis 31. Januar 1835 haben Philips und Gray auch die Ausdünstung an den drei Stationen gleichzeitig mit der Regenmenge beobachtet. Sie fanden von jedem vorhergehenden bis zum angegebenen Tage gerechnet ebenfalls in engl. Zollen:

	Münster	Museum	Garten
1. Febr. - 1. März	2.330	1.220	0.640
- - - 6. -	3.096	1.570	2.312
- - 21. -	4.936	2.480	2.924
- - 12. April	7.129	4.256	3.782
- - 21.	8.229	4.846	4.432
- - 1. Mai	8.889	5.522	4.667
- - 16. -	11.068	6.738	5.482
- - 18. Juni	14.683	9.614	7.169
- - 11. Juli	18.159	10.829	9.694
- - 21. -	19.539	12.049	11.434
- - 9. Aug.	22.212	14.559	11 674
- - 30. -	23.707	16.549	12.694

Die Verdunstung nimmt daher mit der Höhe zu.

Einfluss des Regens auf die Temperatur.

Der abkühlende Einfluss der Regen ist ein doppelter, einerseits wird durch die Wolkendecke, aus welcher der Regen herab fällt, der Boden der directen Wirkung der Sonnenstrahlen entzogen, die höheren Schichten der Atmosphäre daher, in einem stärkern Verhältniss erwärmt, als die unteren, anderseits wird durch die Verdampfung des herabgefallenen Wassers, dem Boden eine bedeutende Wärmemenge entzogen, die nicht durch die während des Niederschlags frei werdende compensirt wird, da der Niederschlag in der ganzen Luftschichte zwischen der Wolkendecke und dem Boden geschieht, die Verdampfung hingegen nur am Boden. In den tropischen Gegenden sinkt daher bei höchstem Sonnenstande die Temperatur, da mit diesem die Regenzeit zusammenfällt. Am deutlichsten aber tritt diese Erscheinung in Hindostan bei der Abwechselung des Moussons hervor, wo die Abkühlung so entschieden sich zeigt, dass das Maximum der Wärme in den Frühling fällt, und zwar desto später, je nördlicher der Beobachtungsort liegt, da die abkühlende Ursache der SW. Mousson von S. W. her heraufrückt. Daher findet sich das Maximum der Wärme an der Südspitze von Vorderindien und in Ceylon nämlich in Socotra, Colombo, Kandy, Anjarakandy, Ootacamund, Darwar, Mahabuleswur, Bangalore im April; in Seringapatam, Poona, Cawnpor, Nagpoor, Benares, Nasirabad, Mazufferpur, Ambala, im Mai; hingegen in Calcutta, Futtehgur Seharunpur, Massouree im Juni, endlich in Macao und Canton erst im Juli. So wie diese Regen aufhören, so folgt an vielen Orten im Herbst eine zweite Steigerung der Temperatur, Diese neue Temperuturzunahme würde die Regen als abkühlende Ursache schon sicher genug nachweisen, wenn nicht die Temperaturcurve von Madras, welche ohne Einbiegung von ihrem Minimum am 9. Januar bis zu ihrem Maximum am 15. Juni sich erhebt, und ebenso die Temperaturcurven der ebenfalls an der Westküste gelegene Orten Pondichery und Trinconomalee dies bis zur Evidenz erwiesen.

Die in der folgenden Tafel angegebenen Regenmengen sind in englischen Zollen, die Temperatur Fahrenheit.

Regenmenge.

	Breite	Höhe	Jan.	Febr.	März	Apr.	Mai	Juni	Juli	Aug.	Sept.	Oct.	Nov.	Dec.	Jahr
Anjarakandy	11°40′	-	0.053	0.087	0.369	1.174	6.945	31.102	38.914	22.573	12.280	6.259	2.571	1.194	123.521
Darwar	16°28′	2250′	-	-	-	1.30	1.38	9.49	6.20	2.39	2.88	2.52			26.16
Seringapatam	12°45′	2264	-	0.30	0.01	2.47	5.46	5.85	1.86	1.37	0.80	4.07	1.51	-	23 70
Bangalore	12°58	2730	-	-	0.35	4.16	5.89	3.24	5.88	4.13	13.97	5.10	1.30	-	44.02
Ootacamund	11°35′	6906	-	0.47	1.02	4.00	6.50	6.50	4.27	4.00	6.36	6.51	3.52	1.73	44.88
Madras	13°4′	-	0.737	0.099	0.469	0.333	1.354	0.854	2.945	3.883	4.359	12.27	13.93	7.522	48.76
Bombay	18°56′	-						24.277	23.566	18.377	13.301	1.118	-	-	80.639
Poonah	18°31′	1710	0.458	-	0.008	0.208	1.786	5.766	5.506	2.264	2.718	3.490	0.904	0.320	23.428
Mahabuleshwur	17°59′	4220	-	0.25	-	-	0.16	32.03	118.60	75.91	65 97	9.29	-	-	302.21
Benares	25°18′	300	1.062	1.762	0.610	0.041	1.204	4.039	19.917	14.438	8.116	2.418	0.448	0.738	43.636
Khatmandu	27°42′	4355	0.440	1.790	0.173	2.609	3.115	7.252	12.048	11.859	6.268	4.956	0.474	1.211	52.195
Darjiling		6957	0.20	0.52	0.10	1.93	6.16	11.59	31.25	24.51					
Arracan	20°35′	-						-	60.	40.	19.834				
Calcutta	22°35′	-	0.03	1.75	0.94	2.80	6.72	13.53	12.45	12.56	10.42	4.62	1.60	0.02	67.44
Bancorah			0.41	1.068	1.340	2.109	4.197	9.359	11.470	11.250	7.584	3.587	1.384	0.909	54.45
Dacca			.19	0.91	3.66	4.39	9 66	11.99	8.96	12.30	10.80	6.83	0.58	0.48	70.72
Canton	23°7′	-	0.67	1.70	2.15	5.76	18.85	11.10	7.75	9.90	10.93	5.50	2.45	0.97	77.64
Macao	22°10′	-	0.6	1.6	2.1	4.6	12.1	10.8	7.2	9 9	10.6	6.1	2.4	1.1	69.1
Kandy	7°17′	1580	5.55	0.95	6.58	8 05	3.83	5.70	7.37	5 92	6.45	11.60	13.60	8.88	84.48
Gondaru Koskam			-	-	-	-	2.609	5.347	12.224	12.794	5.086				
Port Louis auf Mauritius	20°10′		2.87	5.00	13 07	6.63	0.67	0.66	0.25	2.13	0.27	0.21	1.29	0.44	33.49
Paramatta	33°19′		1.09	5.26	6.66	7.22	0.56	-	-	-	-	3.413	0.516	5.235	29.95

Temperatur. (Fahr.)

	Breite	Höhe	Jan	Feb.	März	Apr.	Mai	Juni	Juli	Aug.	Sept.	Oct.	Nov.	Dec.
Socotra			78.05	77.85	78.20	88.45	85.10							
Singapore	1°17′		78.97	79.99	80.29	81.20	81.37	81.80	82.54	80.65	81.89	81.31	80.10	79.23
Alor Gajah	2°16′									82.7	81.4	80.6	80.6	82.2
Colombo	6°57′		79.2	80.4	82.38	84.33	83.80	81.70	80.30	80.60	80.23	79.4	78.75	77.85
Kandy	7°17′	1580	70.6	72.52	74.08	73.77	74.58	73.15	72.52	73.32	72.7	72.23	72.67	71.8
Trinconomalie	8°33′		77.6	76.5	77.4	80.	82.4	83.8	84.4	83.5	82.7	83.1	79.7	77.9
Anjarakandy	11°40′		79.7	81.9	83.8	85.6	83.7	79.8	78.4	79.1	79.6	80.7	80.6	80.2
Ootacamund	11°35′	6906	53.0	54.8	59.2	62.7	62.2	60.	57.2	58.1	58.0	58.0	56.0	52.5
Seringapatam	12°45′	2264	69.	74.	79.7	83.	83.5	77.7	73.2	74.	75.5	76.5	72	71.
Darwar	16 28′	2250	70.16	74.71	77.22	80.42	80.27	74.78	72.90	72.65	72.88	76.13		
Bangalore	12°58′	1730	69.50	72.5	78.75	78.50	78.50	75.25	73.75	73.25	73.75	70.50	71.37	69.25
Pondichery	11°56′		79.7	83.	88	91.5	94	95.4	93.8	92.	89.5	85.	81.2	80.3
Madras	13°4′		75.17	77.16	79.92	82.42	86.94	88.16	85.65	84.73	83.83	81.86	78.67	78.84
Bombay	18°56′		74.95	78.97	79.98	83.53	86.30	83.35	82.86	80.45	80.86	83.50	81.78	75.23
Poonah	18 31′	1710	70.66	73.70	74.12	81.97	82.27	80.79	77.41	77.13	77.11	79.14	76.42	70.57
Mahabuleshwur	17°59′	4220	65.7	67.5	74.0	74.4	73.9	66.3	64.9	65.3	65.0	65.5	63.5	62.3

Temperatur. (Fahr.)

	Breite	Höhe.	Jan.	Febr.	März	Apr.	Mai	Juni	Juli	Aug.	Sept.	Oct.	Nov.	Dec.
Cawnpore	26°29′	500	63.8	769.5	72.15	88.55	96.50	91.23	86.65	87.4	85.03	78.95	75.25	67.5
Nagpur	21°9′		71.36	4.87	84.26	93.00	96.27	86 03	81.	81.14	81.52	81.56	75.37	72 65
Benares	25°18		62.56	72.49	79.09	89.91	94.35	90.28	85 71	85.72	85.39	81.49	72.13	63.45
Nasirabad	26°18′	1400	59.2	62 7	71.8	82.6	90.4	90.1	85.7	82.7	82.5	78 8	68.5	68.2
Mozufferpur	26°7′		56.79	64.60	73.59	81.59	86.90	86.43	84.35	83.08	82.57	78.17	67.52	60.90
Ambala	30 25	1000	51.4	60.2	70.5	80.85	100.	96.33	84.8	86.	84.1	75.2	64.3	56.85
Futtehgur	27°21		57.3	63.2	74.4	85.1	90.	95.	87.25	85.1	84.15	75.4	68.8	58.0
Khatmandu	27°42		48.1	51.5	56.2	64.5	71.63	74.4	67.3	74.1	72.02	64.58	55.4	46.28
Caineville								69.1	67.35	67.4	96.35	60.41	55.6	
Darjiling	27°	6540	40.	42.1	50.75	53.9	56.65	61.25	61.4	61.75				43.25
Simla	31°6′	7020					73.95	70.	57.15	67.2	66.3	60.4	55.6	
Mussooree	30 27	5890	39.	39.5	52.	60	72,5	73.	65.5	65.5	61.5	60.5	52.	04
Seharunpur	31°		52.	55.	67.	78	85.	90	85.	83.	79	74	64	55
Calcutta	22°35′		65.21	70.62	78.05	83.28	85.47	86.69	82.61	82.88	82.41	80.98	73.46	66.50
Macao	22°10′		65.	54.67	64.4	71.	77.2	82.	62.6	82.6	81.	76.2	68.2	6.
Canton	23°7′		52 5	55.	25 6	70	77	81.	83.	82.	80.03	73.35	65.2	57.31

Da es schon Verwunderung erregt hat, dass an zwei nahegelegenen Orten auf Guadeloupe, in Basseterre und Matouba, die Regenmenge vom Einfachen auf das Doppelte schwanke von 3231 Millimeter auf 7425, so muss der enorme Einfluss der Localität am West- und Ostabhange, wie er sich in Bombay, Poonah und Mahabuleshwur zeigt, wirklich in Erstaunen setzen, denn hier finden wir

	N. B.	L. v. G.	Höhe	Regenmenge
Bombay	18°56′	72°46	—	80″.64
Mahabuleshwur	17°59′	73°30	42°20	302.21
Poonah	18°31	74°6	1710′	23.43

also ein Unterschied vom Einfachen bis zum Dreizenfachen. Dieser Regen fällt in Strömen aus einem dichten Nebel oder einer Wolkenmasse, welche sechs Wochen lang bei ziemlich unveränderter Temperatur den Boden bedeckt. Colonel Sykes erklärt die Erscheinung dadurch, dass die Masse Wasserdämpfe, welche mit dem S. W. Mousson vom indischen Meere an die Küsten gelangt, ein Stratum von geringer Höhe aber bedeutender Mächtigkeit bildet, indem die obere Grenze desselben nicht fünf- bis sechstausend Fuss übertrifft, die untere Grenze aber 1500 bis 1800 Fuss beträgt. Der S. W. Mousson drängt an der Mauer der Ghates diese Wasserdämpfe in höhere Gegenden, welche mit kälterer Luft sich mischend sich so vollständig condensiren, dass nur wenig ostwärts der Gebirge gelangen, und hier daher die Regenmenge so plötzlich abnimmt. (Report. of the ninth meeting of the British Associ. 1839. p. 16.)

In der gemässigten Zone ist im Herbst und Winter die Temperatur eines von Niederschlag begleiteten Windes höher als die mittlere Temperatur desselben, im Sommer findet das umgekehrte statt. Dies geht aus der folgenden Tafel hervor, welche sich auf die Berechnung 24 jähriger Beobachtungen von Howard in London gründet. Ich verstehe dabei unter Regenwinden die, wo der Niederschlag so bedeutend war, dass er am Tage selbst aufgezeichnet wurde. Die Grade sind Centesimal. (Pogg. Ann. 31, p. 545.)

	Winter	Frühling	Sommer	Herbst	Jahr
SW.	+ 0.410	— 0.167	— 0.458	— 0.194	— 0.104
W.	+ 1.240	— 0.857	— 1.003	— 0.005	— 0.157
NW.	+ 1.783	+ 1.144	— 0.683	+ 0.911	+ 0.539
N.	+ 2.105	+ 0.192	— 0.325	+ 0.772	+ 0.686
NO.	+ 2.325	+ 0.385	— 0.662	+ 0.307	+ 0.586
O.	+ 2.378	— 0.200	— 0.898	+ 0.508	+ 0.446
SO.	+ 2.141	+ 1.093	— 0.328	+ 0.377	+ 0.793
S.	+ 0.274	— 0.141	— 0.484	— 0.571	— 0.230

Aus diesen numerischen Werthen, bei welchem + eine Erhöhung der Temperatur während des Niederschlags, — eine Erniederung derselben bezeichnet, geht ausserdem hervor, dass bei Westwinden diese vorwaltet, bei Ostwinden jene. Da nach dem Drehungsgesetz bei Ostwinden der kalte Wind durch den wärmern verdrängt wird, bei Westwinden dieser durch jenen, so sieht man, dass während des Niederschlags dies Verdrängen rascher erfolgt, als ohne Niederschlag. Die Temperaturen sind aus den täglichen Extremen bestimmt. Die tägliche Oscillation ist daher eliminirt."

Kämtz hat aus neunjährigen Beobachtungen in Ofen die monatlichen Temperaturen bei ganz heiteren und ganz trüben Himmel bestimmt, und in den auf einander folgenden Monaten folgende Differenzen erhalten, wenn die Temperatur bei heiterem Himmel abgezogen wird, von der bei bedeckten: (Cent.)
November bis März + 1.02, + 1.26, + 2.72, + 3.26, + 0.52
Apr. bis Oct. — 1.62, — 4.00, — 3.03, — 2.54, — 2.76, — 2.06, -0.18

Diese Zahlen können aber nicht als absolute angesehen werden, da die Beobachtungsstunden 7. 2. 9, bei bedecktem Himmel eine andere Correction zu der Zurückführung auf wahre Mittel erfordern würden, als die bei heiterm Himmel.

Druck der Atmosphäre.

Drückte die etwas weniger als ein Milliontheil der Erdmasse betragende Atmosphäre überall gleich stark auf ihre flüssige Grundlage den Meeresspiegel, so würde wegen der Abnahme der Schwere von dem Pole nach dem Aequator hin, das Product aus der Pendellänge in den Barometerstand für alle Breiten dasselbe sein. Bezeichnet man unter der Breite φ die Pendellänge mit l, den Barometerstand, unter der Voraussetzung überall gleichen Druckes, mit b, so wird, wenn nach Schmidt (mathematische Geographie p. 381)

$$l = l_0 \,(1 + 0.0052005 \sin^2 \varphi)$$

ist, dann

$$b = b_0 \left(\frac{1}{1 + 0.0052005 \sin^2 \varphi}\right)$$

werden. Wäre empirisch der mittlere Druck p der Atmosphäre bekannt, so würde, wenn dieser unter der Breite $\varphi_,$ stattfände, der unter irgend einer andern Breite $\varphi_{,,}$ unter der Voraussetzung überall gleichen Druckes, zu erwartende Barometerstand durch folgende Gleichung gegeben:

$$b_{,,} = p \left(\frac{1 + 0.0052005 \sin^2 \varphi_,}{1 + 0.0052005 \sin^2 \varphi_{,,}}\right)$$

Vergleiche man den so berechneten Werth mit dem wirklich beobachteten, so würde man aus dem Unterschiede beider unmittelbar erfahren, ob der atmosphärische Druck an jenem Orte den normalen überträfe oder hinter ihm zurückbliebe. Obgleich wir nun den mittleren Druck der Atmosphäre nicht genau kennen, so lässt sich doch aus den bisherigen Beobachtungen entnehmen, dass der unter der Breite von 45° zu erwartende normale, zwischen 334‴ und 338‴ fallen wird. Dann würde der unter jeder andern Breite stattfindende sein:

$$b = b_{45}\,(1 - 0.0025935 \cos^2 \varphi)$$

Die folgende Tafel enthält die unter dieser Voraussetzung von Poggendorf berechneten Werthe.

*) Annal. 37, p. 473.

Schwere Correction.

unter 45° substractiv, über 45° additiv.

	Barometerstand				Barometerstand		
Breite	338‴	334‴	Breite	Breite	338‴	334‴	Breite
— 0	0.874	0.864	90	—23	0.608	0.601	67
— 1	0.873	0.863	89	—24	0.586	0.579	66
— 2	0.872	0.862	88	—25	0.563	0.556	65
— 3	0.870	0.859	87	—26	0.539	0.532	64
— 4	0.866	0.856	86	—27	0.514	0.508	63
— 5	0.861	0.851	85	—28	0.489	0.484	62
— 6	0.855	0.845	84	—29	0.464	0.459	61
— 7	0.848	0.838	83	—30	0.438	0.433	60
— 8	0.840	0.830	82	—31	0.411	0.406	59
— 9	0.832	0.822	81	—32	0.384	0.379	58
—10	0.822	0.812	80	—33	0.356	0.352	57
—11	0.811	0.801	79	—34	0.328	0.325	56
—12	0.799	0.789	78	—35	0.300	0.296	55
—13	0.786	0.777	77	—36	0 271	0.267	54
—14	0.772	0.763	76	—37	0.242	0.239	53
—15	0.757	0.749	75	—38	0.212	0.210	52
—16	0.741	0.733	74	—39	0.182	0.181	51
—17	0.725	0.716	73	—40	0.152	0.150	50
—18	0.708	0.699	72	—41	0.122	0.121	49
—19	0.690	0.682	71	—42	0.092	0.090	48
—20	0.670	0.662	70	—43	0.062	0.060	47
—21	0.650	0.642	69	—44	0.031	0.030	46
—22	0.629	0.622	68	—45	0.000	0.000	45

Da der Unterschied zwischen jenen beiden Annahmen höchstens 0.‴01 beträgt, eine Grösse, bis zu welcher die mittlere Barometerhöhe keines Ortes mit Sicherheit verbürgt werden kann, so kann man sich dieser Tafel bei der Vergleichung der wirklich beobachteten barometrischen Mittel mit der so berechneten bedienen, d. h. an jedes beobachtete Mittel die in der Tafel gegebene entsprechende Verbesserung anbringen.

Was nun die Bestimmung des in der Wirklichkeit stattfindenden Druckes am Meeresspiegel betrifft, so ist klar, dass aus monatlichen Mitteln nur dann ein Schluss auf das jährliche Mittel gemacht werden kann, wenn das Barometer in der jährlichen Periode keine entschiedene periodische Veränderung erleidet. Ist nämlich der Druck der Atmosphäre eine Function der Sonnenlänge, so kann erst nach Elimination jener Veränderung aus Beobachtungen einzelner Abschnitte des Jahres das jährliche Mittel bestimmt werden. In dieser Beziehung verhält sich nun das Barometer ganz verschieden vom Thermometer. Während nämlich die Veränderungen der Temperaturen in der jährlichen Periode desto bedeutender werden, je mehr wir uns vom Aequator nach den Polen hin entfernen, sind gerade die jährlichen Aendungnn des atmosphärischen Druckes innerhalb der Tropen viel bedeutender als ausserhalb derselben; ausserdem, wie ich früher gezeigt habe *) in den verschiedenen Zonen ganz verschiedenen Gesetzen unterworfen. In der kalten Zone fällt nämlich das Maximum des Druckes in den Frühling, das Minimum in den Sommer, in der gemässigten, das Maximum in den Sommer, das Minimum in den Frühling und Herbst, in der heissen Zone hingegen findet zwischen dem Maximum des Winters und dem Minimum des Sommers ein ununterbrochener regelmässiger Uebergang statt. Da aber die Grösse des Unterschiedes zwischen Maximum und Minimum an verschiedenen Orten derselben Zone verschieden ist, so kann man ohne Berücksichtigung jener Correctionen selbst innerhalb der Tropen zu unrichtigen Schlüssen gelangen.

In der folgenden Tafel habe ich, um von dem Phänomen selbst, da wo es am reinsten hervortritt, nämlich in der Gegend der Moussons, eine bestimmte Anschauung zu geben, die jährliche Aenderung des barometrischen Druckes von der Südgrenze (Capstadt) bis zur Nordgrenze in Macao und Canton an den Orten zusammengestellt, von welchen mir Beobachtungen bekannt waren, die sämmtlich in französischen Linien angegeben und auf den Frostpunkt reducirt worden sind. Der Anblick der Tafel lehrt, dass die Erscheinung selbst sich auf den bedeutenden Höhen der Ghates und des Himalaya geltend macht, dass sie zunimmt vom Aequator nach den Wendekreisen, und hier die volle Grösse eines halben Zolles erhält, um welche der Druck der Sommermonate geringer ist als der der entschiedenen Wintermonate.

*) Pogg. Ann.

Es ist daher klar, dass bei gleichem mittleren atmosphärischen Druck ein Schiff, wenn es von einem Wendekreise zum andern schiffte, in den verschiedenen Jahreszeiten ganz entgegengesetzte Resultate erhalten würde, einmal ein Zunehmen und dann ein Abnehmen, und dass daher zu hypsometrischen Messungen in benachbarten Gegenden nur Mittel angewendet werden können, welche von dieser periodischen Aenderung vorher befreit worden sind, da noch nicht bekannt ist, wo und wie die Erscheinung der Moussons in die unscheinbare Veränderungen der Passatzone übergeht. Die Beobachtungen von Christiansburg an der Guineaküste beweisen, dass die sogenannten Westindia Moussons ähnliche Veränderungen hervorrufen, und geben wie die von St. Fe de Bogota einen schönen Beleg des Uebergreifens der meteorologischen Verhältnisse der Südhälfte der Erde über den Aequator auf die Nordhälfte. Ausserdem folgt aus der Ansicht dieser Tafel als unmittelbare Folge die von A. v. Humboldt zuerst bemerkte und von A. Ermann, Herschel und Schouw dann näher bestätigte Abnahme des atmosphärischen Druckes von der äussern Grenze der Passate nach der Gegend der Calmen. Da nämlich hier die Stelle, wo die Luft aufsteigt nicht so weit herauf- und herunterrückt, dass sie sich in den Sommermonaten an dem nördlichen Wendekreise befindet, sondern immer nahe in der Gegend der Calmen fixirt bleibt, so wird die Stelle des geringsten Druckes und die des höchsten nur wenig im Laufe des Jahres fortrücken, vielmehr jene in der Nähe des Aequators, diese in der Nähe des Wendekreise fixirt bleiben.

Baromerstand in pariser Linien bei 0°.

	Höhe	Jan.	Feb.	März	April	Mai	Juni	Juli	Aug.	Sept.	Oct.	Nov.	Dec.	Unt.	Breite
Bombay		337.97	337.66	337.16	336.20	335.68	335.07	334.17	334.41	335.34	336.71	337.12	337.26	2.90	18°56′
Hurrechundergur	3660			291.83	290.43	290 92									19°23′
Mahabuleshwur	4220	286.73	286.51	287.98	287.55	286.75	285.74	285.08	285.45			287.13	287.10	2.90	17°59
Poonah	1710	316.25	315.29	314.73	314.23	312.56	312.45	312.87	313.49	314.35	314.69	315.76	316.03	3.60	18°31′
Madras		337.34	337.18	336.70	335.67	334.37	334.44	334.59	334.75	335.10	335.54	335.79	337.11	2.97	13°4′
Seringapatam	2264	311.01	310.45	309.56	308.65	308.34	308.11	308.29	308.30	308.52	309.31	309.55	309.69	2.90	12°45′
Bangalore	3000	306.76	305.68	305.07	304.61	304.19	30.375	303.67	303.19	303.43	303.59	304.08	304.33	2.57	12°55′
Ootacamund	6906	261.13	260.91	260.37	259.79	258.96	288 33	257.84	258.07	258.63	259.53	259.87	261.00	3.29	11°35′
Socotra		331.26	331.03	330.81	-	327.50	327.47							3.78†	
Mozufferpur		334.29	333.61	332.32	331.40	329.74	329.17	328.84	329.40	330 25	332.13	334.13	334.22	5.45	26°8′
Benares	300	334.81	333.76	333.00	331.29	330.26	328.54	328.33	329.51	330.69	332.63	333.83	334.90	6.54	25°18′
Calcutta		337.33	337 00	335.94	335.28	333 29	322.22	331.95	332.51	333.72	335.26	337.51	337.63	5.68	22°35′
Macao		340.42	340.01	339.60	337.76	337.63	335.71	335.98	337.98	337 89	338.40	339.64	340.74	5.03	22°10′
Canton		339 58	338.56	338.70	337.00	335.59	334.96	334.43	334.67	335 41	336.60	338.66	338.57	5.15	23°7
Nasirabad	1400	320 61	319.62	318.83	317.79	316.49	315.23	314.97	315.54	316.81	318.70	320.12	320.34	5.64	26°18
Khatmandu	4355	384.61	283.73	284.84		284.84	282.45	281.69	280.83	280.73	282.97	283.91	284.61	4.11	27°42
Mussoree	6100					268.77	268.28	268 41	268.18	269 51	270.68	271.01		2.83+x	
Darjilling	6950	262.18	262.12	261.80	261.46	261.24	260.58	260.00	260 85				262.71	.71	
Simla						267.94	267.53	267.26	268.00	268.78	269.98	271.01		3.75	+x
Kohgurh	6230	266.57	266.20	267.00						267.13	266.95	267.61	268.03		
Cawnpur			334.33	332.25	331.06	328.97	328.62	328.85	329.97	331.10	331.81	333.82	334.14	5.71	
Batavia		334.93	334.91	334.84	334.49	334.73	335.19	335.05	335.13	335.17	335.33	335.05	335.23	0.84	- 6°9′
Mauritius		333.54	332.25	328.87	330.42	336.06	334.97	336.38	336.40	336.18	336.04	334.86	334.63	?	-20°10
Capstadt		337.08	337.24	337.42	338.15	338.84	338.95	339.65	339.15	338.69	338.69	337.53	337.52	2.57	-33°55
Christiansburg		336.59	335.84	335.90	335.91	336.59	337.35	337.64	337.64	337.11	336.66	336.33	336.17	1.81	

In der Passatzone ist die Anzahl der Orte, für welche man das jährliche barometrische Mittel kennt, sehr gering. Die Kenntniss der Vertheilung des atmosphärischen Druckes in derselben, beschränkt sich daher vorzugsweise auf die Beobachtungen der Seefahrer, welche in mehr oder minder schnellen Fahrten diese Zone durchschnitten. Der Vortheil der Identität des beobachteten Instrumentes wird dabei aber theilweise aufgewogen, durch die aus der Kürze des Zeitraums, welchen die Beobachtungen umfassen, entstehende Unsicherheit. Ein gefundenes Ergebniss kann daher nur auf Gültigkeit Anspruch machen, wenn es aus den zu verschiedenen Zeiten und an verschiedenen Orten angestellten Beobachtungen folgt. Dies ist aber jetzt der Fall in Beziehung auf die Thatsache, dass der Druck von der äusseren Grenze der Passate nach der Gegend der Calmen hin continuirlich abnimmt. Nachdem A. v. Humboldt (Rel. Hist. III, p. 313) nachgewiesen hatte, dass das Baromer am Aequater 2 Millimeter tiefer stehe, als an den französischen Küsten, und als Grund dieser Verminderung des atmosphärischen Druckes den aufsteigenden Luftstrom angegeben hatte, und L. v. Buch in seiner Canarischen Reise auf den hohen Druck an der nördlichen Grenze der Tropen aufmerksam gemacht hatte, konnte man allerdings vermuthen, dass der Uebergang von einem Extrem in das andere durch alle Mittelstufen allmählig hindurchgehen werde. Da aber jene Verminderung des Druckes am Aequator eben so wenig als die Vermehrung desselben an den Wendekreisen durch Beobachtungen unter sehr verschiedenen Längen als ein allgemeines Phänomen nachgewiesen war, so können die neuern Beobachtungen einer von den Wendekreisen nach dem Aequator hin stetig abnehmenden Barometerhöhe als eine wesentliche Vervollständigung unserer Kenntnisse in diesem Gebiete angesehen werden. Diese Beobachtungen wurden angestellt von:

A. Erman Pogg. Ann. 23. p. 116. Herschel - - 73. p. 251. Ryan und Mac Hardy 37. p. 252. Quevedo - - 37. p. 255. Beechey Voyage II, App. und Pogg. Ann. 37 p. 249.	gesammelt und berechnet von A. v. Humboldt.

Horner in Krusensterns Reise und Pogg. Ann. 26 p. 407. Trentepohl Pogg. Ann. 26. p. 403. Spencer - - 26. p. 404. Lund - - 26. p. 408.	gesammelt u. berechnet von Schouw.

Die vollständigste Arbeit über die Vertheilung des atmosphärischen Druckes auf der Oberfläche der Meeres aller Zonen ist von Schouw erschienen in Poggend. Ann. 26. p. 395. Er findet

zwischen 0° und 15° Breite 337.‴0 — 338.‴0
- 15° - 30° - 338.‴0 — 339.‴
- 30 - 45° - 339. — 337.5
- 45 - Polarkreis 337·5 — 333

Die speciellen Beobachtungen sind in der folgenden Tafel enthalten, in welcher h.? ein Unsicherheit in Beziehung auf die Correction wegen der Höhe, t.? ein Unsicherheit in Beziehung auf die thermische Correction bezeichnet. Die Columnen „corr." enthielt die Zurückführung des Barometerstandes auf die Schwere an 45° als Einheit von Poggendorff berechnet.

	Breite	Barom.	corr.		Beob.	Zeit
Spitzbergen	75½	335.47	336.23	t.?	Scoresby	6-12 J.
Melwille Insel	74½	335.61	336.35	t.?	Parry	1-
Upernawik	73	334.77	335.49	t.?	Cortsen	11 M
Godthavn	68	334.03	334.76		Fasting	20-
Eyafiord		334.35			Graah	10-
	66	334.06	834.64		Scheel	2 J.
Godthaab	64	331.23		t. h.?	Ginge	6 M
		332.32		h.?	Wormskiold	6 -
		333.38	333.86		Mühlenpfort	5 J.
Reikiavig	-	333.36	333.89		Thornstensen	12-
Frederikshaab	62	331.80			Pingel	7 M
Bergen	60	335.58	336.02		Bohr	4 -
Hardanger	-	335.55	335.99		Herzberg	9 -
Christiania	-	336.30	336.74		Esmark	7 -
-	-	335.91			Hansteen	18M
Petersburg	-	336.89		t.?	Euler	20J
Stockholm	59½	335.65			Astr.	5 -
Spydberg	-	336.16		h.?	Wilse	2 -
Sitcha	57	334.90			Tschistjakoff	10M

	Breite	Barom.	corr.		Beob.	Zeit
Edinburgh	56	336.09			Playfair	6 J.
Canaan Cottage	-	336.75			Adie	5 -
Coliton House	-	336.13	336.46		Forbes	3 -
Apenrade	55	336.72	337.22		Neuber	5 -
Königsberg	54½	336 95			Astr.	2 -
	-	337.12	337.41		Sommer	8 -
Keswick	-	337.33		t. h.?	Dalton	5 -
Danzig	-	336.95	337.24		Strehlke	2 -
Kendal	-	336.67		t. h.?	Dalton	5 -
Manchester	53½	337.82		h.?	Dalton	25 -
Altona	-	337.09	337.35		Schumacher	6 -
Peterpaulshafen	52½	334.06			Stanitzki	1 -
Delft	52	336.71			v. Swinden	2 -
London	51½	337.33	337.53		Roy. Soc.	7 -
Middelburg	-	336.60			v. der Perre	3 -
Paris	49	337.53	337.65		Bouvard	11 -
Rochelle	46	338.10			Fleur. Bellev.	4 -
Padua	45	337.87	337.87		Astr.	15 -
Bologna	44½	337.87	337.85		Caturegli	6 -
Avignon	44	337.80	337.77		Guérin	10 -
Nizza	-	336.50		h.?	Risso	20 -
Marseille	43½	337.27			Silvabella	10 -
Florenz	-	337.76	337.71		Inghirami	9 -
Neapel	41	337.94	337.82		Brioschi	7 -
Cagliari	39	337.03			Marmora	3 -
Palermo	38	338.21	338.00		Cacciatore	35 -
Malta	36	336.79			d'Angos	468B.
Tripolis	33	340.19	339.83	h.?	Denham	5M.
Madeira	32½	339.20	338.83		Heineken	2J.
-		342.66			Sabine	4B.
Cairo	30	336.41		h.?	Coutelle	1 J.
Teneriffa	28	338.77	338.28		Escolar	3 -
Gran Canaria	-	339.09			v. Buch	20T.
Macao	23	338.23	337.62		Richenet	1 J.
Havanna	-	336.99		h.?	Ferrer	3 -
St. Thomas	19	337.13	336.44		Hornbeck	1 -
Guayra	10	336.98	336.16		Boussingault	12T.
Cumana	-	336.28			v. Humboldt	
Christiansburg	5½	336.95	336.09		Trentepohl	22M
Timor	-10	336.23			Freycinet	
Peru	-11	337.35			Pentland	
Isl. le de France	-20	338.92			Freycinet	20 T.
Rio Janeiro	-23	338.69	338.08		Eschwege	3M
		339.95			Freycinet	1 -
		337.59		h.?	Dorta	1 J.
Cap	-33	338.24	337.88	h.?	Puhlmann	9 -
Port Famine	53½	331.73			King	7M.

Den hier gegebenen Bestimmungen können noch einige hinzugefügt werden.

Aus 26280 stündlichen Beobachtungen in Plymouth folgt für die Jahre 1837 — 1839 in 75 engl. Fuss Höhe, der Baromerstand bei 32° F = 29''7999. Es wäre sehr zu wünschen, dass die British Association die stationairen Barometer der Stationen an welchen wie von Kifauns Castle vieljährige Beobachtungen vorhanden sind, mit dem der Royal Society durch übertragene Barometer vergleichen liesse.

Nach 7 jährigen Beobachtungen (1833 — 1839) in Brüssel ist die auf 0°C reducirte Barometerhöhe in Brüssel zurückgeführt auf das Barometer der Pariser Sternwarte 756.23 Millimeter nach Quetelet. Die in Holland erhaltenen barometrischen Mittel sind ausführlich berechnet worden von Wenckebach Natuur en Scheikundig Archief. V. p. 331.

Dreizehnjährige Beobachtungen 1822—1834 von Wisniewsky geben für Petersburg in der zweiten Etage des Akademiegebäudes 336'''108 bei 0°R.

Siebenjährige Beobachtungen in New York (1833—1839) reducirt auf das Barometer der Royal Society, geben am Meeresspiegel 30.''086 e bei 69°F. Beobachter Redfield.

Zwei und zwanzig jährige Beobachtungen in Cambridge, in Massashusets geben 29.''997 bei 55°F und 31 Fuss über dem Meeresspiegel (Mannheim Barometer 1790—1812, später von Jones in London) nach Farrar. Fünfjährige Beobachtungen von Templeman geben in St. Johns in New Foundland unter 47°34' N.B. 52°38' W. L. G. am Meeresspiegel 29.''915 (Temperatur?).

Monatliche Extreme.

Bestimmt man den grössten Unterschied des atmosphärischen Druckes innerhalb eines Monats und nennt die aus den 12 monatlichen grössten Unterschieden als Mittel erhaltene Zahl: das jährliche Mittel der monatlichen Extreme, bestimmt man ebenso die Mittel der Jahreszeiten, so erhält man nach Kämtz (Vorlesungen p. 339.) in pariser Linien folgende Tafel, in welcher + östliche Länge, — westliche bezeichnet, + nördliche Breite, — südliche.

In dieser Tafel hat die Bezeichnung Sommer und Winter na türlich nur ihre Bedeutung für die gemässigte und kalte Zone, ja es sind sogar in der Gegend der Moussons Bedingungen vorhanden, welche die Schwankungen des Barometers in den Sommermonaten vergrössern. Da nämlich der Südwestmousson des indischen Oceans im chinesischen Meere Süd wird, entweder weil er sich an der Kette der Philipinen oder an dem im grossen Ocean herrschenden Passate umbiegt, so sind hier gerade dieselben Bedingungen zu Wirbelstürmen vorhanden, aus welchen wir sie p. 199 im atlantischen Ocean abgeleitet haben. Wirklich treten dieselben auch dann hervor, aber hier schreiten sie von Ost nach West fort, rotiren aber ebenfalls in dem Sinne S. O. N, W. Während dieser Tyfoons des chinesischen Meeres, die mit den Temporales, den Stürmen bei dem Umsetzen des Moussons, nicht zu verwechseln, fällt das Barometer so bedeutend, dass sich ein einziger Fall selbst in einem vieljährigen Mittel noch geltend macht. Daher bietet die quantitative Vergleichung der absoluten Grösse der Oscillationen an verschiedenen Orten des indischen Meeres oft scheinbar grosse Anomalien dar, wenn das starke Fallen des Barometers bei einem solchen Sturm einen Ort betroffen, den andern aber nicht.

Mittlere monatliche Extreme.

	Breite	Länge	Jahr	Winter	Sommer
Batavia	- 6.12	106°54	1.32	1.24	1.20
Tivoli	-18 35	—70 0	1.82	2.20	1.47
Seringapatam	12 45	76 51	2.45	2.27	2.23
Havanna	23 9	—82 23	2.83	4.27	1.70
Calcutta	22 34	88 29	3.67	3.02	4.01
Teneriffa	28 20	—16 16	3.76	5.63	2.00
Isle de France	-20 9	57 30	3.82	3.10	3.50
Aleppo	36 11	36 50	4.03	6.30	2.47
Cairo	30 2	31 19	4.10	5.73	2.10
Funchal	22 37	—16 56	4.62	6.20	2.76
Bagdad	33 20	44 25	4.63	6.13	3.81
Capstadt	-33 35	18 24	5.52	6.68	4.34
NewHarmony	38 11	—87 55	7.27	10.15	3.94
Peking	39 45	116 28	7.38	7.50	6.13

	Breite	Länge	Jahr	Winter	Sommer
Paramatta	33°49′	151° 1	7.50	7.70	6.97
Lausanne	46 31	6 45	7.57	9.40	5.37
Bermudas	32 15	—60 0	7.58	9.07	6.99
Bern	41 53	12 28	7.60	10.16	4.40
Marseille	43 18	5 22	7.84	10.23	7.73
Gotthard	46 0	8 35	7.96	10.09	5.80
Montpellier	43 36	3 53	6.99	10.23	5.70
Turin	45 4	7 35	8.02	10.01	5.43
Mantua	45 10	10 48	8.04	10.90	6.27
Pyshminsk	57 0	78 50	8.42	9.50	5.67
Dijon	47 19	5 2	8.48	11 30	5.07
Mailand	45 28	9 12	8.53	11.04	5.48
Ofen	47 30	19 3	8.83	11.87	5.80
Augsburg	48 22	10 54	9 01	11.23	6.29
Wien	48 13	16 23	9.10	11.87	5.77
Mühlhausen	47 49	7 10	9.15	12.30	5.77
München	48 8	10 34	9.19	12.08	6.18
Metz	49 7	6 10	9.22	11 63	6.20
Prag	50 5	14 25	9.55	12.11	6.50
Regensburg	49 1	9 0	9.60	12.25	6.64
Bordeaux	44 50	- 0 34	9.61	13 00	6.23
Kamyschin	50 5	45 24	9.69	12.07	7.18
Strasburg	48 35	7 45	9.72	12.57	6.42
Nantes	47 13	- 1 33	10.16	12.77	6.80
Arnstadt	50 50	10 57	10.20	12.33	7.24
Breslau	51 7	17 2	10.26	12.99	6.77
Rochelle	46 9	- 1 10	10.27	14.07	7.00
Paris	48 50	2 20	10.49	13.50	7.61
Mannheim	48 29	8 28	10.49	13.77	7.29
Moscau	55 46	37 33	10.66	13.88	6.91
Sitcha	57 3	-138	10.86	11.45	7.62
Sagan	51 42	15 22	10.89	13.93	7.35
F. Churchil	58 47	-94 4	11.09	13.62	8.33
Berlin	52 31	13 22	11.19	14.66	7.68
Hamburg	53 33	9 59	11.25	14.27	7.63
New Haven	41 10	-72 30	11.21	14.71	6.41
Penzance	50 12	- 5 32	11.27	14.77	8,28

	Breite	Länge	Jahr	Winter	Sommer
Brüssel	52°31′	4 22	11.37	14.47	8.38
Cambridge N.	42 23	-72 17	11.37	14.34	7.61
New Bedford	41 59	-71 50	11.37	14.83	7.32
Göttingen	51 32	9 55	11.41	14.19	7.78
Jakutzk	62 2	129 42	11.49	11.40	9.04
Tomsk	59 39	83 10	11.53	14.00	7.83
Catharinsburg	56 50	60 35	11.82	15 43	8.72
Bristol	51 27	- 2 35	11.86	15.13	8.83
Haag	52 5	4 19	11.95	15.47	8.13
Copenhagen	55 41	12 34	12.31	15.29	8.88
London	51 31	-	12.36	15.59	9.01
Franecker	52 36	4 19	12.38	15.14	9.87
Gosport	50 48	- 1 6	12.72	15.41	9.37
Middelburg	51 30	3 37	12.85	17.04	8.88
Iluluk	53 53	168 29	12.85	15.46	8.52
Petersburg	59 56	30 19	12.96	16.37	8.85
Torneo	65 51	24 10	13.19	17.03	9.58
Stockholm	59 21	18 3	13.24	16.83	9.80
Abo	60 27	22 20	13.28	16.49	8.76
Upsala	59 52	17 39	13.37	16.35	9.50
Bergen	60 24	5 21	13.86	16.46	10.08
Nain	57 8	-61 20	14.34	18.00	10.83
Umeo	63 50	20 15	14.36	17.51	9.78
Christiania	59 55	10 49	14.65	18.56	9.78
Näs	64 30	20 15	15.92	-	-

Verbindet man die Orte gleicher Barometerschwankungen durch Linien, so erhält man zur Bestimmung der Breiten unter verschiedenen Meridianen folgende Data.

Schwankung	Oestliches America	Deutschl. u. Iatlien	Russland	Hindost. Sibirien
2‴	15°33′	15° 9′	23°36′	
4	23 55	26 17	31 51	23°36
6	30 27	34 4	39 2	35 29
8	36 14	42 14	45 51	46 34
10	41 40	47 8	52 43	57 55
12	46 58	51 4	60 5	72 23
14	52 21	57 47	68 50	
61	58 1	65 22	83 38	

Kämtz hat diese Linien **isobarometrische** genannt, und dafür folgende nähere Bestimmungen gegeben:

1. Die Oscillationen des Barometers am Aequator sind sehr klein. Nach Elimination der täglichen und jährlichen Veränderung würden dieselbe kaum eine Linie betragen. Im indischen Meere sind dieselben jedoch beinahe doppelt so gross*) als bei gleicher Breite im atlantischen, eine Folge der grossen Aufregung, welche sich hier bei dem Wechsel der Moussons in der Atmosphäre zeigt.
2. Die isobarometrische Linie von 2‴ schneidet Nordamerika in der Hondurasbai, geht von hier ziemlich genau nach Osten, erreicht Afrika nördlich vom grünen Vorgebirge, hebt sich dann nach Norden, geht durch Assuan in Aegypten nach dem Punkte des Aequators, welchen der Meridin der Südspitze am Hindostan schneidet und wendet sich in der südlichen Halbkugel wieder gegen Westen.
3. Die Linie von 4‴ schneidet die Osküste Amerikas östlich von Zacatecas, erreicht die Westküste Afrikas zwischen Cap Bojador und der Canaren, geht durch den nördlichen Theil von Fezzan das Nildelta, zwischen Bagdad und Bassora hindurch nach Calcutta.
4. Die Linie von 6‴ berührt den nördlichen Theil des Meerbusens von Mexico**), erreicht Africa in der Nähe von Fez, geht durch Sicilien***), erreicht in der Nähe des kaspischen Meeres ihren nördlichen Scheitel und scheint dann nach Asien hin weiter fort zu steigen.
5. Die Linie von 8‴ geht durch den südlichen Theil der Chesapeakbai, hebt sich dann schnell nach Norden, geht durch

---

*) Aus 25 jährigen Beobachtungen in Madras, finde ich für die mittlere Oscillation der zwölf Monate, folgende Werthe: 0.‴255 0.247 0.273 0.274 0.317 0.230 0.229 0.233 0.256 0.311 0.315 0.270 e.

**) Dreijährige Beobachtungen geben in Neu Orleans 4.‴5

***) 35 jährige - - - Palermo 6.‴51, 8.″78, 3‴72

†) 5 - - - - Marietta (39° 25′ N.B.) 8.00, 9.35. 5.17

4 jährige Beobachtungen geben in New York 10.81, 14.07. 7.32

4 - - - St. Johns auf New Foundland 13.62, 16.09 9.57

woraus hervorgeht, wie schnell hier die Veränderungen mit der Breite zunehmen.

den nördlichen Theil der pyrenäischen Halbinsel und steigt fort bis in das Innere von Asien.

6. Die Linie von 10''' schneidet die Ostküste Amerikas in der Nähe von Boston, trifft die Westküste Europas nördlich von der Mündung der Loire, steigt nun nördlicher und erreicht ihren nördlichen Scheitel in der Nähe von Krasnojarsk in Sibirien, worauf sie sich südlich senkt.

7. Die Linie von 12''' schneidet die Ostküste Amerikas in der Nähe von Neu Braunschweig, erreicht die Wesküste Europas in der Nähe von London, geht durch den südlichen Theil von Schweden, dann zwischen Novgorod und Petersburg hindurch, und erreicht bei dem Kap Teimura das Eismeer. Im Innern von Amerika läuft diese Linie mehrere Grade nördlich von Fort Churchil fort, senkt sich bei ihrem weiteren Verlauf nach Westen gegen Süden, scheint mehrere Grade nördlich von Sitcha fortzugehen und sich dann schnell bis südlich von Unalaschka zu senken.

8. Die Linie von 14''' geht durch den südlichen Theil von Labrador, den nördlichen von Schottland, das südliche Norwegen, läuft nördlich von Umeo fort und geht dann schnell nach Norden.

9. Die isobarometrischen Linien theilen sich in hohen Breiten in zwei getrennte Aeste, deren Centra auf die zwischen den Continenten liegenden Meere fallen.

10. Auf der südlichen Erdhälfte scheinen unter gleicher Breite die Schwankungen gleich denen auf der nördlichen, aber über Neuholland grösser als über Südafrika.

Wenn man, wie ich glaube, es als eine angemessene Darstellungsweise ansehen kann, in der gemässigten und kalten Zone die Punkte zu verbinden, an welchen das Barometer in monatlichen Mitteln um gleich viel schwankt, so scheint mir doch die Aufnahme der heissen Zone in diese Betrachtung nicht in der Natur begründet, da die Verhältnisse derselben so durchaus verschieden von denen der gemässigten Zone sind. Abgesehen nämlich von der periodischen Schwankung innerhalb der jährlichen Periode, welche wie wir oben gesehen haben, sehr bedeutend ist, wird die tropische Atmosphäre momentan so aufgeregt, dass das dann beobachtete Fallen des Quecksilbers in gar keinem Verhältniss zu den anderweitigen Bewegungen desselben steht. Dieses Fallen beschränkt sich aber nicht auf die Gegend der Moussons. Am 2ten August 1837 sank das Barometer im Hafen von Portorico während des Orkans auf als 28."0 e., am 21. September 1819 auf St. Thomas 13 Linien, am 2. August 1837 im Moment der Windstille im Centrum des Sturms endlich bis auf 316.''' von 337''', also 21 Linien. Grösser sind aber kaum die Veränderungen bei den Tyfoons des Chinesischen Meers. Denn am 6. März 1836, wo das Centrum des Orkanes über Port Louis auf Mauritius ging, betrug auf dem Observatorium das Fallen 19 Linien, am 5. August 1835 während des Tyfoons in Macao 18 Linien, am 3. August 1832 eben so viel in Canton. Nun wissen wir aber, dass diese Stürme an bestimmten Orten des atlantischen Oceans in der Nähe der westindischen Inseln entstehen, dass man hingegen in nicht sehr bedeutenden Entfernungen davon sie nicht kennt. Soll man nun diese bedeutenten barometrischen Veränderungen bei der Zeichnung der isobarometrischen Linien mit berücksichtigen, und durch ihr Ansehen diesen Linien eine sehr verwickelte Gestalt geben, oder soll man sie ganz von der Beobachtung ausschliessen? Beides scheint gewagt. Die Behauptung wenigstens, dass nach Elimination der täglichen und jährlichen periodischen Veränderungen, die Veränderungen kaum eine Linie betragen würden, bleibt wie wir gesehen haben, um das zwanzigfache von der Wahrheit zurück.

Die Unterschiede jährlicher Mittel betragen nach Mahlmann (Bericht der geogr. Ges. von Berlin) nirgends 3 Linien.

Tägliche Veränderungen des Barometers.

Man kann bei der Untersuchung derselben zwei verschiedene Gesichtspunkte geltend machen, entweder nämlich die Erscheinung als ein empirisches Factum ansehn, und seine Abhängigkeit von Ort und Zeit festzustellen suchen, oder man kann unmittelbar sich die Frage zu beantworten suchen, warum der atmosphärische Druck sich innerhalb der täglichen Periode so verändert, dass er zwei Maxima und zwei Minima erreicht. Den letzten Gesichtspunkt habe ich geltend gemacht, indem ich nachzuweisen gesucht habe, dass die barometrischen täglichen Veränderungen der Unterschied zweier einen viel einfacheren Gang zeigender Veränderungen seien, nämlich des Druckes der trocknen Luft und der Elasticität der ihr beigemengten Wasserdämpfe, welche in den einfachsten Verhältnissen eine vier und zwanzigstündige Periode befolgen, bei ihrer Interferenz aber eine zwölfstündige Periode befolgen. Bei sehr lebhaften Courant ascendant und besonders entfernt vom Meere, kann aber die Wasserdampfcurve eine Einbiegung erhalten, durch welche ihr einziger Scheitel in zwei getrennte Scheitel sich verwandelt, und es ist möglich, dass auch die Curve der trockenen Luft unter gewissen Biegungen ähnliche Modificationen zeige. Daraus folgt unmittelbar, dass die tägliche Oscillation auf dem Meere und an den Küsten geringer sein muss, als entfernt von denselben, und dass die Aenderung der Grösse der täglichen Oscillation vom Winter zum Sommer hin nicht so gross sein wird, als man nach der Aenderung der täglichen Wärmeoscillationen vermuthen sollte, weil die beiden Grössen ziemlich gleichmässig wachsen, deren Differenz eben die barometrischen Oscillationen sind. Ist diese Ansicht die richtige, so ist wenig Aussicht vorhanden, dass die blos empirische Fesstellung der Facta in diesem Gebiete zu einfachen Resultaten führen werde. Die vollständigste Arbeit, welche den letzten Zweck vor Augen hat, ist von Kämtz. In Beziehung auf die Anstellung der Beobachtungen giebt er folgende Regeln:

1. Die Weite der Barometerröhren hat weder auf die Wendestunden noch auf die Grösse der täglichen Variationen den geringsten Einfluss, wofern nur das Instrument vor jeder Beobachtung etwas erschüttert wird, um die Trägheit in Folge der Adhäsion zu überwinden.
2. Sollen die Barometerbeobachtungen brauchbare Resultate liefern, so muss das Instrument in einem Raume hängen, dessen Temperatur sich im Laufe des Tages so wenig als möglich ändert.
3. Aendert sich die Temperatur des Raumes, so eilt das Thermometer am Barometer in seinen Angaben dem letztern voraus, und man erhält einen zu tiefen und zu hohen Stand, je nachdem jene steigt oder sinkt.
4. Steigt die Temparatur sehr schnell zur Zeit des Maximums, so tritt dieser Moment früher ein, als bei einem Instrument, welches in einem Raum hängt, dessen Temperatur gleichförmig ist. Diess muss sich bei den Barometern mit weiten Röhren weit auffallender zeigen, als bei denen mit engen Röhren.
5. Wenn die Temperatur sich in Zeit von einer oder zwei Stunden um mehrere Grade ändert, so kann es geschehen, dass das Thermometer dem Barometer um 1°R. vorauseilt, man be-

geht also bei der Reduction einen Fehler von 0.07, was etwas mehr als $\frac{1}{8}$ der ganzen in unseren Gegenden beobachteten Veränderung ist.

Einfluss der Jahreszeiten auf die täglichen Variationen.

Vermittelst des von Hällström angewendeten Verfahrens, hat Kämtz für mehrere Orten, an welchen täglich mehrfach beobachtet worden war, den Gang des Barometers bestimmt, und aus der die Beobachtungen darstellenden Formel die Zeiten der Extreme in den verschiedenen Monaten abgeleitet. Die Orte und Beobachtungsstunden sind folgende:

Mailand 1835—1838. h. 6. 9. 12. 3. 6. 9. 12.

Kremsmünster Nov. 1833 — Dec. 1838 und zwar bis Ende 1837 4. 6. 9. 10. 12. 3. 4. 6. 10. später 7. 9. 11. 12. 3. 4. 6. 1. 3. 5. 9. obs. Koller.

Dresden 1828—1832 h. 6. 9. 12. 3. 6. 9. obs. Lohrmann.

Berlin 1828 — 1838 h. 5. 8. 12. 2. 6. 10.

Halle 1827 — 1839 von 6 Morgens bis 10 Ab. stündlich aber mit Unterbrechungen.

Nennt man mittlere Oscillation den Unterschied des Mittels der beiden Maxima, und Minima so erhält man folgende Werthe in den Monaten für die Grösse der mittleren Oscillation und für die Zeitpunkte der Extreme.

Mittlere Oscillation.

	Mailand	Kremsm.	Halle	Dresden	Berlin	Mittel
Januar	0.305	0.229	0.188	0.175	0.172	0.214
Februar	0.319	0.251	0.208	0.192	0.178	0.230
März	0.334	0.287	0.230	0.225	0.192	0.254
April	0.351	0.301	0.243	0.252	0.209	0.272
Mai	0.372	0.293	0.247	0.259	0.220	0.278
Juni	0.392	0.273	0.249	0.253	0.220	0.277
Juli	0.401	0.271	0.252	0.251	0.211	0.277
August	0.392	0.294	0.252	0.259	0.203	0.280
September	0.365	0.318	0.243	0.267	0.196	0.278
October	0.331	0.316	0.222	0.256	0.190	0.263
November	0.305	0.282	0.197	0.225	0.183	0.238
December	0.297	0.242	0.183	0.190	0.176	0.218

Zeit des 1. Minimums.

	Mailand	Kremsm.	Halle	Dresden	Berlin	Mittel
	h	h	h	h	h	h
Januar	3.40	3.33	2.79	2.81	2.71	3.01
Februar	3.69	3.84	3.09	3.53	3.24	3.48
März	4.15	4.29	3 69	4.28	4.00	4.08
April	4.66	4.56	4.37	4.88	4.70	4.63
Mai	5.19	4.77	4.90	5.27	5.13	5.05
Juni	5.58	5.06	5.18	5.49	5.27	5.32
Juli	5.73	5.33	5.20	5.48	5.17	5.38
August	5.47	5.34	4.99	5.11	4.86	5.15
September	4.92	4.89	4.58	4.35	4.34	4.62
October	4.20	4.10	4.00	3.41	3.67	3.88
November	3.64	3.37	3.37	2.67	3.00	3.21
December	3.34	3 10	2.90	2.44	2.62	2.88

Zeit des 1. Maximums.

	Mailand	Kremsm.	Halle	Dresden	Berlin	Mittel
	h	h	h	h	h	h
Januar	10.20	9.17	9.78	9.22	9.62	9.60
Februar	9.95	10.08	9.71	9.83	9 62	9.84
März	10.16	10.64	9.87	10.14	9.83	10.13
April	10.75	10 62	10.25	10.38	10.25	10.45
Mai	11.34	10.37	10.70	10.61	10.70	10.74
Juni	11.53	10.41	10.97	10.95	10.96	10.96
Juli	11.26	10.80	10.94	11.15	10.91	11.01
August	10.86	11.11	10.68	10.87	10.62	10.83
September	10.66	10.79	10.38	10.13	10.27	10.45
October	10.72	9.85	10.18	9.14	9.92	9.96
November	10.78	8.89	10.06	8.57	9.84	9.63
December	10.59	8.61	9 93	8.66	9.72	9.50

Zeit des 2. Minimums.

	Mailand	Kremsm.	Halle	Dresden	Berlin	Mittel
	h	h	h	h	h	h
Januar	16.82	16.57	16.93	16.91	16 54	16.75
Februar	16.72	16.19	16.36	16.35	15.86	16.30
März	16.38	15.37	15.75	15.54	15.28	15.66
April	16.01	14.51	15.30	14.89	14.99	15.14
Mai	15.46	13 98	15 10	14.65	14.92	14.82
Juni	14.97	13.85	14.99	14.77	14.89	14.69
Juli	14.84	13.99	14.95	15 04	14.90	14.14
August	15 08	14.22	15.10	15.30	15.09	14.96
September	15 68	14.54	15.54	15.59	15.58	15.39
October	16.17	15.05	16.23	16.03	16.29	15.95
November	16 60	15.73	16.88	16.75	16.86	16.53
December	16.84	16.76	17.16	16.96	17.97	16.94

Zeit des 2. Maximums.

	Mailand	Kremsm.	Halle	Dresden	Berlin	Mittel
	h	h	h	h	h	
Januar	21.94	21.99	21.82	21.92	21.63	21.86
Februar	21.14	21.72	21.88	21.86	21.34	21.79
März	22.05	21.25	21.97	21.64	21.02	21.59
April	21.59	20.80	21.73	21.18	20.68	21.20
Mai	20.99	20.57	21.17	20.63	20.43	20.76
Juni	20 75	20.65	20.63	20.29	20.41	20.55
Juli	20.96	20.92	20.56	20.40	20.67	20.70
August	21.44	21.22	21.04	20.90	21.16	21.15
September	21.82	21.45	21.76	21.50	21.66	21.64
October	21.88	21.64	22.22	21.90	21.97	21.92
November	21.79	21 84	22.23	22.01	22.03	21.98
December	21.74	22.00	21.97	21.96	21.88	21.98

Diesen Werthen füge ich die directen stündlichen Werthe derjenigen Beobachtungen hinzu, welche auf Veranlassung der British Association in Plymouth angestellt worden sind. (Report. f. 1839.)

Die Zahlen 29″e +	1837	1838	1839	Mittel
Vormittag 1	0.8719	0.7565	0.7768	0.8017
2	0.8696	0.7547	0.7735	0.7993
3	0.8626	0.7518	0.7688	0.7944
4	0.8608	0.7507	0.7670	9.7928
5	0.8606	0.7507	0.7670	0.7928
6	0.8619	0.7552	0.7710	0.7960
7	0.8666	0.7585	0.7755	0.8002
8	0.8706	0.7615	0.7772	1.8032
9	0.8717	0.7637	0.7790	0.8048
10	0.8732	0.7645	0.7807	0.8061
11	0.8720	0.7627	0.7788	0.8045
12	0.8663	0.7587	0.7755	0 8002
Nachm. 1	0.8627	0.7540	0.7705	0.7957
2	0.8580	0.7517	0.7670	0.7922
3	0.8567	0.7500	0.7657	0.7908
4	0 8558	0.7475	0.7652	0.7895
5	0 8597	0.7532	0.7685	0 7938
6	0.8629	0.7557	0.7725	0 7970
7	0.8679	0.6610	0.7770	0 8019
8	0 8740	0.7645	0.7798	0.8061
9	0.8779	0.7672	0.7832	0.8094
10	0.8792	0.7665	0.7840	0.8099
11	0.8790	0.7665	0.7822	0.8092
12	0.8783	0.7639	0.7775	0.8065
Mittel	0.8675	0.7579	0.7743	0.7999

		Frühl.	Sommer	Herbst	Winter	Jahr
Vorm.	1	29.824	29.835	29.743	29.803	+0.0018
	2	.820	.830	.741	.803	—0.0006
	3	.814	.829	.739	.799	+0.0055
	4	.814	.825	.737	.795	—0.0071
	5	.814	.824	.738	.794	—0.0071
	6	.820	.826	.740	.798	—0 0039
	7	.824	.831	.745	.801	+0.0003
	8	.824	.832	.740	.808	+0.0032
	9	.826	.831	.752	.810	+0.0049
	10	.826	.834	.750	.813	+0.0062
	11	.826	.834	.748	.810	+0.0046
	12	.823	.833	.744	.801	+0.0003
Nachm.	1	.821	.831	.739	.792	—0.0042
	2	.819	.830	.733	.787	—000.77
	3	.815	.828	.733	.783	—0.0091
	4	.814	.825	.732	.787	—0.0104
	5	.816	.825	.739	.794	—0.0061
	6	.818	.827	.744	.799	—0.0029
	7	.825	.829	.749	.805	+0.0020
	8	.832	.835	.752	.807	+0.0062
	9	.836	.839	.754	.808	+0.0095
	10	.836	.841	.753	.809	+0 0100
	11	.834	.841	.752	.810	+0 0093
	12	.842	.836	.751	.810	+0.0066
Mittel		.823	.831	.744	.801	29.7999

Ausserdem besitzen wir auf dem Continent einen Ort, für welchen stündliche Beobachtungen ein Jahr lang angestellt sind, nämlich Salzuflen. Die folgende Tafel enthält diese durch R. Brandes und W. Brandes veranlassten Beobachtungen*), bis Juli von Stunde zu Stunde, von da an die Nächte abwechselnd zu Beobachtungen benutzt.

---

*) Ueber den stündlichen Gang des Barometers im Jahre 1828 zu Salzuflen in Lemgo. 1832. 8.

Salzuften.

		Jan	Feb.	März	Apr.	Mai	Juni	Juli	Aug.	Sept.	Oct.	Nov.	Dec.	Jahr
Vormittag	1	337.36	334.86	334.32	334.04	334.87	336.14	333.33	334.67	336.31	337.20	336.14	336.95	335.51
	2	7.37	4.89	4.23	3.93	4.83	6.11	3.28	4.60	6.28	7.14	6.12	6.91	5.47
	3	7.30	4.79	4.20	3.90	4.77	6.08	3.17	4.50	6.23	7.04	6.12	6.89	5.42
	4	7.28	4.77	4.18	3.89	4.73	6.06	3.14	4.46	6.18	7.01	6.10	6.87	5.39
	5	7.23	4.75	4.18	3.99	4.89	6.22	3.20	4.57	6.30	7.10	6.08	6.86	5.45
	6	7.21	4.73	4.29	4.12	4.94	6.37	3.30	4.66	6.33	7.24	6.20	6.84	5.52
	7	7.28	4.75	4.36	4.17	4.96	6.38	3.31	4.69	6.40	7.31	6.27	6.91	5.56
	8	7.33	4.87	4.46	4.22	5.01	6.43	3.35	4.68	6.48	7.42	6.41	6.98	5.64
	9	7.47	4.96	4.49	4.23	5.06	6.45	3.37	4.72	6.45	7.48	6.44	7.10	5.68
	10	7.57	4.98	4.49	4.24	5.04	6.39	3.38	4.71	6.56	7.47	6.46	7.13	5.70
	11	7.58	5.00	4.50	4.26	4.96	6.36	3.33	4.71	6.52	7.46	6.45	7.12	5.69
	11	7.56	4.93	4.45	4.20	4.92	6.30	3.30	4.68	6.46	7.42	6.33	6.99	5.63
Nachm.	1	7.40	4.87	4.39	4.17	4.90	6.25	3.23	4.63	6.35	7.33	6.28	6.92	5.56
	2	7.33	4.81	4.36	4.14	4.82	6.16	3.23	4.60	6.25	7.24	6.22	6.88	5.50
	3	7.42	4.76	4.32	4.07	4.73	6.09	3.23	4.55	6.20	7.20	6.18	6.89	5.47
	4	7.44	4.79	4.28	4.04	4.66	6.03	3.20	4.52	6.17	7.13	6.16	6.91	5.44
	5	7.50	4.75	4.25	4.03	4.63	6.03	3.17	4.51	6.15	7.16	6.16	6.95	5.44
	6	7.54	4.83	4.28	4.04	4.61	6.07	3.13	4.58	6.14	7.22	6.18	6.98	5.46
	7	7.54	4.79	4.36	4.10	4.67	6.09	3.21	4.58	6.18	7.23	6.20	6.99	5.49
	8	7.54	4.89	4.37	4.15	4.73	6.12	3.24	4.70	6.22	7.30	6.22	6.99	5.54
	9	7.55	4.84	4.42	4.16	4.76	6.18	3.30	4.74	6.27	7.34	6.23	7.01	5.57
	10	7.58	4.92	4.44	4.20	4.80	6.27	3.39	4.77	6.31	7.37	6.23	7.01	5.61
	11	7.52	4.88	4.42	4.16	4.78	6.29	3.45	4.70	6.30	7.34	6.16	6.99	5.58
	12	7.40	4.91	4.41	4.04	4.78	6.19	3.43	4.70	6.25	7.38	6.98	6.99	5.53
Mittel		337.43	334.84	334.35	334.10	334.85	336.21	333.28	334.68	336.30	337.27	336.21	336.95	335.54

Aus diesen Beobachtungen hat Herr Niemann vermittelst der Besselschen Formel folgende Werthe der Extreme und die Zeit in welcher sie eintreten, berechnet, wo die Barometerhöhen 330‴ + der Zahl der Tafel sind.

Eintrittszeit der Extreme.

	Vormittag.		Nachmittag.	
	Min.	Max.	Min.	Max.
Januar	5ʰ 22′	10ʰ 48′	2ʰ 42′	7 38′
Februar	5 20	10 30	3 50	11 54
März	3 48	9 54	4 48	10 15
April	2 58	9 36	5 5	9 42
Mai	2 35	9 22	5 48	11 36
Juni	2 40	8 30	5 30	10 27
Juli	3 58	8 45	5 55	11 12
August	3 30	9 12	4 48	10 15
Septbr.	3 25	9 54	5 2	11 12
October	3 36	9 54	4 48	10 10
Novbr.	2 25	10 5	3 52	7 36
Decbr.	4 54	10	9 48	7 30
Jahr	3 42	10 2	4 30	10 15

Grösse der Extreme.

	Vormittag.		Nachmittag.		
	Min.	Max.	Min.	Max.	Unt.
Januar	7.214	5.557	7.382	7.583	0.369
Februar	4.733	4.989	4.762	4.907	0.256
März	4.173	3.504	4.273	4.442	0.331
April	3.898	4.246	4.027	4.186	0.348
Mai	4.794	5.037	4.638	4.822	0.399
Juni	6.079	6.443	6.028	6.254	0.414
Juli	3.167	3.383	3.160	3.434	0.273
August	4.520	4.720	4.511	4.763	0.252
Septbr.	6.236	6.524	6.139	6.295	0.385
October	7.047	7.494	7.161	7.376	0.447
Novbr.	6.074	6.454	6.137	6.210	0.379
Decbr.	6.825	7.094	6.867	6.996	0.270
Jahr	5.415	5.698	5.443	5.588	0.283

Da aus sämmtlichen Beobachtungen hervorgeht, dass das Maximum am Morgen und das Minimum Nachmittags im Sommer weiter vom Mittag entfernt sind, als im Winter, so hat Kämtz die Tage berechnet, an welche diese Verschiebung am grössten ist, und findet dafür folgende Werthe.

			Verschiebung der Zeit der Extreme
Mailand	22. Januar	16. Juni	1.85 St.
Kremsmünster	18. Decemb.	5. Juli	2.25 -
Halle	25. Decemb.	1. Juli	1.93 -
Dresden	7. -	21. Juni	2.46 -
Berlin	14. -	16. -	1 96 -
Mittel	23. Dec.	24. Januar	

Die Grösse der Verschiebung als abhängig von der Breite l in Stunden $d\varphi$ genannt, giebt

$$d\varphi = 3.293 - 2.722 \cos^2 l$$

also für den Aequator 0,57

Abnahme der Veränderung mit der Höhe.

Da der Courant ascendant einer höhern Station aus der Tiefe Luft zuführt und dadurch theilweise das ersetzt, was in noch höhern Schichten durch die Wirkung des Courant ascendant seitlich abfliesst, so hat es geringeres Interesse, die Gestalt der barometrischen Curven an der höhern Station zu bestimmen, als vielmehr zur Zeit des an der untern Station eintretenden Extrem oben die Barometerstände mit einander zu vergleichen.

Kämtz findet auf diese Weise für die mittlerere Oscillation: darunter also für die untere Station den Unterschied der mittleren Maxima und Minima, für die obere Station den Unterschied der mit diesen gleichzeitigen Beobachtungen verstanden, die Zahlen der folgenden Tafel, durch welche der oft erneuerte Streit über das Umkehren der täglichen barometrischen Veränderung in der Höhe auf seine bedingenden Elemente näher zurückgeführt wird.

Zeit	unt. Stat.	Osc.	ob. Stat.	Osc.
1) Juni	Zürich	0.826	Rigi	0.105
2) Juli	Zürich	0.2895		
	Basel	0.287	Rigi	0.1005
	Bern	0.2895		
3) Januar	Zürich	0.305	Rigi	0.1595
4) Sept.	Zürich	0 396	Faulhorn	0.119
	Genf	0.401		
5)	Zürich	0.3005		
	Bern	0.257		
	Basel	0.302		
	Genf	0.3055		
	Mittel	0.2913	Faulhorn	0.079

Aeltere Beobachtungen von Saussure geben auf dieselbe Weise berechnet eine vollständige Umkehrung des Phänomens, nämlich:

in Genf die mittlere Oscillation $= 0.276$
in Chamouni - - $= 0.367$
auf den Col du Geant - - $= -0.023$

Die von Buchwalder auf den Säntis in Appenzell vom 29. Juni bis 5. Juli angestellten Beobachtungen geben:

in Zürich $= 0.313$
auf dem Säntis $= 0.0553$

Nennt man Δ die mittlere Oscillation am Meere, b die Grösse um welche das Barometer an der höhern Station niedriger steht, Δ_b die tägliche Oscillation dieses mittleren Druckes, und a eine zu bestimmende Constante in der Gleichung.

$$\Delta_b = \Delta - ab$$

so erhält man nach Kämtz für a folgende Werthe:

---

1) Eschmann beobachtete v. 2. bis 17. Januar 1827 auf dem Rigi Kämtz v. 28. Mai bis Juni 1832,

2) Beobachter Kämtz 23. Juni bis 19. Juli 1833 a. d. Rigi

3) — Eschmann 22. Jan. — 1. Febr. 1827 a. d. Rigi.

4) — Kämtz 11. Sept. — 5. Oct. 1832. a. d. Faulhorn.

5) — Kämtz 11. Aug. — 24. Sept. 1833 a. d. Faulhorn.

Höhe des Faulhorn über Zürich = 6867 Fuss.

Höhe des Rigi über Zürich = 4288 Fuss.

Die Beobachter unten waren Horner, Merian, Trechsel, Gautier.

1.	Rigi 1833	a = 0.003986
2.	Faulhorn 1832	a = 0.003674
3.	Faulhorn 1833	a = 0.002758
4.	Rigi im Winter	a = 0,002856
5.	Col du Geant	a = 0.003729
6.	Säntis	a = 0.0036286
	Schweiz	a = 0.0034752
	mit Ausschluss von 3. u. 4.	a = 0.0037425
	Sachsen	a = 0.003628
	Aequator	a = 0.002441
	Mittel	a = 0.00341

wo die Bestimmungen für Sachsen erhalten sind aus den Beobachtungen in Halle, Dresden, Jena, Prag, Zittau, Gotha, Freiburg, Altenberg, die für den Aequator aus den Beobachtungen von Callao, Lima, Payta, Popayan, Jhague, Bogota, Cumana, Caracas, la Guayra, Quito, Antisana.

also $$\Delta = \Delta_b + 0.00341\ (337.'''5 - b)$$

als Reductionsformel der an einem Ort beobachteten Oscillation auf das Meeresniveau. Aus dieser Beobachtung geht ausserdem noch hervor, dass das Barometer am Aequator auf 200''' sinken muss, um in der Höhe eine wirkliche Umkehrung der täglichen Veränderung zu zeigen.

Abhängigkeit der täglichen barometrischen Veränderung von der geographischen Breite.

Die dafür gegebenen Formeln sind folgende:

1. **Hällström** $s = 2.341 - 0.7723 \sin. l. - 1.5836 \sin.^2 l$ (Ann. d. Phys. 84. p. 150.) wo s in Millimetern den Unterschied zwischen dem grössern Maximum und kleinern Minimum bezeichnet.
2. **Kämtz** $\Delta_l = -0'''.1491 + 1'''0028 \cos^2 l$ (Meteorl. II. p. 278) wo Δ_l die mittlere Oscillation unter der Breite l bezeichnet.
3. **Forbes** $z = 3.031 \cos^{\frac{5}{2}} l - 0.381$ Millimeter (Edinb. Trans. XII. p. 180.) oder
$$z = 0.1193 \cos.^{\frac{5}{2}} l - 0.0150 \text{ Engl. Zoll.}$$
wo z der Unterschied zwischen 10 Uhr Morgens und 4 Uhr Abends. Nach dieser Formel wird die Aequatorialveränderung 2.650 Millimeter, die unter der Breite von 64°8′ Null und

in höherer Breite umgekehrt, die mittlere Oscillation für die Fläche der nördlichen Erdhälfte aber = 1.45.

4. Kämtz $\Delta l = -0.'''2451 + 1.2126 \cos^2 l - 0.002874\, B$,

In dieser Formel bezeichnet B die Anzahl Linien, um welche das barometrische Mittel des Beobachtungsortes unter 337'''5 steht, welches als mittlerer Stand des Barometers am Meere angenommen wird. Die Coefficienten Δ, C, A in der Gleichung

$$\Delta l = \Delta + C \cos^2 l + A\, B$$

sind aus der in der folgenden Tafel unter der Rubrik „beobachtet" enthaltenen Grösse bestimmt, und die nach der Formel berechneten hinzugefügt.

Mittlere Oscillation.

	Breite	B	beob.	berechn.	Unt.	red.
Grosser Ocean	0	0	0.756	0.967	+0.211	0.756
Quito	—0° 13'	92	0.655	0.703	+0.048	0.969
Antisana	—0 33	129	0 557	0.597	+0 040	0.997
Popayan	2 26	64	0 850	0.782	—0.068	1.067
Ibague	4 28	45	0 851	0.831	—0.020	1.006
St. Fé de Bogota	4 36	89	0.889	0.704	—0.185	1.191
Payta	—5 6	1	0.921	0.955	+0.034	0.921
Sierra Leono	8 30	3	0 685	0.942	+0.257	0.696
Cumana	10 28	2	0.789	0 947	+0 158	0.797
Caracas	10 31	35	0.960	0 852	—0.108	1.080
la Guayra	10 36	1	0 839	0 949	+0.110	0.842
Lima	-12 3	9	0.202	0 913	—0 289	1.232
Callao	-12 3	1	0.814	0.937	+0 123	0.815
Madras	13 4	2	0 625	0.925	+0.300	0 628
Chittledroog	14 11	29	0.733	0.837	+0.104	0.799
Grosser Ocean	16 0	0	0.688	0.901	+0.213	0.688
Taiti	-17 29	0	0.729	0.883	+0.154	0.729
Grosser Ocean	-18 0	0	0.641	0.877	+0 236	0.641
Mexico	19 26	79	0.704	0.606	—0.098	0 973
Calcutta	22 35	1	0.815	0.786	—0.029	0.819
Rio Janeiro	-22 54	0	0.754	0.784	+0 030	0.754
Cairo	30 2	2	0.683	0.658	—0.025	0 689
Rom	41 54	2	0.435	0.421	—0.014	0.442
Viviers	44 29	3	0.372	0.363	—0.009	0.381
Padua	45 24	2	0.214	0.347	+0.133	0.227
Mailand	45 28	4	0.333	0.340	+0.007	0.347
Clermont	45 47	15	0.346	0.302	—0 042	0.362
Chur	46 51	22	0.316	0.259	—0 057	0 392
Basel	47 34	10	0.373	0.278	—0 095	0.407
Kremsmünster	48 3	13	0.255	0.259	+0.004	
München	48 8	19	0.213	0.240	+0.027	
Paris	48 50	2	0.242	0.275	+0.033	0.249

	Breite	B	beob.	berechn.	Unt.	red.
Heidelberg	49°25′	2	0.288	0.262	—0.026	0.279
Mannheim	49 29	2	0.255	0.261	+0.006	0.271
Cracau	50 4	8	0.131	0.231	+0.100	0.160
Prag	50 5	8	0.227	0 231	+0.004	0.253
Frankfurt	50 8	4	0.316	0.242	—0.072	0.329
Wetzlar	50 32	8	0.174	0.222	+0.048	0.201
Altenberg	50 45	29	0.146	0.157	+0.011	0.245
Brüssel	50 50	2	0.355	0.233	—0.122	0.361
Arnstadt	50 52	12	0.296	0.204	—0.092	0.335
Zittau	50 55	10	0.199	0.209	+0.010	0.231
Freiberg	50 56	15	0.135	0.194	+0.059	0.188
Jena	50 56	5	0.241	0.222	—0.019	0.259
Gotha	50 56	14	0.199	0.196	—0.003	0.245
Dresden	51 7	7	0.209	0.213	+0.004	0.235
Halle	51 29	4	0.209	0.214	+0.005	0.221
Münster	51 58	3	0.189	0.207	+0.018	0.199
Berlin	52 33	1	0.196	0.200	+0.004	0.156
Port Famine	-53 38	0	0.152	0.181	+0.029	0.152
Danzig	54 21	1	0.130	0.164	+0.034	0.133
Königsberg	54 42	0	0.084	0.159	+0.075	0.084
Apenrade	55 3	0	0.159	0.153	—0.006	0.163
Kasan	55 48	1	0.052	0.135	+0.083	0.057
Edinburgh	55 55	6	0.092	0.118	+0.026	0.114
Catharienburg	56 50	10	0.078	0.090	+0.012	
Christiania	59 55	0	0.230	0.060	+0.170	0.230
Petersburg	59 56	0	0.059	0.059	0	0.063
Abo	60 27	0	0.113	0.050	—0.083	0.114

Bestimmt man aus der gegebenen Formel, in welcher 0‴9576 die Oscillation am Aequator wird, die Breiten, unter welchen sie nach einander um 0‴05 sich ändert, so erhält man

Δι	l	Δι	l
0.95	6°54	0.35	45°32′
0.90	13 39	0.30	47 54
0.85	18 8	0.25	50 17
0.80	21 49	0.20	52 42
0.75	25 3	0.15	55 12
0.70	29 14	0.10	57 45
0.65	30 47	0.05	60 26
0.60	33 24	0	63 16
0 55	35 56	—0.05	66 21
0.50	38 23	—0.10	69 46
0.45	40 47	—0.15	73 44
0.50	43 10	—0.20	78 53

Reducirt man hingegen alle Beobachtungen vermittelst des Werthes A=0.00341 auf das Niveau des Meeres, und stellt die so reducirten (in der vorigen Tafel die letzte Columne) Barometerstände als Function der Breite dar, so erhält man nach Kämtz:

$$\Delta\iota = -0.'''2762 + 1.'''2877 \cos^2 l$$

und daraus folgende Breiten für die Verminderung der Oscillation um 0.05.

Δι	l	Δι	l
1.00	5°26′	0.35	45°47′
0.95	12 38	0.30	48 1
0.90	17 52	0.25	50 16
0.85	20 45	0.20	52 33
0.80	23 55	0.15	54 33
0.75	26 47	0.10	57 17
0.70	29 28	0.05	59 47
0.65	32 0	0.	62 25
0.60	34 26	—0.05	65 13
0.55	36 46	—0.10	68 17
0.50	39 4	—0.15	71 45
0.45	41 20	—0.20	75 55
0.40	43 34	—0.25	81 48

Einfluss der Wasserdämpfe auf die tägliche Veränderung.

Was aber den Antheil anbetrifft, welchen, die Elasticität der der trockenen Luft beigemengten Dämpfe auf die Grösse und den Gang der täglichen Oscillation äussert, so sieht man unmittelbar ein, dass er sehr verschieden ausfallen wird, je nachdem der Beobachtungsort in der Nähe des Meeres oder fern von demselben gelegen ist. Für einen Ort der ersten Art habe ich durch Berechnung der Appenrader Beobachtungen gezeigt, dass die Curve der Elasticität des Wasserdampfes im jährlichen Mittel gar keine Einbiegung zeigt, sondern ununterbrochen von der kältesten Stunde des Tages nach der wärmsten hin steigt, und von dieser an eben so ununterbrochen abnimmt, und dass, wenn man die Aenderungen des Druckes der trockenen Luft daraus berechnet, diese das Morgenmaximum verlieren, und ebenfalls nur eine vierundzwanzigstündige, keine zwölfstündige Periode befolgen. Die Beobachtungen von Petersburg und von Plymouth haben dies Resultat seitdem bestätigt. An Orten hingegen, welche fern vom Meere liegen, wo also kein bei Tage eintretender Seewind das ergänzen kann, was der Courant ascendant den untern Schichten an Feuchtigkeit entführt, wird die Curve der Elasticität des Wasserdampfes sich immer der Curve des Druckes der trockenen Luft anschliessen, indem beide nach der wärmeren Tageszeit hin sich senken, da sowohl trockene Luft als Wasserdämpfe durch den aufsteigenden Luftstrom in die Höhe geführt werden, oder seitlich abfliessen. Es wird also hier eine Sonderung beider Atmosphären für die Beobachtungen unwesentlich sein, da beide denselben Bedingungen unterworfen sind. Man hat für einen Ort des continentalen Climas daher zu erwarten, dass das Maximum am Morgen für die ganze Atmosphäre wegfallen wird, wie es bei Orten in der Nähe der See nur für den von der Elasticität des Wasserdampfes gesonderten Druck der Luft stattfindet, und wirklich bestätigt dies auch vollkommen eine Vergleichung dreijähriger in Petersburgurg und Catharinenburg angestellter Beobachtungen. Aus denselben ergiebt sich nämlich in halben englischen Linien

Petersburg.

	Atmosphäre	El. d. Dampf.	trockne Luft
8.	598.77	4.57	594.20
10	598.84	4.64	594.20
12	598.83	4.67	594.16
2	598.75	4.65	594.10
4	598.69	4.60	594.09
6	598.66	4.57	594.09
8	598.66	4.57	594.09
10	598.66	4.51	594.15

Catharinenburg.

	Atmosphäre	El. d. Dampf.	trockne Luft
8	581.20	3.71	577.49
10	581.18	3.63	577.55
12	581.11	3.55	577.56
2	581.00	3.51	577.49
4	580.99	3.51	577.48
6	581.01	3.57	577.44
8	581.10	3.68	577.42
10	581.16	3.69	577.47

In dem Résumé der Beobachtungen von Plymouth sind nur die Mittel der directen Abweichungen des Psychometers angegeben, nicht die Mittel der aus denselben berechneten Elasticitäten. Obgleich die Elasticitäten, welche aus der mittleren Differenz des trockenen und nassen Thermometer abgeleitet werden können, sich wohl nicht bedeutend von dem Mittel der einzeln berechneter Elasticitäten unterscheiden werden, so ist doch zu erwarten, dass auch diese bekannt gemacht worden werden, da bei so geringen Grössen es nicht auf annnäherungsweise sondern auf absolut richtige Zahlen ankommt. Sie entsprechen den Apenrader Beobachtungen.

Uebereinstimmend hiermit, geben die barometrische Beobachtungen in Barnoul und Slatust ebenfalls kein Maximum des Morgens, nämlich:

	Barnoul	Slatust
8	593.02	574.02
10	593.01	574.00
12	593.01	573.91
2	592.92	573.79
4	592.89	573.28
6	592.82	573.38
8	592.92	573.92
10	592.98	573.91
Mittel	592.96	573.90

Liegt in dem Verhalten des Wasserdampfes daher ein Erklärungsgrund für die Erscheinung, dass die tägliche Oscillation entfernt von den Küsten nicht nur grösser wird als in der Nähe derselben, sondern auch sich in ihrem Verlauf wesentlich modificirt, so erläutert dasselbe auch die Erscheinung, dass in der Zone der Moussons die Grösse derselben bedeutend vermindert wird, wenn die Regen bringenden Moussons herrschen. Betrachtet man die folgende Tafel, welche aus Sykes (on the atmospheric tides and meteorology of Dukhun. Phil. Trans. 1835. 199) entlehnt ist, so sieht man, dass während sie in Calcutta, Poonah, Bombay, Mahabuleshwur in den eigentlichen Sommermonaten während des SW. Mousson am kleinsten ist, dieselbe hingegen in Madras, wo die Regen im Herbst zu Anfang des NO. Mousson fallen, erst dann ihre bedeutendste Grösse erreicht. In Calcutta, Bombay, Poonah und Mahabuleshwur, und Aehnliches zeigt sich auch in Benares, Mazafferpur und andern Orten, sind es grade die Wendemonate, wo die tägliche barometrische und thermische Veränderung am grössten wird. Es treten an allen diesen Orten daher zwei monatliche Maxima derselben ein, in Madras nur eins.

Die in der folgenden Tafel enthaltenen Zahlen geben den Unterschied in englischen Zollen des Maximum Morgens gegen 9 oder 10 Uhr und des Minimum Nachmittags gegen 3 oder 4 Uhr.

	Calcutta	Madras	Bombay	Poonah	Hurrechunderghur	Mahabuleshwur
Höhe	-	-	-	1823′	3900′	4500
Januar	0.123	0.072	0.099	0.136		0.074
Februar	0.117	0.070	0.091	0.140		0.067
März	0.125	0.076	0.107	0.133	0.102	0.083
April	0.124	0.081	0.086	0.143	0.098	0.084
Mai	0.115	0.081	0.071	0.132	0.090	0.075
Juni	0.095	0.092	0.054	0.106		0.053
Juli	0.090	0.097	0.046	0.075		0.056
August	0.099	0.105	0.063	0.085		0.050
Septbr.	0.101	0.094	0.074	0.090		
October	0.110	0.068		0.125		
Novembr.	0.107	0.071		0.125		0.080
Decembr.	0.114	0.071		0.110		0.074
Mittel	0.110	0.079	0.114	0.117		

In Beziehung auf das Verhältniss der absoluten und relativen Feuchtigkeit, an einem tief gelegenen und an einem in bedeutender Höhe darüber liegendem Orte, geben die auf dem Rigi und Faulhorn gleichzeitig mit Zürich angestellten Beobachtungen von Kämtz und Horner folgende Werthe, für die einzelnen Stunden als Mittel beider Jahrgänge in den schon oben erwähnten Monaten.

Absolute Dampfmenge.

	Zürich	Rigi	Zürich	Faulhorn
Mittag	4.'''840	3.'''344	4.'''445	2.'''156
1	4. 870	3. 322	4. 370	2. 232
2	4. 898	3. 291	4. 375	2. 256
3	4. 838	3. 280	4. 331	2. 286
4	4. 864	3. 211	4. 278	2. 189
5	4. 950	3. 131	4. 372	2. 046
6	4. 977	3. 096	4. 418	1. 914
7	4. 971	3. 031	4. 370	1. 843
8	5. 025	2. 966	4. 281	1. 776
9	5. 010	2. 971	4. 185	1. 741
10	4. 935	2. 950	4. 097	1. 710
11	4. 900	2. 919	4. 026	1. 683
Mittern.	4. 854	2. 896	3. 962	1. 654
M. 1	4. 801	2. 874	3. 893	1. 622
2	4. 748	2. 850	3. 818	1. 591
3	4. 705	2. 821	3. 746	1. 565
4	4. 683	2. 795	3. 689	1. 550
5	4. 687	2. 778	3. 680	1. 550
6	4. 740	2. 847	3. 716	1. 559
7	4. 822	2. 909	3. 757	1. 607
8	4. 935	2. 996	3. 931	1. 678
9	4. 902	3. 111	3. 162	1. 773
10	4. 910	3. 222	4. 223	1. 894
11	4. 899	3. 293	4. 329	2. 050
Mittel	4. 865	3. 037	4. 102	1. 830

Relative Dampfmenge.

	Zürich	Rigi	Zürich	Faulhorn
Mittag	58.9	80.3	64.0	73.4
1	58.7	78.2	60.7	75.7
2	58.6	78.6	59.2	77.0
3	60.0	79.8	57.9	80.7
4	60.9	81.2	58.8	80.8
5	63.8	82.7	63.6	80.5
6	66.6	85.2	69.5	78.5
7	71.4	85.7	74.1	77.6
8	76.3	86.4	76.7	76.1
9	79.6	87.3	78.7	75.8
10	81.7	87.8	80.4	75.0
11	83.8	87.8	81.6	74.4
Mittern.	85.3	87.7	82.4	73.7
1	86.7	87.7	83.4	73.0
2	87.7	87.6	83.8	72.6
3	89.0	87.5	84.8	72.3
4	90.0	87.5	85.7	72.1
5	89.7	87.0	86.4	71.9
6	86.9	85.7	86.8	71.9
7	82.4	84.6	84.5	70.6
8	76.9	83.4	80.6	69.8
9	69.9	81.2	76.2	69.7
10	66.1	81.1	70.4	71.3
11	61.7	81.5	67.1	81.8
Mittel	74.6	84.3	74.8	74.4

Die um die Zeit des Sonnenaufgangs kleinste Dampfmenge erreicht daher in der Tiefe um etwa 9 Uhr Morgens einen grössern Werth, hierauf folgt eine schwache Abnahme derselben um die Mittagszeit, welche in der Höhe ganz fehlt. Das zweite Maximum in der Tiefe tritt gegen Sonnenuntergang ein. Noch entschiedener zeigen sich diese Einwirkungen der am Tage aufsteigenden und gegen Abend herabsinkenden feuchten Luft, in Beziehung auf den Gang der relativen Feuchtigkeit übereinstimmend mit den bereits von Deluc und Saussure erhaltenen Ergebnissen. Das in der Tiefe sehr bedeutende Zugehen der Instrumente zur Trockenheit, wenn die Temperatur gegen Mittag sich entschieden steigert, ist deswegen in der Höhe viel geringer, so dass auf dem Faulhorn das Phänomen bereits sich fast vollständig umkehrt, indem auf demselben der trockenste Moment am Morgen stattfindet, wenige Stunden später als der Eintritt der grössern relativen Feuchtigkeit in der Tiefe. (Kämtz Vorlesungen über Meteorologie p. 108.)

Vertheilung der Dampfmenge in der jährlichen Periode.

Wegen Mangel an Beobachtungen aus der Passatzone kann ich nur die Verhältnisse in Hindostan mit denen der gemässigten Zone vergleichen.

	Calcutta	Benares	Nasirabad	Seringapatam	Poonah
Januar	4.53	4.64	2.218	5 179	4.718
Februar	5.88	4.69	2.476	5.922	3.851
März	7.25	4.94	2.476	6.113	3.907
April	8.35	5.37	2.701	7.633	5.664
Mai	10.59	6.91	2.972	7.633	7.082
Juni	10.69	10.69	6 575	7.397	8.614
Juli	10.64	11.69	8.568	7.161	8.760
August	10.74	11.66	8.523	6.687	8.411
Septbr.	10.15	10 66	7.239	6.687	7.985
October	9.38	8.99	3.771	7.161	6.903
Novbr.	6.45	6.19	3.232	6.622	5.461
Decbr.	5.62	4.42	2.780	5.845	3.626
Mittel	8.35	7.55	4.47	6.67	6.25
Unters.	6.21	7.27	6.35	2.45	4.90

	London	Apenrade	Halle	Jena
Januar	2.82	2.335	1.999	1.955
Februar	2.89	2 235	2.105	2.110
März	3.38	2.573	2.264	2.118
April	3.84	3.495	2.769	2.446
Mai	4.19	4.280	3 474	3.703
Juni	5.05	5.435	4.537	4.134
Juli	5.56	6.133	5.154	4.916
August	5.78	5.968	4.744	4.419
Septbr.	5.28	5.525	4.238	4.091
Octbr.	4.15	4.338	3 488	2 954
Novbr.	3.55	2.902	2.502	2.277
Decbr.	3.28	2 790	2.482	2.175
Mittel	4.147	4.00	3.31	3.118
Unt.	296	3.90	3.16	2.96

	Petersb.[3]	Lugan[1]	Slatust	Bogoslowsk	Catharienb[3]
Breite	59.°57′	48.°35′	55.°11′	59.°45′	56.°50′
Länge P.	27.°59′	37.°1′	57.°25′	57.°39′	58.°14′
Januar	1.06	0.68			0.65
Februar	1.19	1.22			0.67
März	1.45	1.54			0.98
April	1.87	1.82			1.14
Mai	2.33	3.44			1.82
Juni	3.09	4.43		3.51	3.05
Juli	3.90	4.84	3.90	4.03	3.80
August	4.07	4.26	3.92	3.76	3.63
Septbr.	3.41	2.83	2.71	2.22	2.46
October	2.29	2.47	1.53	1.77	1.61
Novmbr.	2.12	1.87	1.09	1.15	1.13
Decbr.	1.27	1.58	0.74	0.54	0.71
Jahr	2.33	2.58			1.80
Unters.	3.01	4.16	3.16	3.49	3.15

Die ersten beiden Tafeln in französischen, die letztere in englischen Linien. Aus der Vergleichung derselben geht hervor:

1. In der Zone der Moussons steigt in den Sommermonaten die Elasticität der Dämpfe so plötzlich, dass diese unverhältnissmässige Zunahme einer fremden Ursache, dem Eindringen des feuchten SW. Mousson zuzuschreiben ist.
2. In der gemässigten Zone nimmt die Elasticität der Dämpfe mit der Entfernung von der Küste immer mehr ab, und scheint sich in der jährlichen Periode desto stärker zu ändern, je weiter man in das Innere der Continente vordringt.

Die Vertheilung des Druckes der Dampfatmosphäre auf der Oberfläche des Meeres, hat Kämtz besonders aus den Beobachtungen von Beechey, Sabine, Parry, Caldcleugh und Daniell zu bestimmen gesucht, vollständiger als es früher von Daniell und von mir geschehen ist. Er findet für den nördlichen atlantischen Ocean in pariser Linien

$$e_x = 0.'''1370 + 8'''9004 \cos^2 x$$

für den nördlichen grossen Ocean für niedere Breiten bis $37\frac{1}{2}$ ° N.

$$e_x = -2.'''776 + 12.'''865 \cos^2 x$$

hingegen für die Breiten von $37\frac{1}{2}$ ° N an

$$e_x = 1'''270 + 6'''229 \cos^2 x$$

Wo e_x die der Breite x entsprechenden Elasticität der Dämpfe.

Aus diesen Formeln würde der Druck der Dampfatmosphäre am Aequator über dem atlantischen Ocean 9.'''037 betragen, hingegen über dem grossen 10.'''089, was nach Kämtz vielleicht mit der geringeren Wärme des tropisben Meerwassers im atlantischen Ocean zusammenhängt. Die Temperatur des Aequatorialwassers ist nämlich 26.°6 C, während die Elasticität 9.'''037 einer bei 23°1 C. gesättigten Luft entspricht, der Thaupunkt liegt also 3.°5 tiefer als die Temperatur. Ebenso findet sich im grossen Ocean die Wärme des Meerwassers 28°4, die der Elasticität 10'''02 entsprechende Wärme 24°9 würde 3°5 als Differenz des Thaupunktes und der Temperatur geben. Da nun Meerwasser bei 103.°7 siedet, so zeigt sich zwischen dem Siedpunkt des Meerwassers und dem des reinen dieselbe Differenz, als zwischen der Temperatur des Meerwassers und dem Condensationspunkt der über ihm in der Luft enthaltenen Dämpfe. Da nun nach dem Daltonschen Gesetz für verschiedene Flüssigkeiten die Spannung der Dämpfe in gleichem Abstande von ihrem respectiven Siedepunkte nahe gleich, so würde die Elasticität des Meerwasserdampfes bei irgend einer Temperatur gleich der Elasticität des Dampfes von reinem Wasser bei einer um 3.°7 höheren Temperatur. Daraus würde also folgen, dass die Atmosphäre über dem Meere mit Dämpfen von Meerwasser gesättigt ist. (Pogg. Ann. 30, p. 62.)

Electrische Erscheinungen der Atmosphäre.

Die nachfolgenden Notizen entlehnen wir aus Arago sur le tonnere. Sie ergänzen das im Repertorium II, p. 86 Gegebene.

Höhe der Gewitterwolken.

Nach den Messungen von Peytier und Hossard war am Abhange der Pyrenäen die untere Fläche einiger Gewitter in einer Höhe von 3000 bis 3300 Meter. Condamine erlebte auf den Pichincha in der Höhe von 4868 Meter, Saussure auf dem Col du Géant in der Höhe von 3471 ebenfalls Gewitter. Zur Bestimmung der Höhe der Gewitterwolken über einer Ebene schlägt Arago vor, aus der Zeit zwischen Blitz und Donner und der Schallgeschwindigkeit den directen Abstand der Wolke vom Beobachter zu bestimmen, und aus dem Sinus des Höhenwinkels, unter welchem der Blitz erscheint, seinen lothrechten Abstand vom Boden zu bestimmen. Auf diesem Wege erhielt er folgende Bestimmungen:

6. Juni 1712	in Paris	8080	Meter	Beobachter	de l'Isle.
2. Juli 1761	- Tobolsk	3340	-	-	Chappe.
13. - 1761	- Tobolsk	3470	-	-	-
15. Mai 1773	- Berlin	1900	-	-	Lambert.
17. Juni 1773	- Berlin	1600	-	-	-

Die niedrigsten Gewitter waren hingegen in Paris zwischen 1000 und 2400 Meter, in Tobolsk zwischen 214 und 800.*)

Blitze.

Sie zerfallen nach Arago in drei Klassen.

1. Zickzackförmige mit scharf begrenzten Rändern.
2. Blitze, welche grössere Theile der Wolken oder diese ganz erleuchten, am bezeichnetsten in der Form, von welchem man sagt, die Wolken öffnen sich.
3. Blitze in Form von Feuerkugeln, die sich langsamer bewegen, als die beiden ersten Klassen, welche momentan erscheinen.**)

Blitze sind nicht immer von Donner begleitet, doch bleibt bei der Angabe der Beobachtungsjournale immer der Zweifel, ob fernes Wetterleuchten unter dem Namen „Blitze ohne Donner" zu verstehen sei.***) Auch hört man Donner ohne Blitze zu sehen. Blitze fahren mitunter in die Höhe, denn am 1. Mai 1700 wurden in Steiermark, in der auf der Spitze des St. Ursula Berges gelegenen Kapelle 7 Personen neben dem Dr. Werloschnigg

*) Nach den Beobachtungen auf der von du Petit-Thouars geführten Fregatte Venus 1836—1839 ergab sich die Höhe der Wolken überhaupt sowohl über dem atlantischen als stillen Meere 900—1400 Meter.

**) Dass flackernde Blitze aus einzelnen von einander getrennten Entladungen bestehen, habe ich durch die Versuche mit den Farbenkreisel gezeigt. Pogg. Ann. 35, 379.

***) Ich hatte im Sommer 1840 Gelegenheit einen Blitz ohne Donner zu beobachten, wo dies nicht der Fall sein konnte. Wolken zogen zwischen der Lücke des Geiersberges und der Meffersdorfer Höhe in das Flinsberger Thal, immer tiefer die Berge einhüllend mit heftigem Regen, zuletzt war auch die Stelle an welcher ich mich befand, im Nebel. Plötzlich fuhr aus dieser Wolke ein sehr lebhafter Blitz ohne den geringsten Donner. Ayrer's Beobacht. in Pogg. Ann. 48, 375 scheinen entscheidend.

erschlagen. Das Gewitter lag auf der halben Höhe des Gebirges, während die Kapelle selbst von der hellsten Sonne beschienen wurde. Denkt man sich den Donner dadurch enstehend, dass eine grosse Anzahl gleichzeitiger Explosionen, welche in einer Linie hinter einander liegen, von einem Standpunkte also im allgemeinen aus verschiedenen Entfernungen, und deswegen nach einander gehört worden, so kann man aus der Dauer desselben auf die Länge des Blitzes oder die horizontale Ausbreitung der Gewitterwolken schliessen. Diese bildet nämlich die Grundlinie eines Dreiecks, dessen beide andere Seiten der Abstand des nächsten und fernsten Punktes vom Beobachter sind. Da nun jede Seite eines Dreiecks grösser als der Unterschied der beiden andern, so giebt die Dauer des Donners in Secunden mit der Schallgeschwindigkeit multiplicirt, eine Linie, welche kürzer ist, als die horizontale Ausbreitung der Gewitterwolken. Ein 45 Secunden anhaltender Donner, wie ihn de l'Isle beobachtete, führt also mit der Schallgeschwindigkeit von 337 Meter auf eine Länge des Blitzes von 15165 Meter.

Da man so laute Donnerschläge gehört, dass man die Stärke des Schalles der Explosion mehrerer hundert Geschütze verglich, so ist es um so auffallender, dass man den Donner nur bis auf die Entfernung von 6 Lieurs hört nicht weiter.

Um zu entscheiden, ob das Wetterleuchten bei scheinbar heiterem Himmel der Reflex von Blitzen unter dem Horizonte sei oder nicht, schlägt Arago vor, zu prüfen, ob dasselbe durch ein achromatisches Bergkrystallprisma und eine Krystallplatte betrachtet, ein weisses, oder complimentar gefärbtes Doppelbild der Oeffnung einer derselben zugekehrten Röhre gebe. Gewitter in den Wintermonaten treffen auf offener See Schiffe häufiger als Sommergewitter.

Um zu entscheiden, ob das Abfeuern von Geschützen einen Einfluss äussere auf die Zerstreuung der Gewitterwolken, verglich Arago die Himmelsansicht, wie sie auf der pariser Sternwarte gefunden worden, an den Tagen wo in der Entfernung von 2 Lieues bei Vincennes die Schussübungen der Artillerie angestellt wurden. Er fand unter 662 Tagen

am vorhergehenden Tage den Himmel bedeckt	128	mal	heiter	83
am Tage der Uebung	158	-	-	84
am Tage nach derselben	146	-	-	80

Also auf gewöhnliche Bedeckung wenigstens keinen Einfluss.

Gegen die Behauptung Arago's, dass man auf der See oder Inseln über 75° nördlicher Breite hinaus keinen Donner hört, bemerkt v. Baer (Bulletin de l'Acad. de St. Petersb. Mai 1839), dass zwar in Island und Grönland schon Gewitter selten, dass sie aber auch auf Novaja Semlya und selbst in Spitzbergen vorkommen. In höhern Breiten scheint die Anzahl der Gewitter im Innern der Continente abzunehmen, da nach 18 jährigen Beobachtungen in Archangel jährlich 6½ Gewitter, in Jakutzk und Nertchinsk hingegen nur 3.

Für die Gewitter in höheren Breiten giebt Kämtz folgende Vertheilung in den Jahreszeiten in Procenten der ganzen Anzahl.

	Winter	Frühl.	Sommer	Herbst
Westliches Europa	8.9	17.7	52.2	20.9
Schweiz	6.4	20.6	69.0	10.0
Deutschland	1.4	24.4	66.0	8.2
Inneres Europa	0	15.7	79.3	5.0

Für Orte der Tropen und ihre Grenzen, giebt Arago folgende Vertheilung an.

Breite	Calcutta[1] 22½	Rio Janeiro[6] 23	Cairo[2] 30	Buenos Ayres[6] 34½	Abissynien[1] 13
Jan.	—	10.2	1	1.9	—
Febr.	4	9.3	—	2.6	—
März	6	4.0	0.5	2.1	4.
Apr.	5	1.7	1.	1.8	4.
Mai	7	0.8	—	1.7	6.
Juni	8	0.7	—	1.1	7.
Juli	6	1.3	—	1.3	3.
Aug.	10	1.1	—	1.0	6.
Sept.	9	2.8	—	2.9	4.
Oct.	5	3.7	—	2.3	4.
Nov.	—	6.0	0.5	1.8	—
Dec.	—	9.0	0.5	2.0	—
Jahr	60	50.7	3.5	22.6	38

Für Paris in verschiedenen Perioden hingegen folgende Zahlen:

	1785-1803	1806-15	1816-25	1826-37	1785-1837
Januar	0.1	—	0.1	—	0.1
Februar	0.1	0.3	—	0.1	0.1
März	0.2	0.1	0.5	0.3	0.3
April	0.8	0.5	1.0	0.9	0.9
Mai	1.8	3.2	3.0	3.1	3.1
Juni	3.0	3.1	2.8	2.9	2.9
Juli	2.5	2.7	2.1	3.2	3.2
August	2.2	2.4	1.5	2.2	2.2
September	0.7	1.5	1.6	1.2	1.2
October	0.6	0.7	0.3	0.6	0.6
November	0.1	0.1	0.2	—	—
December	0.1	0.3	0.1	0.1	0.1
Jahr	12.2	14.9	13.2	14.7	13.8

Für die Vertheilung der Hagelwetter, welche entschieden zur Gewitterformation gehören, giebt Kämtz in der täglichen Periode in Beziehung auf die Schweiz und Deutschland folgende Verhältnisse, bei denen es aber vielleicht wünschenswerth gewesen wäre, die Orte der Ebene von den im Gebirge gelegenen zu trennen, und Graupel von Hagel zu unterscheiden.

	Winter	Frühling	Sommer	Herbst	Jahr
Mittag	1	8	10	5	24
1	4	18	8	6	36
2	10	38	15	13	78
3	4	19	11	8	42
4	5	14	17	1	37
5	4	16	13	3	36
6	1	9	8	5	23
7	1	6	10	—	17
8	1	3	3	4	11
9	2	18	6	3	29
10	3	2	3	1	9
11	1	—	—	1	2
Mittern.	—	—	2	—	2
M. 1	—	—	1	—	1
2	—	—	2	—	2
3	—	—	—	1	1
4	1	—	—	—	1
5	2	2	—	1	[illegible]
6	1	1	—	—	[illegible]
7	7	13	3	6	2[illegible]
8	4	3	1	2	1[illegible]
9	3	6	2	—	1[illegible]
10	2	8	3	1	1[illegible]
11	1	10	4	5	2[illegible]

Für die Vertheilung in den verschiedenen Jahreszeiten hingegen folgende Tafel (Vorlesungen über Meteorologie 449) in Procenten der ganzen Menge.

	Winter	Frühling	Sommer	Herbst
England	45.5	29.5	3.0	22.0
Frankreich	32.8	39.4	7.0	20.7
Deutschland	10.3	46.7	29.4	13.6
Russland	9.9	35.5	50.6	13.6

so dass von den Westküsten nach dem Innern der Continente die Graupelschauer abnehmen, während die Hagelfälle sich vermehren.

Nach Mateucci werden Gegenden, wo man Holzkohlen macht und Schwefel läutert, selten von Gewitter und nie von Hagel betroffen (Pogg. Ann. 49.240) Bei Cesena in der Romagna werden Stroh und Holzhaufen angezündet um sie zu vertreiben.

Meteorsteine.

Die chemische Zusammensetzung derselben bildet den Gegenstand einer ausführlichen Abhandlung von Berzelius in Pogg. Ann. 33, p. 1. und 133, aus welcher wir folgendes entlehnen:

Die in den Meteorsteinen bisher gefundenen einfachen Bestandtheile, ihrer Zahl nach 18, sind: Eisen, Mangan, Nickel, Kobalt, Kupfer. Zinn, Kalium, Natrium, Calcium, Magnesium, Aluminium, Chrom, Sauerstoff, Wasserstoff Schwefel, Phosphor, Kohle, Kiesel. Die Meteorsteine sind Bergarten, gemengt aus mehreren Mineralien in veränderlichen Verhältnissen, nämlich gediegenes Eisen, Schwefeleisen, Magneteisenstein, Meteor-Olivin, in Säuren unlösliche Silicate von Talkerde, Kalk. Eisenoxydul, Manganoxydul, Thonerde, Kali und Natron, welche wahrscheinlich ein leucitartiges und ein pyroxenartiges Mineral bilden, Chromeisen und Zinnstein. Der Reichthum an Talkerde, welche überall vorwaltender Bestandtheil ist, die Seltenheit der Kieselerde und der unbedeutende Gehalt an Silicaten von Thonerde und Alkali unterscheiden diese Bergarten von terrestrischen. Von dieser den meisten Meteorsteinen eigenthümlichen Zusammensetzung, weicht die der Meteorsteine von Stannern, Jonzac und Juvenas ab. Sie enthalten kein gediegenes Eisen, wenig Talkerdesilicat hingegen Silicate von Kalk, Thonerde und Eisenoxydul und sind nach G. Rose ein Gemenge von deutlich unterscheidbaren Mineralien, nämlich: Labrador, Pyroxen und etwas nickelfreien Magnetkies.

Betrachtet man die Textur eines grössern Meteorsteinstückes, so findet man, dass sie gesprungen gewesen sind, und dass diese Sprünge ausgefüllt wurden mit einer andern mehrentheils dunkleren Steinmasse. Dies weist auf eine langsamere Bildungsart hin, als einen vulkanischen Schmelzungsprocess. Auch kommt der Olivin in der Metcorsteinen nicht in Drusen wie in der Lava und in dem Basalt vor, sondern ist gleichförmig mit den übrigen Bestandtheilen gemengt. Wären die Meteorsteine aus flüssiger Form erkaltet, so wäre eine Erdbildung nicht denkbar, wie sie der Stein von Alais zeigt. Die geschmolzene schwarze Kruste ist erst in der Atmosphäre der Erde entstanden. Meteorsteine, welche gediegenes Eisen als überwiegenden Bestandtheil enthalten, zerspringen nicht bei dem Fallen, und bilden daher die grössern Massen. Das die Meteorsteine durchsetzende Eisen, rostet, wenn der Stein mit lufthaltigem Wasser befeuchtet wird, allmählig zu Eisenhydrat, in ihrer ursprünglichen Lagerstätte mangelte daher Luft, oder beides Luft und Wasser. Die Meteorsteine sind daher Mondsteine, die seltneren von einem Gebirge am Rande desselben,

In der Abhandlung sind die Analysen der Meteorsteine von Blansko, Chantonnay, Lontalax, Alais, der Pallasschen Masse und des verwünschten Burggrafen von Elbogen mitgetheilt. Die Analyse eines Macedonischen findet sich in Pogg. An. 16, 611, die der Masse von Bohumiliz in Pogg. Ann. 27 p. 118.

Bei den Versuchen von Bessel über die Kraft, mit welcher die Erde Körper von verschiedener Beschaffenheit anzieht (Abhandlungen der Berliner Academie 1830) ergab sich, dass das Meteoreisen von Brera und der Meteorstein von l'Aigle genau dieselbe Pendellänge gab als Gold, Silber, Eisen, Zink, Messing, Marmor, Thon, Quarz und Wasser. Sind daher die Meteorsteine nicht terrestrischen Ursprungs, so ist doch die Einwirkung der Schwere auf sie dieselbe, als auf irrdische Körper.

Bekanntlich hat Chladni gezeigt, dass die Meteorsteinfälle ziemlich gleichförmig in den einzelnen Monaten des Jahres vertheilt sind. Kämtz findet (Meteorologie 3 .p. 304) folgende Verhältnisse: im Winter 28, im Frühling 44, im Sommer 34, im Herbst 35. Diese gleichförmige Vertheilung zeigt sich aber nach Capocci (Compt. rend. 11 und Pogg. Ann. 387) nicht in Beziehung auf einzelne Tage. Es giebt nämlich deren, an welchen sie besonders häufig sind, wie folgende Zusammenstellung zeigt:

29	November	1809	27	November	1824
28	—	1810	27	—	1824
29	—	1820	26	—	1831
30	—	1821	29	—	1831
28	—	1821	30	—	1834
28	—	1823	29	—	1839

und in Intervallen von 5 zu 5 Jahren:

			Intervalle				Intervalle
17	Juli	1666	5 Jahre	17	Juli	1771	5 Jahre
19	—	1686	4.9 —	17	—	1806	6 —
17	—	1730	5 —	17	—	1818	5.7 —
16	—	1750	6 —	18	—	1835	5 —
		1755	5 —	17	—	1835	5 —
17	—	1761	5 —	17	—	1840	

Da Feuerkugeln von Meteorsteinen nicht füglich zu trennen sind, so hat Kämtz für beide gemeinschaftlich ihre Vertheilung in der jährlichen Periode festzustellen gesucht. Er findet mit f(x) die Anzahl der Feuermeteore bezeichnet:

$$f_x = 49.00 + 13.54 \sin(x + 144°16') + 1.76 \sin(2x + 265°17')$$

also die wenigsten am 6. Juni, die meisten am 10. November und folgende Zahlen für die einzelnen Monate:

	Meteorsteine	Feuerkug. u. Meteorsteine beob.	Feuerkug. u. Meteorsteine berechn.	Unt.
Januar	9	53	55.2	+ 2.2
Februar	11	46	49.3	+ 3.3
März	14	47	44.2	— 2.8
April	13	41	39.8	— 1.2
Mai	17	41	36.5	— 4.5
Juni	10	25	35.9	+ 10.7
Juli	11	40	39.3	— 0.7
August	13	61	46.7	— 14.3
September	14	46	55.3	+ 9.3
October	11	53	61.7	+ 8.7
November	10	76	63.5	— 12.5
December	8	59	60.6	+ 1.6

woraus unmittelbar hervorgeht, dass der August und November besonders ihrem Erscheinen günstig sind. In Beziehung auf die

Richtung in welchen die Feuerkugeln ziehen, sind hingegen die Verhältnisse
N. 18, NO. 17, O. 18, SO. 14, S. 9, SW. 16, W. 12, NW. 14.
ihre mittlere Richtung also N. 34°39′ O.

Gegen den Ursprung der Meteorsteine vom Monde bemerkt Olbers (Schumachers astronomisches Jahrbuch 1837 p. 54) „damit ein vom Monde vertikal geworfener Körper nicht auf diesen zurückkehre, bedarf es unter der Voraussetzung einer $\frac{1}{75,47}$ betragenden Mondmasse, wie sie Laplace bestimmt, eine Geschwindigkeit von 7575,23 par. Fuss, beträgt die Masse nach Brinkley aber nur $\frac{1}{79,89}$ eine Geschwindigkeit von 7377,31. Eine mit dieser Geschwindigkeit vom Monde ausgeworfene Masse, kann nur mit einer relativen Geschwindigkeit von 35000 Fuss in der Secunde bei der Oberfläche der Erde ankommen. Da aber die Sternschnuppen bei ihrem Eintritt in die Atmosphäre im Mittel eine relative Geschwindigkeit von 5 deutschen Meilen = 114,000 par. Fuss in der Secunde haben, so müssen diese mit einer Geschwindigkeit von fast 110,000 Fuss in der Secunde vom Monde ausgeschleudert sein, was doch wohl für ganz unmöglich zu halten ist.“

v. Hoff macht (Poggendorf Ann. 36, p. 161) besonders darauf aufmerksam, dass alle das Erscheinen von Feuerkugeln, aus denen Meteorsteine herabfallen, begleitende Erscheinungen dafür sprechen, dass die Meteorsteine nicht als fertige Massen in die Atmosphäre eintreten, sondern das Product eines erst dort sich einleitenden physisch chemischen Processes sind.

Sternschnuppen.

Der Morgen des 13. November 1833 war in America durch eine Sternschnuppenerscheinung bezeichnet, welche zu den ausserordentlichsten Phänomen dieser Art gerechnet werden muss. Sie war sichtbar auf einem Flächenraume von 100,000 Quadratmeilen von Jamaica bis Halifax, vom 18. bis 43 Breitengrade und vom 61. bis 91. Längengrade; die Sternschnuppen erschienen bei sehr durchsichtigem Himmel in drei Abänderungen, nämlich als phosphorescirende Linien, welche von mehreren Beobachtern Feuerflocken genannt wurden, als grosse Feuerkugeln, welche feurige stehende Spuren hinterliessen, und als leuchtende Körper, die eine Zeitlang sichtbar blieben. Die Zahl der Meteore betrug nach Olmsted in 15′ etwa 650 an einem Theil des Himmels, der etwa ein Zehntheil des sichtbaren sein möchte, also 34640 in der Stunde und an 200,000 in den sechs Stunden der Dauer des Phänomens. Die meisten Beobachter vernahmen kein Geräusch, obgleich die Meteore nicht sehr hoch zu sein schienen. Gallertartige Massen sollen gefallen sein. Die Meteore gingen im Allgemeinen scheinbar von Einem Punkte aus, welcher eine feste Lage gegen die Sterne hatte, also nicht an der Drehung der Erde Theil nahm, woraus folgt, dass die Meteore ursprünglich unter sich parallel waren, und ihre Divergenz nur auf optischer Täuschung beruhte ,dass sie kosmischen Ursprungs waren, wenngleich sie bis in die Atmosphäre hienabgehen mochten. Dieser Punkt der scheinbaren Radiation der Meteore lag im Halse des Löwen, und nach den nähern Angaben aus New Haven, Westpoint, Emmitsburg, Frederick, Worthington, Union Town fiel dieser Punkt nahe mit dem zusammen, auf welcher nach Enckes Berechnung die Erde zur Zeit der Sichtbarkeit des Phänomens zueilte, dessen Maximum um 9 Uhr Greenwicher Zeit am 13. November eintrat. Die Erde bewegte sich damals nach dem Punkt im Weltraume, dessen gerade Aufsteigung 143°55′, dessen nördliche Abweichung 14°20′ war, und in dieser Richtung lag der Punkt der Erdoberfläche, dessen westliche Länge von Greenwich 43°20′, dessen nördliche Breite 14°20′ war.

Diese ungewöhnliche Erscheinung erregte deswegen allgemeines Aufsehen, weil sie die Periodicität solcher grossen Sternschnuppenfälle erwies, denn in der Nacht vom 12. zum 13. Nov. 1832 hatte man ebenfalls eine ungewöhnliche Menge wahrgenommen, und beide Zeitpunkte schliessen sich so nahe an die vom 11. zum 12. November 1799 in Cumana von Alex. v. Humboldt beobachtete Erscheinung an, dass an eine periodische Wiederkehr seit der Zeit nicht mehr füglich gezweifelt werden konnte. Die grosse Verbreitung der Sichtbarkeit des Phänomens trat in diesen beiden Fällen eben so entschieden hervor. Denn während von 2 bis 5 Uhr Morgens am 12. November 1799 grosse Feuerbälle, Büschel von 2 Grad im Durchmesser werfend, unaufhörlich den Luftkreis von Cumana durchkreuzten, sah man in Isterstädt bei Weimar geschlängelte weisse Strahlen und Sternschnuppen, in Neu Hernhut und Lichtenau in Grönland hingegen Feuerkugeln bis 1′ im Durchmesser die Nacht erhellen. Eben so ergiebt sich aus den in

Schweiggers Journal 66, p. 328, in der bibliotheque universelle 51 p. 189, und in Pogg. Ann. 29. p. 447 gesammelten Nachrichten des Sternschnuppenfalles von 1832, dessen grosse Verbreitung, da er in Porthsmuth, Scheffield und Great Malvern in England, im Departement Calvados, de l'O'rne und des Jura in Frankreich, in Genf, zwischen Aubonne und Lausanne, im Kanton Bern, in Frankfurt a. M., Suttgart, Carlsruhe, Brüssel, Lüttich, Trier, Cöln, Düren, Achen, Schwelm, Lennep, Salzuflen, Berlin, Warschau, Riga, Petersburg, Odessa, Suczawa in der Bukowina und in Sudsha im Gouvernement Kursk und in Orenburg gesehen wurde, an einigen Orten in Gestalt eines wahren Feuerregens, an andern in Form nach allen Richtungen fliegender, und lange feurige Streifen nach sich ziehender Feuerkugeln.

Am 12. und 13. November sind ausser dem erwähnten Phänomen von 1799 Nachrichten bedeutender Fälle auch aus andern Jahren bekannt, wenn sie auch minder auffallend waren, oder weniger genau beobachtet sind, nämlich von den Jahren 1684, 1781, 1791, 1799, 1813, 1813, 1818, 1819, 1820, 1822, 1824, 1825. Aus den späteren Beobachtungen lässt die periodische Wiederkehr sich schärfer prüfen. Es wird nämlich die Mitte der Erscheinung gesetzt:

1799	in Cumana von A. v. Humboldt	auf den	11.	Novmbr.	16^h
1833	- Newhaven - Olmstedt	—	12.	—	16^h
1833	- — - —	—	13.	—	$13^h30'$
1836	- Breslau von Boguslawski	—	13.	—	$16^h30'$
1838	in Königsb. von Busch u. Busolt	—	13.	—	$16^h15'$

Reducirt man die unmittelbar gegebenen Beobachtungen mit Bessel auf den pariser Meridian, so erhält man für die wahren Sonnenlängen vom festen Nachtgleichenpunkt von 1800 an gezählt, folgende Werthe (Schumacher astr. Nachr. 16. 350):

	Zeit der par. Mer.	Sonnenlänge v. wahr. Nachtgl.	Sonnenlänge v. fest. N.
1799 November 11	$20^h36'$	230° 0′	230° 0′
1832 — 12	13 0	230°42′	230°15′
1833 — 12	21 0	230°48′	230°20′
1834 — 13	22 30	231°34′	231° 5′
1836 — 13	15 30	231°51′	231°21′
1838 — 13	15 0	231°20′	230°48′

Nachdem die regelmässige Periodität des Novemberphänomens auf diese Weise erwiesen war und zu gleicher Zeit erkannt, dass die Sternschnuppen dabei im Allgemeinen der bewegenden Erde entgegen gehen und nicht an der Achsendrehung derselben Theil nehmen, also von ausserhalb in ihre Atmosphäre treten, wurde die Ansicht ihres kosmischen Ursprungs allgemein anerkannt, nachdem Brandes ihn früher bereits höchst wahrscheinlich gemacht hatte. Auf diese Weise würden die Sternschnuppen daher aus dem Gebiete der Physik in das der Astronomie übertreten, und in jener nur in so fern zur Sprache kommen, als sie, wie etwa der Mond, einen Einfluss auf die atmosphärischen Verhältnisse äusserten. Die verschiedenen Vorstellungen die man sich über dieselben gebildet hat, sind folgende:

Nach Olbers (Schumachers astr. Jahrbuch 1837, p. 280) gehen eine sehr grosse Menge der planetarischen Molecule, welche die Sternschnuppen bilden, in Bahnen um die Sonne, welche die Ebene der Erdbahn zwischen dem 18. und 21. Grad des Stieres schneiden. Diese einander sehr nahen, unter sich fast parallelen Bahnen, bilden gleichsam eine gemeinschaftliche Strasse für viele Myriaden, ja für viele Millionen dieser winzig kleinen Asteroiden, die in nicht sehr verschiedenen Umlaufszeiten, vielleicht von 5 oder 6 Jahren ihre Umkreisung der Sonne vollenden. Auch auf dieser gemeinschaftlichen Strasse scheinen sie sehr ungleich vertheilt, bald in einem dichten Schwarm zusammengedrängt, bald weit von einander gesondert. Im Jahre 1799 und 1833, vielleicht auch 1832, ging die Erde durch einen solchen dichten Schwarm, in andern Jahren, so wie auch 1831, 1834 und 1836 begegnete sie nur einzelnen, wenn gleich vielen Sternschnuppenasteroiden. Vielleicht gehen mehrere solcher dichter Schwärme auf dieser Strasse einher, vielleicht aber müssen die Erdbewohner bis 1867 warten, ehe sie dies merkwürdige Phänomen in seiner ganzen Pracht, die es 1799 und 1833 hatte, sich wieder erneuern sehen.

Olmsted glaubt, (Sillim. Americ. Journ. 49, p. 376 und Pogg. Ann. 38, p. 555) dass die Erde in jeder Periode der regelmässigen Wiederkehr mit einer Meteor-Wolke zusammentreffe, deren Umlaufszeit, da sie dem allgemeinen Gesetze der Anziehung unterworfen, nicht stillstehen könne, ein aliquoter Theil der Umlaufszeit der Erde sein müsse, und zwar wahrscheinlich ein halbes Jahr. In ihrem Aphelium mit der Erdbahn zusammentreffend, würde sie in ihrem Perihel nur 0.25992 des Halbmessers der Erdbahn von der Sonne abstehn. Diese Wolke sei wahrscheinlich das Zodiakallicht, welches im November 1833 gerade sehr ausgezeichnet gewesen sei. Bei dem Zusammentreffen der Meteorwolke mit der Erde, hülle jene wegen ihrer bedeutenden Ausdehnung diese vollständig ein.

Von der bis zur Bahn der Venus sich erstreckenden Nebelmasse, welche Cassini entdeckte und Zodiakallicht nannte, nahm derselbe später an, dass sie die verlängerte Sonnenatmosphäre sein möge. Sie müsste aber dann an der Rotationsgeschwindigkeit des Sonnenkörpers, dessen Umdrehung in 25,5 Tagen vollendet wird, Theil nehmen, und weil dann die Centrifugalkraft die Gravitation gegen die Sonne bedeutend überwöge, so würden die Theilchen des Nebels in den Weltenraum fortgeschleudert werden. Laplace kehrte daher zu der anfänglichen Ansicht von Cassini zurück, nach welcher dieser Nebel aus kleinen planetarischen Theilchen besteht, welche nahe der Ebene des Sonnenäquators parallel um die Sonne kreisen. Biot macht nur darauf aufmerksam, (Compte rend. 1836 II, p. 663 und Pogg. Ann. 39. 461) dass die Erde am 13. November sich nahe bei dem aufsteigenden Knoten der Nebelmasse befinde, sich gegen dieselbe hin bewege und sie bald darauf durchschneide, bei dieser Lage und Bewegung durch die Anziehung und durch ihr Zusammentreffen auf die materiellen Theile des Nebels wirken müsse, welche sich dann von ihr ganz oder eben so weit als die Erde von der Sonne befinden, und in Beziehung auf Richtung und Zeit ähnliche Erscheinungen hervorrufen werden, als die an den November Sternschnuppen beobachteten. Der stete Durchgang des Mercurs und der Venus durch weit mehr der Mitte zu liegende und daher dichter besetzte Gegenden der Nebelmasse, müsse unzählige Mengen von den Theilen derselben nach allen Richtungen fortschleudern, so dass die Erde sie zufällig auch in andern Punkten ihrer Bahn antreffe, wodurch die sporadisch vorkommenden Sternschnuppen erklärt würden. Eine jährliche Wiederholung der periodishen Erscheinung in gleicher Intensität sei nicht zu erwarten, da jedes Erscheinen das Material erschöpfe, das Verlorne aber nur durch neue Ausdehnung der Nebelmasse ergänzt werden könne. Auch folge nicht, dass am 10. Mai an dem diametral entgegengesetzten Punkte der Erdbahn bei 230°41′ heliocentrischer Länge, ein ähnliches Phänomen eintreten müsse, da dies nur dann der Fall sein werde, wenn die Novemberplaneten Ellipsen beschrieben, welche der, in welcher die Erde sich bewegt, genau gleich wären, und ihre Knoten in gleicher Entfernung vom Perihel liegen hätten. Beschrieben dieselben kreisrunde Bahnen, so würde am 10. Mai die Erde in der Entfernung von 520 Erdhalbmessern also beinahe im neunfachen Abstande des Mondes bei ihnen vorübergehn.

Gegen die Biotsche Hypothese bemerkt Olbers (Schumachers astr. Jahrbuch 1836 p. 281) dass die zuverlässig beobachtete Geschwindigkeit der mehrsten Sternschnuppen gegen die Erde von 4, 5 und mehr Meilen in der Secunde mit der Annahme nach planetarischen Gesetzen rechtläufig um die Sonne kreisender Theilchen des Zodiacallichtes durchaus unvereinbar sei, ausserdem der Knoten des Sonnenaequators nicht in der Nähe des 20. Grades des Stiers, sondern des 20. der Zwillinge liegt.

A. Erman tritt der Annahme eines geschlossenen Ringes solcher kleiner planetarischer Körper bei, und nimmt an, dass die Asteroiden der Novemberperiode im May jedes Jahres zwischen der Sonne und der Erde auf dem Radiusvector derselben sich befinden, und durch Verdunkelung der Sonne die kalten Tage Mamertus, Pancratius und Servatius erzeugen. (Schumachers astronomische Nachrichten No. 390.) Bekanntlich hat Brandes (Unterhaltungen für Freunde der Physik und Astronomie I, p. 148) die Ursache solcher Rückfälle der Kälte aus der temporären Grösse des Temperaturunterschiedes nördlich und südlich von einander gelegener Orte, und aus dem abkühlenden Einflusse der Gebirge in der bereits sich erwärmenden Ebene abgeleitet, diese Erklärung aber nicht auf die kalten Tage des Mais ausgedehnt. Wenn eine solche Temperaturerniedrigung in einer wirklichen Verminderung der solaren Wärme durch Zwischentreten des Sternschnuppenstromes ihren Grund hat, so müsste, scheint mir, zwischen der Intensität der periodischen Sternschnuppenerscheinung in einem bestimmten Jahre und der auf der entgegengesetzten Seite eintretenden Abkühlung desselben, oder des vorhergehenden Jahres irgend eine Beziehung stattfinden, entweder in gleichem oder entgegengesetztem Sinne, je nachdem man annimmt, dass das Material nur erscheint oder sich erschöpft. Ausserdem müsste die Abkühlung, wenn sie in einem bestimmten Jahre an einem gewissen Orte besonders erheblich sich zeigt, auch an andern in gleicher Weise bemerklich sein. Die nachfolgende Zusammenstellung fünftägiger Mittel desselben Beobachtungsortes Jena umfasst nebst andern Jahren, von welchen im November keine auffallende Sternschnuppenerscheinung bekannt geworden ist, auch die Jahre 1791, 1799, 1822, 1824, 1833, 1834, 1835, bei welchen dies der Fall ist, kann also zur Prüfung dienen. Die Grade sind Réaumur, die Mittel bis 1824 aus den Stunden 8. 2. 8., in den letzten 3 Jahren 6. 9. 12. 3. 6. 9.

	April		Mai				
	23	28	3	8	13	18	23
1782	7.55	3.38	7.02	7.02	12.71	12.02	9.60
1783	6.31	7.55	8.53	4.18	14.40	14.13	12.36
1784	8.97	8.80	-1.50	2.58	12.00	15.02	15.38
1785	7 06	6.08	8.31	11.47	10.35	10.47	10.88
1786	14.26	8 71	6 40	9 37	13.24	11.38	12.97
1787	5.69	4.13	8.66	11.15	12.18	8.53	13.28
1788	10 26	11.33	12.09	12.71	7.39	13.55	14.93
1789	8.92	11.24	15.59	15.15	16.57	12.36	11.91
1790	8.80	11.51	14.26	11.06	11.42	13.51	14.44
1791	11.91	16.80	9 60	7.39	11.91	11.20	14.93
1792	9.95	15.11	9.60	9.33	9.24	16.53	13.15
1793	4.97	11.29	10.75	13.90	16 71	8.88	10.58
1794	15.29	15.55	14.93	14.58	12.71	15.20	8.97
1795	11.29	14.13	15.73	10.49	7.73	12.18	13.42
1796	9.15	9.06	8.18	10.13	11.38	14 75	14.93
1797	11 91	8.27	11.02	10.31	13.24	14.84	15.55
1798	8.27	10.31	13.06	13.69	13.51	11 20	10.13
1799	8.09	6.13	7.73	13.29	11.47	13.51	11.73
1800	16.09	15.91	16.01	16.44	10.49	12.97	16.97
1821	13.75	14.71	13.85	12.04	9.69	9.83	9.36
1822	12 47	10.51	10.37	12.47	10.10	13 13	11.59
1823	5.27	6.62	9 61	13.50	12.39	14 73	13.76
1824	10.25	12 62	13.57	11.86	9 89	8.25	8.48
1825	11.01	14.01	14.11	15.39	6.74	7.19	14.28
1833	6.00	7.27	13.24	14.28	16.34	17.13	15.06
1834	5.12	11.32	12.53	16.03	14.93	13.90	13.78
1835	6.16	7.79	9.24	41.46	9.34	10.83	11.63

Zur Beantwortung der zweiten Frage, ob die in einem bestimmten Jahre besonders auffallende Temperaturerniederung zur Zeit der kalten Tage an vielen Orten gleichzeitig hervortrete, wie es sein müsste, wenn eine so universelle Ursache wie das Entziehen der Sonnenstrahlen der Grund der Erscheinung wäre, habe ich in der folgenden Tafel die fünftägigen Mittel von 6. — 10 und

und 11.—15. Mai einzelner Jahrgänge mit den von **Brandes** berechneten mittlern Werthe derselben Zeiträume im Mittel vieler Jahre vergleichen, wo also ein negatives Zeichen eine auffallend grosse Temperaturverminderung, ein positives hingegen eine kleine oder gar nicht stattfindende bezeichnet.

	Petersb.	Sagan	Zwanenb.	Rochel.	Jena	Mannh.	St. Gotth.	Rom
1782	-1.36				-4.22	-2.95	-2.90	-2.82
	2.77				1.15	0.75	0.45	-1.19
1783	0.52	-1.56	2.81	-2.00	-7.06	-2.09	0.26	0.13
	3.06	1.55	0.54	-0.67	2.84	2.74	1.56	0.59
1784		0.20	-0.06	-2.72	-8.66	3.02	2.42	0.22
		0.62	-0.61	-1.40	0 44	0.89	-0.03	0.68
1785	-1.30	2.20	-0.60	4.01	0.23	3.56	2.48	0.48
	-0.78	-2.52	-1.45	1.22	-1.21	-2.03	-0.06	-0.48
1786	-0.84	-0.91	-1.71	-0.22	-1.87	-0.89	-1.40	0.48
	4.03	1.24	-0.37	0.18	1.68	-0.41	-0.60	1.57
1787				-2.27	-0.09	-1.33		-3.54
				-2.48	0.62	-1.62		-2.17
1788			-0.90	1.77	1.47	2.73	2.95	0.86
			-3.63	0.82	-4.27	-3.02	-2.06	0.27
1789	3.14			1.74	3.91	3.44	2.83	0.40
	1.09			3.07	5.01	4.59	5.24	2.11
1790	2.76			-0.63	-0.18	0.36	1.09	0 13
	-0.04			0.43	-0.14	-0.27	0.50	-0.34
1791	-3.12				-3.85	-2.88	-4.32	-0.59
	-0.98				0.35	0.51	-1.41	-1.10
1792	1.40				-1.91	-2.00	-1.20	0.45
	-2.23				-2.32	-3.54	-2.58	-1.15

Die Beobachtungen im Jahre 1784 treffen auf das Ende einer langen Kälteperiode, welche in Jena noch fortdauerte, während sie an andern Orten eben geschlossen war.

Da ausser den als wirklich periodisch erkannten Sternschnuppen zu manchen Zeiten ebenfalls viele gesehen worden sind, (die mittlere Anzahl bestimmt **Quetelet** (Pogg. Ann. 41 p. 175) in Uebereinstimmung mit **Brandes** unter gewöhnlichen Verhältnisse für die Stunde auf 15,) ohne dass man von diesen eine Periodicität kennen gelernt hat, so entsteht die Frage, ob, wenn an einem als periodisch bereits erkannten Tage viele erscheinen, dass häufige Erscheinen unmittelbar ein Beweis dafür ist, dass die gesehenen Sternschnuppen zu den periodischen gehören. In der Nacht vom 12. zum 13. November 1838 wurden in Bremen in 9 Stunden 186 Sternschnuppen wahrgenommen. Ihre Bahnen zeigten aber nichts paralleles und hatten keinen Bezug auf das Sternbild des Löwen. Denn im grossen sowohl als im kleinen Löwen erschienen nur 4, hingegen im Drachen 23, im grossen Bär 18, im Schwan 11, im Cepheus 9, in Pegasus 16, im Orion 14 u. s. w. Die über die von einem 30 Grad über den Horizont sich erstreckenden Nordlicht roth beleuchteten Himmelsräume, schiessenden Sternschnuppen, behielten ihre weisse Farbe ganz ungetrübt bei, woraus hervorzugehen schien, dass die rothe Nordlichtsmaterie weiter von der Erde entfernt war als diese Sternschnuppen. In der folgenden Nacht von 2 Uhr 40′ bis 4 Uhr 50 erschienen 100 Sternschnuppen. Diese kamen fast sämmtlich aus den beiden Löwen, und dem südlichen Theile des grossen Bären, und ihre Richtung war fast durchaus nach NNO. zuerst mehr nördlich, dann mehr nach Ost übergehend, die meisten mit stehen bleibenden Spuren. Diese Sternschnuppen sieht daher Olbers (Schumachers astronomische Nachrichten No. 372. p. 177.) als das eigentliche Novemberphänomen an, die der vorhergehenden Nacht hingegen den sporadischen angehörend.

In derselben Nacht vom 13. zum 14. wurden in Königsberg von den ungewöhnlich häufigen Sternschnuppen 67 in Beziehung auf Anfang und Ende der Bahn bestimmt. (ib No. 371. p. 172.)

In der Nacht vom 12. zum 13. November 1836 sah Herschel*) am Cap der guten Hoffnung sehr wenig Sternschnuppen, woraus hervorgehen würde, dass damals der Sternschnuppenstrom nur der nördlichen Erdhälfte nahe kam, also eine geringe Breite hatte. In derselben Nacht im Jahre 1836 beobachtete Wartmann**) in Genf die ganze Nacht hindurch den von Wolken bedeckten Himmel, dessen gleichförmige Wolkendecke sehr hoch zu sein schien. Fünfmal erschien diese Wolkendecke von einem schwachen vorübergehenden Schimmer erleuchtet, aber keine einzige Sternschnuppe kam unter die Wolkendecke herab, übereinstimmend mit den gleichzeitig in Breslau von Boguslawki angestellten Beobahtungen. In derselben Nacht wurden bei heiterem Himmel in Paris 170, in Frankfurt a. M. 155 Sternschnuppen gesehen. Diese Beobachtungen beweisen sehr augenfällig, dass das scheinbare Herabfallen der Sternschnuppen in sehr tiefe atmosphärische Schichten, in der Regel optische Täuschung ist.

---

*) Comp. rend. 1837, p. 549.

**) Bibliotheque universelle 1837, p. 373.

Von den in Breslau bei sich aufheiterndem Himmel durch correspondirende Beobachtungen bestimmten 4 Sternschnuppen, war die Länge der Bahn 1.49, 6.22 8.22, 10.88 Meilen, die respective Höhe des Anfangspunktes 4.44, 15.21, 10.13, 13:32, des Endpunktes 3.08, 9.04, 306, 16.45 Meilen.

Bei den von Brandes veranlassten correspondirenden Sternschnuppenbeobachtungen im Jahr 1823, aus welcher er ausser der Bestätigung ihrer bereits von ihm und Benzenberg früher nachgewiesenen bedeutenden Höhe auch den Schluss zog, dass sie sich vorwaltend gegen die Erde bewegten, ergab sich eine ungewöhnliche Anzahl derselben am 8. 10. und 11. August, ja selbst Reisende, welche kein weiteres Interesse an diesen Erscheinungen nahmen, wurden auf die zahlreichen und grossen feurigen Meteore aufmerksam. Ausserdem zeigten die Bahnen derselben, besonders am 11. August mehr Uebereinstimmung als gewöhnlich.

Als nun die Periodicität der Novembersternschnuppen erwiesen war, machte Olbers, Benzenberg und Quetelet auf diese Tage aufmerksam, da, wie Quetelet zeigte, im Jahr 1806, 1811, 1815, 1834, 1835 am 10. August ebenfals viele gesehen worden waren. Die Periodicität derselben hat sich seitdem durch eigens angestellte Beobachtungen ergeben. In Bremen wurden am 10. August 1837 in 70 Minuten 60 gezählt, am dritten Theile des Himmels; in Paris in einer Stunde 107, überhaupt in 4 Stunden 11 Minuten 291; in Mailand in 7½ Stunden 168, worunter 52 grosse; in Berlin konnten in 3½ Stunden 58 in Sterncharten eingetragen werden, darunter 26 erster Grösse; in Breslau 236, darunter 16 so gross als Venus, 117 gleich Sternen erster, 216 gleich Sternen zweiter Grösse; in Neisse 294; bei Ratibor 129 u. s. f. Auch in den vorhergehenden Nächten war die gesehene Anzahl bedeutend, in Düsseldorf 98 in 6 Stunden (im Jahr 1834 in der Nacht vom 11 — 12 August 85) deren mittlere Dauer 1″ 12.‴7, während die 28 erster Grösse 1″45.‴9, keine über 3″ Dauer gab, vermittelst einer Tertienuhr von Lundstedt bestimmt. Wie im Jahr 1823 zeigten auch diese Sternschnuppen einen auffallenden Parallelismus ihrer Bahnen, die zu Paris rückwärts verlängert grösstentheils auf das Sternbild des Stiers, nach welchen die Erde sich damals hin bewegte, trafen, ohngefähr übereinstimmend mit den Beobachtungen in Berlin, bei denen die mittlere Rectascension für den Anfangspunkt der rechtläufigen 44°21′ ist, für die rückläufigen

357°55′. Der Parallalelismus der Bahnen wurde auch in Düsseldorf wahrgenommen, da die Sternschnuppen sich in der Milchstrasse oder ihr parallel bewegten, die weniger glänzenden aber, welche sie durchschnitten, sich durch ihren unregelmässigen Lauf auszeichneten, indem sie Bogen mit plötzlichen Winkeln beschrieben, und gleichsam hüpften.

Im Jahr 1838 hat Feldt in Braunsberg für die Nacht vom 11. — 12. August den Anfangs- und Endpunkt der Bahnen nach Rectascension und Declination bestimmt. (Schumachers astronomische Nachrichten 16, 182.)

Im Jahr 1839 war die Anzahl der Sternschnuppen in den entsprechenden Nächten im Allgemeinen von denselben Erscheinungen begleitet. In der Nacht vom 9. zum 10. wurden in Brüssel in $5\frac{1}{4}$ Stunden 141 gesehen, in der vom 10. zum 11. 313 in 6 Stunden vorwaltend von NO. nach SW, am ersten Tage nämlich unter 14 unterschiedenen Richtungen 44, am zweiten 123, und von NNO. nach SSW. 71 in Gent; unter 80 zwischen N. und O. nach S. und W. 41. In Parma in der ersten Nacht 353 in 6 Stunden 42 Minuten, und 819 in der folgenden in der Zeit von 6 St. 45′. Am 10. Aug. wurden in Königsberg 80, am 11. 88 Sternschnuppen eingezeichnet (Schumachers astr. Nachrichten No. 385.) Die Bahnen gingen im Allgemeinen rückwärts verlängert einem Punkte der Himmelskugel in der Gegend des Kopfes des Perseus nahe vorbei. In Berlin war die Häufigkeit folgende:

	gezählt	eingezeichnet
Aug. 9 von $10^h23' - 14^h30'$		60
— 10 — 9 40 — 11 30	114	54
— 11 — 10 8 — 12 12	78	48
— 12 — 10 11 — 11 11	3	3
— 14 — 10 50 — 12 0	16	9

Die Convergenzpunkte der Bahnen fallen nach der Berechnung von Packendorff, Erman und Petersen auf die Punkte deren Rectascension mit a, deren Declination mit d im Folgenden bezeichnet ist.

	a	d	Anzahl
1837 Aug. 10 Berlin	217°18 ± 2°1	— 57°26 ± 2°5	45
— — Breslau	221°76 ± 0.41	— 51.41 ± 0.16	200
1839 Aug. 9 Berlin	224.86 ± 3.63	— 50.18 ± 2.19	50
— 10 Berlin	223.88 ± 6.10	— 52.39 ± 2.47	48
— 11 Berlin	218.45 ± 7.12	— 51.05 ± 2.87	43
1839 — 10 Königsb.	214.85 ± 4.33	— 55.59 ± 2.96	75
— 11 Königsb.	215.11 ± 2.46	— 55.29 ± 2.02	74

Eine grosse Anzahl einzelner, sich auf das November und Augustphänomen beziehender Beobachtungen, finden sich in Valz über die abwechselnd recht und rückläufige Bewegung der periodischen August und Novembermeteore. Pogg. Ann. 46, p. 499 und in Garnier traité de météorologie II. 209.

Endlich ist noch von einer dritten periodischen Erscheinung gesprochen worden. Am 6. December 1798 sah nehmlich Brandes eine so grosse Anzahl Sternschnuppen in der Gegend von Hamburg, dass er die Anzahl der in dieser Nacht über seinen Horizont sichtbaren auf mehrere Tausende schätzt. Am 6. Dec. 1838 sah Flaugergues zu Toulon in einer halben Stunde 42 alle nahe von Zenith ausgehend, und 31 davon parallel laufend zwischen der Milchstrasse und dem grossen Qnadrat des Pegasus. In der darauf folgenden Nacht sah Herrick in New Haven in Connecticut mit einem andern Beobachter 164 in zwei Stunden, andere wenigstens drei Viertel an einem Punkte nahe vom Stuhle des Cassiopeja auszugehen schienen, also von einem Punkte, der sehr entfernt von dem ist, nach welchem die Erde sich bewegte. (Comp. read. 8. p. 86. Pogg. Ann. 46. 362.)

In Brüssel sah man von 7 Uhr bis 7½ 9 Sternschnuppen vom Pegasus aus nach SSW. und SW. ziehen, in der darauf folgenden Stunde 37 fast jährlich beim Pegasus und Widder nach Punkten des Horizontes zwischen S O. und S W. ziehen.

Der Beobachtungen dieses dritten Falles sind noch zu wenig, um über ihre Periodicität zu entscheiden, welche in Beziehung auf den November und August wohl als erwiesen betrachtet werden kann. Denn wenn auch das Augustphänomen nie so auffallend sich gezeigt hat, als das des Novembers, vielleicht weil in dem an dieser Stelle breiteren Ringe die Asteroiden weniger dicht gedrängt sind, aber eben deswegen an mehreren auf einander folgenden Tagen erscheinen, und von Jahren, aus welchen häufige Fälle am 9. und 10. August erwähnt werden, bis jetzt nur das von 1779, 1781, 1798, 1820, 1823, 1826, 1833, 1836, 1837, 1838 bekannt ist, so erinnert die Bezeichnung der Sternschnuppen in Irland und Schottland: „brennende Thränen des heiligen Laurentius" doch so unmiltelbar an den 10. August den Tag des heiligen Laurentius, dass die Deutung des Prognosticon, welches in einer in Cambridge aufbewahrten Handschrift aus dem 17. Jahrhundert dem 10. August beigeschrieben ist, nämlich „Meteorodes", dadurch unmittelbar gegeben scheint. (Quetelet, Forster und Forbes im Correspond. math. Ser. III. 1. p. 432 und Poggend. Annalen 46, 506.)

Auf diese Augustasteroiden hat A. Erman dieselben Schlüsse angewendet, welche oben von den Novemberasteroiden angeführt wurden. Die durch Entziehung der Sonnenstrahlen entstehende Verdunkelung und die in Golge derselben eintretende Temperaturerniedrigung würde auf den 7. Februar fallen. Um das Vorhandensein der letztern zu prüfen, füge ich in zwei Tafeln den Temperaturgang der Februar und Maiepoche an verschiedenen Orten der nördlichen Erdhälfte hinzu, welche täglich aus wenigstens zwanzigjährigen Beobachtungen bestimmt ist. Die Grade der ersten 3 Columnen sind Fahrenheitsche, die der vierten Centensimal, die der drei letzten Réaumur. Die Temperaturerniedrigung an den kalten Tagen des Mais tritt sehr deutlich, wie Erman gezeigt hat, in den freilich nur kurze Zeit umfassenden Beobachtungen der englischen Nordpolexpedition hervor. Ich bemerke nur noch, dass in Jena das Mittel der 5 Tage vom 5. — 9. Februar am niedrigsten ausfiel in den Jahren 1782, 1784, 1791, 1697, 1799, 1821, 1823, 1825, 1834, hoch hingegen in den Jahren 1783, 1787, 1790, 1792, 1796, 1798, 1822, 1833, 1835 und dass die gleichzeitigen Beobachtungen an den oben angeführten Orten auch zu diese Zeit eine so geringe Uebereinstimmung zeigen, dass eine ausserhalb der Erde zu suchende Ursache wenig wahrscheinlich wird, da diese Abweichungen vielmehr sich sehr natürlich aus der Folge der Temperaturverhältnisse an jedem bestimmten Orte ergeben. Es zeigt sich nämlich, wenn in einem bestimmten Jahre das fünftägige Mittel irgendwo auffallend niedrig ausfällt, während an andern Orten gleichzeitig dies nicht der Fall ist, dass an jenem Orte eine vorhergehende Kälteperiode noch fortdauert, welche an den andern bereits geschlossen ist, oder mit andern Worten, dass die anomalen Temperaturverhältnisse über die Erdoberfläche von einem Orte zum andern allmählig fortschreiten, nicht gleichzeitig hervortreten. Jedenfalls aber ist die Anregung der Frage von Erman wichtig, weil, wenn die Sternschnuppen keinen nachweisbaren Einfluss auf die atmosphärischen Verhältnisse äussern, sie aus der Reihe der meteorologischen Erscheinungen ausgestrichen werden müssen, zu denen früher bekanntlich auch die Kometen gezählt worden. Denn Asteroiden, wenn sie wegen ihrer Kleinheit auch „planètes de poche“ genannt werden mögen, gehören als solche nicht in die Meteorologie.

Februar.

	Madr.^{20}	Salem^{40}	London^{20}	Paris^{20}	Carlsruhe	Berlin	Wien
5	77.11	26.60	39.20	5.52	1.306	−1.33	−2.9
6	77.27	29.30	39.47	4.84	1.723	−0.25	−2.6
7	76.81	28.60	37.37	5.74	2.088	−0.82	−2.4
8	77.21	28.00	37.27	6.03	1.628	0.05	−1.7
9	77.26	27.58	39.05	5.83	1.876	0.30	−1.3
10	77.82	28.95	39.92	5.11	1.970	0.89	−1.3
11	77.68	38.98	40.00	4.83	1.817	0.13	−1.2
12	77.56	32.88	38.37	5.78	1.365	−0.03	+0.2
13	77.49	32.48	38.10	5.69	0.899	0.12	−0.9
14	77.52	31.63	37.42	5.82	1.508	0.13	−0.4
15	77.07	32.33	39.22	5.46	1.444	−0.09	0.1
16	77.39		38.90	5.98	1.227	−0.28	−0.2
17	77.93		37.82	6.09	1.183	−0.14	−1.0

Mai.

	Madras	Salem	London	Paris	Carlsruhe	Berlin	Wien
5	85.90	51.13	53.22	14.29	11.590	10.87	9.9
6	86.12	51.35	54.57	13.96	11.584	11.35	9.8
7	86.55	50.95	54.70	14.67	11.832	11.83	9.7
8	86.22	51.98	55.07	14.49	12.337	10.87	9.9
9	75.78	53.23	54.20	13.94	12.220	9.66	9.3
10	86.51	53.68	53.87	13.80	11.937	9.21	9.7
11	86.37	53.35	54.74	14.20	12.161	9.37	10.1
12	86.08	53.98	54.22	14.88	12.229	9.14	10.0
13	87.22	54.80	54.12	13.69	11.985	9.80	11.0
14	87.25	53.75	53.47	13.79	11.745	10.00	10.3
15	87.43	55.30	54.35	13.80	12.044	9.72	10.6
16	86.65	55.08	55.30	14.03	12.371	10.15	10.4
17	86.83	54.03	56.65	15.35	12.580	10.38	10.9

Gegen die Annahme eines kosmischen Ursprungs der Sternschnuppen spricht vorzugsweise das Resultat, welches sich schon aus Brandes und Benzenbergs Beobachtungen im Jahre 1799 ergab, dass der Anfangspunkt vieler Sternschnuppen bedeutend niedriger ist als ihr Endpunkt, dass sie, wie Benzenberg sich ausdrückt, wie eine Rakete in die Höhe steigen. Diesen Einwurf macht daher Benzenberg, welcher ihren Ursprung vom Monde noch festhält, (in seiner Schrift „die Sternschnuppen" Hamburg 1839) vorzugsweise geltend. Es war daher wichtig zu untersuchen, ob das aus den Beobachtungen abgeleitete Resultat wirklich so sicher sei, als bisher angenommen wurde. Dies ist von Bessel geschehen in Schumachers astron. Nachrichten Vol. 16 No. 381, p. 321. Die von Brandes angestellten Berechnungen der Höhe der Sternschnuppen gründen sich nämlich auf die Voraussetzung, dass der Anfang und das Ende der Bahn von beiden Beobachtern gleichzeitig wahrgenommen werden, eine Voraussetzung, die, wenn sie irrig ist, eine wirklich fallende Sternschnuppe als eine steigende erscheinen lassen kann. Bessel hat daher neue Formeln zur Berechnung derselben entwickelt, welche unabhängig von jener Voraussetzung nur die Annahme, dass die scheinbaren Bahnen der Sternschnuppen grösste Kreise sind, enthalten. Bezeichnet man mit ε den, bei der Angabe des Punktes am Himmel, an welchem die Sternschnuppe zu entstehen oder zu verschwinden scheint, begangenen Fehler, der unter den günstigsten Umständen doch einen halben Grad betragen kann, in der Regel aber einen Grad übertreffen wird, (so dass also ε in der Regel grösser als 0.017453 ist) so erhält man nach Feldt's Berechnung der Brandesschen Beobachtungen von 1823 nach den Besselschen Formeln, die Höhe des Anfangspunktes in geographischen Meilen mit $H \pm a\,\varepsilon$, des Endpunktes mit $H, \pm a, \varepsilon$ bezeichnet und unter a a, die Zahlenwerthe der zweiten und vierten Columne der folgenden Tafel verstanden, folgende Höhenbestimmungen, denen die von Brandes gegebenen unter der Rubrik h h, zur Vergleichung in der 5. und 6. Columne beigefügt sind.

Nummer	H	±	H,	±	h	h,
6	11.79	1.23	7.69	0.27	9.7	5.9
10	29.73	2.80	33.73	3.78	30.1	41.7
12	16.86	1.12	8.12	0.33	13.6	7.4
13	13.12	1.40	10.01	0.92	14.0	8.9
14	10.20	0.68	6.75	0.41	9.6	4.5
17	27.00	9.20	14.21	1.75	19.6	16.0
18	9.53	0.37	8.58	0.30	9.5	7.7
20	10.71	∞	13.63	∞	10.6	12.6
21	27.11	3.09	18.33	1.08	19.8	18.0
22	12.29	3.37	12.73	3.32	8.1	17.1
23	14.32	1.07	13.12	0.86	14.3	14.3
26	18.33	11.22	17.49	16.45	5.2	8.1
30	30.41	2.10	19.61	0.80	28.0	20.6
33	20.65	1.99	11.33	0.80	18.2	11.2
34	15.67	2.00	16.26	2.76	15.2	16.6
35	14.58	1.24	11.01	0.95	14.3	9.9
36	26.05	36.25	32.01	59.58	36.0	54.2
38	13.65	0.35	11.35	0.45	14.2	12.0
40	13.93	0.52	11.73	0.50	13.6	11.3
43 b	19.87	6.00	14.24	0.62	12.34	9.64
44	12.07	0.98	8.16	2.04	13.2	10.1
45	8.70	1.39	6.13	1.10	13.8	7.4
46	5.81	0.98	7.03	0.59	10.9	8.5
48	14.77	1.55	15.58	2.17	9.5	11.2
50 a	20.06	2.37	13.26	0.94	25-29	12.6
50 c	16.00	8.55	9.77	0.79	14.4	11.9
54	10.96	1.46	13.55	0.94	11.8	14.2
57	1.99	0.63	2.56	0.71	3.9	3.2
58	13.19	0.63	13.45	0.84	12.7	14.0
61	13.09	0.64	9.53	1.03	16.1	12.4
62	16.41	2.73	11.11	1.04	15.2	11.5

Die Nummern der Sternschnuppen sind die, welche sie in der Brandesschen Abhandlung haben. Nummer 10 ist am 10. August, No. 12, 13, 14, 17, 18 am 11. August beobachtet. Da die Höhe derselben sich an die zu andern Zeiten beobachteten anschliesst, so ist kein Grund vorhanden, in dieser Beziehung die sporadischen Sternschnuppen von den periodischen zu unterscheiden.

Unter den 30 berechneten Sternschnuppen, kommen also 10 aufsteigende vor. Bei 8 derselben, nämlich No. 10, 20, 22, 34, 36, 48, 57, 58, reicht ein Beobachtungfehler von weit weniger als einem Grad, bei No. 46 ein Fehler von einem Grad, bei No. 54 von etwas mehr als einem Grad hin, das Steigen in ein Fallen zu verwandeln. Da nun ausserdem selbst die Sternschnuppe No. 12 der Göttinger Beobachtungen von 1798, auf welche Benzenberg so viel Gewicht legte, zwar für ihren Anfang 5.87 Meilen, für ihren Endpunkt 12.40 giebt, aber für H — H, die Correction ± 6.58 Meilen zulässt, so würde bei Fehlern von einem Grad an allen 4 Orten auch diese Sternschnuppe nicht steigen. Man wird daher sehr selten genöthigt sein, das Zerspringen einer Feuerkugel als Grund einer wirklich nachgewiesenen aufsteigenden Bewegung anzunehmen.

Die folgende Tafel, welche aus Benzenbergs Schrift „die Sternschnuppen" p. 315 entlehnt ist, giebt für die Mitternächte des Jahres 1808 die geraden Aufsteigungen und Abweichungen des Punktes, nach welchem man an den verschiedenen Tagen sehen muss, um die meisten Sternschnuppen wahrzunehmen, vorausgesetzt, dass diese entweder als fest im Raume gedacht werden, oder als auf eine Art beweglich, die nicht in Betracht gezogen wird. Bei Bewegung einer nicht rotirenden Erde in einer Kreisbahn, würde die Richtung des Punktes nach welchem die Erde sich bewegt, in der Ekliptik 90 Grade von dem abstehen, an welchem die Sonne erscheint, seine Länge also um 90° geringer sein. Excentricität und Drehungsbewegung können jede ihn um einen Grad ändern. Auch bleibt die Tafel mit Veränderungen, die eben so wenig hierbei in Betracht kommen, für folgende Jahre gültig.

Monat		Gerade Aufsteigung		Abweichung
		in Stunden	in Graden	
Januar	0	$12^h37'$	189°15'	— 4.°0
	10	13 15	198 45	— 8. 0
	20	13 54	208 30	—11. 7
	30	14 33	218 15	—15. 0
Februar	9	15 14	228 30	—18. 0
	19	15 55	238 45	—20. 4
März	1	16 37	249 15	—22. 1
	11	17 21	260 15	—23. 2
	21	18 4	271 0	—23. 4
	31	18 47	281 45	—23. 0
April	10	19 27	291 45	—21. 9
	20	20 10	302 30	—20. 1
	30	20 50	312 30	—17. 7
Mai	10	21 29	322 15	—14. 9
	20	22 6	331 30	—11. 7
	30	22 42	340 30	— 8. 2
Juni	9	23 18	349 30	— 4. 4
	19	23 53	358 15	— 0. 8
	29	0 28	2 20	+ 3. 0

Monat		Gerade Aufsteigung in Stunden	Gerade Aufsteigung in Graden	Abweichung
Juli	9	1 h 3′	15°45,	+ 6.8
	19	1 39	24 45	+ 10.3
	29	2 15	33 45	+ 13.6
August	8	2 53	43 15	+ 16.6
	18	2 32	53 0	+ 19.2
	28	4 13	63 15	+ 21.2
Septbr.	7	4 54	73 30	+ 22.6
	17	5 36	84 0	+ 23.4
	27	6 19	94 45	+ 23.4
October	7	7 2	105 30	+ 22.7
	17	7 44	116 0	+ 21.3
	27	8 26	126 30	+ 19.3
Novmbr.	6	9 6	136 30	+ 16.6
	16	9 46	146 30	+ 13.3
	26	10 25	156 15	+ 9.9
Decbr.	6	11 3	165 45	+ 6.1
	16	11 40	175 0	+ 2.2
	26	12 18	184 30	— 1.9
	36	12 55	193 95	— 6.0

Der von Benzenberg herrührende Vorschlag, das Verschwinden der Sternschnuppen zu Längenbestimmungen zu benutzen, ist von Schumacher mit Erfolg ausgeführt worden durch gleichzeitige Beobachtungen in Altona, Bremen, Breslau und Königsberg.

D.

Zwölfter Abschnitt.

Wärme.

I. Specifische Wärme.

Nachdem **Dulong** und **Petit** nachgewiesen hatten, dass Eisen, Quecksilber, Zink, Antimon, Silber, Kupfer, Platin, Glas zwischen 0° und 300° C eine grössere mittlere Wärmecapacität besitzen als zwischen 0° und 100°, dass also nicht nur bei luftförmigen sondern auch bei flüssigen und festen Körpern diese mit der Temperatur steigt, konnte das Dulongsche Gesetz, dass die specifischen Wärmen zweier einfachen Körper sich umgekehrt wie ihre Atomgewichte verhalten, nur unter der Voraussetzung als streng richtig gelten, dass bei höheren Temperaturen diese in demselben Verhältniss abnähmen als jene zunehmen. Aber abgesehen von dieser nicht zuzulassenden Voraussetzung zeigte sich, dass, wenn man die Berzeliusschen Atomgewichte mit den Dulongschen Wärmecapacitäten multiplicirt, das erhaltene Product nur für Blei, Gold, Platin, Zinn, Zink, Kupfer, Nickel, Eisen, Schwefel nahe constant wird, nämlich respective 37.94, 37.04, 38.72, 37 99, 37.36-37.55, 38.19, 37.31, 37.80, hingegen für Wismuth 25.53, für Silber 75.18, für Tellur 73.50, für Kobalt 55.28 ist. Nachdem aber **Neumann** (Pogg. Ann. 23. p. 1) nachgewiesen hatte, dass bei Oxyden mit 1 Atom Sauerstoff und 1 Atom Metal, Oxyden mit 3 Atomen Sauerstoff gegen 2 Atome Metal, Schwefelmetallen mit 1 Atom Schwefel gegen 1 Atom Metal, wasserfreien, schwefelsauren und kohlensauren Salzen eine ähnliche Relation als die von Dulong und Petit bei einfachen Körpern gefundene stattfinde, dass nämlich bei jeder dieser Klassen von Körpern die specifischen Wärmen sich umgekehrt wie die Atomgewichte verhalten, war eine die einfachen und zusammengesetzten Körper umfassende Arbeit wünschenswerth, um durch Prüfung einer grossen Reihe derselben zu ermitteln, welche physikalische Bedingungen auf die Wärmecapacität eines Körpers Einfluss haben, die hauptsächlich aber nicht allein als eine Function des Atomgewichtes anzusehen sei. Diese Arbeit ist von Regnault ausgeführt worden. (Annal. de Chim. et de Phys. Tom. 73. p. 5. Pogg. Ann. 51. p. 73. 213. und Troisième serie 1. p. 129.) Wir theilen die erhaltenen Resultate zunächst in zwei Tabellen mit, von denen die erste die einfachen Substanzen, die zweite die zusammengesetzten enthält.

In der ersten Tafel begreift die Abtheilung A die Körper, welche im Zustande vollkommener Reinheit untersucht werden konnten. Die specifische Wärme der Substanzen der zweiten Abtheilung ist etwas zu hoch, da die in einem beschlagenen Tiegel reducirten Substanzen etwas kohlenhaltig waren. Iridium und Mangan waren unrein, die Bestimmungen gelten daher nur als Annäherungen. Die Zahlen der zweiten Columne für Arsen, Jod, Kohle und Phosphor sind von Avogrado bestimmt.

Die zweite Tafel zerfällt in 5 Unterabtheilungen nämlich 1) Legirungen; 2) Oxyde; 3) Schwefelmetalle; 4) Chlor-, Brom-, Jod- und Fluormetalle; 5) Salze. Die mit A bezeichneten Legirungen sind solche deren Schmelzpunkt weit über 100° liegt, die mit B bezeichneten schmelzen hingegen entweder unter 100 oder sind bei 100° nicht weit von ihrem Schmelzpunkt entfernt, so dass sie bei Annäherung zu 100° gewöhnlich sehr weich werden. Für die erste Klasse gilt das Gesetz: dass die specifische Wärme der Legirungen genau die mittlere der specifischen Wärmen der sie zusammensetzenden Metalle ist, unter welcher Voraussetzung die Zahlen der letzten Columne mit der Ueberschrift: „berechnete specifische Wärme" in beiden Abtheilungen der Legirungen berechnet sind. Die Annäherung an den Schmelzpunkt und das damit verbundene Weichwerden der Substanzen steigert die Wärmecapacität bedeutend, denn die berechneten Zahlen bleiben in der zweiten Abtheilung sehr weit hinter den empirisch erhaltenen zurück, während die erste Abtheilung eine befriedigende Uebereinstimmung zeigt. Die Einheit für sämmtliche in den Tafeln gegebene Zahlen ist die specifische Wärme des Wassers = 1.00000 zwischen den Temperaturgrenzen 0° und 20° C. Zur Bestimmung wurde die Mischungsmethode angewendet. Die in einem Körbchen von dünnem Messingdraht, dessen Gewicht nur einen sehr kleinen Bruch von dem Gewicht der Substanz ausmachte, enthaltene Substanz wurde in einer durch Wasserdampf geheizten Darre erwärmt, und dann schnell in das Kühlgefäss herabgelassen. Die für den Versuch nothwendigen vorläufigen Bestimmmungen für die Bestandtheile des Apparates ergaben

für Messing	0.09391
- Glas	0.19768
- Wasser	1.0080
- Terpentinöl	0.42593

woraus folgt, dass die Capacität des Wassers mit der Temperatur steigt. Bei Körpern, von denen nur kleine Mengen angewendet werden konnten, wurde die fast drittehalb mal stärkere Temperaturerhöhung des Terpentinöls durch die zu bestimmende Substanz statt der eines gleichen Gewichtes Wasser angewendet.

Wo in der folgenden Tafel I. unter der Ueberschrift R. in der vorletzten Columne ein Strich sich befindet, ist das von Regnault angenommene Atomgewicht das von Berzelius.

Tafel I. Specifische Wärme einfacher Körper.

	Specif. Wärme n. Regnault	Specif. Wärme n. Dulong u. Petit	Atomengewicht B.	Atomengewicht R.	Product a. d. spec. Wärme in das Atomengewicht.
Starre einfache Körper.					
Abtheilung A.					
Eisen	0.11379	0.1100	339.21	—	38.597
Zink	0.09555	0.0927	403.23	—	38.526
Kupfer	0.09515	0.0949	395.70	—	37.849
Kadmium	0.05669	—	696.77	—	39.502
Silber	0.05701	0.0557	1351.61	675.80	38.527
Arsen.	0.08140	0.081	470.04	—	38.261
Blei	0.03140	0.02983	1294.50	—	40.647
Wismuth	0.03084	0.0288	886.92	1330.37	45.034
Antimon	0.05077	0.0507	806.45	—	40.944
Zinn v. Banea	0.05623	0.0514	735.29	—	41.345
Zinn v. England	0.05695	—	—	—	—
Nickel (a. d. Oxalat)	0.10863	0.1035	369.68	—	40.160
Kobalt (a. d. Oxalat)	0.10696	0.1498	368.99	—	39.468
Platin gewalzt	0.03243	0.0314	1233.50	—	39.993
Platin-Schwamm	0.03293	—	—	—	—
Palladium	0.05927	—	665.90	—	39.468
Gold	0.03244	0.0298	1243.01	—	40.328
Schwefel	0.20259	0.1880	201.17	—	40.754
Selen	0.0837	—	494.58	—	41.403
Tellur	0.05155	0.0912	801.76	—	41.549
Jod	0.05412	0.089	789.75	—	42.703
Abtheilung B.					
Uran	0.06190	—	2711.36	677.84	41.960
Wolfram	0.03636	—	1183.00	—	43.002
Molybdän	0.07218	—	598.52	—	43.163
Nickel ungeschmolz. kohlenhltg.	0.11192	—	—	369.68	41.376
Nickel geschmlz. mehr kohlenhlt.	0.11631	—	—	369.68	42.999
Kobalt ebenso	0.11712	—	—	368.99	43.217
Stahl Hausmannscher	0.11848	—	—	339.21	40.172
Feineisen	0.12728	—	—	339.21	—
Weissroheisen	0.12983	—	—	339.21	—
Kohle	0.24111	0.25	76.44	152.88	—
Phosphor zw. 10° b. 30°	0.1887	0.385	196.14	—	—
— — — 0 b. 100°	0.25142	—	—	—	—
Abtheilung C.					
Iridium, unrein	0.3683	—	1233.50	—	45.428
Mangan, sehr kohlenhalt.	0.14411	—	345.89	—	42.149
Einfache flüssige Körper.					
Quecksilber	0.03332	0.0330	1265.22	—	42.149

Tafel II. Specifische Wärme zusammengesetzter Körper.

1. Legirungen.

	Mittl. spec. Wärme	Atom-gewicht	Product beider	Ber. spec. Wärme
Abtheilung A.				
1 At. Blei + 1 At. Zinn	0.04073	1014.9	41.34	0.04039
1 At. Blei + 2 At. Zinn	0.04506	921.7	41.53	0.04461
1 At. Blei + 1 At. Antimon.	0.03880	1050.5	40.76	0.03883
1 At. Wismuth + 1 At. Zinn	0.04000	1032.8	41.31	0.03987
1 At. Wismuth + 2 At. Zinn	0.04504	933.7	42.05	0.04415
1 At. Wismuth + 2 At. Zinn + 1 At. Antimon	0.04621	901.8	41.67	0.04564
1 At. Wismuth + 2 At. Zinn + 1 At. Ant. + 2 At. Zink	0.05657	735.6	41.61	0.05479
Abtheilung B.				
1 At. Blei + 2 At. Zinn + 1 At. Wismuth	0.04476	1023.9	45.83	0.04012
1 At. Blei + 2 At. Zinn + 2 At. Wismuth	0.06082	1085.2	66.00	0.03785
1 At. Quecks. + 1 At. Zinn	0.07294	1000.5	72.97	0.04172
1 At. Quecks. + 2 At. Zinn	0.06591	912.1	60.12	0.04563
1 At. Quecks. + 1 At. Blei	0.03827	1280.1	48.99	0.03234

2. Oxyde.

	Mittlere spec. Wärme	Atom-gewicht	Product beider
A. Oxyde RO.			
Bleioxyd pulverförmig	0.05118	1394.5	71.34
— geschmolzen	0.05089	1394.5	70.94
Quecksilberoxyd	0.05179	1365.8	70.74
Manganoxydul	0.15701	445.9	70.01
Kupferoxyd	0.14201	495.7	70.39
Nickeloxyd	0.16234	469.6	76.21
— geglüht	0.15885	469.6	74.61
		Mittel	72.03
Bittererde	0.24394	258.4	63.03
Zinkoxyd	0.12480	503.2	62.77
B. Oxyde R_2O_3.			
Eisenoxyd (Eisenglanz)	0.16695	978.4	163.35
Colcothar, schwach geglüht	0.17569	978.4	171.90
— nochmals geglüht	0.17167	978.4	168.00
— stark geglüht	0.16921	978.4	166.56
— nochmals stark geglüht	0.16814	978.4	164.44

	Mittlere spec. Wärme	Atom-gewicht	Product beider
Arsenige Säure	0.12786	1240.1	158.56
Chromoxyd	0.17960	1003.6	180.01
Wismuthoxyd	0.06053	2960.7	179.22
Antimonoxyd	0.09009	1912.9	172.34
		Mittel	169.73
Thonerde (Corund)	0.19762	642.4	126.87
— (Saphir)	0.21732	642.4	139.61
C. Oxyde RO_2.			
Zinnsäure	0.09326	935.3	87.23
Titansäure (künstliche)	0.17164	503.7	86.45
— (Rutil)	0.17032	503.7	85.79
		Mittel	86.49
Antimonige Säure	0.09535	1006.5	95.92
D. Oxyde RO_3.			
Wolframsäure	0.07983	1483.2	118.38
Molybdänsäure	0.13240	898.5	118.96
Kieselsäure	0.19132	577.5	110.48
Borsäure	0.23743	436.0	103.52
E. Verwickelte Oxyde.			
Magneteisenstein	0.16780	1417.6	237.87

3. Schwefelmetalle.

A. Schwefelmetalle RS.			
Schwefeleisen	0.13570	540.4	73.33
Schwefelnickel	0.12813	570.8	73.15
Schwefelkobalt	0.12512	570.0	71.34
Schwefelzink	0.12303	604.4	74.35
Schwefelblei	0.05086	1495.6	76.00
Schwefelquecksilber	0.05117	1467.0	75.06
Schwefelzinn	0.08365	936.5	78.34
		Mittel	74.51
B. Schwefelmetalle R_2S_3.			
Schwefelantimon	0.08403	2216.4	186.21
Schwefelwismuth	0.06002	3264.2	195.90
		Mittel	191.06
C. Schwefelmetalle RS_2			
Schwefeleisen (Eisenkies)	0.13009	741.6	96.45
Schwefelzinn	0.11932	1137.7	135.66
Schwefelmolybdän	0.12334	1001.0	123.46
		Mittel	129.56

	Mittlere spec. Wärme	Atom-gewicht	Product beider
D. Schwefelmetalle R_2S.			
Schwefelkupfer	0.12118	992.0	120.21
Schwefelsilber	0.07460	1553.0	115.86
E. Verwickelte Schwefelmetalle.			
Magnetkies	0.16023	?	

4. Chlor-, Brom-, Jod-, Fluormetalle.

A. Chlormetalle R_2Cl_2.			
Chlornatrium	0.21401	733.5	156.97
Chlorkalium	0.17295	932.5	161.19
Quecksilberchlorür	0.05205	2974.2	154.80
Kupferchlorür	0.13827	1234.0	156.83
Chlorsilber	0.09109	1794.2	163.42
		Mittel	158.64
B. Chlormetalle RCl_2			
Chlorbarium	0.08957	1299.5	116.44
Chlorstrontium	0.11990	989.9	118.70
Chlorcalcium	0.16420	698.6	114.72
Chlormagnium	0.19460	601.0	118.54
Chlorblei	0.06641	1737.1	115.35
Quecksilberchlorid	0.06889	1708.4	117.68
Chlorzink	0.13618	845.8	115.21
Zinnchlorür	0.10161	1177.9	119.59
		Mittel	117.03
C. Flüchtige Chlormetalle RCl_4			
Zinnchlorid	0.14759	1620.5	239.18
Titanchlorid	0.19145	1188.9	227.63
		Mittel	233.40
D. Flüchtige Chlormetalle. R_2Cl_6.			
Arsenchlorür	0.17604	2267.8	399.26
Phosphorchlorür	0.20922	1720.1	359.86
		Mittel	379.51
A' Brommetalle R_2Br_2			
Bromkalium	0.11322	1468.2	166.21
Bromsilber	0.07391	2330.0	173.31
		Mittel	169.76
Bromnatrium	0.13842	1269.2	175.65
B' Brommetalle RBr_2			
Bromblei	0.05326	2272.8	121.00

	Mittlere spec. Wärme	Atom-gewicht	Product beider
A Jodmetalle $R_2 J_2$			
Jodkalium	0.08191	2068.2	169.38
Jodnatrium	0.08684	1869.2	162.30
Quecksilberjodür	0.03949	4109.3	162.34
Jodsilber	0.06159	2929.9	180.45
Kupferjodür	0.06869	2369.7	182.81
		Mittel	167.45
B'' Jodmetalle $R J_2$			
Jodblei	0.04267	2872.8	122.54
Queckeilberjodid	0.04197	2844.1	119.36
		Mittel	120.95
A''' Fluormetalle RFl_3			
Fluorcalcium	0.21492	489.8	105.31

5. Salze.

A. Salpetersaure, $N_2 O_5 + R_2 O$			
Salpetersaures Kali	0.23875	1266.9	302.49
— — Natron	0.27821	1067.9	297.13
— — Silberoxyd	0.14352	2128.6	305.55
		Mittel	301.72
Salpetersaure, $N_2 O_5 + RO$			
Salpetersaurer Baryt	0.15228	1633.9	248.83
B. Chlorsaure, $Cl_2 O_5 + R_2 O$			
Chlorsaures Kali	0.20956	1532.4	321.04
C. Phosphorsaure, $P_2 O_5 + 2R_2 O$ (Pyrophosphorsaure)			
Phosphorsaures Kali	0.19102	2072.1	395.79
— — Natron	0.22833	1674.1	382.22
		Mittel	389.01
Phosphorsaure $P_2 O_5 + 2RO$			
Phosphorsaures Bleioxyd	0.08208	3681.3	302.14
Metaphosphorsaure $P_2 O_5 + RO$			
Metaphosphorsaurer Kalk	0.19923	1248.3	248.64
Phosphorsaure $P_2 O_5 + 3RO$			
Phosphorsaures Bleioxyd	0.07982	4985.8	397.96
D. Arsensaure $As_2 O_5 + R_2 O$			
Arsensaures Kali	0.15631		

	Mittlere spec. Wärme	Atom-gewicht	Product beider
$As_2O_5 + 3RO$			
Arsensaures Bleioxyd	0.07280	5623.5	409.37
E. Schwefelsaure $SO_3 + R_2O$			
Schwefelsaures Kali	0.19010	1091.1	207.40
— — Natron	0.23115	892.1	206.21
		Mittel	206.80
$SO_3 + RO$			
Schwefslsaurer Baryt	0.11285	1458.1	164.54
— — Strontian	0.14279	1148.5	164.01
— — Bleioxyd	0.08723	1895.7	165.39
— — Kalk	0.19656	857.2	168.49
— — Bittererde	0.22159	759.5	168.30
		Mittel	166.15
F. Chromsaure			
Neutrales chromsaures Kali	0.18505	1241.7	229.83
Saures chromsaures Kali	0.18937	1893.5	358.67
G. Borsaure $B_2O_6 + R_2O$			
Borsaures Kali	0.21975	1461.9	321.27
— Natron	0.23823	1262.9	300.88
		Mittel	311.07
$B_2O_6 + RO$			
Borsaures Bleioxyd	0.11409	2266.5	258.60
$B_2O_6 + 2R_2O$			
Borsaures Kali	0.20478	1025.9	219.52
— Natron	0.25709	826.9	212.60
		Mittel	216.06
$B_2O_6 + 2RO$			
Borsaures Bleioxyd	0.09046	1830.5	165.54
H. Wolframsaure			
Wolfram	0.09780		
I. Kieselsaure			
Zirkon	0.14558		
K. Kohlensaure $CO_2 + R_2O$			
Kohlensaures Kali	0.21623	865.0	187.04
— — Natron	0.27275	666.0	181.65
		Mittel	184.35

	Mittlere spec. Wärme	Atomgewicht.	Product beider
$CO_2 + RO$			
Kalkspath	0.20858	631.0	131.61
Arragonit	0.20850	631.0	131.56
körniger weisser Marmor	0.21585	631.0	136.20
— grauer —	0.20989	631.0	132.45
Kreide	0.21485	631.0	135.57
Kohlensaurer Baryt	0.11038	1231.9	135.99
— — Strontian	0.14483	922.3	133.58
— — Eisenoxydul	0.19345	714.2	138.16
		Mittel	134.40
Kohlensaures Bleioxyd unrein	0.08596	1669.5	143.55
Dolomit unrein	0.21743	582.2	126.59

Betrachtet man die in der ersten Tafel gegebene specifische Wärme der einfachen Körper, unter denen nur ein flüssiger sich befindet, die übrigen sämmtlich starr sind, so sieht man, dass für die chemisch reinen der ersten Abtheilung die Producte aus der specifischen Wärme in das Atomgewicht zwischen 38 und 42 schwanken bei einer Verschiedenheit des Atomgewichts von 201 bis 1330. Das Dulongsche Gesetz kann also für starre Körper nicht in voller Strenge richtig seyn, auch abgesehen davon, dass das Verhältniss zwichen den Atomgewichten von der Temperatur unabhängig, das zwischen den specifischen Wärmen derselben aber, wenn auch in geringem Grade, davon abhängig ist. Da nun aber Dulong aus der Tonhöhe einer nach einander mit verschiedenen Gasarten gefüllten Zungenpfeife (vermittelst des Laplaceschen Satzes, dass die wahre Schallgeschwindigkeit gleich der von Newton gegebenen sei, multiplicirt mit der Quadratwurzel aus dem Verhältniss der specifischen Wärme der Luft unter constantem Druck zur specifischen Wärme derselben bei constantem Volumen), nachgewiesen hat

1) dass alle Gase, wenn man bei gleicher Temperatur und unter gleichem Druck gleiche Volumina derselben um gleichviel zusammendrückt oder ausdehnt, eine gleiche absolute Wärmemenge entwickeln oder verschlucken;
2) dass die Temperaturveränderungen, welche daraus erfolgen, sich umgekehrt wie die specifischen Wärmen bei constantem Volumen verhalten;

so ist der Satz, dass die specifischen Wärmen der einfachen Gase bei gleichen Gewichtsmengen sich umgekehrt wie ihre Dichtigkeiten oder Atomengewichte verhalten streng richtig, und zwar unabhängig von der Temperatur, da wegen des gleichen Ausdehnungscoefficienten der Gase das Verhältniss zwischen ihren specifischen Wärmen durch Temperaturveränderungen nicht verändert wird. Es muss also der Zustand der Starrheit oder der Flüssigkeit der Grund seyn, dass das in gasförmigen Körpern ungestört hervortretende Gesetz Modificationen erleidet, oder mit andern Worten, es muss die specifische Wärme auch eine Funktion der Cohäsionsverhältnisse der Körper seyn.

Diess geht nun auch enschieden aus Regnault's Versuchen mit Kohle hervor. Es ergeben sich nämlich für die specifische Wärme verschiedener Kohlenarten folgende Werthe:

Thierische Kohle	0.26085
Holzkohle	0.24150
Coak von Cannel Kohle	0.20307
Steinkohle	0.20085
Anthracitkohle von Wallis	0.20171
— — — Philadelphia	0.20100
Natürlicher Graphit	0.20187
Graphit aus Hochöfen	0.19702
Graphit aus Gasröhren	0.20360
Diamant	0.14687

Die sehr veränderliche Wärmecapacität der Kohle ist also desto geringer, je dichter die Kohle ist.

Gut schmiedbares Kupfer gab bei 2 Versuchen	0.09501 u. 0.09455
dasselbe kalt gehämmert	0.09360 u. 0.09332
in Rothglühhitze angelassen	0.09493 u. 0.09479

also den ursprünglichen Werth.

Blei und Zinn, welche nicht wie das Kupfer durch Harthämmern an Dichtigkeit bedeutend zunehmen, sondern unter dem Prägstock ihre Dichtigkeit unverändert erhalten, zeigten durch diese Operationen keine Veränderung in ihrer specifischen Wärme.

Die Versuche mit Colcothar zeigen, dass wiederholtes Glühen einen ähnlichen Einfluss zeigt.

Wegen dieses Einflusses des Härtens müssen daher die zu untersuchenden Substanzen bei ihrem Erstarren aus dem geschmolzenen Zustande langsam abgekühlt worden seyn, um zuverlässige Resultate zu geben.

Aus den für leicht schmelzbare Legirungen erhaltenen Ergebnissen kann man schliessen, dass Körper, welche, bevor sie schmelzen, den Zustand der Weichheit durchlaufen, schon ehe sie fliessen, einen Theil ihrer Schmelzungswärme enthalten, die sich, bei dem Versuch, zu der specifischen Wärme addirt. Da ausserdem die Zunahme der specifischen Wärme mit der Temperatur einem noch unbekannten Gesetz unterworfen seyn wird, so ist es wahrscheinlich, dass in der Wahl der Temperatur, von welcher aus man die specifische Wärme bestimmt, eine Willkührlichkeit liegt, da dieser Ausgangspunkt für verschiedene Substanzen wahrscheinlich nicht auf gleiche Weise auf der Curve liegt, welche die Abhängigkeit der specifischen Wärme von der Temperatur darstellt.

Das plötzliche Erglühen gewisser Oxyde, wenn sie einer allmählig steigenden Erwärmung ausgesetzt werden, erklärt Regnault durch eine sprungweise Abnahme der Wärmecapacität derselben, bei welcher ihre Cohäsionsverhältnisse sich ändern. Der braune, weiche Schwefel, dadurch erhalten, dass man bei 100° dickflüssigen Schwefel in kaltes Wasser giesst, erhitzte sich in der Darre, deren Temperatur 98° war, bis 110° und war nach dem Herausnehmen sehr hart. Der in der gewöhnlichen Lufttemperatur sehr langsam in den normalen Zustand gewöhnlichen Stangenschwefels zurückkehrende weiche Schwefel, erfährt bei 100° diesen Uebergang plötzlich, und entwickelt dabei eine Wärme, welche durch eine plötzliche Verminderung der Wärmecapacität von Regnault erklärt wird, da eine so bedeutende Wärmeerhöhung wohl nicht allein durch Freiwerden latenter Wärme erklärt werden könne.

Aus allen diesen Erscheinungen geht hervor, dass zu einer wahrhaften Vergleichung der Körper in Beziehung auf specifische Wärme die Temperaturen gewählt werden müssten, bei welchen die verglichenen Körper den vollständigsten Isomorphismus, überhaupt die grösste Uebereinstimmung ihrer physischen und chemischen Eigenschaften zeigen.

Mit Berücksichtigung der bisher in der Bestimmung sich geltend machenden störenden Elemente glaubt Regnault den Satz, dass bei allen chemisch ähnlich zusammengesetzten Körpern die specifische Wärme sich umgekehrt wie das Atomengewicht verhalte, durch seine Versuche erwiesen. Da demnach Regnault zu dem von Neumann bereits erhaltenen Resultate gekommen, so mögen zur Vervollständigung der hier gegebenen Daten die von Neumann untersuchten Substanzen hier eine Stelle finden.

	Specifische Wärme.	Atomgewicht.	Product von beiden.
Oxyde R. O.			
Magnesia	0.276	258	71.2
Quecksilberoxyd	0 049	1366	67 2
Zinkoxyd	0.132	503	66 4
Kupferoxyd	0.137	495.7	68 0
Kalk	0.217	356	77.2
		Mittel	70.0
Oxyde $R_2 O_3$			
Eisenoxyd	0.164	978	160.4
Mennige	0.0616	2889	177.9
Chromoxyd	0.196	1003	196.3
		Mittel	178.2
Schwefelmetalle R. S.			
Zinnober	0.0520	1466	76 2
Realgar	0.1111	671	74.55
Bleiglanz	0 0530	1495	79.1
Blende	0.1145	604	69.16
		Mittel	74.75
Wasserfreie schwefelsaure Salze.			
Schwerspath	0.1088	1458	158.6
Anhydrit	0.1854	857	158.9
Cölestin	0.1356	1148	155.7
Bleivitriol	0.0848	1895	160.7
		Mittel	158.5
Wasserfreie kohlensaure Salze.			
Whiterit	0.1078	1231	132.7
Kalkspath	0.2046	632	129.3
Bitterkalkspath	0.2161	588	127.1
Kohlensaurer Strontian	0.1445	923	133.4
Magnesitspath	0.2270	575	130.5
Spatheisenstein	0.1819	715	130.0
Galmei	0.1712	779	133.5
Weissbleierz	0.0814	1671	136.0
		Mittel	131.6

Als hierher gehörige Schriften sind noch zu nennen:

H. Bredow, über das Verhältniss der specifischen Wärme zum chemischen Mischungsgewichte und die sich daraus ergebenden Folgerungen für die Cohäsion der Körper. Berlin 1838 4. 33 Seiten.

Pappenheim de calore Vratislaviae 1835. 8. 24 Seiten.

Schroeder, über die spec. Wärme zusammengesetzter Körper. Ein Beitrag zur Volumentheorie, Pogg. Ann. 52. p. 269.

Neumann commentatio de emendanda formula, per quam calores corporum specifici ex experimentis methodo mixtionis institutis computantur. Regiomonti 1834. 4. 26 Seiten.

Da es für manche Fragen, z. B. für die Erwärmung ungleichartigen Bodens unter gleichen Bedingungen der Einstrahlung, für das mineralogische Kennzeichen des Kaltanfühlens auf die Wärmecapacität bei gleichem Volumen ankommt, so sind die von Bredow in der angeführten Schrift in dieser Beziehung berechneten Werthe der von Dulong und Petit und von Neumann gegebenen specif. Wärme nicht ohne Interesse; sie folgen daher hier.

1. Einfache Körper.

	Specifische Wärme.	
	b. gl. Gewicht.	b. gl. Volum.
Wismuth	0 0288	0.2829
Antimon	0.0507	0.3155
Blei	0.0293	0 3326
Zinn	0.0514	0.3748
Schwefel	0 1880	0.3822
Quecksilber	0.0290	0.3937
Tellur	0.0912	0.5577
Gold	0.0298	0 5739
Silber	0 0557	0.5834
Platin	0.0314	0.6549
Zink	0.0927	0.6360
Kupfer	0.0949	0 8350
Eisen	0.1100	0.8567
Nickel	0.1035	0 8734
Kobalt	0.1498	1.2780

2. Schwefel- und Arsenikverbindungen.

Käufl. Realgar	0.1111	0.3600
Bleiglanz	0 0485	0.3670
Rauschgelb	0.1132	0 3916
Grauspiessglanz	0.0877	0.4036
Zinnober	0.0520	0.4211
Blende	0.1145	0.4649
Molybdänglanz	0.1067	0.4899
Kupferkies	0.1289	0 5374
Speiskobalt	0.0920	0.5841
Arsenikkies	0.1012	0.6201
Schwefelkies	0.1275	0.6429

	Specifische Wärme b. gl. Gewicht.	b. gl. Volum.
Speerkies	0.1332	0.6503
Glanzkobalt	0.1070	0.6739
Magnetkies	0.1533	0.7099

3. Oxyde und Fluorverbindungen.

Minium	0.0611	0 5267
Rothes Quecksilberoxyd	0.049	0.5532
Rothkupfer	0.1073	0.6429
Zinnstein	0.0931	0.6472
Kalkerde	0.217	0 6681
Rutil	0.1724	0.7206
Zinkoxyd	0.132	0.7569
Uranoxyd	0.106	0.7625
Iserin	0.1763	0.8281
Magneteisen	0.1641	0.8359
Antimonige Säure	0 130	0.8704
Kupferoxyd	0 137	0.8810
Magnesia	0 276	0 8832
Eisenglanz	0.1692	0.8885
Wasser	1.0000	1.0000
Flussspath	0.2082	0.6537

4. Kohlensaure und schwefelsaure Salze.

Whiterit	0.1078	0.4636
Strontianit	0.1445	0 5310
Weissbleierz	0.0814	0.5477
Kalkspath	0.2046	0.5555
Aragonit	0 2018	0.5915
Paratomer Kalk	0.1963	0.6046
Bitterkalk	0.2179	0.6350
Magnesit	0.2270	0.6894
Spatheisenstein	0.1825	0 7066
Galmey	0.1661	0.7378
Schwerspath	0.1088	0.4819
Anhydrit	0.1772	0.5263
Bleivitriol	0.0848	0.5341
Gyps	0.2728	0.6302

5. Kieselhaltige Verbindungen.

Adular	0.1861	0.4760
Bergkrystall	0.1894	0.5025
Albit	0.1961	0.5124
Labrador	0.1926	0.5296
Diopsit	0.1906	0.6252
Zoisit	0.1940	0.6383

	Specifische Wärme b. gl. Gewicht.	Specifische Wärme b. gl. Volum.
Tremolit	0.2070	0.6405
Stralstein	0.2046	0.6547
Basalt. Augit	0.1938	0 6589
Topas	0.2019	0.7064
Chrysolit	0 2056	0.7075
Corund	0.1942	0.8063

Ueber das Steigen der Wärmecapacität des Platin mit der Temperatur hat Pouillet Versuche angestellt (Compte rendu 1836. II. p. 782. Pog. Ann. 39. 573.) zwischen 100° und 1200° C. des Luftpyrometers. Eine 178 Grm. schwere Platinkugel wurde in 1106 Grm. Wasser von 0° getaucht, dessen Temperaturerhöhung gemessen wurde. Die Versuche ergaben

Temperatur.	Mittlere Wärmecapacität für Wasser = 1	Temperatur-Erhöhung. d. Wassers.
100°	0.03350	0.54
200	0.03392	1.09
300	0.03434	1.66
400	0.03476	2.25
500	0.03518	2.84
600	0.03560	3.45
700	0.03602	4.08
800	0.03644	4.71
900	0.03686	5.36
1000	0.03728	6.03
1100	0.03770	6.71
1200	0.03812	7.40

Specifische Wärme der Salzlösungen

Bezeichnet T die Temperatur einer Wassermasse M, in welcher eine Masse m eines Salzes, dessen Temperatur t und specifische Wärme für Wasser als Einheit c ist, aufgelöst wird, τ die nach vollendeter Auflösung eintretende Temperatur der Flüssigkeit und λ die dabei gebundene oder entbundene Wärme, so wird dieses λ zusammengesetzt sein aus der bei Auflösung des Salzes latent werdenden Wärme, aus der durch Volumenveränderung sich entwickelnden Wärme und aus der, wenn das Salz mit dem Wasser eine chemische Verbindung eingeht, sich dabei entwickelnden

Wärme. Die Summe dieser drei Grössen mit ihren respective positiven oder negativen Zeichen muss der Salzmasse proportional sein, und ausserdem dieselbe, wenn das Verhältniss der Salzmenge zur Wassermenge constant, wenn also bei zwei aufeinander folgenden Versuchen $\frac{M'}{m'} = \frac{M''}{m''} - = \mu$.

Da nun $M'(T' - \tau') + m'c(t' - \tau') = m'\lambda$ so wird, weil $M' = \mu m'$ bei zwei aufeinanderfolgenden Versuchen, in denen die Temperatur des Salzes ungleich, das Verhältniss der Salzmenge zur Wassermenge aber constant ist,

$$\mu(T' - \tau') + c(t' - \tau') = \lambda$$
$$\mu(T'' - \tau'') + c(t' - \tau'') = \lambda$$

woraus λ und c bestimmt wird.

Rudberg fand auf diese Weise (Pogg. Ann. 35. p. 474.) für Kochsalz

Salzmenge.	Wassermenge.	c	λ
7.740	100	0.1725	15.002
13.089	100	0.1744	12.776
15.400	100	0.1781	11.481
31.441	100	0.1732	6.867
		0.1731	

hingegen für schwefelsaure Talkerde mit Krystallwasser

Salzmenge.	Wassermenge.	c	λ
16.486	100	0.2954	13.615
33.400	100	0.2912	13.918
50.428	100	0.2852	13.672
		0.2906	

im ersten Falle also λ veränderlich, im zweiten constant, wobei für c noch die Wärme zu berücksichtigen wäre, welche das Gefäss, in welchem die Mischung geschieht, aufnimmt.

Bei Salzen, von denen eine Menge m sich mit einer Wassermenge μ chemisch verbindet, wird, wenn L die bei dieser Verbindung entbundene Wärme ist, hingegen l die in der Auflösung verschwindende: $m\lambda = mL - (m + \mu)\, l$
wo λ durch zwei Versuche, bei welchen das wasserfreie Salz aufgelöst wird, l hingegen durch Auflösung des wasserhaltigen erhalten wird, und daraus L gefunden wird.

Wasserfreie schwefelsaure Talkerde ergab:

Salzmenge.	Wassermenge.	c	λ
8 059	100	0.1185	148.852
5.922	100	0.0934	152.258
2.753	100	0.0916	148.657
		0.1011	149.922

Da die schwefelsaure Talkerde sich mit 7 Atomen Wasser verbindet, so ist

$$\mu = 1.0366\, m$$

also die spec. Wärme des wasserfreien Salzes = 0.1011
— — — wasserhaltigen — = 0.2906
Lösungswärme l = 13.735
Verbindungswärme l = 177.095

Bei Salzen, welche kein Wasser binden, ist $\lambda = l$.

Specifische Wärme der Gasarten.

Apjohn*) trocknet das zu untersuchende Gas vermittelst Durchstreichen durch eine Uförmig gebogene Röhre, in deren horizontalem Theile Schwefelsäure befindlich, nnd lässt es dann in einer mit Kautschuck daran befestigten Röhre über ein Psychrometer streichen, dessen trocknes Thermometer der Schwefelsäure zu liegt. Bezeichnet c die Wärmecapacität des Gases, d seine Dichtigkeit für atmosphärische Luft als Einheit, δ die Dichtigkeit und l die latente Wärme des Wasserdampfes, e' die der Temperatur t' entsprechende Elasticität des Dampfes, t die Temperatur des trocknen Thermometers bei dem barometrischen Drucke p, so ist nach Apjohn

$$c = \frac{e' l}{48,(t - t')} \cdot \frac{30}{p}$$

während nach Gay-Lussac (Ann. de Chim. et de Phys. 1822. 21. p. 81.)

$$c = \frac{e' \delta l}{d\,(p - e')\,(t - t')}$$

sein würde, hingegen nach Suerman (Ann. de Ch. et de Ph. 63. p. 315, Pogg. Ann. 41. 474.)

$$c = \frac{5\, e'\,(650 - t')}{8\, d\,(p - e')\,(t - t')}$$

wobei δ die Dichtigkeit des Wasserdampfes = $\frac{5}{8}$ gesetzt ist, und

*) London and Edinb. Phil. Mag. Nov. 1835. p. 385.

statt der constanten Zahl 550° für die latente Wärme des Wasserdampfes bei 100° C. die veränderliche Grösse 650 — t' genommen, weil nicht die latente Wärme des Wasserdampfes eine bei jeder Temperatur constante Grösse ist, sondern die absolute Wärmemenge, d. h. die Summen seiner latenten und seiner fühlbaren Wärme.

Die von Suerman mit einem ähnlichen, aber verbesserten Apparate erhaltenen Werthe, verglichen mit denen von Apjohn und von Delaroche und Bérard sind:

Specifische Wärme bei gleichem Volumen für Luft als Einheit.

	Delaroche u. Bérard	Dulong.	Apjohn.	Suerman.
Luft	1.0000	1.0000	1.0000	1.0000
Sauerstoff	0.9765	1.0000		0.9954
Wasserstoff	0.9033	1.0000	1.8948	1.5979
Stickstoff	1.0000		0.9887	1.0005
Kohlenoxyd	1.0340	1.0000	1.0808	0.9923
Stickstoffoxydul	1.3503	1.227	1.1652	1.1229
Kohlensäure	1.2585	1.249	1.0146	1.0655
Oel bildendes Gas	1.5530	1.754		
Wasserdampf	1.9600			

Specifische Wärme bei gleichen Gewicht für Luft als Einheit.

Luft	1.0000	1.0000	1.0000	1.0000
Sauerstoff	0.8848	0.9069		0.9028
Wasserstoff	12.3401	14.5348	27.5407	20.3191
Stickstoff	1.0318		1.0169	1.0293
Kohlenoxyd	1.0805	1.0267	1.1161	1.0253
Stickstoffoxydul	1.8878	0.8035	0.7631	0.7354
Kohlensäure	0.8280	0.8195	0.7161	0.6975
Oel bildendes Gas	1.8878	1.7898		
Wasserdampf	3.1360			

Specifische Wärme bei gleichem Gewicht für Wasser als Einheit.

	Delaroche u. Bérard.	Suerman.
Luft	0.2669	0.3406
Sauerstoff	0.2361	0.2750
Wasserstoff	3.2936	6.1892
Stickstoff	0.2754	0.3135
Kohlenoxyd	0.2884	0.3123
Stickstoffoxydul	0.2369	0.2240
Kohlensäure	0.2210	0.2124
Oel bildendes Gas	0.4207	

Bei diesen Versuchen war die Geschwindigkeit des Luftstromes für alle Gase gleich, wegen des Unterschiedes der Dichtigkeit aber die Gasmenge, welche in einer gegebenen Zeit hindurchströmte, ungleich, für atmosphärische Luft, Wasserstoffgas und Kohlensäure im Verhältniss 4938 : 340 : 7528; die durch den Wasserstoff gebildete Dampfmenge muss daher kleiner sein als bei Kohlensäure. Nun wird die zur Dampfbildung erforderliche Wärmemenge nicht allein von dem Thermometer hergegeben, sondern auch von den Wänden der Röhre, welche mit dem Thermometer in gegenseitigem Wärmeaustausch durch Strahlung begriffen sind. Der Einfluss der Strahlung ist nothwendig eine Verminderung der Verdampfungskälte und wird bei dem Wasserstoffe ein grösserer sein, als bei der Kohlensäure, weil von jenem weniger Dampf gebildet wird, als von diesem. Eine scheinbar grössere Verdampfungskälte lässt aber auf eine geringere specifische Wärme der vorbeiströmenden Luft schliessen. Daher muss bei dem Wasserstoff die berechnete specifische Wärme überhaupt stärker von der Wahrheit abweichen als bei andern Gasen und zwar zu gross sein. Da dieser Einfluss der Strahlung nicht in Rechnung gezogen wurde, so bedürfen die angegebenen Zahlen noch einer Berichtigung.

Suerman hat noch Versuche angestellt über die specifische Wärme der Luft bei verschiedenem und zwar von 691,10 bis 319,63 Millimeter vermindertem Druck, wobei die Stromgeschwindigkeit grösser als in den frühern Versuchen war, nämlich 20 Liter in jeder Minute, die Zahlen also richtiger sind. Diese Versuche sind in der folgenden Tafel enthalten und berechnet nach der Formel

$$y = a - b \log. p$$

wo, wenn die Constanten a und b nach der Theorie der kleinsten Quadrate berechnet werden:

$$y = 0.5139 - 0.7998 \log. p$$

und wo $y = 0.2835$ für der Druck $p = 760$ wird.

Druck der Ströme.	Temperatur der Ströme.	d. verd. Fläche.	Verdunst. Kälte.	Elast. des Wasserdampfes.	beobacht. specif. Wärme.	berechn. specif. Wärme.	Unt.
691 10	21.250	6.031	15.219	7.409	0.2866	0.2866	+ 0.0002
690.49	21.312	6.062	15.250	7.423	0.2869	0.2868	— 0.0001
683.20	20.750	5.750	15.000	7.280	0.2891	0.2872	— 0.0019
639.21	21.438	5.594	15.844	7.210	0.2900	0.2895	— 0.0005
620.24	21.594	5 469	16 125	7.153	0.2915	0 2905	— 0.0010
568.34	21 656	4 812	16 844	6.885	0.2927	0.2936	+ 0.0009
560.75	21 687	4.686	17.000	6.811	0 2917	0.2941	+ 0.0024
556.60	21 875	4.250	16 625	6.626	0.2925	0.2943	+ 0.0018
514.55	21 562	4.187	17.375	6.604	0.3018	0.2970	— 0.0048
508.86	21.750	4 031	17.719	6.535	0 2964	0.2974	+ 0.0010
467 07	20.750	2 937	17.813	6.099	0 3004	0.3004	0.
434.18	21.625	2.750	18.876	6 028	0.3017	0.3029	+ 0.0012
424 68	21.750	2.594	19.156	5.969	0.3011	0.3037	+ 0.0026
381.02	20.938	1.469	19.469	5.557	0.3081	0.3075	— 0.0006
375.96	20.750	1.250	19.500	5.479	0.3075	0.3079	+ 0.0004
339.87	21,500	0.750	20.750	5.308	0.3103	0.3114	+ 0.0011
320 90	21.594	0.406	21.188	5 192	0.3151	0.3134	— 0.0017
319.63	20.750	0.000	20.750	5.859	0.3149	0.3136	— 0.0013

Die specifische Wärme der Luft nimmt also bei um die Hälfte vermindertem Druck etwa um ein Zehntel zu, doch sind die Zahlen keine absoluten, da die Verdunstungsgeschwindigkeit bei der Verdünnung der Luft zunimmt, während die Masse der darüber strömenden Luft sich vermindert, aber nicht angenommen werden kann, dass beide Wirkungen einander das Gleichgewicht halten. Berechnet man nach der von Poisson (Gilb. Ann. 76. p. 269.) gegebenen Formel

$$y = c \left(\frac{P}{p}\right)^{1 - \frac{1}{k}}$$

wo y die specifische Wärme für den Druck p, c die für den Druck P, und k das Verhältniss der specifischen Wärme bei constantem Druck zu der bei constantem Volumen,

also: $$y = 0.2669 \sqrt[3.41]{\frac{760}{p}}$$

so erhält man:

p	y
760	0.2669
700	0.2734
650	0.2794
600	0.2860

550	0.2935
500	0.3018
450	0.3111
400	0.3222
350	0.3350
300	0.3505

welche Werthe offenbar zu schnell zunehmen.

De la Rive und Marcet haben (bibliothèque universelle 37. p. 360, Pogg. Ann. 52. p. 120.) eine Reihe Versuche über die specifische Wärme gasförmiger, tropfbar flüssiger und fester Körper veröffentlicht. Zur Bestimmung der specifischen Wärme der Gasarten wurde ein ein Schlangenrohr enthaltendes, 37 Millim. hohes und 33 Millimeter weites cylindrisches Gefäss von sehr dünnem Kupfer, von 28.637 Grm. Gewicht, welches 27.093 Grm., also beinahe 27 Cubikcentimeter Wasser fasste, in eine grosse, inwendig geschwärzte kupferne Hohlkugel von 22 Centimeter Durchmesser, welche luftleer gemacht wurde, gestellt und die Erkaltung des mit warmem Terpentinöl gefüllten Kupfergefässes bestimmt. Das äussere Gefäss befand sich in einem Wasserbade von der Temperatur des Zimmers, die Erkaltung wurde von einem, durch eine dicht angepresste Scheibe herausragenden Thermometer gemessen. Darauf liess man abwechselnd atmosphärische Luft und das zu bestimmende Gas durch das Rohr streichen und beobachtete die nun durch dies Hindurchstreichen gesteigerte Erkaltung, ausserdem durch ein Gasometer die durchströmende Luftmenge. Nach diesem Verfahren war unter constantem Druck die specifische Wärme des Oelgases 1.5309 (nach Dulong 1.531), für Kohlensäure 1.122 (nach Dulong 1.175); Stickstoff, Sauerstoff und Wasserstoff gaben bei gleichem Volumen unter constantem Druck dieselbe specifische Wärme als atmosphärische Luft.

Die Versuche sind nach der Formel

$$C = \frac{(\vartheta' - \vartheta''')\, w}{(\vartheta' - \vartheta'')\, W}$$

berechnet, wo C die specifische Wärme des Gases in Bezug auf die der Luft ist, ϑ' die Erkaltungsdauer ohne Durchgang der Luft oder des Gases, ϑ'' die bei Durchgang der Luft, ϑ''' bei Durchgang des Gases, w das in der Zeit ϑ'' durchgegangene Luftvolumen, W das in der Zeit ϑ''' durchgegangene Gasvolumen, die Erkaltung bei allen deri Versuchen aber eine gleiche Anzahl Grade beträgt.

Die specifische Wärme der tropfbar flüssigen Körper wurde vermittelst der Ausstrahlungs-Methode bestimmt, die Substanzen waren dabei in einen 4.775 Grm. wiegenden Platincylinder eingeschlossen. Es fand sich

	Gewichtsmenge.	Spec. Wärme.
Wasser	4.327	1.000
Alcohol	3.470	0.632
Schwefeläther	3.075	0.550
Naphtha	3.076	0.493
Olivenöl	3.895	0.504
Terpentinöl	3 635	0.488
Kohlenwasserstoff v. Faraday	3.500	0.475
Schwefelsäure	7.645	0.349
Schwefelkohlenstoff	6.564	0.329
Brom	13.016	0.135
Quecksilber	57.475	0.0318

Die festen Substanzen befanden sich in einer goldnen Hohlkugel von 12 Millimeter Durchmesser und 3 Grammen Gewicht, die wie der Platincylinder der vorigen Versuche in einer 123 Millimeter weiten, inwendig geschwärzten und luftleer gemachten Hohlkugel von Kupfer, deren Temperatur durch eine Eishülle auf Null erhalten wurde, ausstrahlte. Die gefundenen Werthe waren

	Gewichtsmenge.	Spec. Wärme.
Kupfer	7.549	0.095
Zinn	9.024	0.0514
Kobalt	8.969	0.1172
Selen	7.658	0.0834
Kadmium	10.540	0.0576
Molybdän	6.862	0.0659
Wolfram	14.728	0.035
Kohle *)	3.196	0.165
Diamantpulver	6.379	0.1192
Schwefelantimon	8.045	0.1286
Schwefeleisen	10.420	0.1396
Schwefelmolybdän	5.556	0.1097
Schwefelquecksilber	16.144	0.0597
Weisse arsenige Säure	9.005	0.1309
Glasige arsenige Säure	8.335	0.1320

*) Durch Verkohlung von Zucker in verschlossenen Gefässen erhalten.

2. Strahlende Wärme.

Mariotte*) machte im Jahre 1686 zuerst darauf aufmerksam, dass die von einem Hohlspiegel reflectirte Sonnenwärme eine Glasplatte leicht durchdringe, dass dieses Glas hingegen die von demselben Spiegel reflectirte Wärme eines lebhaften Kohlenfeuers vollständig aufhalte, während das Lichtbild in beiden Fällen nach eingeschaltetem Glase noch seine vollständige Helligkeit behalte. Zahn in Wien combinirte zuerst die Reflexion zweier Spiegel, indem er die Hitze eines Kohlenfeuers mit einem Brennspiegel von 8 Zoll Brennweite auffing und in der Entfernung von 24 Fuss auf einen kleineren Spiegel von 9 Zoll Brennweite richtete, welcher die Wärmestrahlen in der Art sammelte, dass Zunder und vermittelst desselben ein Schwefelfaden angezündet werden konnte. Scheele zeigte 1777 darauf zuerst, dass diese strahlenförmige Verbreitung leuchtender Wärme unabhängig von der Luft sei. Die von ihm**) angeführten Versuche sind folgende:

1. Man spürt deutlich die aus der Ofenthür streichende Hitze in einer Luft, in welcher man den Hauch sieht.
2. Ein brennendes Licht brennt in dieser aus dem Ofen fahrenden Hitze ruhig, auch steigt Rauch gerade in die Höhe.
3. Der Luftzug aus dem Zimmer in den Ofen hat keinen Einfluss auf diese Hitze.
4. Durch starken Seitenwind kann man dieser Wärme eben so wenig wie den Sonnenstrahlen eine andere Richtung geben, doch spürt man auf der Seite diesen Wind, aber er ist kalt.
5. Bekanntlich erscheint der durch das Sonnenlicht an einer weissen Wand verursachte Schatten eines glühenden oder nur

*) Traité des Couleurs II. discours 1, des couleurs, qui paroissent dans les corps lumineux.

**) Chemische Abhandlung von Luft und Feuer p. 58.

heissen Körpers mit einem Dunst umgeben, welcher zu zittern scheint, wegen der durch die Luft mehr gebrochenen Lichtstrahlen. Keinen solchen zitternden Schatten erblickt man an der Wand, wenn die durch die Fensterscheiben gehenden Sonnenstrahlen die aus dem Ofen streichende Hitze durchschneiden und auf die entgegengesetzte Wand fallen. Hängt man hingegen in dieser Hitze ein heisses Eisen auf, welches in derselben erhitzt worden, so wird man in der Luft und an der Wand das gewöhnliche Zittern bemerken.

6. Eine zwischen gehaltene Glasscheibe fängt alle Hitze auf und doch sieht man das Feuer.
7. An dem von einem ebenen Spiegel zurückgeworfenen Lichte des Feuers bemerkt man nicht die geringste Wärme, während der Spiegel alle Wärme behält.
8. Ein polirtes Metallblech wird nicht warm, wirft aber Licht und Wärme auf gleiche Weise zurück.
9. Ein metallener Hohlspiegel bildet einen Brennpunkt, welcher Schwefel zündet, ohne dass der Spiegel warm wird. Lässt man ihn hingegen mit Russ über einem Lichte anlaufen, so kann man ihn nicht lange in der strahlenden Ofenhitze halten, ohne sich die Finger zu verbrennen.
10. Der helle Brennpunkt in einem metallenen Hohlspiegel ist warm, wenn das Licht auf ihn von einem Metallblech reflectirt wird, nicht aber von einem Glasspiegel.
11. Eine Glasscheibe zwischen dem Ofen und Hohlspiegel nimmt dem Brennpunkte desselben seine Wärme. Auch die von Brenngläsern erzeugten Brennpunkte haben nicht die geringste Wärme, obgleich die Metallspiegel in einem Strome aufsteigender warmer Luft sich erwärmen.

Scheele unterscheidet demnach strahlende Wärme, welche sich nach allen Seiten gleichmässig verbreitet, von der, welche mit der Luft vereinigt in die Höhe steigt.

In demselben Jahre zeigte Lambert*) aus der Erwärmung von fünf der Strahlung einer Glutpfanne ausgesetzten, in 12.″63, 23.″05, 34.″51, 46.″25, 58.″10 horizontaler Entfernung aufgestellten Thermometern, welche Erwärmung 15.°3, 4.°7, 2.°0, 1.°1, 0.°7 betrug, dass die strahlende Wärme im Verhältniss des Qua-

*) Pyrometrie p. 197.

drates der Entfernung abnehme, da die unter dieser Voraussetzung berechneten Zahlen 15.°3, 4.°6, 2.°0, 1.°1, 0.°7 hätten sein müssen. Dieses Gesetz ist neuerdings durch Versuche von Melloni bestätigt worden (Pogg. Ann. 39. 566.), welcher in den Entfernungen 60, 70, 100 die relativen Intensitäten 28.73, 21.10, 10.34 von den Strahlen einer glühenden Platinspirale erhielt, welche die constanten Producte 10342.8, 10339.0, 10340.0 geben. Lambert scheint auch der erste gewesen zu sein, welcher die Reflexion der dunkeln strahlenden Wärme nachwies. Er schlug zu diesen Versuchen eine Hohlkugel von Kupfer vor, welche vor dem Versuch mit glühenden Kohlen gefüllt wird, die dann von Pictet mit einer massiven eisernen und später mit einer mit heissem Wasser gefüllten vertauscht wurde. Pictet*) führte zuerst bei diesen Versuchen das empfindlichere Luftthermometer ein und dehnte dadurch die Ausstrahlung der dunkeln Wärme bis auf niedere Grade aus, indem er zeigte, dass durch eine erkältende Mischung im Brennpunkt des einen der conjugirten Spiegel das im Brennpunkt des andern befindliche Luftthermometer sank. Auch fand er, dass geschwärzte Thermometer sich schneller und bedeutender, der Wirkung strahlender Wärme ausgesetzt, erwärmen, als metallisch glänzende, dass eine belegte Glasplatte mehr Wärme hindurchlässt, wenn die rauhe Oberfläche des Amalgams der Wärmequelle zugewendet ist, als die innere spiegelnde Seite, und dass der Unterschied bei Umdrehung der Glasplatte noch bedeutender wird, wenn statt des Amalgams die eine Seite derselben mit Tusche oder Russ geschwärzt ist. Dass die Strahlung auch durch einen leeren und einen mit Dämpfen erfüllten Raum stattfinde, zeigte Pictet durch Erwärmung eines in einer luftleeren Glocke eingeschlossenen Thermometers, auf dessen Kugel sich die von einem Hohlspiegel reflectirten Strahlen eines Wachslichtes vereinigten. Die grosse Geschwindigkeit der Strahlung folgte aber aus dem augenblicklichen Ansteigen eines Thermometers, wenn der verdeckende Schirm des einen der 69′ von einander entfernten conjugirten Spiegel plötzlich weggenommen wurde. Die Strahlung im luftleeren Raume ist später von Humphry Davy evidenter nachgewiesen worden, welcher beide parabolische Brennspiegel unter der Campame einer Luftpumpe anbrachte, und im Brennpunkte des obern durch eine

*) Essai sur le feu.

galvanische Batterie Platindrath und Kohlenspitzen zum Glühen brachte. Das Ansteigen des untern Thermometers betrug gleichviel im luftvollen und im luftleeren Raume.

Der Pictet'sche Versuch mit der geschwärzten Glasplatte gab Maycock*) Veranlassung zu einem Verfahren, um darüber zu entscheiden ob die Wärme feste Körper wirklich durchstrahle. Lässt man nämlich die Strahlen durch die ungeschwärzte Glasplatte auf das Thermometer fallen, so erhält dies die von der ihm zugekehrten Fläche ausgehenden Strahlen der Wärme, welche durch Leitung von der der Wärmequelle zugewandten Fläche zu ihr gelangt sind, und ausserdem die direct durchgelassenen Strahlen. Schwärzt man hingegen die der Wärmequelle zugewandte Seite, so werden die letztern aufgehoben. Dass im letztern Falle die Wärme wirklich geringer sei, zeigte Delaroche**). Den Durchgang durch flüssige Körper bewies hingegen Prevost***) auf eine directere Weise, indem er zeigte, dass eine Flamme durch den sich immer erneuernden Wasserstrahl eines Springbrunnens hindurch ein Thermometer erwärme.

In §. 349 der Pyrometrie stellt Lambert für die strahlende Wärme den Satz auf, dass die schief von der Oberfläche eines Körpers ausgesendete Wärme proportional dem Sinus des Winkels sei, welchen die ausfahrenden Strahlen mit dieser Oberfläche machen, dass also eine Kugel nach einer bestimmten Richtung so viel Wärme aussende, als der auf diese Strahlen senkrechte grösste Kreis dieser Kugel. Dieses Fundamentalgesetz ist durch Leslie†) dadurch empirisch erwiesen worden, dass er zeigte, dass ein cubisches Gefäss durch zwei gleich grosse Oeffnungen in zwei hinter einander gestellten parallelen Schirmen bei verschiedener Neigung seiner Vorderfläche gegen die Ebene der Schirme stets hinter den Oeffnungen eine gleiche Wärme hervorbringe, ein Beweis, ganz analog dem photometrischen von Lambert, der aus der überall scheinbar gleichen Helligkeit der Sonnenscheibe auf das Vorhandensein dieses Gesetzes für das Licht schloss.

Die Erfahrung, dass alle Körper, wenn sie in einem geschlos-

---

*) Nicholson Journal Vol. 26. Mai, Juni 1810.

**) Observations sur le calorique rayonnant. Journal de physique par Delametherie Ann. 1812.

***) Mémoire sur la transmission du calorique à travers l'eau et d'autres substances.

†) Experimental inquiry into the nature and propagation of heat. 1804.

senen Raume sich befinden, endlich die Temperatur dieses Raumes annehmen, führte Prevost *) zu der Theorie des beweglichen Gleichgewichts der Wärme, nach welcher jeder Körper in fortwährendem Wärmeaustausch mit seiner ihm sichtbaren Umgebung begriffen, seine Temperatur so lange ändert, bis Ein- und Ausstrahlung einander das Gleichgewicht halten. Nachdem nun Fourier bewiesen, dass, wenn das Gesetz des Sinus nicht bei der Wärmestrahlung von einer Oberfläche befolgt werde, ein Theilchen derselben nicht nothwendig die Temperatur des ihn umschliessenden Raumes annehmen werde, entstand die Frage, aus welchen physikalischen Gründen die ausstrahlende Wärme das Lambert'sche Gesetz befolge. Diese Frage beantwortete Fourier durch die Annahme, dass die Strahlung nicht allein von der Oberfläche der Körper ausgeht, sondern auch von Theilen, welche innerhalb einer gewissen Tiefe unter derselben liegen. Da nun die von den schief austretenden Strahlen innerhalb des Körpers durchlaufenen Wege sich wie die Secanten ihrer Winkel mit dem normal austretenden Strahle verhalten, so folgt das Gesetz des Sinus als unmittelbare Folge dieser Betrachtung. Die hieher gehörigen Untersuchungen finden sich in folgenden Schriften:

Fourier théorie analytique de la chaleur. 1. vol. 4. 650 Seiten.

Fourier sur la théorie physique de la chaleur rayonnante. Ann. de Ch. et de Ph. 6. p. 259—303.

Fourier remarques sur la théorie mathématique de la chaleur rayonnante ib. 6. p. 337—365.

Fourier résumé théorique des propriétés de la chaleur rayonnante ib. 27 p. 236—80.

Poisson sur la chaleur rayonnante ib. 26 p. 225—245.

Poisson discussion relative à la théorie de la chaleur rayonnante ib. 27. p. 37—55.

Poisson lois de la chaleur rayonnante in Poisson théorie mathématique de la chaleur chap. 2. p. 24—65.

Ein wesentlicher Schritt zur Verfeinerung der Beobachtungen geschah durch die Einführung des Differential-Thermometers durch Rumford **) und Leslie. Da aber Delaroche bereits nachgewiesen hatte, dass Wärme, welche eine Glasplatte durch-

*) Recherches physico-mecaniques sur la chaleur. Genève 1792. 8.

**) Mémoires sur la chaleur.

strahlt hatte, eine zweite leichter durchdringt, so folgte unmittelbar daraus, dass die durch eine Glasplatte hindurchgegangene Wärme bereits eine Modification erfahren hat und die an ihr wahrgenommenen Erscheinungen bereits secundärer Natur sind. Da nun bei den Rumford'schen uud Leslie'schen Apparaten die thermoskopische Substanz Luft ist, welche in einer Glashülle eingeschlossen ist, so konnten die an ihnen erhaltenen Resultate nicht die primären Phänomene der strahlenden Wärme darstellen. Dies war erst durch Apparate möglich, bei welchen die strahlende Wärme direct auf die thermoskopische Substanz wirkte, d. h. durch Thermomultiplicatoren. Es wird daher passender sein, die auf diesem Wege von Melloni und Forbes erhaltenen Resultate hier unmittelbar anzuknüpfen, um bei den einzelnen Phänomenen deutlicher zu zeigen, in wie fern und warum die früher erhaltenen Ergebnisse davon abweichen. Diess gilt sowohl von den mit terrestrischer als mit Sonnenwärme erhaltenen Resultaten.

Die hieher gehörigen Abhandlungen sind folgende:

Melloni mémoire sur la transmission libre de la chaleur rayonnante par différens corps solides et liquides presenté à l'académie des sciences 4. Février 1833. Ann. de Chim. et de Ph. 53. p. 5. Pogg. Ann. 35, p. 112.

Melloni nouvelles recherches sur la transmission immédiate de la chaleur rayonnante par différens corps solides et liquides presenté 21. Avril 1834. Des modifications, que subissent les transmissions calorifiques par le changement de la source rayonnante. Ann. de Chim. et de Phys. 55. p. 337. Poggend. Ann. 35. p. 385.

Vorläufige Notizen von diesen Untersuchungen über den freien Durchgang der strahlenden Wärme durch verschiedene starre und flüssige Körper in Pogg. Ann. 27. p. 240, 638, 643.

Die Untersuchungen über die Wärme des Sonnenspectrums finden sich in Poggendorff's Annalen 24. p. 640. und 34. p. 559, in den Ann. de Chim. et de Ph. 48. p. 385 und l'Institut No. 84. p. 410. Die im ersten Bande des Repertoriums bereits aufgenommenen Abbildungen der von Melloni angewendeten Apparate Tafel II. Fig. 3. 7. 8. 9. 10. 13. 16. sind entlehnt aus Poggend. Ann. 35. Taf. III. In der dort befindlichen „Beschreibung eines Apparates zur Anstellung aller Versuche über die strahlende Wärme nebst einigen neuen Thatsachen über die Wärmequellen und deren Strahlen (aus l'Institut No. 89. p. 22.) sind die Hauptresultate über den unmittelbaren Durchgang, die Brechung, Zurückwerfung der Wärme, das Diffusionsvermögen und Absorptionsvermögen der Substanzen in Beziehung auf dieselbe angeführt. Den Einfluss der äussern und innern Reflexion bei dem Durchgang der Wärme durch eine Platte erörtert Melloni im Instit. 130. p.350. Pogg. Ann. 38. p. 40. Die Gesetze der mit der Dicke der von der Wärme durchlaufenen Substanz zunehmenden Absorption der Wärme finden sich in dem Berichte Biot's an die Pariser Akademie über Melloni's Versuche in Pogg. Ann. 38. p. 1. und 39. p. 250, 436, 544. Die Polarisation der Wärme durch Refraction wurde zuerst von Forbes erwiesen. Die hierher gehörigen Abhandlungen sind:

Forbes on the refraction and polarization of heat. Edinb. Phil. Transact. XIII. p 131. (5. u. 9. Januar 1835.) Die Abhandlung enthält 1. Versuche über die Wärme des Mondlichts, 2. über die Polarisation der Wärme durch Turmaline, 3. über die Polarisation der Wärme durch Brechung und Reflexion, 4. über die Depolarisation und Doppelbrechung der Wärme.

Forbes Researches on Heat II Series ib. p. 446. Fortsetzung und Circularpolarisation der Wärme; III Series ib. XIV. on the unequally polarizable nature of different Kinds of heat; IV. Series ibid XV on the effect of the mechanical texture of screens on the immediate transmission of radiant heat.

Forbes memorandum on the intensity of reflected light and heat (Proceedings of the Royal Society of Edinb. March 18. 1839.

Die Untersuchungen Melloni's über die Polarisation sind in folgenden Abhandlungen, welche zugleich viele auf die Zerstreuung der Wärme sich beziehende Beobachtungen enthalten, niedergelegt:

Melloni, über die Polarisation der Wärme, Pogg. Ann. 39. 1. und 43. p. 18. 257.

Melloni, Untersuchungen über die strahlende Wärme, Pogg. Ann. 51. p. 73. Compte rend. 10. p. 826.

Biot und Melloni, über die Polarisation der Wärmestrahlen durch progressive Drehung, Compt. rend. N. 8. p. 194. Pogg. Ann. 38. p. 202.

Die Zerstreuung ist am ausführlichsten untersucht in:

Melloni, über die Beständigkeit der Wärmeabsorption des Kien russes und der Metalle, und über das Dasein eines Diffusionsvermögens, welches durch seine Veränderungen den Werth des Absorptionsvermögens bei den übrigen Körpern verändert Pogg. Ann. 52. p. 421, 573.

Folgende Abhandlungen erläutern sich unmittelbar durch ihre Titel:

Melloni, über das Gesetz der Abnahme der strahlenden Wärme mit der Entfernung, Pogg. Ann. 44. p. 124.

Melloni, Betrachtungen und Erfahrungen über die Diathermansie oder Wärmefärbung der Körper, Ann. de Ch. et de Ph. 62. p. 40. Pogg. Ann. 48. p. 326. und 49. p. 577.

Melloni, über den angeblichen Einfluss der Rauhheit und Glätte auf das Wärmeausstrahlungs-Vermögen der Oberflächen, Compt. rend. 7. p. 298, Pogg. Ann. 45. p 57.

Melloni, über die Ursache der Unterschiede zwischen dem Absorptionsvermögen polirter und geätzter Metallblättchen, und über deren Anwendung auf die Vervollkommnung der Wärmereflectoren, Compt. rend. 12. p. 375. Pogg. Ann. 53. p. 268.

Melloni, über die Reflexion der strahlenden Wärme, l'Instit. No. 130. p. 355, Pogg. Ann. 37. p. 212.

Melloni, über die Absorption der Wärmestrahlen durch die Atmosphäre der Erde, Ann. de Ch. et de Ph. 62. p. 334, Pogg. Ann. 49. p. 585.

Melloni, über die Ursache des frühzeitigen Schmelzen des Schnee's an Pflanzen, Pogg. Ann. 44. p. 357.

Allgemeine Ansichten besprechen die folgenden Aufsätze:

Melloni, Betrachtungen und Versuche über die Einerleiheit der Licht und strahlende Wärme erzeugenden Wesen, Ann. de Ch. et de Ph. 59. p. 418, Pogg. Ann. 37. p. 486.

Melloni, über einige Hauptpunkte in der Lehre von der strahlenden Wärme (gegen Hudson und Baden Powell in Report of the third meeting of the British Association) Pogg. Ann. 37. p. 106.

Baden Powell report on the recent progress of discovery relative to radiant heat. London 1841. 8.

Der speciellen Betrachtung der einzelnen Erscheinungen möge eine kurze Uebersicht der Hauptergebnisse vorausgehen.

Licht, welches von einer Lichtquelle auf einen nicht leuchtenden Körper trifft, wird von diesem entweder am Fortgang gehindert, oder nicht. Im erstern Falle heisst der Körper undurchsichtig, im letztern durchsichtig. Strahlende Wärme erfährt eine ganz ähnliche Wirkung. In Beziehung auf sie zerfallen die Körper daher ebenfalls in zwei Klassen, in undurchwärmige und durchwärmige, diathermane und athermane. Diese beiden Eigenschaften der Materie sind aber von einander unabhängig, d. h. ein Körper, z. B. Glas, Wasser, kann einen hohen Grad von Durchsichtigkeit besitzen und der strahlenden Wärme einen nur geringen Durchgang gestatten, und umgekehrt können vollkommen undurchsichtige Körper, z. B. schwarzer Glimmer, das Licht am Fortgange hindern, hingegen noch sehr merkliche Wärme hindurchlassen. Es giebt aber auch Substanzen, welche, wie z. B. Steinsalz, hohe Durchsichtigkeit mit grosser Durchwärmigkeit verbinden, und andere, die, wie die Metalle, beiden Wirkungen mit gleicher Energie den Weg versperren.

Bei dem Eintritt des Lichtes in einen durchsichtigen Körper wird seine Richtung jenseits der Berührungsebene des Einfallspunktes nur im Falle senkrechter Incidenz nicht verändert. Diese Brechung des Lichtes tritt auch bei leuchtender und dunkler Wärme ein. Für beide verwandelt sich die Brechung in totale Reflexion, wenn Licht oder Wärme unter einem sehr stumpfen Winkel aus einem dichteren Mittel in ein weniger dichtes austreten.

Das von einem undurchsichtigen Körper aufgehaltene Licht wird entweder nicht zurückgesendet, absorbirt, oder vorwaltend nach bestimmten Richtungen zurückgeschickt, gespiegelt, oder gleichmässig nach allen Richtungen zerstreut. Diese Erscheinungen der Absorption, Spiegelung und Diffusion gelten in gleicher Weise für die Wärme. Auch hier nimmt die Absorption mit der Dicke der absorbirenden Schicht zu, auch hier giebt es eine doppelte Spiegelung, die eine an der Aussenfläche, die andere an der Innenfläche des Körpers, auch hier nach allen Richtungen zerstreuende Oberflächen.

Aber in Beziehung auf Brechung und Absorption verhalten sich nicht alle Lichtquellen gleich. Das gelbe Licht einer Weingeistflamme, deren Docht mit Kochsalz eingerieben ist, wird in viel stärkerem Maasse durch ein rothes und blaues Glas verdunkelt als durch ein gelbes, während hingegen das Roth einer Strontianflamme durch ein rothes Glas viel sichtbarer ist, als durch ein blaues und gelbes. Ebenso ist die Ablenkung jenes gelben und dieses rothen

Lichtes in einem Prisma verschieden, so wie die Brennweite in Linsen eine andere. Das also, was auf das Auge den Eindruck einer verschiedenen Farbe macht, wird von farbigen Medien in ungleicher Weise absorbirt und bei der Brechung in farblosen Körpern ungleich von seiner ursprünglichen Richtung abgelenkt.

Auch in dieser Beziehung finden für die Wärme ganz entsprechende Verhältnisse Statt. Wärme, welche ein mit warmem Wasser gefülltes geschwärztes Kupfergefäss aussendet, wird von einer klaren Beryllplatte vollkommen aufgefangen, während Kupfer erhitzt bis 390° C. dann noch 13 Procent durchsendet, das glühende Platin einer aphlogistischen Lampe 23, die Wärme einer Locatelli'schen Oellampe hingegen 54 Procent. Steinsalzplatten mit einer dünnen Schicht Kienruss, welchen man vermittelst einer Kerzenflamme aufträgt, bedeckt, lassen hingegen Wärmestrahlen aus Quellen von niederer Temperatur in grösserem Verhältniss hindurch, als Strahlen aus Quellen von höherer Temperatur. Wir sind daher berechtigt, ähnliche Unterschiede, wie wir sie in Beziehung auf durchsichtige Körper mit farblos und farbig bezeichnen, auch für die durchwärmigen Körper anzuerkennen und daher das klare Steinsalz dem farblosen Glase zu vergleichen, indem dasselbe Wärmestrahlen der verschiedensten Quellen ungeschwächt durch Absorption hindurchlässt. Diese auswählende Absorption nennt Melloni Diathermansie oder partielle Diathermanität. Wärmequellen, deren Strahlen von demselben Medium verschieden absorbirt werden, zeigen auch ungleiche Brechbarkeit durch dasselbe Prisma.

Lässt man weisses Licht durch eine tief grüne Glasplatte hindurchscheinen, so werden die daraus hervortretenden grünen Strahlen von einem rein rothen Glase so vollständig absorbirt, dass eine Combination beider Gläser eine Verdunkelung erzeugt, die in keinem Verhältnisse steht zu der durch jede einzelne Platte einzeln hervorgerufenen Schwächung des durchstrahlenden Lichtes. Lässt man Sonnenlicht durch eine besondere Art grünlichen, durch Kupferoxyd gefärbten Glases und eine Wasserschicht hindurchgehen, so wirkt es nicht mehr wärmend auf die empfindlichsten Thermoskope, selbst wenn man es durch Steinsalzlinsen in der Weise concentrirt, dass es ebenso glänzend ist wie directes Sonnenlicht.

Fällt Licht auf eine rauhe Fläche, so wird der zurükgesendete Antheil nach allen Richtungen gleichmässig zerstreut, der übrige absorbirt. Bei schwarzen Körpern ist der letztere Antheil der am bedeutendsten überwiegende, bei weissen der erstere, während farbige und graue Körper die Mitte zwischen jenen beiden Extremen halten. Für die Zerstreuung der Wärme wirken schwarze Substanzen wie für das Licht, weisse Körper für Wärme wie farbige für Licht, endlich metallische für Wärme wie weisse für das Licht.

Die Wärme ist so wie das Licht der Polarisation fähig und zwar durch Spiegelung, Brechung und Doppelbrechung. Hingegen fehlen bis jetzt im Gebiete der Wärme entschiedene Interferenz-Phänomene.

Die Körper werden in unmessbarer Zeit durchstrahlt.

Stellen wir daher die gemeinsamen und unterscheidenden Eigenschaften neben einander, so finden wir

Licht.		Wärme.
Durchsichtige Körper	entsprechen	diathermanen.
Undurchsichtige	—	athermanen.
Farblos durchsichtige	—	dem Steinsalz.
Schwarze Körper	—	den schwarzen.
Farbig undurchsichtige	—	den weissen.
Weiss undurchsichtige	—	rauhen metallischen Oberflächen.
Weiss leuchtende Körper	—	Wärmequellen hoher Temperatur.

Gemeinsame Phänomene im Gebiete des Lichtes, Schalles und der strahlenden Wärme sind:

	Licht	Wärme	Schall
Reflexion	—	—	—
Brechung	—	—	—
Interferenz	—	(fehlt)	—
Polarisation	—	—	(fehlt)

Entsprechende Vorstellungen in diesen Gebieten sind, wenn man die Phänomene als durch Schwingungen hervorgebracht ansieht

	Licht	Wärme	Schall
Elongation der Schwingungen	Helligkeit	Temperatur	Stärke
Anzahl der Schwingungen in gegebener Zeit	Farbe	Wärmefärbung	Höhe des Tones
Gestalt der Schwingungen	Polarisation	Polarisation	Klang *)

*) Wenn man den Klang durch Stattfinden anderer Schwingungen, als den die eigentliche Höhe des Tones bestimmenden erklärt, so führt

Wenden wir uns nun zu der speciellen Erörterung der Erscheinungen.

A. Absorption diathermaner Medien.

1. **Das Vermögen der Körper, Wärmestrahlen hindurchzulassen, steht in keiner Beziehung zur Durchsichtigkeit derselben.**

Bei den nachfolgenden Versuchen waren die Flüssigkeiten in sehr glatte Glaskasten eingeschlossen, deren parallele Seitenwände vier oder fünf Mal grösser waren als die Oeffnung der Thermosäule. Da die der Wärmequelle zugewendete Seite sich stärker erwärmt als die andere, so entsteht durch Strömungen in der Flüssigkeit eine Erneuerung derselben, analog wie bei Prevost's Versuch mit dem Springbrunnen. Die Menge der durchgelassenen Strahlen bei Steinsalz, Kalkspath, Bergkrystall, Topas, Weissbleierz, Gyps, Citronensalz, Rochellesalz und Alaun verhielt sich wie 92. 62. 54. 52. 20. 15. 12, obgleich ihre Durchsichtigkeit und Farblosigkeit nur geringe Unterschiede zeigt. Der dunkle rothbraune Chlorschwefel lässt weit mehr Wärmestrahlen hindurch als das hellgelbe Nuss-, Oliven- und Rüböl, die wiederum diathermaner sind als wasserhelle Flüssigkeiten, wie Schwefelsäure, Salpetersäure, Aether, Alkohol und Wasser. Der schwefelsaure Kalk und die Citronensäure, obgleich farbloser als Aquamarin, Agat, Turmalin, Borax, Adular und Schwerspath lassen doch weniger Wärme hindurch, ja der in der folgenden Tafel hervortretende Unterschied zwischen Eisalaun und Rauchtopas ist so gross, dass ein Rauchtopas von 86 Millimeter Dicke, welcher nicht einmal grobe Druckschrift durch sich hindurch erkennen liess, 19° Ablenkung zeigte, während ein vollkommen durchsichtiges Alaunplättchen von 1½ Millimeter Dicke so viel Wärme auffing, dass die Ablenkung der Galvanometernadel nur 6 Grad betrug. Schwarzes Glas lässt sogar bei 2 Millim. Dicke noch von 100 auffallenden Strahlen der Locatelli'schen Lampe 16 hindurch, und ebenso vollkommen undurchsichtiger Glimmer von 0.^{mm}9 Dicke noch 20 (Pogg. A. 35.

---

man immer die Erklärung des Klanges auf eine Gestaltverschiedenheit der Hauptschwingungen zurück, da man die begleitenden kleinen Schwingungen auf die Perioden der Hauptschwingungen zurückführen kann.

p. 404.) Uebrigens findet zwischen der Tiefe der Farbe, wie die vierte Tafel der farbigen Gläser zeigt, und zwischen der Fähigkeit, von Wärme durchstrahlt zu werden, kein Zusammenhang Statt. Die mit einem Sternchen bezeichneten Gläser zeigten, mit den prismatischen Farben verglichen, die grösste Reinheit. Bei Gläsern und Flüssigkeiten scheint im Allgemeinen die Fähigkeit, Wärme hindurchzulassen, der Brechkraft für das Licht parallel zu gehn. (Pogg. Ann. 35. p. 291.)

I) Farblose Gläser von der Dicke 1.88 Mm.

	Ablenk. der Nadel.	Durchgelass. Strahlen.
Kein Schirm	30°.00	100
Flintglas v. Guinand	22.90	67
Englisches Flintglas	22.43	65
Französisches Flintglas	22.36	64
Dito, andre Art	22.19	64
Spiegelglas	21.89	62
Dito, andre Art	21.10	60
Dito, andre Art	20.78	59
Französisches Kronglas	20.58	58
Fensterglas	19.25	54
Dito, andre Art	18.56	52
Dito, andre Art	17.83	50
Engl. Kronglas	17.22	49

II) Flüssigkeiten von der Dicke 9.21 Mm.

	Ablenkung d. Nadel.	Durchgelass. Strahlen.
Spiegelglas	19°.10	53
Farbloser Schwefelkohlenstoff	21.96	63
Stark rothbrauner Chlorschwefel	21.83	63
Farbloses Phosphorchlorür	21.80	62
Farbloser Chlorkohlenwasserstoff	13.27	37
Gelbes Nussöl	11.10	31
Farbloses Terpentinöl	10.83	31
Farbloses Rosmarinöl	10.46	30
Gelbes Rüböl	10.38	30
Grüngelbes Olivenöl	10.35	30
Schwach braungelbe natürliche Naphtha	9.77	28
Merklich gelbbrauner Copaivbalsam	9.39	26
Farbloses Lavendelöl	9.28	26
Sehr schwach gelbliches Nelkenöl	9.26	26
Farblose rectificirte Naptha	9.10	26
Farbloser Schwefeläther	7.59	21
Farblose reine Schwefelsäure	6.15	17
Merklich braunes Nordhäuser Vitriolöl	6.09	17

	Ablenkung d. Nadel.	Durchgelass. Strahlen.
Farblose Ammoniaklösung	5.47	15
Farblose reine Salpetersäure	5.36	15
Farbloser absoluter Alkohol	5.30	15
Farbloses Kalihydrat	4.63	13
Farblose rectificirte Essigsäure	4.25	12
Schwach bräunliche brenzliche Holzsäure	4.28	12
Farbloses Zuckerwasser	4.20	12
Farblose Alaunlösung	4.16	12
Farbloses Salzwasser a. reinem Steinsalz	4.15	12
Schwach gelbes Eiweiss	4.00	11
Destillirtes Wasser	3.80	11

III) Krystallisirte Körper von der Dicke 2.62. Mm.

	Ablenkung d. Nadel.	Durchgelass. Strahlen.
Spiegelglass	21°.60	62
Klares Steinsalz	28.46	92
Klarer Kalkspath	21.80	62
ein andrer	21.30	61
Klarer farbloser Bergkrystall	21.64	62
— Starkbrauner Rauchtopas	20.25	57
— Farbloser Brasilianischer Topas	19.18	54
Klares Weisbleierz	18.35	52
Durchscheinender weisser Agat	12.48	35
Schielend gestreifter klarer Schwerspath	11.72	33
Klarer schwachblauer Aquamarin	10.16	29
Durchscheinender gelber Agat	10.10	29
— — Borax	9.87	28
Klarer grüner Turmalin	9.54	27
— schielend gestreifter Adular	8.30	24
— Gyps	7.15	50
— schielend gestreifter Flussspath	5.40	15
— Citronensäure	5.15	15
Durchscheinender Sardonyx	4.98	14
Klares schielend gestreift. kohlens. Ammoniak	4.50	13
— weinsaures Kali-Natron	4.40	12
Klarer Alaun	4.36	12
Klares stark blaues schwefels. Kupfer	0.00	0

IV) Farbige Gläser von der Dicke 1.85 Mm.

	Ablenkung d. Nadel.	Durchgelass. Strahlen.
*Dunkelviolet	18.62	53
Gelblichroth	18.58	53
Purpurroth	18.10	51
*Lebhaftroth	16.54	47
Blassviolet	16.08	45

	Ablenkung d. Nadel.	Durchgelass. Strahlen.
Orangeroth	15.49	44
Hellblau	15.00	42
Dunkelgelb	14.12	40
Schöngelb	12.08	34
Goldgelb	11.75	33
*Dunkelblau	11.60	33
*Apfelgrün	9.15	26
Mineralgrün	8.20	23
Tiefdunkelblau	6.88	19

Die * bezeichneten besonders rein.

V) Farbige Gläser von der Dicke 1.85 Mm.

		Durchgelass. Strahlen.
Weisses	Glas	40
Dunkelrothes	—	33
Orangefarben	—	29
Lebhaft gelbes	—	22
Apfelgrünes	—	25
Mineralgrünes	—	23
Blaues	—	21
Indigo	—	12
Dunkelviolettes	—	34
Schwarzes undurchsichtiges	—	17

2. Für dieselbe Substanz ist die durchgelassene Wärmemenge wie bei dem Licht desto grösser, je glatter die Oberfläche ist.

Aus einer 9 Millimeter dicken Tafel sehr reinen Spiegelglases wurden 9 Platten von 8.mm371 Dicke von gröbstem Schliff bis zur feinsten Politur geschliffen, die am Galvanometer, welches ohne Schirm 30° Ablenkung gab, nur

1	klar	5.38
2	—	6.50
3	—	8.66
4	schielend	12.58
5	—	14.79
6	etwas schielend	17.42
7	durchscheinend	18.79
8	—	19.75

hervorbrachten.

3. Dringen Wärmestrahlen allmählig durch immer grössere Schichten derselben Substanz, so verringern

sich die Verluste sehr rasch in dem Maasse als die Dicke um eine constante Grösse zunimmt.

Dieser von Delaroche bereits durch Hintereinanderlegen von Scheiben derselben Substanz bewiesene Satz ist von Melloni sehr ausführlichen directen Prüfungen unterworfen worden. Da aber der physikalische Grund, warum die in den ersten Schichten starke Absorption nachher sehr langsam steigt, erst aus den weitern Versuchen über die qualitativen Unterschiede verschiedener Wärmequellen erhellt, so mögen zunächst hier nur die vorläufigen Versuche, welche die Thatsache im Allgemeinen bestätigen, eine Stelle finden.

Vier Stücke eines schönen Spiegelglases wurden auf die Dicken 2. 4. 6. 8. gebracht und ergaben folgende Resultate (Poggend. Ann. 35. p. 278.):

Dicke in Millimeter	Durchgelassene Strahlen	Aufgefangene Strahlen
2.068	619	381
4.136	576	424
6.202	558	442
8.272	549	451

Denkt man sich daher den dicksten Schirm in 4 gleich dicke Schichten getheilt, so werden in der ersten Schicht 381 Strahlen von 1000 aufgehalten, in der zweiten 43, in der dritten 18, in der vierten 9. Die respectiven Verluste, bezogen auf die einfallende Menge als Einheit, sind also $\frac{381}{1000}$, $\frac{43}{619}$, $\frac{18}{576}$, $\frac{9}{558}$ oder 0.381, 0.071 0.031 0.016.

Bei einem nicht vollkommen reinen Glase von St. Gobain fand sich: (Pogg. Ann. 35. p. 282.)

Dicke in Millimeter	Durchgelassene Strahlen	Aufgefangene Strahlen
27	484	516
54	380	620
81	303	697

also 0.516, 0.215, 0.203 der entsprechenden Menge, welche die drei gleich dicken Schichten des dritten Schirms durchdrangen.

Aehnliche Resultate zeigen sich, wenn man, wie es Delaroche gethan, Scheiben gleicher Dicke hintereinander anbringt. Die Dicke der Glasscheiben war 2.068 Mm. Es ergaben sich folgende Werthe: (Pogg. Ann. 35. p. 286.)

Anzahl der Scheiben	Durchgelassene Strahlen	Aufgefangene Strahlen
1	619	381
2	531	469
3	484	515
4	450	540

also 0.381, 0.134, 0.087, 0.058 die Verluste in den aufeinanderfolgenden Scheiben.

Bei hintereinander gestellten Platten hat der grössere oder geringere Grad der Politur natürlich einen wesentlichen Einfluss. Es fanden sich nämlich bei

	Durchgelassene Strahlen.
polirtem Glase 8.^{mm}274 dick, allein	51.68
— — 6.204 — —	53.01
mattem — 6.455 — —	21.32
1 und 2 hintereinander	43.99
1 — 3 —	17.69

Von 100 aus dem ersten Glase austretenden Strahlen wurden also vom polirten 85.12, vom matten nur 34.23 durchgelassen (P. A. 38. p. 45.).

Gereinigtes Rüböl in Kasten verschiedener Weite zwischen Glasplatten gab: (P. A. 35. 284.)

Dicke der Flüssigkeitsschicht	Durchgelassene Strahlen	Aufgefangene Strahlen
6.767	443	557
13.535	363	637
27.069	294	706
54.139	270	730
71.209	255	745
108.279	244	756

Denkt man sich die letzte Schicht eingetheilt in Schichten von gleicher doppelter und einfacher Dicke, so werden die auf diese Schichten fallenden Wärmemengen:

Dicke	Verlust
6.767	0.557
6.767	0.180
13.535	0.190
27.069	0.082
27.069	0.056
27.069	0.040

Aus diesen Thatsachen folgt unmittelbar, dass strahlende Wärme sehr grosse Dicken eines Körpers durchdringen kann, ohne viel bedeutender als durch dünne Platten aufgehalten zu werden. So sank bei einem Rauchtopas bei der 58fachen Dicke die bei der einfachen 21.°6 betragende Ablenkung des Galvanometers auf 19° und bei Steinsalz gaben 2 Millimeter dicke Platten genau dieselben Resultate als 30 bis 40 Millimeter Dicke. Uebrigens zeigt die Durchwärmigkeit der Krystalle sich unabhängig von der Richtung des Schnittes gegen die krystallographischen Achsen, denn Bergkrystallplatten und Kalkspathplatten gaben dieselben Resultate, sie mochten parallel oder senkrecht auf die Hauptachse geschnitten sein.

4. Dringen Wärmestrahlen einer und derselben Wärmequelle nach einander durch verschiedene diathermane Substanzen, so werden sie in stärkerem Maasse absorbirt, als wenn sie nach einander durch gleichartige Substanzen gehn, gerade so wie Licht, wenn es nach einander durch verschiedene farbige Substanzen hindurchgeht, eine weit grössere Verdunkelung zeigt, als nach den Wirkungen der Platten einzeln zu erwarten war.

Lässt man strahlende Wärme auf eine Platte fallen, z. B. von Topas, so erhält man eine bestimmte Ablenkung des Galvanometers. Schaltet man dann statt jener Platte eine weniger diathermane, z. B. Gyps, ein, so wird man bei derselben Entfernung der Wärmequelle eine geringere Ablenkung erhalten. Durch Annähern der Wärmequelle, durch Concentriren derselben vermittelst Spiegel oder Steinsalzlinsen kann man aber die Wärme so steigern, dass die erhaltene Ablenkung dieselbe ist. Bezeichnet man die auf diese Weise nach einander erhaltenen Wärmemengen, da sie quantitativ gleich sind mit 100, und lässt sie nun durch eine Alaunplatte gehen, so zeigt sich eine ganz verschiedene Abnahme der

Ablenkung nach der Natur des ersten Schirms, wie folgende Tafel zeigt: (Pogg. Ann. 35. p. 535.)

100 Strahlen austretend aus	fallen auf	es treten aus
Kein Schirm	Alaun	9
Klaren Steinsalz	—	9
Schielenden Steinsalz	—	9
Borax	—	11
Adular	—	14
Kalkspath	—	22
Bergkrystall	—	25
Spiegelglas	—	27
Kohlensauren Ammoniak	—	31
Gyps	—	72
Weinsauren Kali-Natron	—	80
Citronsäure	—	85
Alaun	—	90

Strahlende Wärme, welche aus Kalkspath, Bergkrystall, Spiegelglas austritt, wird daher von Alaun stark absorbirt, während Wärme, die aus weinsaurem Kalinatron oder Citronsäure austritt, sich nahe so verhält als die, welche Alaun durchstrahlt hat. Bei gleicher Quantität des directen thermischen Effectes ist daher zwischen diesen beiden Arten Wärme ein qualitativer Unterschied. Kalkspath, Bergkrystall, Spiegelglas haben eine nahe gleiche Diathermansie (Wärmefarbe), Citronsäure, weinsaures Kalinatron und Alaun unter sich eine ebenfalls gleiche, aber von jener verschiedene (Pogg. Ann. 35. p. 537, 538.).

100 Strahlen austretend aus		fallen auf	es treten aus
Weissen	Glas	Alaun	27
Dunkelrothen	—	—	27
Orangefarbenen	—	—	27
Lebhaft gelben	—	—	27
Apfelgrünen	—	—	5
Mineralgrünen	—	—	3
Blauen	—	—	27
Indigo	—	—	27
Dunkelvioletten	—	—	27
Schwarz undurchs.	—	—	1

100 Strahlen austretend aus	fallen auf	es treten aus
Undurchsichtigen schwarz. Glimmer	Alaun	2
Grünen Turmalin	—	7
Schwerspath	—	12
Sauren chromsauren Kali	—	14
Weissen Glimmer	—	15
Beryll	—	19
Aquamarin	—	19
Perl-Agat	—	24
Gelben Agat	—	24
Gelben Bernstein	—	30
Gummi	—	45

Die farbloses Glas dunkelroth, orange, gelb, blau, indigo färbenden Pigmente löschen also einen Theil der dieses durchstrahlenden Wärme aus, aber in gleichem Verhältnisse der einzelnen Gattungen, d. h. sie verhalten sich wie graue Substanzen für Licht. (Die relativen Mengen der ohne Alaun durchgelassenen Strahlen derselben Wärmequelle sind in Taf. V. pag. 330. gegeben.)

Die Umkehrung des Versuches bietet sich von selbst dar: die unmittelbar vor der Wärmequelle eingeschaltete Platte bleibt hier in der Versuchsreihe dieselbe, während die zweite auffangende Platte nach einander von verschiedenen Substanzen gewählt wird.

In der folgenden Tafel enthält die erste Reihe die Namen der Substanzen, welche als zweiter Schirm gewählt wurde, und zwar bezeichnen die Zahlen der ersten senkrechten Columne die am Galvanometer gemessenen Procente der auffallenden Wärme, wenn ohne Einschalten einer ersten Platte die Strahlen direct auf das Galvanometer fielen; die zweite Columne, wenn als erster Schirm eine Alaunplatte von 2.6 Millimeter Dicke angewendet wurde; die dritte ebenso, wenn die auffallenden Strahlen zuerst eine Gypsplatte gleicher Dicke durchdrangen und dann erst auf die Substanz der Horizontalreihe fielen. In der vierten Columne ist der erste Schirm eine Platte von chromsaurem Kali gleicher Dicke, in der fünften von grünem Glase, dessen Dicke 1.85, in der sechsten von schwarzem Glase von der Dicke 1.85 Mm. Die Zahlen sind Procente der auf den zweiten Schirm fallenden Menge (Pogg. Ann. 35, p. 541.).

Dicke.	Zweiter Schirm.	Erster Schirm. keiner.	Alaun.	Gyps.	chromsaures Kali.	grünes Glas.	schwarzes Glas.
2.6	Steinsalz	92	92	92	92	92	92
2.6	Flusspath	78	90	91	88	90	91
2.6	Beryll	54	80	91	66	70	57
2.6	Kalkspath	39	91	89	56	59	55
0.5	Glas	54	90	85	68	87	80
8.0	Glas	34	90	82	47	56	45
2.6	Bergkrystall	38	91	85	52	78	54
2.6	Saur. chromsaur. Kali	34	57	53	71	28	24
2.6	Schwerspath	24	36	47	25	60	57
2.6	Weisser Agat	23	70	78	30	43	17
2.6	Adular	23	23	58	43	50	23
2.6	Bernstein	21	65	61	20	13	8
0.9	Schwarz. opak. Glimmer	20	0.4	12	16	38	43
2.6	Gelber Agat	19	57	64	24	35	14
2.6	Aquamarin	19	60	57	26	20	21
2.6	Borax	18	23	33	23	30	24
2.6	Grüner Turmalin	18	1	10	14	24	30
2.6	Gemeines Gummi	18	61	52	12	6	4
2.6	Gyps	14	59	54	22	9	15
12.0	Gyps	10	56	45	17	5	0.4
2.6	Kohlens. Ammoniak	12	44	34	11	6	5
2.6	Citronensäure	11	88	52	16	3	2
2.6	Weinsaures Kali-Natron	11	85	60	15	2	1
2.6	Alaun	9	90	47	15	0.5	0.3
1.85	Weisses Glas	40	90	83	50	67	55
1.85	Violettes —	34	76	72	42	56	47
1.85	Rothes —	33	74	69	41	54	45
1.85	Orangefarbn. —	29	65	58	36	48	39
1.85	Apfelgrünes —	25	3	20	22	55	50
1.85	Mineralgrünes —	23	1	15	19	52	58
1.85	Gelbes —	22	49	46	27	35	30
1.85	Blaues —	21	47	42	26	34	29
1.85	Undrchs. schwarz. —	16	0.5	18	11	42	52
1.85	Indigo —	12	27	26	14	20	17

Da von 100 directen Strahlen 9 aus der Alaunplatte, 34 aus der von chromsauren Kali austreten, so müssten 1111 Strahlen auf die Alaunplatte fallen, und 294 auf die von chromsauren Kali, damit aus beiden 100 austreten. Von 100 von der Alaunplatte austretenden Strahlen werden aber 57 durch eine Platte chromsaures Kali hindurchgelassen, und von 100 aus chromsauren Kali austretenden 15 durch die Alaunplatte. Da nun

$$1111 : 294 = 57 : 15$$

so sieht man unmittelbar, wie auch directe Versuche zeigen, dass durch zwei combinirte heterogene Platten dieselbe Wärmemenge durchgelassen wird, wenn man die Stellung derselben gegen Wärmequelle und Thermoskop unter einander vertauscht.

5. **Wärme verschiedenartiger Wärmequellen, welche direct gleiche Temperaturerhöhungen hervorbringt, wird von denselben Medien in ungleichem Maasse absorbirt.**

Wenn die vorigen Versuche einen getreuen Parallelismus zeigten mit den optischen Erscheinungen, wenn weisses Licht, nachdem es ein farbiges Mittel durchstrahlte, nun in ein verschiedenfarbiges gelangt, so zeigen die folgenden ebenso strenge Analogien mit den Phänomenen, welche eintreten, wenn man farbige Flammen durch gleich oder anders gefärbte Gläser betrachtet (P. Ann. 35. p. 393.).

Dazwischengestellte Substanzen, $2^{mm}.6$ dick.	Procente.			
	Locatelli's Lampe.	glühendes Platin.	Erhitztes Kupfer, 390° C.	dasselbe, 100° C.
Steinsalz, klar farblos	92	92	92	92
Flussspath — —	78	69	42	33
Steinsalz, durchsichtig schielend	65	65	65	65
Beryll, klar grüngelb	54	23	13	0
Flussspath, — grünlich	46	38	24	20
Kalkspath, — farblos	39	28	6	0
Kalkspath, — —	38	28	5	0
Spiegelglas, — —	39	24	6	0
Spiegelglas, — —	38	26	5	0
Bergkrystall, — —	38	28	6	0
Rauchtopas, — braun	37	28	6	0
Saures chromsaures Kali, orange	34	28	15	0
Topas, klar farblos	33	24	4	0
Weissbleierz, — —	32	23	4	0
Schwerspath, — schwach schiel.	24	18	3	0
Achat, durchscheinend weiss	23	11	2	0
Adular, klar, schielend gestreift	23	19	6	0
Amethyst, — violett	21	9	2	0
Künstl. Bernstein, klar gelb	21	5	0	0
Aquamarin, blaugrün	19	13	2	0
Achat, durchscheinend gelb	19	12	2	0
Borax, — weiss	18	12	8	0
Turmalin, klar dunkelgrün	18	16	3	0
Ochsenhorn. durchschein. nussbraun	18	4	0	0
Gem. Gummi, klar gelblich	18	3	0	0

Dazwischengestellte Substanzen, 2^{mm}. dick.	Procente. Locatelli's Lampe.	glühendes Platin.	Erhitztes Kupfer, 390° C.	dasselbe, 100° C.
Schwerspath, klar, schiel. gestreift	17	11	3	0
Gyps, — farblos	14	5	0	0
Sardonyx durchschein. braun	14	7	2	0
Citronen u re, klar farblos	11	2	0	0
Kohlensa r. Ammoniak, klar schiel.	12	3	0	0
Weins. Kalinatron, klar farblos	11	3	0	0
Natürl. Bernstein, durchsch. gelb	11	5	0	0
Alaun, klar farblos	9	2	0	0
Leim, — gelbbraun	9	2	0	0
Perlmutter, durchschein. weiss	9	0	0	0
Kandis, klar farblos	8	0	0	0
Flussspath, durchscheinend grün	8	6	4	3
Geschmolz. Zucker, klar gelblich	7	0	0	0
Eis, sehr rein, klar farblos	6	0	0	0

Da durch alle angewandten Platten Wärmestrahlen der Lampe hindurchgehen, so muss dieselbe, eben so wie sie fähig ist, alle Farben zu entwickeln, auch die qualitativ verschiedenen Wärmemengen enthalten, welche die einzelnen Substanzen zu durchdringen vermögen. Mit dem Herabsinken der Temperatur einer dunkeln Wärmequelle nimmt die Anzahl der athermanen Substanzen immer zu auf Kosten der in höhern Temperaturen diathermanen. Wärme dunkler Quellen wird also von vorn herein sich zu der einer leuchtenden Wärmequelle hoher Temperatur wie eine farbige Flamme zu einer weissen verhalten und den einfachen Farben immer analoger. Steinsalz zeigt für alle Quellen eine gleiche Fähigkeit durchstrahlt zu werden, verhält sich also zur Wärme wie farbloses Glas zum Licht, und zwar selbst für Quellen von viel niederer Temperatur. Von 100 einfallenden Strahlen werden nämlich nach Einschaltung einer Steinsalzplatte oder eines dünnen Glimmerblättchen hindurchgelassen (Pogg. Ann. 38. p. 21.).

	durch Steinsalz.	durch Glimmer.
von einem Gefässe von dünnem Metallblech voll Wasser von 100°	92.2	32.15
— — — — — — — 96	92.3	27.92
— — — — — — — 64°	92.0	20.62
— — — — — — — 50°	92.2	19.65
von schmelzendem Eise direct	92.0	17.50
von geschwärztem Metallgefäss mit erkältendem Gemisch von — 18	92.2	15.41

woraus unmittelbar hervorgeht, dass mit herabsinkender Temperatur die Wärme immer mehr die Fähigkeit verlor, durch Glimmer zu strahlen.

Die unabhängig von der Dicke der Steinsalzplatte und der Natur der Wärmequelle stets wiederkehrende Zahl 92.2 deutet unmittelbar darauf hin, dass diese Verminderung nicht in Absorption gesucht werden könne, sondern der zweimaligen Reflexion an der Aussen- und Innenfläche des Schirmes zuzuschreiben sei, welches als streng erwiesen betrachtet werden darf, wenn andere Platten gleicher Politur aber aus andern Substanzen ähnliche Verhältnisse zeigen. Lampenwärme durch Hindurchstrahlung durch eine 8.2743 Millimeter dicke Glasplatte homogen gemacht, wurde von 100 Strahlen durch eine Steinsalzplatte auf 92.30 gebracht, durch eine Quarzplatte (so dünn, dass ihre Absorption vernachlässigt werden kann) von 0.517 Millimeter Dicke auf 92.29, durch eine Glasplatte von 0.574 Millimeter Dicke auf 92.30, ebenso Strahlen aus einer Bergkrystallplatte von 8.122 Mm. Dicke austretend durch Einschalten einer 1.174 Mm. dicken Bergkrystallplatte auf 92.11. Ebenso zeigte sich die Wärmeverminderung bei 6 Glasplatten, die zusammen die Dicke der ersten Glasplatte von 8.274 hatten, im Verhältniss der vom Zweifachen auf das Zwölffache gesteigerten Reflexion.

B. Wärme des Sonnenspectrums.

Die bisher erwähnten Erfahrungen bahnen den Weg zur Erläuterung der vor Melloni's Entdeckungen paradox erschienenen Vertheilung der Wärme im Sonnenspectrums.

Landriani *) setzte die höchste Temperatur in das Gelb, Rochon **) zwischen Gelb und Roth, Senebier ***) in das Gelb und Berard †) in die äussere Grenze des Roth, Herschel ††)

*) Scelta d'opuscoli interessanti Vol. 13. 1777.

**) Recueil de mémoires sur la mécanique et la physique. 1783. p. 348.

***) Physikalisch-chemische Abhandlungen über den Einfluss des Sonnenlichts auf alle 3 Reiche der Natur. II. 37.

†) Gilb. Ann. 46. p. 382.

††) Investigations of the power of the prismatic colours to heat and illuminate objects Ph. Tr. 1800. 255. Experiments on the refrangibility of the invisible rays of the Sun ib. p. 284. Experiments on the solar, and on the terrestrial rays that occasion heat, with a comparative view of the laws, to which light and heat, or rather the rays which occasion them,

und Engelfield *) hingegen über die Grenze des Rothen hinaus in den schwach röthlich beleuchteten dunkeln Raum. Diese scheinbaren Widersprüche wurden durch Seebeck **) erläutert, welcher als Resultat sehr sorgfältiger Versuche fand:

1. In allen prismatischen Farbenbildern findet Wärmeerregung Statt, und diese ist jederzeit am schwächsten an der äussersten Grenze des Violets.
2. Von dort aus nimmt sie, wie man durch Blau und Grün nach der gelben und rothen Seite fortschreitet, zu.
3. Sie erreicht bei einigen Prismen ihr Maximum im Gelb, namentlich bei dem Wasserprisma und nach Wünsch's ***) Erfahrungen auch bei mit Weingeist und Terpentinöl gefärbten Prismen.
4. Einige andre Flüssigkeiten, namentlich eine ganz klare Auflösung von Salmiak und Quecksilbersublimat, desgleichen concentrirte farblose Schwefelsäure hatten das Maximum der Wärme zwischen Gelb und Roth in Orange.
5. Prismen von Crownglas und gewöhnlichem weissen Glase haben die grösste Wärme in vollem Roth.
6. Bei einigen Glasprismen fällt das Maximum der Wärme in die Grenze des Roth.
7. Prismen von Flintglas haben das Maximum der Wärme jenseits des Roth, wenn die Kugel des Thermoskopes ausserhalb des wohlbegrenzten Farbenbildes steht.
8. Die Wärme nimmt jenseits des Roth stetig ab, und bei allen Prismen ohne Ausnahme findet noch einige Zoll unter der Grenze des Roth Wärmeerregung Statt.

Ruhland †) fand nach Seebeck's Versuchen bei Borax das Maximum über das Roth hinaus und bei mehreren flüssigen Körpern im Gelb.

---

are subject, in order to determine whether they are the same or different ib. p. 295.

*) Journal of the Royal Institution 1802. p. 100. Gilb. Ann. 10. p. 88.

**) Ueber die ungleiche Erregung der Wärme im prismatischen Sonnenbilde. Abhandl. d. Berl. Akad. 1819. p. 305.

***) Magazin der Gesellschaft naturforschender Freunde zu Berlin, 1. 3. pag. 203,

†) Ueber die polarische Wirkung des gefärbten heterogenen Lichtes. Berlin 1817.

Die physikalische Erklärung dieser Phänomene hat nun Melloni *) gegeben.

Dass Prismen von Steinsalz die einzigen sind, an welchen das Fundamental-Phänomen erkannt werden könne, geht daraus hervor, dass sonst die Erscheinung vermischt wird mit der bei dem Durchgang durch das Prisma eintretenden Absorption. Dies geht aus folgenden Erscheinungen hervor:

1. In Prismen von Steinsalz fällt das Wärmemaximum unveränderlich in einen festen Abstand von der Grenze des Rothen in den dunkeln Raum, man mag die dickeren Stellen des Prisma's an der obern Grundfläche oder die dünneren an der Kante abblenden und nur einen Raum von 2 Linien Breite frei lassen.
2. Ging das Licht durch die Oeffnung in der Nähe der Kante des Wasserprisma, so fiel das Maximum in das Orange zur Seite des Roth. Ging das Licht hingegen durch die breitere Schicht an der Basis, so fiel das Maximum in das Gelb zur Seite des Grün.
3. Bei einem Glasprisma fiel das Maximum in der Nähe der Kante in den dunkeln Raum, in der Nähe der Grundfläche hingegen in das Roth.
4. Schaltet man bei einem durch ein Steinsalzprisma gebildeten normalen Spectrum eine Wasserschicht, deren Dicke gleich der mittleren Dicke der Schicht des Wassers im Wasserprisma ist, so rückt das Maximum successiv auf das Orange und auf das Gelb, bei dem Einschalten von Glasplatten auf das Roth oder dicht an die äusserste Grenze desselben.

Diese Erscheinung erklärt sich einfach daraus, dass wenn man selbst bei einem Glasprisma zu beiden Seiten des Wärmemaximum isotherme Stellen im leuchtenden und dunkeln Raume aufsucht, nach Einschalten einer Wasserschicht die Wärme des letztern im höhern Grade absorbirt wird als die des erstern, wie folgende Tafel zeigt.

---

*) Pogg. Ann. 24. p. 640. u. 35. p. 559.

	directe Wärme.	nach Einschalten einer 1''' dicken Wasserschicht.	Unterschiede.	Verluste.
Violett	2	2	0	0.00
Indigo	5	4.5	0.5	0.10
Blau	9	8	1	0.11
Grün	12	10	2	0.17
Gelb	35	25	10	0.28
Orange	47	27	20	0.42
Roth	58	25	33	0.57
Dunkel	47	14	33	0.70
—	35	9	26	0.74
—	12	3	9	0.75
—	9	1	8	0.88
—	5	0.5	4.5	0.90
—	2	0	2	1.00

Vermehrt man allmählig die Dicke der Wasserschicht (P. A 37. 490.) von 4 Millimeter bis allmählig zu 300, so sieht man das Wärmemaximum von Roth, Orange durch Gelb zuletzt bis in das Grün rücken, während die äussere Grenze des dunkeln Wärmespectrums sich der rothen Grenze des leuchtenden immer mehr nähert, aber doch um eine merkbare Grösse davon entfernt bleibt. Aehnliche Verhältnitse zeigen sich, wiewohl in schwächern Graden, bei dem Einschalten farbloser Gläser. Fängt man hingegen das Gesammtspectrum mit einem violetten Glase auf, welches die Mitte des leuchtenden Spectrums vollkommen verlöscht und nur roth, getrennt von blau und violett, hindurch lässt, so sieht man zwar die durchgelassene Wärme ebenfalls geschwächt, die Abnahme der Temperatur zu beiden Seiten des seine Stelle behaltenden Maximum, sowohl auf der dunkeln Seite als auf der discontinuirlich leuchtenden vollkommen regelmässig. Diese Erscheinungen widerlegen Ampère's Annahme, dass, weil die weniger brechbaren Theile des Sonnenspectrum von Wasser hauptsächlich absorbirt werden, ihre Nichtwahrnehmbarkeit nur in der im Auge befindlichen wässrigen Feuchtigkeit eine Erklärung finde, innerhalb welcher eine Absorption stattfinde, welche die den Eindruck der Wärme erzeugenden Wellen nicht bis zur Netzhaut gelangen lasse, um auf dieser den Eindruck des Lichtes zu erregen. Vielmehr scheint der Eindruck des Lichtes und der Wärme von verschiedenen Agentien hervorgebracht zu werden, da einerseits die 300 Meter mächtige Wasserschicht noch dunkle Wärme hindurchlässt, also jene

Erklärung beseitigt, andererseits die Isolation beider Thätigkeiten zuletzt Melloni in der Weise gelang, dass er aus dem Sonnenlichte durch Einschalten einer Wasserschicht und grünlichen Glases ein Licht erhielt, das bei der vollsten Concentration durch eine Steinsalzlinse auch keine Spur von Wärme zeigte. Herschel (on the chemical action of the rays of the solar spectrum and on some photographic processes Phil. Trans. 1840.) fand in dem mindest gebrochenen Theile des Wärmespectums Unterbrechungen, in dem dunkeln Raume nämlich, der dem rothen Ende vorangeht, indem er ein an der einen Seite berusstes, an der andern Seite mit rectificirtem Alkohol benetztes Papier auf dieser Seite der Wärme des darauf projicirten Wärmespectrums aussetzte, und aus dem Austrocknen auf die Wärmewirkung schloss. Diese Erscheinung erklärt Melloni (Bemerkungen über eine neue thermographische Methode des Herrn Herschel und deren Anwendung auf das Sonnenspectrum, Compt. rend. 11. p. 141. Pogg. Ann. 51. p. 81.) durch die Absorption des Glases, aus welchem das Prisma bestand, analog der Wirkung eines Prisma aus farbigem Glase, welches einzelne Theile des leuchtenden Spectrums verlöscht*).

C. Brechung der Wärme verschiedener Quellen.

Die Band I. Tafel II. Fig. 7 und 10 angedeuteten Versuche zeigen die Brechung der von erhitztem Kupfer und von einem mit heissem Wasser gefüllten Gefässe ausgehenden directen Wärme durch ein Steinsalzprisma von 60° und die totale Reflexion im Innern desselben (P. A. 35. 570.). Durch Messung des Winkels, unter welchem in demselben Steinsalzprisma für verschiedene Wärmequellen totale Reflexion eintritt, hat Forbes (P. A. 45. 456.) folgende Brechungs-Verhältnisse erhalten:

Locatelli's	Lampe	direct	1.571
—	—	durch Alaun	1.598
—	—	durch Fensterglas	1.587
—	—	durch opakes Glas	1.593
—	—	durch opaken Glimmer	1.583

*) Die Erscheinungen einer solchen Unterbrechung des leuchtenden Spectrums sieht man sehr schön, wenn man ein hohles Glasprisma mit Indigo-Auflösung füllt und eine schmale hell beleuchtete Spalte zuerst durch den Rand des Prisma's betrachtet und dann durch immer mächtigere Schichten der füllenden Flüssigkeit.

Glühendes Platin direct	1.572
— — durch Glas	1.588
— — durch opaken Glimmer	1.584
Messing bei 700° F.	1.568
— — — durch klaren Glimmer	1.577
Quecksilber bei 450°	1.572
Mittlere Lichtstrahlen	1.602

D. Reflexion der Wärmestrahlen verschiedener Quellen.

Metallspiegel verändern bei einfallendem weissen und farbigen Lichte nicht die Farbe desselben, das Verhältniss der verschiedenen Farben im reflectirten Licht ist also bei verminderter Intensität desselben doch dasselbe als im einfallenden. Prüft man nun die Verminderung directer Wärme durch Einschalten dünner Platten von Glimmer, Glas, Gyps und andern Körpern und stellt dieselben Versuche mit der von gut polirten Metallplatten reflectirten Wärme an, so findet man sowohl für die Oellampe als für glühendes Platina und geschwärztes Kupfer von 400° und 100° C. für diese reflectirte Wärme dieselben Verhältnisse der durchgelassenen Strahlen als für das directe. Die Strahlen verschiedener Wärmefärbung haben also dieselbe Reflexibilität. In dieser Beziehung ist also der Parallelismus des Lichtes und der Wärme ebenfalls vorhanden.

E. Absorption verschiedener Wärmestrahlen durch athermane Körper.

Schwarze Körper erscheinen in jeder Beleuchtung dunkel, farbige Pigmente in gleichfarbigen Beleuchtungen hell, in andersfarbigen dunkel, weisse in allen Beleuchtungen hell. Schwarze Körper haben also die grösste Absorptionsfähigkeit für Licht, farbige eine auswählende, weisse die geringste. Die athermanen Körper, welche in allen Bestrahlungen die stärkste Absorption zeigen, sind also den schwarzen für das Licht zu vergleichen, die, welche in Bestrahlungen verschiedener Wärmequellen verschiedene Absorption zeigen, den farbigen für das Licht, endlich die, welche eine geringe, aber bei verschiedenen Bestrahlungen gleiche Absorption zeigen den weissen für das Licht. Melloni's Versuche ergeben

	Locatelli's Lampe.	Glühendes Platin.	Kupfer v. 400°	Kupfer v. 100°
Kienruss	100	100	100	100
Bleiweiss	53	56	89	100
Hausenblase	52	54	64	91
Tusche	96	95	87	85
Gummilack	43	47	70	72
Metallfläche	14	13.5	13	13

Diese Versuche zeigen, dass schwarze Körper sich gleich verhalten für Licht und Wärme, metallische für Wärme wie weisse für Licht, hingegen weisse für Wärme wie farbige für das Licht. Die Resultate wurden dadurch erhalten, dass eine dünne Kupferscheibe, mit der zu untersuchenden Substanz überzogen, der Wärmequelle zugewandt wurde und mit ihrer berussten Hinterfläche gegen den Thermomultiplicator strahlte, dessen stationär gewordenes Maximum aufgezeichnet wurde. Aehnliche Resultate erhielt Melloni, indem er die identischen beiden Seiten eines Thermomultiplicators mit Russ und Bleiweiss anstrich, und sie abwechselnd einer Wärmequelle zuwandte, vor welcher verschiedene diathermane Substanzen eingeschaltet wurden. Auf diese Weise wurden folgende Werthe erhalten, die auf die schwarze Seite fallende Menge als 100 bezeichnet. (Pogg. Ann. 35. p. 545.)

Schirm.	Absorption d. schwarzen Fläche.	Absorption d. weissen Fläche.
keiner	100	80.5
Steinsalz	—	80.5
Alaun	—	42.9
farbloses Glas	—	54.2
hellrothes —	—	60.6
dunkelrothes —	—	77.8
hellgelbes —	—	55.5
dunkelgelbes —	—	63.6
hellgrünes —	—	67.4
dunkelgrünes —	—	70.5
hellblaues —	—	61.0
dunkelblaues —	—	66.9
hellviolettes —	—	67.6
dunkelviolettes Glas	—	76.7
undurchsichtig schwarzes Glas	—	84.6

Aehnliche Resultate hatte bereits Baden Powell*) erhalten, der mit den Strahlen von hellroth glühendem Eisen und einer Argandischen Lampe für ein schwarz und ein weiss angestrichenes Thermometer die Verhältnisse 100 : 78 und 100 : 72, nach Einschaltung einer Glasplatte hingegen 100 : 50 und 100 : 57 fand.

Mit den oben angeführten Thatsachen hängt die Beobachtung zusammen, dass bei Untersuchung der Wärme im Sonnenspectum ein geschwärztes Thermometer die höchste Lage angiebt, ein weisses desto tiefer, je heller die Farbe ist, da von solchen Flächen die brechbaren Strahlen eine geringere Absorption erleiden als die weniger brechbaren **).

F. Absorption in ihrer Abhängigkeit von der Dicke des Schirms.

Aus den bisherigen Versuchen ist entschieden hervorgegangen, dass die von einer Wärmequelle ausgesendeten Strahlen im Allgemeinen nicht gleichartig sind, dass sie sich vielmehr durch ihre Brechbarkeit und Absorptionsfähigkeit wesentlich von einander unterscheiden. So wie nun die Wärmequellen niederer Temperatur im Allgemeinen homogener sind, als die hoher Temperatur, so zeigt sich auch in den Erscheinungen aller leuchtenden Quellen eine grössere Homogenität, wenn sie Schichten eines diathermanen Körpers von einer gewissen Dicke durchdrungen haben. So wie weisses Licht, wenn es eine Glasplatte von rein rother Farbe durchstrahlt hat, nun in seinem weitern Verlauf nie mehr zu neuen Farben Veranlassung giebt, welchen Bedingungen des Versuches es auch unterworfen werde, sondern in allen Phänomenen eine Gesetzmässigkeit befolgt, deren Einfachheit man schon bei dichromatischer Beleuchtung vergeblich sucht, so reinigt auch der Durchgang der Wärmestrahlen durch eine Schicht eines diathermanen Körpers diese immer mehr von allem Heterogenen, und an der nun durchgelassenen Wärme sind die einfachen Bedingungen zu erkennen. Es ist daher klar, dass die Absorptions-Phänomene der Wärme durch Substanzen von bedeutender Dicke nicht von vorn herein eine einfache Gesetzmässigkeit zeigen werden, dass vielmehr in

*) Pogg. Ann. 71. 346.

**) Pogg. Ann. 51. p. 82.

den ersten Schichten ein ganz andrer Vorgang stattfindet, als in den darauf folgenden. Da nun das Homogenwerden in den ersten Schichten der Substanz durch eine desto stärkere Absorption bewirkt wird, je heterogener zusammengesetzt die auffallende Wärme ist, das Homogensein sich durch eine in den folgenden Schichten langsamer erfolgende Absorption ausspricht, so sieht man leicht ein, dass wenn man diese langsamere Absorption durch eine von der Dicke abhängige Formel darstellt, welche für bedeutende Dicken sich den Beobachtungen genau anschliesst, diese plötzlich bedeutende Abweichungen zeigen muss, wenn diese Dicken unter eine gewisse Grenze herabsinken. Bezeichnet nun i die auf eine Platte fallende Wärmemenge, $r_,$ die von der Einheit dieser Wärme an der Vorderfläche reflectirte Menge, also $i\ (1 - r_,)$ die eintretende Menge, $\varphi\ (x)$ die Absorption in der Dicke x, d. h. $i\,(1 - r_,)\ \varphi\ (x)$, die Wärmemenge nach dem Durchgange durch die Schicht x, so wird, wenn man sich die Platte in Schichten von der Dicke $x_,$ $x_{,,}$ $x_{,,,}$ ... x_n getheilt vorstellt,

$$i\ (1 - r_,)\ \varphi\ (x + x_, + \ldots x_n) = i\ (1 - r_,)\ (x)\ \varphi\ (x_,)\ \varphi\ (x_{,,})$$

die an der Hinterfläche ankommende Wärme sein müssen, da auf die zweite Schicht die Wärme $i.\varphi\ (x)$ fällt, diese im Verhältniss $\varphi(x_,)$ in der zweiten Schicht durch Absorption vermindert wird, also als $i\ (1 - r_,)\ \varphi\ (x)\ \varphi\ (x_,)$ an der dritten Schicht ankommt u. s. f. Da nun der allgemeinen Bedingung:

$$\varphi\ (x)\ \varphi\ (x_,)\ \varphi\ (x_{,,}) \ldots\ldots \varphi\ (x_n) = \varphi\ (x + x_, + x_{,,} \ldots + x_n)$$

bei vollkommner Unabhängigkeit der einzelnen x von einander nur durch die Annahme

$$\varphi\ (x) = a^x$$

wo a eine von x unabhängige Constante, genügt werden kann, so folgt, dass homogene Wärme nach einer gewissen geometrischen Reihe absorbirt werden muss, dass hingegen die Absorption heterogener Wärme nur durch Summirung einer Anzahl solcher verschiedener geometrischer Reihen dargestellt werden kann. Bezeichnet nun $r_{,,}$ die durch Reflexion von der Hinterfläche verloren gehende Wärmemenge, so wird, wenn die Reflexion gleichmässig für die verschiedenen homogenen Wärmemengen stattfindet, für jede derselben

$$i\ (1 - r_,)\ (1 - r_{,,})\ a^x$$

die aus der Platte tretende Wärme sein. Die von einer heterogenen Wärmequelle auffallende Wärmemenge i_0 ist also die Summe einer Anzahl Mengen $i_{,}$ $i_{,,}$ $i_{,,,}$ ... homogener Wärmen, welche einzeln die Platte durchdringend die relativen Intensitäten

$$i_{,} (1 - r_{,}) (1 - r_{,,}) a_{,}^{x}$$
$$i_{,,} (1 - r) (1 - r_{,,}) a_{,}^{x}$$
$$\vdots$$
$$i_{n} (1 - r_{,}) (1 - r_{,,}) a_{n}^{x}$$

geben würden. Man erhält also für die Intensität der austretenden heterogenen Wärme

$$i_{x} = (1 - r_{,}) (1 - r_{,,}) [i_{,} a_{,}^{x} + i_{,,} a_{,,}^{x} + i_{,,,} a_{,,,}^{x} + - i_{n} a_{n}^{x}]$$

Bei einem gewissen Werthe von x hört für die physische Beobachtung auf, die austretende Wärme einer bestimmten Qualität bemerkbar zu werden; es wird also von da an das sie darstellende Glied vernachlässigt werden können, die in der Parenthese enthaltene Summe allmählig mit zunehmendem x immer weniger Glieder enthalten. Biot hat die von Melloni erhaltenen Resultate durch drei Absorptionen darzustellen gesucht (Pogg. Ann. 39. 273.), indem er in der ersten, welche er rasche nennt, die Wärmestrahlen zusammenfasst, welche bei 1 oder 2 Millimeter Dicke ausgelöscht werden, in der zweiten, die er mittlere nennt, diese Grenze bis 7 oder 8 Millimeter erstreckt, und endlich unter langsamer die versteht, welche noch bei viel bedeutenderer Dicke deutliche Effecte der Wärmequelle wahrzunehmen gestattet. Wir verweisen in Beziehung auf die für die einzelnen Absorptionen und ihre Summirung gegebenen Formeln auf die Abhandlung, und theilen hier nur die directen Beobachtungen Melloni's nebst den Formeln mit, welche die Absorptionen in den höhern Schichten darstellen und durch die Grösse der Differenzen bei dünnen Schichten den Vorgang der Erscheinung anschaulich machen.

Transmission des Glases von St. Gobain.

1. Versuche.

Dicke der Platten in Millim.	Lampenlicht.	glühendes Platin.	Kupfer bei 400° C.
0.000	92.30	92.30	92.30
0.196	82.51	—	—
0.244	81.06	—	—
0.314	80.21	—	—
0.323	—	68.35	17.01
0.575	77.06	59.78	13.60
0.814	74,48	54.63	11.13
1.094	72.75	50.25	9.35

Dicke der Platten in Millim.	Lampenlicht.	glühendes Platin.	Kupfer bei 400° C.
1.600	70.00	45.23	6.30
1.974	68.17	43.50	5.07
2.097	67.83	42.51	4.75
2.666	66.13	39.43	3.43
2.877	65.48	38.62	3.10
4.121	63.34	35.23	2.02
5.640	61.34	32.45	1.38
6.230	60 66	31.52	1.25
8.274	59.00	29.17	1.15

Transmission des klaren Bergkrystalls.

Dicke der Platten in Millim.	Lampenlicht.	glühendes Platin.	Kupfer bei 400° C.
0 000	92.30	92.30	92.30
0.517	79.33	69.35	14.50
0.910	—	66.25	12.00
1.053	—	64.88	11.08
1.174	75 96	64 01	10.60
1.933	73.40	60 78	8.75
2.843	72.00	57.90	7.50
3.792	71.02	55.88	6.75
5.023	70.40	53.35	6.25
5 936	69.89	51.38	5.38
7.155	69.58	49.50	4.87
8.122	68.82	48.20	4.50

Transmission des Rauchtopas.

Dicke der Platten in Millim.	Lampenlicht.	glühendes Platin.	Kupfer bei 400° C.
0 000	92.30	92.30	92.30
0.364	82 96	71.25	17.50
1.238	77.16	63.55	10.97
1.705	75.84	61.12	9 90
2.010	75.21	60.37	9 10
3.478	72.34	56.25	7.42
4 468	70.77	53.62	6 67
86.000	59.02	35 00	0 65

Transmission des gereinigten Rüböls.

Dicke der Platten in Mill.	Lampenlicht.	glühendes Platin
0.000	92.30	92.30
0.397	67.53	35.64
0.743	53.53	27.54
1.278	44.35	19.92
2.412	33.09	15.29
3.485	29.01	12.67
4.621	26.58	11.20
5.773	24.10	10.21
6.812	22.73	9.21
8.490	21 25	7.94
11.598	20.75	6.57
50.000	12.50	2.12
100.000	8.08	1.24
150.000	6.05	
200.000	5.33	

Transmission des destillirten Wassers.

Dicke d. Platten in Mm.	Lampen-licht.	Glühendes Platin.
0.000	92.30	92.30
0.397	27.03	10.00
0.743	21.94	7.20
1.278	17.38	4.45
2.412	12.62	2.55
3.485	10.47	1.67
4.621	9.42	1.28
5.773	8.71	1.02
6.812	8.46	0.82
8.490	7.91	0.45
11.598	7.63	Spuren.
50.000	2.39	0
100.000	1.28	0
150.000	0.71	0

Strahlung der Locatellischen Lampe.

2) Formeln.

für Glas $$Z_x = \frac{233.413 + 51.788x}{x + 2.94118}$$

$$= 79.360 - \frac{27.572x}{x + 2.94118}$$

für Bergkrystall $Z_x = \frac{10.8667 + 67.9976x}{x}$

$$= 67.9967 + \frac{10.8667}{x}$$

für Rüböl $Z_x = \frac{65.291 + 16.05x}{x + 0.75}$

für Wasser $Z_x = \frac{12.9775 + 6.515x}{x}$

$$= 6.515 + \frac{12.9775}{x}$$

Strahlung des glühenden Platin.

für Glas $Z_x = \frac{155.18 + 19.526x}{x + 2.5}$

$$= 19.526 + \frac{106.365}{x + 2.5}$$

für klaren Bergkrystall $Z_x = \frac{491.142 + 29.213x}{x + 7}$

$$= 29.213 + \frac{286.651}{x + 7}$$

Strahlung des bis 400° C. erhitzten Kupfers.

für Glas $Z_x = \frac{8.747}{x}$

für klaren Bergkrystall $Z_x = \frac{31.25293 + 1.7762x}{x + 1.9}$

Die Abweichungen der berechneten und beobachteten Werthe sind in den folgenden Tafeln enthalten.

Strahlung der Locatellischen Lampe.

	Glas.	Bergkrystall.	Rüböl.	Wasser.
0.	+ 12.64		+ 5.246	
0.25	+ 3.9			
0.5	+ 2.09		+ 5.349	
1.0	+ 0.94	+ 2.10	+ 1.822	— 0.16
1.5	+ 0.17	+ 0 48	+ 1.284	
2.0	+ 0.00	+ 0.10	+ 0.648	+ 0.80
2.5	—	— 0.12		
3.0	— 0.14	— 0.17	+ 0.302	+ 0.59
4.0	— 0.07	— 0.08	+ 0.492	+ 0.27
5.0	0.00	— 0.02	+ 0.342	+ 0.06
6.0	— 0.01	+ 0.02	— 0.086	— 0.12
7.0	0.00	+ 0.06	— 0.318	— 0.14
7.0	0.00	+ 0.02	— 0.432	— 0.14
9.0			— 0.308	— 0.13
10.0			— 0.050	— 0.08
11.0			+ 0.272	— 0.02

Strahlung des glühenden Platin.

	Glas.	Berg-krystall.
0.0	+ 30.23	+ 22.137
0.5	+ 7.39	
1 0	+ 1.10	+ 0.056
1,5	+ 0 27	
2.0	— 0.08	— 0. 51
3.0	— 0 28	— 0.328
4.0	+ 0.20	+ 0.028
5 0	+ 0.55	+ 0.200
6 0	+ 0.55	+ 0.137
7.0	+ 0.36	+ 0.276
8.0	+ 2.23	+ 0.077

Strahlung des bis 400° C. erhitzten Kupfers.

	Glas.	Berg-krystall.
0.		+ 75.85
0.5	— 3.09	+ 1.31
1.	+ 1.15	— 0.14
1.5	+ 0.85	— 0.28
2.	+ 0.58	— 0.25
3.	— 0 07	— 0.17
4.	— 0.16	+ 0.10
5.	— 0.25	+ 0.25
6.	— 0.11	+ 0.07
7.	+ 0.03	+ 0.02
8.	+ 0.03	— 0.04

G. Polarisation der strahlenden Wärme.

1. Polarisation durch wiederholte einfache Brechung und durch Spiegelung.

Jeder das Licht polarisirende Apparat zerfällt bekanntlich in zwei Theile, eine polarisende und eine analysirende Vorrichtung, welche aber auch vollkommen unter einander übereinstimmen können, da die Mittel, durch welche unpolarisirtes Licht in polarisirtes verwandelt wird, dieselben sind als die, durch welche beide von einander unterschieden werden. Die zur geradlinigen Polarisation des Lichtes angewendeten Mittel sind:

1. Reflexion unter bestimmten Winkeln von nicht metallischen Spiegeln.
2. Brechung in parallelen durchsichtigen Platten unter sehr schiefer Incidenz.
3. Doppelbrechung, wo eins der Bilder durch Absorption, wie bei Turmalinen, oder durch Spiegelung, wie bei den Nicolschen Prismen, weggeschafft wird.

Man hat längst gefunden, dass nicht alle Polarisationserscheinungen mit demselben Apparate sich gleich gut darstellen lassen, dass besonders Spiegelapparate sehr ungenügend wirken, wenn wegen Nähe der Lichtquelle auf den Polarisationsspiegel Strahlen unter merklich verschiedenen Winkeln fallen.

Diese Polarisationsapparate waren aber die ersten und daher wandte Bérard sie zur Untersuchung der Frage an, ob Wärme polarisirt werden könne *). Seine Versuche wurden von Erman **) in Beziehung auf solare Wärme, auf die Wärme einer Argandischen Lampe im Glascylinder und in Beziehung auf die dunkeln Wärmestrahlen einer Argandischen Lampe in metallener Röhre bestätigt. Hingegen erhielten weder Baden Powell ***) noch Nobili †) Polarisationserscheinungen durch Reflexion. Mel-

*) Mémoires d'Arcueil III. p. 5.

**) Ueber die Frage, ob polarisirte Strahlen eine Glasfläche durch Absorption mehr erwärmen als nicht polarisirte? Abh. der Berl. Akad. 1819. p. 404.

***) Edinburgh Journ. of Science N. S. vol. 6 und vol. 10. Pogg. Ann. 21. p. 311.

†) Bibliothèque universelle 57. p. 1. Pogg. Ann. 36. p. 531.

loni*) wandte daher das dritte Verfahren an, er untersuchte nämlich, ob die Strahlen einer constanten Wärmequelle in gleicher Menge durch gekreuzte Turmaline als durch parallele hindurchgehen, und fand diess anfänglich. Endlich versuchte Forbes**) vermittelst der zweiten Methode die Wärme zu polarisiren und diess gelang ihm durch eine Reihe paralleler Glimmerblättchen, welche so auf einander gelegt wurden, als sie bei ihrem natürlichen Zusammenhange gelegen hatten. Den Einfluss der Neigung und Anzahl der Blättchen auf die relative Menge der polarisirten Wärme zeigt folgende Tafel von Melloni (Pogg. Ann. 43. p. 38—41.):

Neigung der Säulen gegen die Strahlen.	Von 100 bei dem Parallelism. der Säulen durchgel. Strahlen polarisirt bei							
	3	5	10	15	20	25	30	35 Blättch.
45°	8.08	22.06	43.73	61.01	68.53	77.32	83.72	88.24
43	11.87	26.46	49.77	66.87	73.20	81.26	87.01	90.95
41	15.87	31.56	55.95	72.82	77.74	84.81	90.04	93.03
39	19.84	36.31	61.56	78.03	82.01	87.72	92.25	94.35
37	23.85	41.03	66.86	82.51	85.01	90.33	93.68	94.97
35	27.77	45.61	71.84	86.30	88.53	92.47	94.79	95.07
33	31.87	50 49	76.34	89.29	90.75	93.93	95.09	95.11
31	35.76	54.39	80.33	91.31	92.51	94.73	95.11	95.06
29	39.73	58.59	83.61	92.67	93.88	95.05	95.16	95.09
27	43.81	62.62	86.60	93.53	94.64	95.06	95.15	95.12
25	47.73	66.51	89.24	94 04	94.89	95.03	95.18	95.06
33	51.89	70.24	91.09	94.31	95.04	95.02	95.08	94.99
21	55.72	73.83						
19	59.60	77.37						
17	63.55	80.60						

woraus folgt:

1. Der Antheil der von den Säulen polarisirten Wärme ist desto grösser, je kleiner der Winkel ist, unter welchem die Strahlen die Oberfläche der Säule treffen.
2. Mit Säulen von einer hinlänglichen Anzahl Blättchen erreicht die Wärmepolarisation bei einem gewissen Neigungswinkel ein Maximum. und auf diesem bleibt sie bei allen kleineren Neigungen, welche die Strahlen successiv mit den Blättchen machen können.
3. Die Neigung gegen die Flächen, bei welcher das unveränderliche Maximum eintrifft, nimmt zu mit der Anzahl der Blättchen.

---

*) Annales de Chim. et de Ph. 55. p. 375. Pogg. Ann. 35. p. 553

**) Edinburgh Transactions vol. 13. p. 148.

Das erreichte Polarisationsmaximum würde wahrscheinlich bei vollkommenem Parallelismus des Hauptschnittes der Glimmerblättchen 100 gewesen sein. Dass dieser Parallelismus nicht vollständig erreicht war, zeigten die bei dem Hindurchsehen merkbaren Depolarisationsfarben.

Bei dem Parallelismus der Refractionsebenen zeigte sich am analysirenden Bündel starke Reflexion, bei gekreuzten Refractionsebenen war die am analysirenden Bündel wahrnehmbare reflectirte Wärme hingegen kaum merkbar. Die im letztern Falle hinter dem analysirenden Bündel nicht wahrnehmbare Wärme ist also von diesem nicht absorbirt, sondern reflectirt.

Einfache Brechung giebt bekanntlich nur theilweise polarisirtes Licht, was man sich bestehend denken kann aus unpolarisirtem und polarisirtem Lichte. Unpolarisirtes Licht wird von einem Bündel durchsichtiger Scheiben unter senkrechter Incidenz in Maximo durchgelassen, und die durchgelassene Menge nimmt ab, je schräger die Lichtstrahlen auf die Blättchen fallen, auch abgesehen von der Absorption wegen der starken Reflexion. Polarisirtes Licht wird hingegen in Maximo durchgelassen, wenn das in der Refractionsebene polarisirte Licht unter dem Polarisationswinkel auf ein Bündel fällt, das für sich diess Licht vollständig polarisiren würde. Theilweise polarisirtes Licht wird also nach zwei verschiedenen Gesetzen am Durchgang gehindert und das dabei erhaltene Maximum kann nur mit dem Polarisations-Maximum übereinstimmen, wenn angenommen werden darf, dass das einfallende Licht bereits ganz polarisirt sei. Diess auf die Wärme angewendet, finden sich nun als absolute Menge nach Melloni's Messungen (Pogg. Ann. 43. p. 259.) folgende in Graden des Galvanometers ausgedrückte Werthe:

Neig. d. Blättch. geg. d. Strahlen.	Wärmedurchgang bei 20	60	120 Bl.
35°	37.°34	35.°97	31.°86
34°30'	37. 42	36. 48	32. 71
34°	37. 46	36. 87	33. 07
33°30'	37. 39	37. 10	33. 29
33°	37. 09	36. 82	33. 02

Man sieht aus der frühern Tafel, dass bei 35 Blättchen unter 33° das Polarisations-Maximum nahe erreicht ist, bei 60 und 120

Blättchen muss diess noch mehr der Fall seyn: das in der jetzigen Tafel erhaltene absolute Maximum der durchgelassenen Wärme ist hier bei 33° 30′ Incidenz, dem Polarisationswinkel des Glimmers für Licht. Daraus geht demnach hervor:

Wärme wird unter demselben Winkel durch Reflexion vollständig polarisirt, unter welchem Licht polarisirt wird.

Forbes hat zur Bestimmung des Polarisationswinkels ein anderes Verfahren angewendet. Fällt im Azimuth + 45° polarisirtes Licht auf einen spiegelnden Körper unter einem grösseren Winkel ein als der Polarisationswinkel, so ist das Licht nach der Reflexion in einer andern Ebene im Azimuth + x polarisirt; ist hingegen der Einfallswinkel kleiner, im Azimuth — x und x ist nur = o, wenn der Einfallswinkel der Polarisationswinkel selbst. Aus dem Uebergange des positiven in das negative Azimuth fand Forbes ebenfalls 33° für dunkle Wärme und 31° für rothes Licht (Edinb. Tr. 13. p. 467.).

2. Drehung der Polarisationsebene.

Schaltet man zwischen den Polarisationsspiegeln mit zusammenfallenden Polarisationsebenen ein Glimmerblättchen ein, dessen Hauptschnitt im Azimuth 45° liegt, so wird die Helligkeit auf dem analysirenden Spiegel von 1 auf $\frac{1}{x}$ vermindert, bei gekreuzten Reflexionsebenen von 0 auf $\frac{1}{x}$ erhöht, in beiden Fällen also gleich. In dieser Beziehung fand Forbes (Edinb. Tr. 13. p. 163.):

	bei parallel. Refr.-Ebenen	bei gekreuzt. Refr.-Ebenen
Quecksilber v. 280° C	— 0.°23	+ 0.°26
Kupfer von 400° C	— 0. 517	+ 0. 545
Glühendes Platin	— 2. 18	+ 2. 32
Argandsche Lampe	— 1. 43	+ 1. 37

also freilich sehr schwache Veränderungen, aber im verlangten Sinne. Durch einen besser construirten Apparat erhielt hingegen Melloni (Pogg. Ann. 43. p. 276.):

Aus schwarzem Glase austretend von einer	bei parallelen Refr.-Ebenen	bei gekreuzten Refr.-Ebenen
Argandschen Lampe	— 29°.32	+ 29°.37
Locatelli Lampe	— 27°.51	+ 27°.56
Glühendem Platin	— 31°.19	+ 31°.51

Ganz dem vorigen analoge Resultate erhält man mit gespiegelter Wärme. Lässt man nämlich aus dunkelm Glase austretende Wärme unter dem Polarisationswinkel auf eine Glas- oder Glimmerfläche fallen, deren Reflexionsebene horizontal liegt, und ehe sie auf den analysirenden Spiegel fällt, durch ein lothrechtes Glimmerblättchen gehen, so durchläuft die Nadel des Galvanometers nach der zweiten Reflexion Bogen von 20—25°, wenn der Hauptschnitt des Glimmerblättchen aus dem Azimuth 0° in das ± 45° gebracht wird.

Alle bisher angeführten Resultate sind vollkommen unabhängig von der Natur der Wärmequelle, d. h. die Polarisationsmaxima erscheinen bei verschiedenen Quellen unter derselben Neigung für eine bestimmte Anzahl Blättchen, auch erfolgt die Drehung der Polarisationsebene durch ein eingeschaltetes Glimmerblättchen in gleicher Weise. Die stärksten Wirkungen bei dunkler Wärme erhält man durch schwarzes Glas, dessen Diathermansie mit dem des Glimmers nahe übereinstimmt.

3. Depolarisations-Farben der strahlenden Wärme nicht wahrnehmbar.

Betrachtet man ein dickeres Glimmerblatt oder ein Gypsblättchen, dessen Hauptschnitt mit der Reflexionsebene des Polarisationsspiegels einen Winkel von 45° macht, in dem analysirenden Spiegel, so ist die bei paralleler Stellung der Spiegel gesehene Farbe complementar zu der bei gekreuzter Lage wahrgenommenen. Sind sie z. B. roth und grün, so ist durch ein rothes Glas das Bild in der einen Stellung sichtbar, während es in der andern verschwindet. Diese aus den Interferenzgesetzen unmittelbar folgende Erscheinung würde im Gebiete der strahlenden Wärme ihr Analogon haben, wenn die aus den parallelen oder gekreuzten Bündeln, zwischen denen jenes Blättchen eingeschaltet worden, austretende Wärme eine verschiedene Diathermansie zeigte. Diess ist aber nicht der Fall.

4. Drehung der Polarisationsebene im Bergkrystall.

Fällt homogenes, geradlinig polarisirtes Licht auf eine senkrecht auf die Achse geschnittene Bergkrystallplatte lothrecht ein, so ist die Polarisationsebene des austretenden Lichtes, je nachdem die Platte einem rechts oder links gewundenen Individuum angehört, rechts oder links gedreht. Die Drehung der Polarisationsebene ist für verschiedene Farben verschieden, aber proportional der Dicke der Platte, und zwar drehen bei gleicher Dicke rechts gewundene Bergkrystalle so weit rechts als links gewundene links, heben daher hintereinandergelegt ihre Wirkung auf. Fällt weisses Licht ein, so sind die Polarisationsebenen seiner homogenen Bestandtheile daher über eine Ebene zerstreut und erzeugen deswegen bei verschiedener Dicke verschiedene Depolarisationsfarben, die bei einer bestimmten Dicke wieder weiss werden können. Biot und Melloni *) fanden nun für die durchgelassene Wärme folgende Werthe am Galvanometer

durch die gekreuzten Glimmersäulen für sich . . .	7.°50
hinter denselben eine Bergkrystallplatte 7.5 Mm. dick	6. 35
hinter denselben 2 Platten jede 7.5 Mm dick . . .	5.80
zwischen denselben 1 rechtsdrehende Platte	12.80
— — 2 — 7.5 u. 5 Mm. dick	15.55
— — 1 — 41 Mm. dick . .	23.19
— — 1 rechts und 1 links drehende Platte jede 7.5 Mm. dick	8.40

Wärme aus schwarzem Glase erschien homogener, aber es wurde die Ablenkung nicht gemessen.

5. **Circularpolarisation durch zweimalige totale innere Reflexion.**

Früher als die eben angeführten Versuche angestellt wurden, liess Forbes**) polarisirtes Licht im Azimuth 0° und ± 45° im Innern eines Rhomboeder von Steinsalz total reflectiren und fand im erstern Falle dieselben Ergebnisse, als wenn das Rhomboeder nicht eingeschaltet war, nämlich das Verhältniss der durchgelassenen Wärme bei parallelen Säulen zu der bei gekreuzten wie 100 : 50, bei dem im Azimuth ± 45° polarisirten Licht hingegen im ersten Falle 100, im zweiten 85, also nahe gleich. Die leuchtende Wärme eines glühenden Platins sowohl als die dunkle des bis 700° F. erhitzten Messings ist also der Circularpolarisation fähig.

6. **Reflexion strahlender Wärme unter verschiedener Incidenz.**

Da man unpolarisirtes Licht als zusammengesetzt sich vorstellen kann aus zwei gleichen Antheilen rechtwinklig auf einander polarisirten Lichtes, dessen Ebenen mit der Einfallsebene die Win-

---

*) Compte rendu No. 8. p. 194. Pogg. Ann. 38. p. 202.
**) Edinb. Trans. 13. p. 469.

kel + 45° und — 45° machen mögen, so hat **Fresnel** auf diese Betrachtung seine Intensitätsformel gegründet, welche durch **Brewster's** Messungen der Ablenkung der Polarisationsebene bei verschiedenen Incidenzen unter dem Azimuth von 45° eine weitere empirische Begründung erhalten hat und nur durch **Potter's** photometrische Messungen nicht bestätigt worden ist. **Forbes***) hat analoge Versuche für strahlende Wärme angestellt und hat bei Reflexion von der Vorderfläche eines Glases und bei Reflexion von Stahl- und Silberplatten ein grösseres Anschliessen an **Fresnel's** Intensitätsformel erhalten, als photometrische Messungen für Licht irgend bisher ergeben haben.

Lässt man unter gleichem Winkel von verschiedenen gut polirten Körpern Wärme reflectiren, so ist nach **Forbes** die Reihenfolge derselben folgende**):

Polirtes Spiegelmetal.
Glimmer in dünne Blättchen gespalten.
Glimmer über glühende Kohlen aufgeblättert.
Dickes Glimmerblatt.
Steinsalz dünn überfirnisst.
{ Polirtes Steinsalz.
{ Glas.
{ Alaun.

7. **Polarisation durch Turmaline.**

Schleift man aus einem Turmalinkrystalle ein Prisma von sehr kleinem Winkel, dessen Kante parallel der Achse des Krystalles ist, so sieht man die unmittelbar an der Kante noch nahe gleich hellen, durch Doppelbrechung entstandenen Bilder bei dem Durchblicken durch dickere Schichten sich an Intensität immer mehr unterscheiden, so dass, während das eine seine Helligkeit fast unverändert beibehält, das andere zuletzt vollkommen verschwindet. Da nun die Absorptions-Erscheinungen für Licht ganz anders sich gestalten als für Wärme, so ist von vorn herein gar nicht nothwendig, dass die für Licht dichroitischen Krystalle es auch für Wärme seien. Es wäre daher zu wünschen, dass man in dieser Beziehung andere doppelbrechende Körper untersuchte, um zu prü-

---

*) Memorandum on the intensity of reflected light and heat (Proceedings of the Edinb. Soc. March 18. 1839.)

**) Edinb. Trans. 13. p. 362.

fen, ob der Achse parallel geschliffene Platten gekreuzt eine geringere Durchwärmigkeit zeigen als parallel auf einander gelegt. Es wäre aber wohl möglich, dass andere doppelt brechende Körper dieselbe Rolle für Wärme spielen als Turmalin für das Licht.

Dass Turmaline sich nicht gleich für Wärme und für Licht verhalten, zeigt die folgende Tafel, in welcher alle Paare gleich gut Licht polarisirten, hingegen sehr ungleich die Wärme, unter Polarisations-Index verstanden, wieviel von 100 bei paralleler Stellung durchgelassenen Wärmestrahlen bei Kreuzung der Platten verschwinden. (Pogg. Ann. 39. p. 13.)

Strahlen der Locatellischen Lampe gehen durch 2 Turmaline, deren Farbe	bei parallel. Axen	bei gekreuzt. Axen	Polarisations index
No. 1 Dunkelgrün	27 50	26.48	3.71
2 Bläulichgrün	26.51	24.60	7.20
3 Blaugrün	29.40	26.90	8.50
4 Gelblichgr.	28.51	25.89	9.19
5 Gelblichgr.	30.18	26 77	11.30
6 Gelbgrün	29.07	25.61	11.90
7 Röthlichbr.	26.62	21.88	17.72
8 Schmutz. Viol.	27.67	22.00	20.48
9 Fahlgelb	28.37	22.16	21.89

Im Allgemeinen sind Turmaline wenig diatherman. Es fragt sich, ob sie für Wärme verschiedener Quellen ungleiche Polarisationskräfte zeigen. Diess geht aus folgenden beiden Tafeln hervor, aus welchen ersichtlich ist, dass die Reihe der Substanzen für verschiedene Turmaline eine verschiedene wird. (Pogg. Ann. 39. p. 15. u. p. 21.)

Vor d. Turmalinen N. 9 aufgestellte Substanz.	Dicke	bei parall. Axen	bei gekreuzt. Axen	Polarisat. index
Keine	0.00	15.06	11.76	21.91
Glas farblos	1.85	15.53	12.15	21.79
— roth	1.80	14.54	11.40	21.57
— orange	1.87	14.93	11.66	21.90
— gelb	1.79	15.45	12.07	21.89
— blau	1.83	15.24	11.92	21.78
— indigo	1.78	14.99	11.74	21.68
— violett	1.81	14.59	11.39	21.92
— bläulichgrün	0.74	14.74	13.86	5.95
— bläulichgrün	1.93	15.02	14.62	2.76
— schw. undurchs.	0.81	15.21	14.55	4.35
— schw. undurchs.	1.98	15.42	15.19	1.51
Schwerspath	2.60	14.83	11.52	22.30
Gyps	2.71	14.71	9.18	37.63
Rüböl	8.49	14.72	9.05	38.50
Weinsaur. Kali Natr.	2.50	15.08	8.26	45.21
Gesätt. Kochsalz Lös.	8.49	15.16	5.06	66.60
— Alaun —	8.49	15.22	5.08	66.63
— Weinsäure —	8.49	15.08	5.04	66.59
— Weinsäure —	0.74	14.72	9.38	36.31
destillirtes Wasser	8.49	14.55	4.85	66.67
destillirtes Wasser	0.74	14.92	9.50	36.27
Bernstein	3.08	14.94	7.29	51.23
Alaun	2.58	14.73	0.52	95.81

Vor den Turmalinen No. 5 eingeschattete Substanz.	Dicke	bei parall. Axen	bei gekreuzt. Axen	Polarisat. index
Keine	0.00	17.11	13.15	11.35
Bläulich grünes Glas	1.93	17.65	13.49	11.83
Undurchs. schw. —	1.98	17.10	13.05	11.94
Schwerspath	2.60	17.33	13.21	12.07
Rüböl	8.49	17.52	12.80	15.65
Gyps	2.71	17.76	12.63	17.91
Farbloses Glas	1.85	17.27	14.11	6.46
Farbloses Glas	8.27	17.81	14.79	4.17
Rothes —	1.80	17.49	14.17	6.53
Orange —	1.87	16.91	13.69	6.70
Gelbes —	1.79	17.22	14.00	6.15
Blaues —	1.83	16.87	13.73	6.20
Indigo —	1.78	16.98	13.78	6.44
Violttes —	1.81	17.30	14.06	6.29

Eine gleiche Abhängigkeit zeigt sich, wenn der Unterschied der auffallenden Wärme nicht durch eine vor den Turmalinen eingeschaltete Platte, sondern unmittelbar durch eine verschiedene Wärmequelle hervorgebracht wird. (Pogg. Ann. 39. p. 24.)

Polarisationsindex für directe Strahlen.

Turmaline	Argandische Lampe mit Glasröhre	Locatellis Lampe.	glühendes Platin	bis 400 C erhitztes Kupfer
No. 1 dunkelgrün	0.37	3.71	5.27	0.59
— 5 gelblichgrün	5.33	11.30	13 89	3.22
— 8 schmtzg. violett	24.50	20.48	17.20	2.30
— 9 fahlgelb	26.21	21.89	18.16	2.98

Geht aus den angeführten Versuchen entschieden hervor, dass Wärme verschiedener Qualität ungleich polarisirt wird durch dieselben Turmaline, und suchen wir zu dieser Erscheinung einen Parallelismus in der Lichtlehre, so ist es mir auffallend, dass ich nirgends als Beispiel die eigentlich dichroitischen Krystalle angeführt finde. Betrachtet man eine Lichtflamme durch zwei parallele Dichroitplatten, so sieht man ihre Farbe und Helligkeit wenig verändert, kreuzt man die Platten, so sieht man ein intensives Blau. Denken wir uns also eine gelbe und eine blaue Flamme neben einander durch parallele und gekreuzte Dichroite betrachtet, so würden wir für die erste einen bedeutenden, für die letztere einen geringen Polarisationsindex erhalten. Es wäre daher wünschenswerth, dass die, welchen genaue Apparate für Thermoelectricität zur Hand sind, in dieser Beziehung überhaupt die dichroitischen Krystalle prüften. Zunächst können wir uns die Polarisationserscheinungen der Wärme durch Turmaline dadurch anschaulich machen, dass wir sagen: Turmaline wirken für Wärme wie Dichroite für das Licht.

Uebrigens mag schliesslich hier bemerkt werden, dass Forbes die Polarisation der Wärme durch Turmaline zuerst nachgewiesen hat *).

Forbes hat ausserdem gefunden, dass wenn man die Wärme durch Säulen dünner Glimmerblättchen polarisirt, dadurch erhalten, dass man ein dickeres Glimmerblättchen über heissen Kohlen sich aufblättern lässt, ebenfalls der Polarisationsindex für Wärme verschiedener Qualität verschieden ist. Er sieht also diese verschiedene Polarisirbarkeit verschiedener Wärmequellen als eine der Wärme, nicht den Apparaten angehörige Thatsache an, als einen Unterschied in den sonst stets parallel gehenden Phänomenen bei-

*) Edinb. Trans. 13. p. 243.

der Gebiete, während Melloni hingegen zu beweisen sucht, dass nur die Apparate diesen Unterschied erzeugen, dieser also kein wesentlicher, sondern nur scheinbarer sei. Forbes fand III. Ser. pag. 5.

	Von 100 Strahlen polarisirt
Argandische Lampe	78
Locatelli-Lampe	75—77
Glühendes Platin	74—76
wenn 0.''06 dickes Glas dazwischen eingeschaltet	80—82
Alcoholflamme	78
Messing bei 700° F.	66.6
wenn 0.''016 dicker Glimmer eingeschaltet . .	80
Quecksilber im Tiegel bis 410° . .	48
Kochend Wasser	44

Dagegen fand Melloni, wenn er von demselben Glimmer zwei Polarisationsapparate construirte, einen mit glatten Flächen, den andern mit geritzten Blättchen *)

Wärmequelle.	Polarisationsindex bei glatten Flächen.	Polarisationsindex bei geritzten Flächen.
Metall bei 400°	50*	37
Locatelli's Lampe	50	46
mit Glas	50	49

und nimmt daher an, dass durch Aufblättern des Glimmers auf glühenden Kohlen dieser in einen ähnlichen Zustand versetzt werde als durch absichtliches Ritzen. Die Anwendung des aufgeblätterten Glimmers bei Strahlungsversuchen, die keine Polarisation bezwecken, gewährt aber nach Forbes den Vortheil, dass er dunkele Wärme in grösserem Verhältniss hindurchlässt, als Strahlen von Quellen hoher Temperatur, wofür später Melloni berusstes Steinsalz einführte (IV. Series pag. 6.).

H. Diffusion der Wärme.

1. Diffusion diathermaner Körper.

Fallen die Strahlen einer Lampe von constantem Niveau, nachdem sie durch eine Convexlinse parallel gemacht, durch zwei gleich

*) Pogg. Ann. 53. p. 56.

grosse Oeffnungen, die in gleicher Höhe in zwei parallelen Schirmen angebracht sind auf einer Thermosäule, so werden sie vermittelst derselben eine constante Ablenkung des Galvanometers hervorbringen. Diese constante Ablenkung wird durch eine polirte Glasplatte um eine bestimmte Grösse vermindert, aber diese Verminderung wird dieselbe bleiben, ob die Glasplatte zwischen den Schirmen von der hintersten Oeffnung entfernt oder ihr genähert wird, da das Hin- und Herbewegen derselben den Parallelismus der Strahlen nicht stört, sondern nur eine unverändert bleibende Menge derselben aufhebt. Vertauscht man aber die Glasplatte mit einer mattgeschliffenen, so nimmt die Ablenkung der Magnetnadel sogleich zu, so wie sie sich der hintern Oeffnung nähert. Dass diese Wirkung nicht von der eignen Erwärmung der Glasplatte abhängt, geht daraus hervor, dass die Ablenkung nur um einige Grade abnimmt, wenn man zwischen die matte Glasplatte und die Thermosäule eine durchsichtige Glasplatte einschaltet, die bekanntlich Strahlen von Wärmequellen so niederer Temperatur fast vollständig aufhebt. Diess ist nach Melloni also der Beweis einer entschiedenen Diffusion. Für Strahlen niederer Wärmequellen kann der Einfluss der Mattheit der Oberfläche nur am Steinsalz untersucht werden, da andere Substanzen diese Strahlen auffangen. Kupfer 400° C. warm zeigte, wenn eine matte Steinsalzplatte zwischen den Schirmen hin und her bewegt wurde, nur $\frac{1}{13}$ Unterschied, wenn unter gleichen Umständen im vorigen Versuch derselbe $\frac{1}{4}$ betrug. Berusstes Steinsalz keinen. Mattes Steinsalz zeigt also geringe Diffusion, berusstes gar keine (Pogg. Ann. 53. p. 47.).

Eine grosse Anzahl Versuche mit diathermanen Platten, welche gitterförmig geritzt, matt gerieben oder mit Pulver bedeckt waren, hat Forbes in der IV. Series seiner Untersuchungen mitgetheilt und die dadurch entstehenden Wirkungen mit den Interferenzphänomenen dioptrischer Gitter parallelisirt. Es muss in Bezug auf das Detail dieser Versuche auf die Abhandlung verwiesen werden.

2. Diffusion athermaner Substanzen.

Wärme, welche nicht gespiegelt oder gebrochen wird, kann nur absorbirt und zerstreut werden. Es ist früher schon (p. 345.) angeführt worden, dass in Beziehung auf Absorption der Strahlen verschiedener Wärmequellen immer Kienruss die stärkste Absorption zeigt. Auch verändert sich diese Stelle des Kienruss nicht, wenn ein diathermaner Körper zwischen die Wärmequelle und den damit bedeckten Körper eingeschaltet wird, obgleich diess die Absorption anderer Körper bedeutend modificirt, wie Baden Powell gezeigt hatte (pag. 346.) und wie Melloni bestätigt, der nach seinen Versuchen die Absorptionsverhältnisse der folgenden Substanzen, die des Kienruss mit 100 bezeichnet, wie folgt fand *).

	Absorption	
	direct	nach Einschaltung eines Glases.
Kienruss	100	100
Bleiweiss	53	24
Hausenblase	52	45
Tusch	96	100
Gummilack	43	30
Metallfläche	14	17

Daraus lässt sich unmittelbar schliessen, dass, wenn es überhaupt eine Diffusion giebt, diese bei Kienruss am geringsten sein muss.

Matt geschliffene Metalle zeigen aber, der Strahlung verschiedener Wärmequellen unterworfen, stets dasselbe Absorptionsverhältniss zu berussten Flächen, woraus folgt, dass, wenn es eine Wärmediffusion giebt, matte metallische Flächen die Strahlen aller Wärmequellen auf gleiche Weise zerstreuen müssen, sich also für Wärme wie weisse Flächen für Licht verhalten. Kienruss hingegen, wenn seine Absorption absolut, ist ein schwarzer Körper für Licht und Wärme.

Den Beweis des constanten Absorptionsverhältnisses zwischen Kienruss und Metall hat Melloni (Pogg. Ann. 52. p. 427.) gegeben. Die symmetrischen Seiten einer Thermosäule geschirmt durch zwei an beiden Seiten berusste Metallscheiben gegen zwei heterogene Wärmequellen werden durch verschiedenen Abstand derselben in galvanometrisches Gleichgewicht gebracht. Das Gleichgewicht bleibt bestehen, wenn man diese Schirme mit 2 andern vertauscht, welche nach der Wärmequelle hin metallisch, nur der Thermosäule berusste Seiten zukehren. Bestreicht man hingegen die metallischen Seiten mit einer Substanz, so ist das Gleichgewicht sogleich gestört. Dass die Metalle viel weniger absorbiren als Kienruss ist schon pag. 345 gezeigt.

*) Pogg. Ann. 35. p. 577.

Der Beweis Melloni's einer wirklich stattfindenden Diffusion auf der matten Oberfläche athermaner Körper ist folgender:

Eine um ihre Achse drehbare Scheibe von Nussbaumholz von 15 bis 20 Cent. Durchm. und auf einer Seite intensiv weiss gefärbt, wurde auf der andern sammtartig angerusst und beleuchtet von einer Lampe, deren Strahlen durch eine Linse dem Parallelismus mehr genähert worden waren. Die durch einen Metallschirm gegen die directen Strahlen der Lampe geschützte Thermosäule war auf der der Scheibe zugewandten Seite durch eine Glasplatte gegen die directen Strahlen der Scheibe geschützt, und zeigte, wenn die schwarze Fläche zugekehrt ist, 1° Abweichung, hingegen wenn die weisse ihr zugewendet ist, 25° bis 30°.

Lässt man eine an einer Wärmequelle aus der Ferne erwärmte Scheibe von nicht spiegelnder Oberfläche mit ihrer Vorderfläche gegen die Thermosäule strahlen, so empfängt diese die Wirkung der absorbirten und zerstreuten Wärme, setzt man hingegen die Thermosäule den Strahlen der Hinterfläche aus, so empfängt sie nur die Wirkung der absorbirten Wärme. Melloni liess von zwei gleichen Pappscheiben die eine an beiden Seiten berussen, machte die andere an der Vorderfläche weiss, an der Hinterfläche hingegen durch Russ schwarz und erhielt folgende Werthe, indem er die Thermosäule an einer Alhidade um die Achse der aufgesetzten Scheibe so bewegte, dass sie durch einen Metallschirm gegen die Lampe geschützt, aber ohne Glasschirm einmal die Strahlen der Vorderfläche, dann die der Hinterfläche empfing (Pogg. Ann. 52. p. 493.).

	Scheibe I.		Scheibe II.	
	Hinterfläche schwarz.	Vorderfläche schwarz.	Hinterfläche schwarz.	Vorderfläche weiss.
Metall bei 400° C.	100	118	93	129
Glühendes Platin	100	117	84	152
Locatelli's Lampe	100	119	69	181
dito mit Glasschirm	100	118	46	250

Die nur durch Absorption bewirkte Ausstrahlung der Hinterfläche betrug also, wenn sie für die schwarze Scheibe mit 100 bezeichnet wird, für die weisse in Beziehung auf die der Wärmequelle 93, 94, 69, 46, ist also verschieden, oder die weisse Fläche verhält sich für Wärme wie eine farbige für Licht. Der sehr geringe Ueberschuss der Wirkung der Vorderfläche über die Hinterfläche der schwarzen Scheibe ist gleich für die verschiedenen Wärmequellen, bei der weissen Scheibe hingegen ist der der Zerstreuung zukommende Antheil bedeutend und verschieden, da die Verhältnisse der Strahlungen beider Flächen $\frac{10}{14}\ \frac{10}{18}\ \frac{10}{20}\ \frac{10}{54}$; die Zerstreuung der strahlenden Wärme glühender Körper ist also grösser, als die von Körpern niederer Temperatur. Die weisse Fläche verhält sich daher in Beziehung auf Zerstreuung für Wärme wie eine farbige für das Licht, die schwarzen hingegen für Wärme wie eine schwarze für Licht.

Bei Vergleichung weisser Körper mit matten metallischen Oberflächen fand Melloni *) die Zerstreuung der letztern grösser. Metallische Körper verhalten sich daher für Wärme wie weisse Körper für Licht.

Auf die Absorption der Wärme hat die Natur der metallischen Oberfläche einen wesentlichen Einfluss. Unterwirft man **) nach einander ein geritztes mattes und ein polirtes spiegelndes Kupferscheibchen, dessen dem Thermoskop zugewendete Seite wohl geschwärzt ist, den durch eine Steinsalzlinse concentrirten Strahlen einer Wärmequelle, so erwärmt sich die geritzte Scheibe mehr als die polirte. Ebenso verhalten sich unpolirte und polirte Scheiben von Stahl, Zinn, Silber, Gold und jedem andern ausgehämmerten oder ausgewalzte Metallen, hingegen wirkt stark gehämmertes Weissblech, welches dadurch Beulen bekommen, schwächer als polirt gelassenes. Silber und Gold langsam nach dem Schmelzen erkaltet und dann mit Oel und ausgeglühter Kohle gut polirt, erwärmen sich stärker, als wenn sie durch eine Reihe vermittelst eines Diamants darauf gezogener Striche matt gemacht sind woraus hervorgeht, dass das Absorptionsvermögen in dem Maasse abnimmt, als die Härte der Elasticität der Platte zunimmt. Diess zeigt das durch Hämmern gehärtete Weissblech. Bei dem gewalzten Kupfer werden durch die Ritzen die weniger harten Theile des Innern blossgelegt und dadurch nimmt die Absorption zu. Bei dem weicheren Gold und Silber verdichtet dagegen der Striche ziehende Diamant die berührten Stellen und vermindert deswegen mit Steigerung der Härte das Absorptionsvermögen. Daher müs-

*) Pogg. Ann. 52. p. 582.
**) Pogg. Ann. 53. p. 269.

sen Spiegel, welche als Reflectoren der Wärme dienen sollen, nicht nur gut polirt seyn, sondern einen hohen Grad von Härte und Elasticität besitzen. Auf diese Weise erklärt sich, dass Marmor, Gagat und Elfenbein im natürlichen Zustande dieselbe Wärme absorbiren, als im höchsten Grade polirt oder durch Sand oder Smirgel geschrammt, weil die Verfahrungsarten, durch welche ihre Oberflächen modificirt werden, nicht auf so bleibende Weise wie bei den Metallen ihre Härte und Elasticität verändern. Auch hat es auf das Erwärmungsvermögen keinen Einfluss, in welchem Grade ein bestimmter Farbestoff feingerieben ist, den man auf die absorbirende Fläche aufträgt.

Aehnlich verhält es sich mit dem Ausstrahlungsvermögen der Substanzen. Melloni verfertigte *) ein kubisches Gefäss, dessen vier lothrechte Seiten Silberplatten bildeten. Zwei dieser Platten waren stark gehämmert, zwei gegossen und langsam erkaltet, alle zuerst mit Bimsstein und Kohle ohne Hammer und Glättstahl polirt, dann eine gegossene und eine gehämmerte mit grobem Smirgelpapier matt gemacht. Mit heissem Wasser gefüllt wurden durch die vier Seiten folgende Ausstrahlungen erhalten:

Seite 1	gehämmert und polirt . . .	10°
— 2	— — geritzt . . .	18°
— 3	gegossen und polirt	13.°7
— 1	— — geritzt	11.°3

Die von Leslie aufgestellte Theorie des Einwirkens der Ritzung einer Oberfläche auf Ausstrahlung bedarf daher wie überhaupt alle seine Versuche einer wesentlichen Revision. Auch können in dieser Sphäre nur mit Strenge durchgeführte Untersuchungen die Wärmelehre fördern. Sie gewinnt wenig durch Arbeiten wie die von Stark in den Philos. Trans. for 1833. über den Einfluss der Farbe auf Ausstrahlung und Absorption. Bache hat in einer Prüfung dieser Arbeit: inquiry in relation to the alleged influence of colour on the radiation of non luminous heat (Journal of the Frankl. Inst. Novemb. 1835.) sehr vollständig gezeigt, dass die von Stark erhaltenen Resultate unbegründet sind, deren ausführliche Erörterung daher hier unterbleibt.

Melloni findet zwischen Ausstrahlungsvermögen und Absorptionsvermögen folgende Verhältnisse:

*) Pogg. Ann. 45. p. 62.

	Ausstrahlungs-Vermögen.	Absorptions-Vermögen.
Kienruss	100	100
Bleiweiss	100	53
Hausenblase	91	52
Tusch	85	96
Gummilack	72	43
Metallfläche	12	14

Dass in sehr dünnen Schichten der Kienruss nicht atherman sei, ist früher schon angeführt worden; dass er dann vorzugsweise nur Strahlen der niedern Temperatur hindurchlasse, geht aus den folgenden Versuchen mit einer berussten Steinsalzplatte hervor.

Steinsalz-Platte	von 100 Strahlen			Locatelli Lampe		
	Sieden-des Wasser	Metall v. 400°	Glühen-des Platin.	frei	d. Glas	d. Alaun
Durchsichtig	67	66	55	48	34	25
wenig durchsichtig	50	49	40	35	20	9
sehr wenig —	44	43	33	27	15	6
f. Flamme —	35	33	25	21	8	2.4
f. Sonne —	27	25	14	9.5	2	0.5
undurchsichtig	23	18	10	8.0	1.4	—
—	13	11	5.7	5.0	0.5	—
—	9	6.5	1.9	0.5	—	—
—	6	3	0	—	—	—
—	3.5	1.6	0	—	—	—

Aus der für Strahlen verschiedener Wärmequellen verschiedener Absorption erklärt Melloni *) die sonderbare Erscheinung, dass man im Winter um Sträucher und Bäume, eben so wie um eingepflanzte Stangen den Schnee früher schmelzen sieht, als da, wo der Boden dem freien Sonnenschein ausgesetzt ist, dadurch nämlich, dass die vor den Bäumen und Sträuchern ausgestrahlte Wärme im stärkern Verhältniss vom Schnee absorbirt wird, als die directe Sonnenwärme. Er bestrich eine Thermosäule mit Bleiweiss, und liess auf sie die concentrirten Strahlen einer Lampe fallen, erhielt nun eine Ablenkung von 15 Grad; bei Einschaltung eines dicken Blattes dunkelgrauen Papiers hingegen stieg die Ablenkung auf 33°5. Das Bleiweiss stellt hier den Schnee vor, das erwärmte graue Papier die durch den Baum in dunkle Wärme verwandelte Sonnenwärme. Ein directerer Versuch war folgender.

*) Pogg. Ann. 44 p. 357.

Die symmetrischen Seiten der Thermosäule wurden zwischen eine Lampe und bis 400° erhitztes Kupfer gestellt, und dieses so weit genähert, dass das Gleichgewicht an der Nadel hervorgebracht wurde. An die Stelle der Thermosäule wurde darauf eine horizontale cylindrische Röhre gestellt, die an beiden Enden offen den Wärmequellen zugekehrt war, in der Mitte durch eine Scheidewand getrennt gleiche Portionen reinen Schnees in ihren Abtheilungen enthielt. Die grösste geschmolzene Schneemenge bei diesen quantitativ gleichen Strahlungen fand sich auf Seiten des Kupfers, denn der Schnee verschwand hier nach 4 Minuten, auf der Seite der Lampe nach 9.5

Ein mit Schnee gefülltes glatt abgestrichenes Gefäss wurde senkrecht aufgestellt den Strahlen einer Argand'schen Lampe ausgesetzt. Eine kleine sehr dünne mit Kienruss überzogene Pappscheibe zwischen Lampe und Schnee aufgestellt gab in ihrem Schatten nach einer Viertelstunde ein Loch von 4 Linien Tiefe. Strahlte hingegen die Wärme von der bis 400° C. erhitzten Kupferscheibe aus, so bildete sich im Schatten der Scheibe eine Erhöhung.

Da die diffuse Sonnenwärme dieselben Eigenschaften besitzt, als die directe, so sieht man ein, dass die Wirkung der Bäume auch bei bedecktem Himmel dieselbe ist.

I. Aberration der Wärme.

Im Brennpunkte des Objectives eines zehnfüssigen parallactisch aufgestellten Fernrohrs fand v. Wrede die Temperatur des Ostrandes des Sonnenbildes höher als die des Westrandes. Die Fortpflanzungsgeschwindigkeit der Wärme und des Lichtes würde nach diesen vorläufigen Versuchen im Verhältniss 20.25:24.03, also nahe wie 4:5 sein. (Pogg. Ann. 53. p. 602.)

Namenregister.

Druckfehler.

Seite 175	Zeile 11	liess	folgenden statt foldenden
- 185	- 22	-	Sitcha statt Siteha
- 188	- 22	-	Südwinden statt Sädwinden
- 189, 190, 191		-	Ogdensburgh statt Ordensburgh
- 195	Zeile 14	-	Drehung statt Dehnung
- 201	- 17	-	1837 statt 1737
- 215	unten	-	e_x statt ex
- 224	Zeile 15	-	vom statt am
- 234	unten	-	Pogg. Ann. 24 p. 205.
- 246	Zeile 3	-	auf statt auf als
- 254	- 14	-	cos. statt cis.
- 260	- 14	-	Petersburg
- 273	- 37	-	irdische
- 285	- 17	-	; in Gent
- 286	- 29	-	sämtlich statt jährlich
- 287	- 32	-	dieser statt diese

I. Tabella

der Abweichung des Mittels einzelner Stunden von

Eine Beob-ach-tung tägl. Stund.	Novaja Semlja [1]). Matotsch-kin-Schar.	Novaja Semlja [1]). Felsen-Bai.	Boothia Felix [2]).	Peters-burg [3]).	Fort Leith [4]).		
	73° n. 51½° ö. 1 J. 183⅘.	70° 37′ n. 55° 27′ ö. 1 J. 183⅔	70° n. 94° 10′ w. 2½ J. 1829—32.	59° 27′ n. 27° 59′ ö. (1 J.) 183⅚.	55° 59′ n. B. 5° 30′ w. Par 1824.	1825.	2 J. 1824 u. 2
Mrg. 5	. . .	. . .	+ 1°.122	. . .	+ 1°.538	+ 1°.653	+ 1°.59
6	+ 0°.44	+ 0°.60	+ 0 .853	. . .	+ 1 .438	+ 1 .465	+ 1 .45
7	. . .	. . .	+ 0 .404	. . .	+ 1 .082	+ 1 .121	+ 1 .10
8	— 0 .16	+ 0 .05	+ 0.042	+ 0.1	+ 0 .704	+ 0 .673	+ 0 .68
9	. . .	. . .	— 0 .402	. . .	+ 0.099	+ 0.136	+ 0.11
10	— 0 .60	— 0 .81	— 0 .854	— 1.3	— 0 .351	— 0 .467	— 0 .41
12	— 1 .18	— 1 .33	— 1 .655	— 2.2	— 1 .389	— 1 .400	— 1 .39
Nmt. 1	. . .	. . .	— 1 .909	. . .	— 1 .590	— 1 .613	— 1 601
2	— 0 .83	— 1 .39	— 1 .840	— 2.5	— 1 .779	— 1 .781	— 1 780
3	. . .	. . .	— 1 .629	. . .	— 1 .833	— 1 .794	— 1 .814
6	— 0 .05	— 0 .53	— 0 .412	— 0.8	— 0 .996	— 1 .258	— 1 .127
7	. . .	. . .	— 0.024	. . .	— 0 .584	— 0 .836	— 0 .710
8	+ 0 .15	+ 0 .19	+ 0 .318	+ 0.5	— 0.173	— 0.224	— 0.198
9	. . .	. . .	+ 0 .588	. . .	+ 0 .232	+ 0 .253	+ 0 .243
10	+ 0 .60	+ 0 .66	+ 0 .976	+ 1.3	+ 0 .527	+ 0 .573	+ 0 .550
11	. . .	. . .	+ 1 .145	. . .	+ 0 .771	+ 0 .854	+ 0 .813

*) Zweistündl. Beobacht. zu Bangalore 1835 in 12° 58′ n. Br. und 300

Uebersicht

…dium im jährlichen Durchschnitt. — Centesimalgrade.

…- …⁶).	Mühlhausen [7]).	Plymouth [8]).			Padua [9]).	Madras [10]).	Stille Ozean [11]).
… n. … ö. …00'?	51° 13′ n. 8° 9′ ö. 645′	50° 21′ n. Br. 6° 26′ w. Par.			45° 24′ n 9° 32′ ö. 16 Mon.	13° 5′ n. 77° 57′ ö.	Zwischen 5 u. 15° n. Br Fast ½ J.
…3.	1837.	1833.	1834.	1833 u. 34	17$\frac{78}{79}$	1823.	182$\frac{7}{9}$.
.27	+ 2°.70	+ 2°.22	+ 2°.11	+ 2°.17	+ 2°.65	+2°.77	+ 0°.78
.80	+ 2 .33	+ 1 .82	+ 1 .79	+ 1 .81	+ 2 .27	(+ 1.42?)	+ 0 .63
.15	+ 1 .62	+ 1 .08	+ 1 .05	+ 1 .07	+ 1 .63	+ 1 .81	+ 0 .42
.41	+ 0 .67	— 0.01	+ 0.21	+ 0.15	+ 0 .76	+ 1 04	+ 0.08
.40	— 0 .38	— 0 .86	— 0 .73	— 0 .79	— 0.34	— 0.18	— 0 .21
.10	— 1 .30	— 1 .67	— 1 .51	— 1 .59	— 1 .18	— 1.44*	— 0 .53
.175	— 2 .85	— 2 .68	— 2 .62	— 2 .65	— 2 .42	— 2 .69	— 0 .99
.45	— 3 .22	— 2 .79	— 2 .88	— 2 .83	— 2 .81	— 2 .78	— 1 .17
.525	— 3 .34	— 2 .63	— 2 .65	— 2 .66?	— 3 .04	— 2 .69	— 1 .17
.49	— 3 .09	— 2 .27	— 2 .33	— 2 .30	— 3 .00	— 2 .40	— 1 .06
225	— 1 .19	— 0 .59	— 0 .57	— 0 .58	— 1 .11	— 0 .73	— 0 .33
.65	— 0 .49	— 0.02	+ 0.02	0.00	— 0 .44	+ 0.02	+ 0.04
09	— 0 .84?	+ 0 .42	+ 0 .53	+ 0 .47	+ 0.07	+ 0 .34	+ 0 .23
39	+ 0 .64	+ 0 .79	+ 0 .81	+ 0 .81	+ 0 .63	+ 0 .43	+ 0 .37
81	+ 1 .19	+ 1 .18	+ 1 .13	+ 1 .14	+ 0 .97	+ 0 .62	+ 0 52
.24	+ 1 .58	+ 1 .38	+ 1 33	+ 1 .31?	+ 1 .27	+ 1 .03	+ 0 .63

…hingegen für 10h nur 0°.3 Abweichung v. Med.! Beng. Journ. V. 296.

Stunden. a) Mrg. u. Nachmtg.	Novaja Semlja Matotschk. Schar 1834—5.	Felsen-Bai 1832—3.	Boothia Felix 1829—32.	Fort Leith 1824.	1825.	1824 u. 25.	
4 u. 12	— 0.20	— 0.13	— 0.211	+ 0.043	+ 0.126	+ 0.085	
4 u. 1	. . .	. . .	— 0.338	— 0.057	+ 0.020	— 0.018	
4 u. 2	— 0.02	— 0.16	— 0.303	— 0.151	— 0.064	— 0.107	
4 u. 3	. . .	. . .	— 0.198	— 0.179	— 0.071	— 0.125	
4 u. 4	— 0.13	— 0.01	— 0.038	— 0.051	— 0.036	— 0.043	
5 u. 12	. . .	. . .	— 0.267	+ 0.074	+ 0.127	+ 0.100	
5 u. 1	. . .	. . .	— 0.394	— 0.026	+ 0.020	— 0.003	
5 u. 2	. . .	. . .	— 0.359	— 0.121	— 0.064	— 0.092	
5 u. 3	. . .	. . .	— 0.254	— 0.148	— 0.071	— 0.109	
5 u. 4	. . .	. . .	— 0.094	— 0.021	— 0.036	— 0.028	
6 u. 12	— 0.37	— 0.36	— 0.401	+ 0.024	+ 0.032	+ 0.028	
6 u. 1	. . .	. . .	— 0.528	— 0.074	— 0.074	— 0.075	
6 u. 2	— 0.20	— 0.40	— 0.493	— 0.171	— 0.158	— 0.164	
6 u. 3	. . .	. . .	— 0.388	— 0.198	— 0.165	— 0.181	
6 u. 4	— 0.05	— 0.25	— 0.228	— 0.071	— 0.130	— 0.100	
7 u. 12	. . .	. . .	— 0.626	— 0.154	— 0.139	— 0.146	7
7 u. 2	. . .	. . .	— 0.718	— 0.348	— 0.330	— 0.339	7,
7 u. 4	. . .	. . .	— 0.453	— 0.248	— 0.302	— 0.275	7,
8 u. 12	— 0.67	— 0.64	— 0.807	— 0.343	— 0.365	— 0.354	9,
8 u. 2	— 0.50	— 0.67	— 0.899	— 0.537	— 0.554	— 0.546	9,
8 u. 4	— 0.35	— 0.52	— 0.634	— 0.437	— 0.527	— 0.482	9
b) Homon. Stunden Mrg. u. Ab.							
4 - 4h	+ 0.13	— 0.01	— 0.04	— 0.05	— 0.04	— 0.04	
5 - 5	. . .	. . .	+ 0.15	+ 0.10	+ 0.04	+ 0.07	
6 - 6	(+ 0.20)	+ 0.03	+ 0.22	+ 0.22	+ 0.10	+ 0.16	
7 - 7	. . .	. . .	+ 0.19	+ 0.25	+ 0.14	+ 0.20	
8 - 8	— 0.01	+ 0.12	+ 0.18	+ 0.27	+ 0.22	+ 0.24	
9 - 9	. . .	. . .	+ 0.09	+ 0.17	+ 0.20	+ 0.18	
10 - 10	0.00	— 0.08	— 0.06	+ 0.08	+ 0.05	+ 0.07	
11 - 11	. . .	. . .	— 0.08	— 0.06	— 0.06	— 0.06	
12 - 12	— 0.19	— 0.07	— 0.18	— 0.19	— 0.16	— 0.18	
Med. der Extr. St.*)	. . .	. . .	— 0.25	— 0.15	— 0.07	— 0.11	

*) D. h. Med. des kleinsten und grössten Thermometerstandes unter

†) Die Beob. zu Petersburg (s. Tab. I.) ergeben für 8 und 8h: +

Medium im jährlichen Durchschnitte. — Centesimalgrade.

…lzuflen	Mühlhausen	Plymouth			Padua	Madras	Stille Ozean
1828.	1837.	1833.	1834.	1833 u. 4.	1778—9.	1823.	½ Jahr.
- 0.21	0.00	— 0.23	— 0.27	— 0.25	+ 0.08	— 0.11	— 0.04
- 0.07	— 0.18	— 0.29	— 0.40	— 0.34	— 0.11	— 0.16	— 0.13
- 0.03	— 0.24	— 0.21	— 0.30	— 0.25	— 0.23	— 0.12	— 0.13
- 0.05	— 0.12	— 0.02	— 0.12	— 0.07	— 0.21	+ 0.03	— 0.07
- 0.19	+ 0.15	+ 0.18	+ 0.17	+ 0.18	+ 0.03	+ 0.23	0.00
- 0.05	— 0.07	— 0.23	— 0.26	— 0.24	+ 0.12	+ 0.04	— 0.11
- 0.09	— 0.26	— 0.29	— 0.39	— 0.33	— 0.08	— 0.01	— 0.19
- 0.12	— 0.32	— 0.21	— 0.27	— 0.24	— 0.19	+ 0.04	— 0.19
- 0.11	— 0.19	— 0.02	— 0.11	— 0.07	— 0.17	+ 0.18	— 0.14
+ 0.02	+ 0.07	+ 0.18	+ 0.19	+ 0.19	+ 0.07	+ 0.38	— 0.06
- 0.19	— 0.26	— 0.43	— 0.42	— 0.42	— 0.07	— 0.20 i	— 0.18
- 0.32	— 0.44	— 0.45	— 0.54	— 0.51	— 0.27	— 0.24 i	— 0.27
- 0.35	— 0.50	— 0.40	— 0.43	— 0.42	— 0.38	— 0.20 i	— 0.27
- 0.34	— 0.38	— 0.22	— 0.27	— 0.25	— 0.36	— 0.05 i	— 0.21
- 0.21	— 0.11	— 0.02	+ 0.03	+ 0.01	— 0.12	+ 0.14 i	— 0.14
- 0.51	— 0.61	— 0.80	— 0.79	— 0.79	— 0.39	— 0.44	— 0.29
- 0.69	— 0.86	— 0.77	— 0.80	— 0.79	— 0.70	— 0.44	— 0.37
- 0.54	— 0.46	— 0.39	— 0.34	— 0.36	— 0.44	— 0.10	— 0.24
— 0.88	— 1.09	— 1.34	— 1.21	— 1.25	— 0.83	— 0.82	— 0.46
— 1.06	— 1.33	— 1.32	— 1.22	— 1.25	— 1.14	— 0.82	— 0.54
— 0.91	— 0.94	— 0.93	— 0.76	— 0.82	— 0.88	— 0.48	— 0.41
+ 0.19	+ 0.15	+ 0.18	+ 0.17	+ 0.18	+ 0.03	+ 0.23	0.00
+ 0.22	+ 0.44	+ 0.49	+ 0.48	+ 0.49	+ 0.40	+ 0.69	+ 0.09
+ 0.29	+ 0.57	+ 0.61	+ 0.61	+ 0.61	+ 0.58	+ 0.78 i	+ 0.15
+ 0.25	+ 0.56	+ 0.53	+ 0.53	+ 0.53	+ 0.60	+ 0.89	+ 0.23
+ 0.16†	+ 0.38 i	+ 0.20	+ 0.37	+ 0.31	+ 0.42	+ 0.68	+ 0.16
0.00	+ 0.13	— 0.03	+ 0.03	+ 0.01	+ 0.14	+ 0.12	+ 0.08
- 0.14†	— 0.05	— 0.25	— 0.20	— 0.22	— 0.10	— 0.41	— 0.06
— 0.24	— 0.32	— 0.43	— 0.41	— 0.44 ?	— 0.28	— 0.62	— 0.10
— 0.31	— 0.41	— 0.52	— 0.56	— 0.55	— 0.43	— 0.73	— 0.16
+ 0.03	— 0.24	— 0.29	- 0.40	— 0.33	— 0.19	— 0.01	— 0.13

im jährl. Durchschnitt.

und 10h: ebenfalls 0°.0 Abweichung vom wahren Medium.

Tab. III. Abweichung des Mittels von 3 und 4 Stun

Drei Beobachtungen täglich. Stunden.	Novaja Semlja. Matotschk. Schar. $183\frac{4}{5}$.	Felsen-Bai. $183\frac{2}{3}$.	Boothia Felix. 1829—32.	Fort Leith. 1824.	1825.	1824
Mrg. Mtg. u. Ab. 6, 2 u. 8	— 0.08	— 0.20	— 0.223	— 1.72	— 0.180	—
7, 2 u. 9	. . .	. . .	— 0.283	— 0.155	— 0.136	—
7, 2 u. 9 + 9	. . .	. . .	+ 0.065	— 0.058	— 0.038	—
{ 8, 4 u. 12	+ 0.03	+ 0.05	+ 0.011	+ 0.04	+ 0.01	+
{ 6, 2 u. 10	+ 0.07	— 0.04	— 0.004	+ 0.06	+ 0.09	+
Vier Beob. täglich 4 u. 8h M. 4 u. 8h A.	+ 0.06	+ 0.05	+ 0.071	+ 0.11	+ 0.09	+
4 - 10 - 4 - 10 -	+ 0.06	— 0.04	+ 0.049	+ 0.02	0.00	+
6 - 12 - 6 - 12 -	0.00	— 0.02	+ 0.021	+ 0.01	— 0.03	0.
8 - 12 - 8 - 12 -	— 0.10	+ 0.03	+ 0.001	+ 0.04	+ 0.03	+

*) Durch Interpolation der Morgenbeobachtungen erhalten; das unveränd
Tabellen neben der Zahl ein i. Wo in der Tabelle nicht bis auf die 100tel übe
Plymouth.

1) Pachtussow's und Ziwolka's Beobachtungen ber. v. Baer
Beobachtungen zu Matotschkin-Schar um dieselben Stunden sind nur im letzten D

2) Aus Ross' 2d Voy. ber. nach v. Baer in Bull. Acad. Pétersb. II

3) Das Med. aus 8 tägl. Obs. berechnet = 3°.2, die Med. d. Std. in

4) Edinb. Soc. Transact. for 1826, p. II. (abgedr. in Poggend. Annale

5) Aus Neuber's Obs. 10mal tägl. nach Schouw's Beitr. z. vergl. I

6) A. Brandes' Arch. d. Pharmacie, 2. Reihe. Bd. XI, nach dem Ab

7) Nachträgl. haben wir noch diesen eben publ. Ort eingeschaltet, wo
Stunden durch Interpol. ergänzt. Pogg. Ann. 46, p. 672. Das Jahresmed. aus d

8) A. d. 5th Repert. of the brit. Association. 1835 (auch Pogg. p. 64

9) A. Ephem. societ. met. Palat. IV. 354; $16\frac{1}{2}$ Mon. obs. Chiminello

10) A. Madras Observ. Pap. her. Die Morgenbeob. (namentlich 6h) ze

11) Nach Hällström's Berechn. der Lütke'schen 4ständl. Beob. im
ke's Voy. aut. du monde. Part. nautique. Mém. de Pét. t. III. Die fehlenden S
Es ist nicht zu übersehen, dass die Differenz zwischen den täglichen Extremen in
nen Ozeane findet wahrscheinlich dasselbe statt.

ren Medium im jährlichen Durchschnitt. — Centesimalgrade.

Salzuflen. 1828.	Mühlbausen. 1837.	Plymouth. 1833.	1834.	1833 u. 34.	Padua. 177 8/9.	Madras. 1823.	Stille Ozean. ½ Jahr.
+ 0.27	− 0.30	− 0.13	− 0.11	− 0.13	− 0.23	− 0.02i	− 0.10
− 0.33	− 0.36	− 0.25	− 0.26	− 0.26	− 0.26	− 0.15	− 0.13
- 0.15	− 0.11	+ 0.01	+ 0.01	+ 0.01	− 0.04	− 0.01	0.00
− 0.09	+ 0.05	− 0.07	0.00	− 0.03	− 0.07	+ 0.09	− 0.05
+ 0.03	+ 0.06	+ 0.12	+ 0.09	+ 0.10	+ 0.07	+ 0.07i*)	− 0.01
− 0.17	+ 0.27	− 0.19	− 0.27	− 0.24	+ 0.22	+ 0.46	+ 0.08
+ 0.02	+ 0.05	− 0.03	− 0.01	− 0.02	− 0.03	− 0.09	0.00
− 0.01	+ 0.26	+ 0.04	+ 0.02	+ 0.03	+ 0.07	+ 0.02i	0.00
− 0.07	+ 0.48	− 0.16	− 0.09	− 0.12	− 0.00	− 0.02	0.00

).22. — Ist bei den Combin.-Stunden eine interpolirte genommen, so findet sich in den
)ifferenzen vorkommen, liegt der Grund in den benutzten Originalresultaten, z. B. bei

und 10h Vor- und Nachmittags im September durch Interpol. ergänzt. Die October-
s angestellt, daher unsicher.

rv. météorol. No. I. Mém. Pét.
).
. Das Med. = 8°.0 ber. Es zeigen sich in der Reihe noch viele Anomalien.
Ann. ebd. p. 641.
im Sommer von 4. Morg. bis 11h Ab., im Winter v. 6. Morg. bis 11 Ab.; die fehlenden
St. ist nicht + 7°.982, sondern 8°.030; 8h Ab. ist anomal.

Pflanzengeographie und Kämtz' Meteor. I. (abgedr. Pogg. ebd.)
tende Anomalien. Wahrsch. Zimmer-Einfluss!
n 173 Tagen (davon 12 im ind. und atl. Oz.) zwischen dem 15. Nov. und 22. Mai.! Lüt-
bekannten Formel berechnet. Vergl. v. Humb. Voy. ch. 29. Fr. Asiat. 2. p. 557 —
Afrika bei südlicher Declination der Sonne grösser, als bei nördlicher ist; auf dem off

Fig. VII. P. 198.

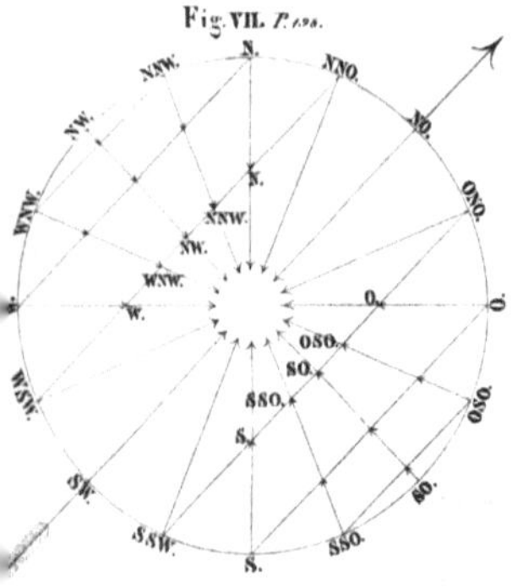

Fig. VI. P. 195.

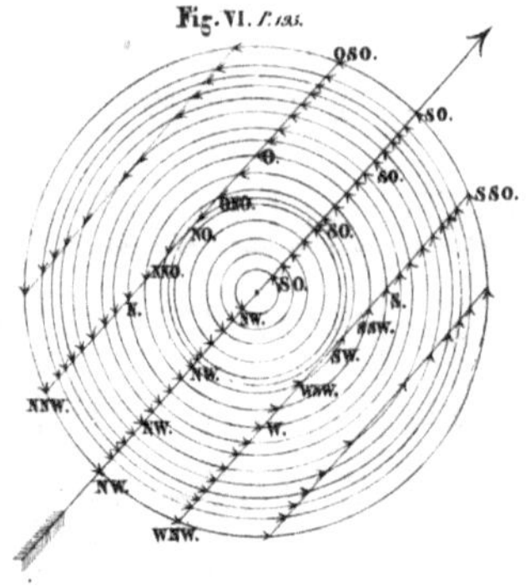

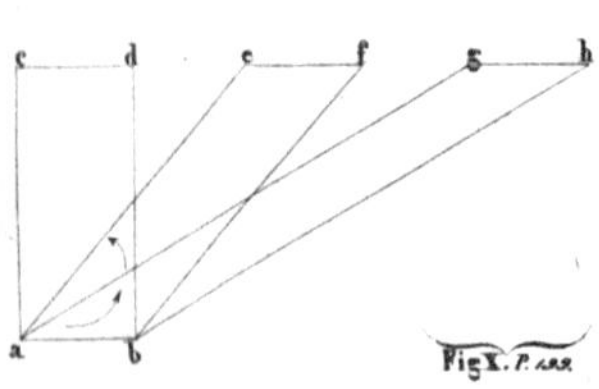

Fig. X. P. 182.

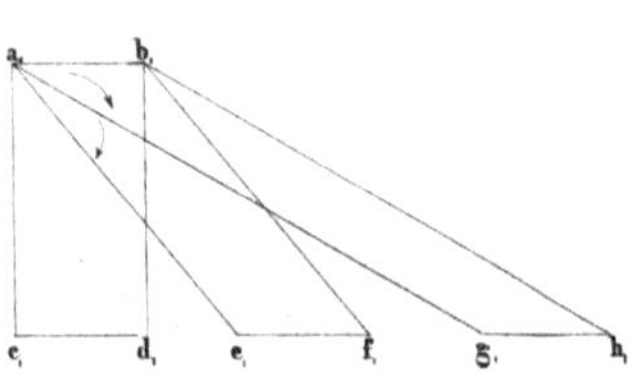

Nördliche Halbkugel.

Fig. I. P. 188.

Südliche Halbkugel.

Fig. III. P. 188.

Nördliche Halbkugel.

Fig. II. P. 188.

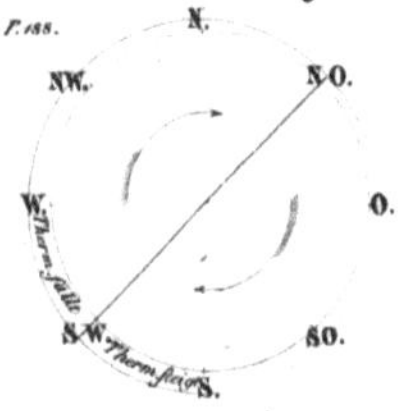

Südliche Halbkugel.

Fig. IV. P. 188.

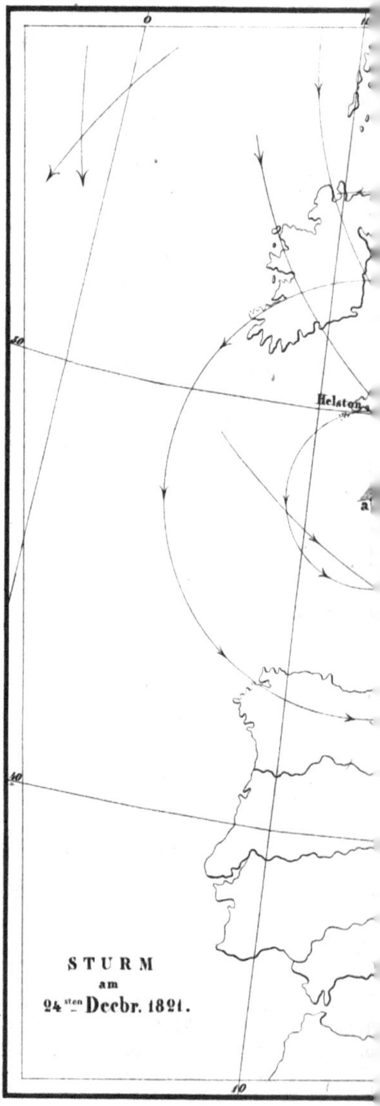

Fig. V. P. 194.

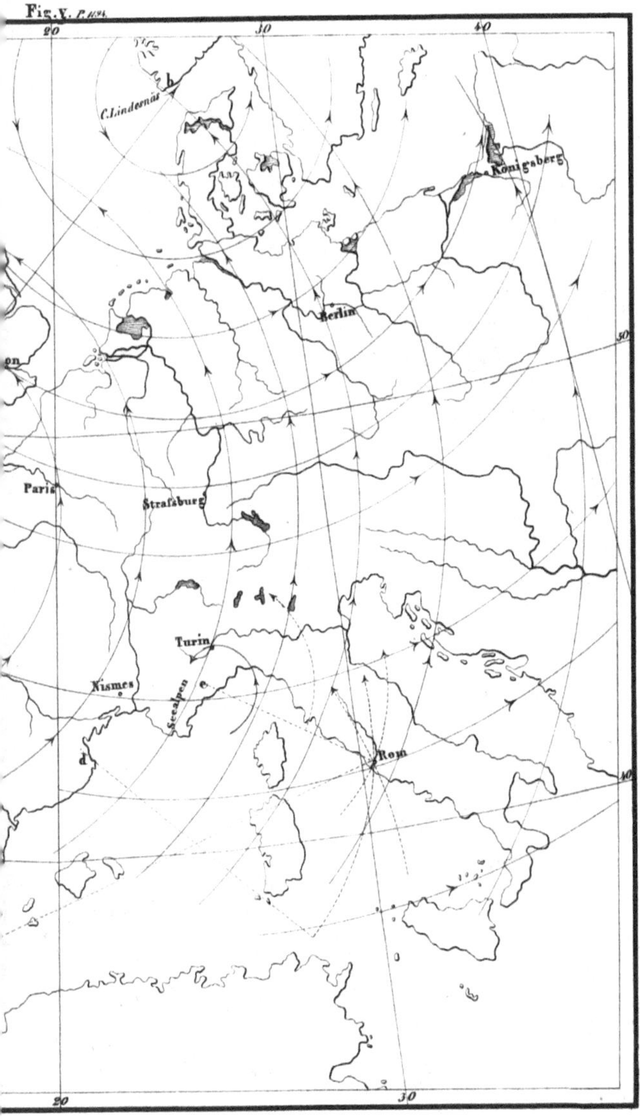

Fig. VIII. P. 197.

Fig. IX. P. 197.

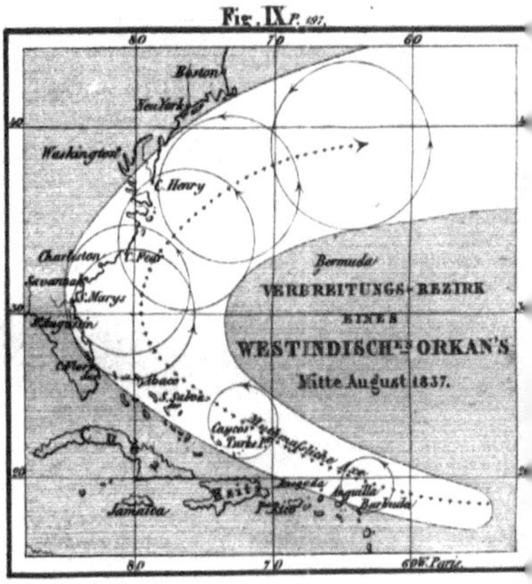

Fig. XI. P. 124.

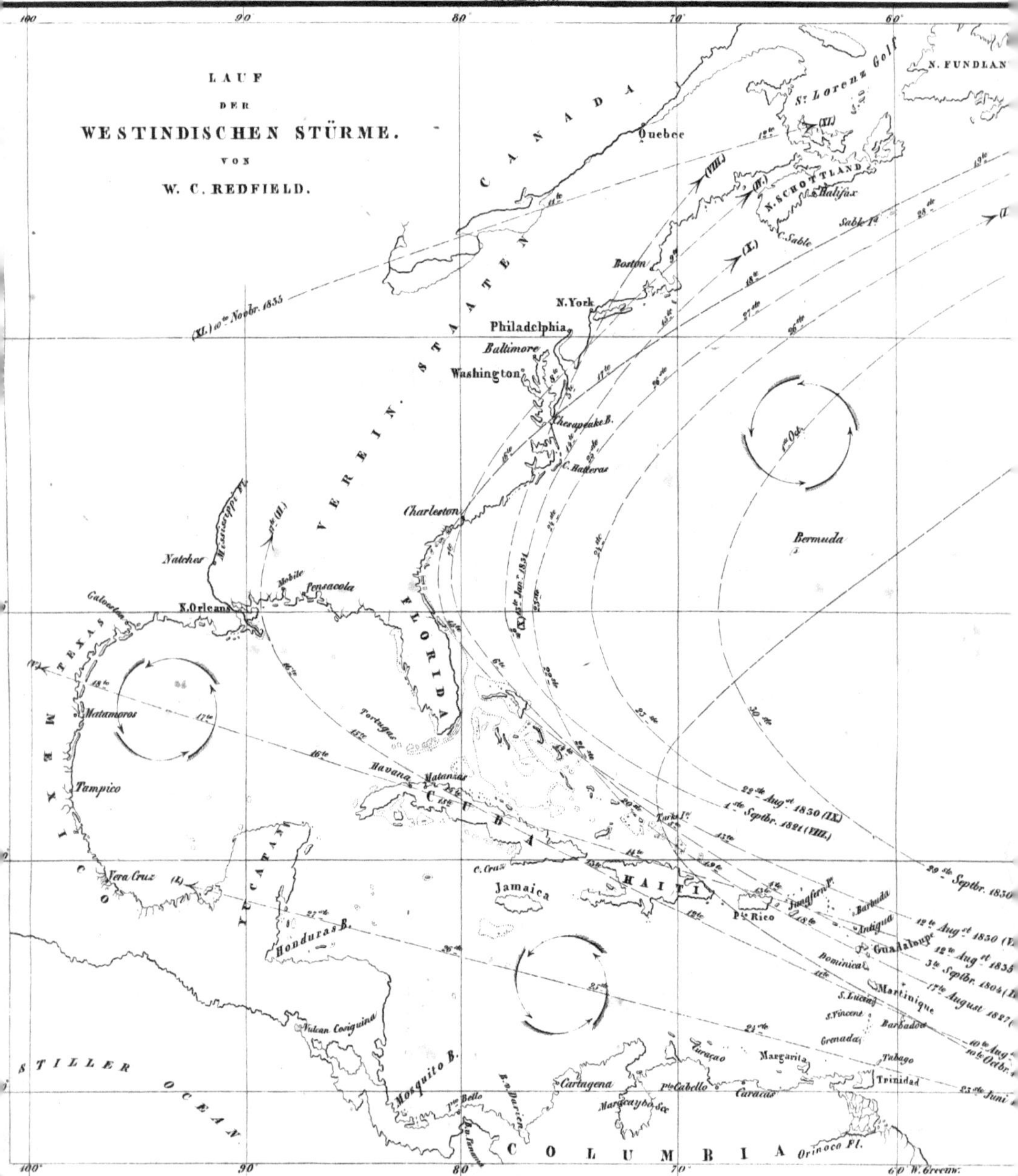

Mahlmann fc.

Fig. XII. Taf. II.

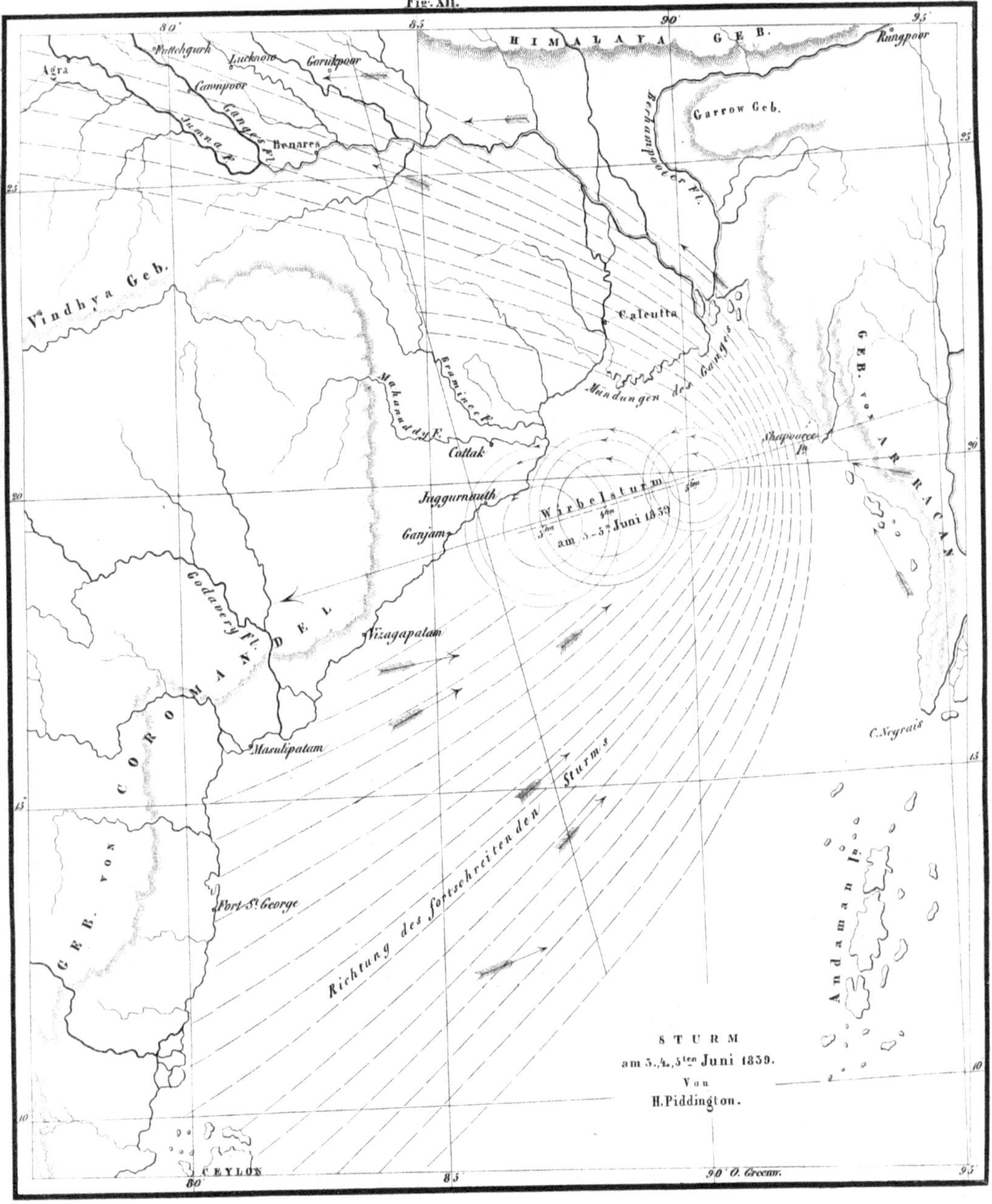

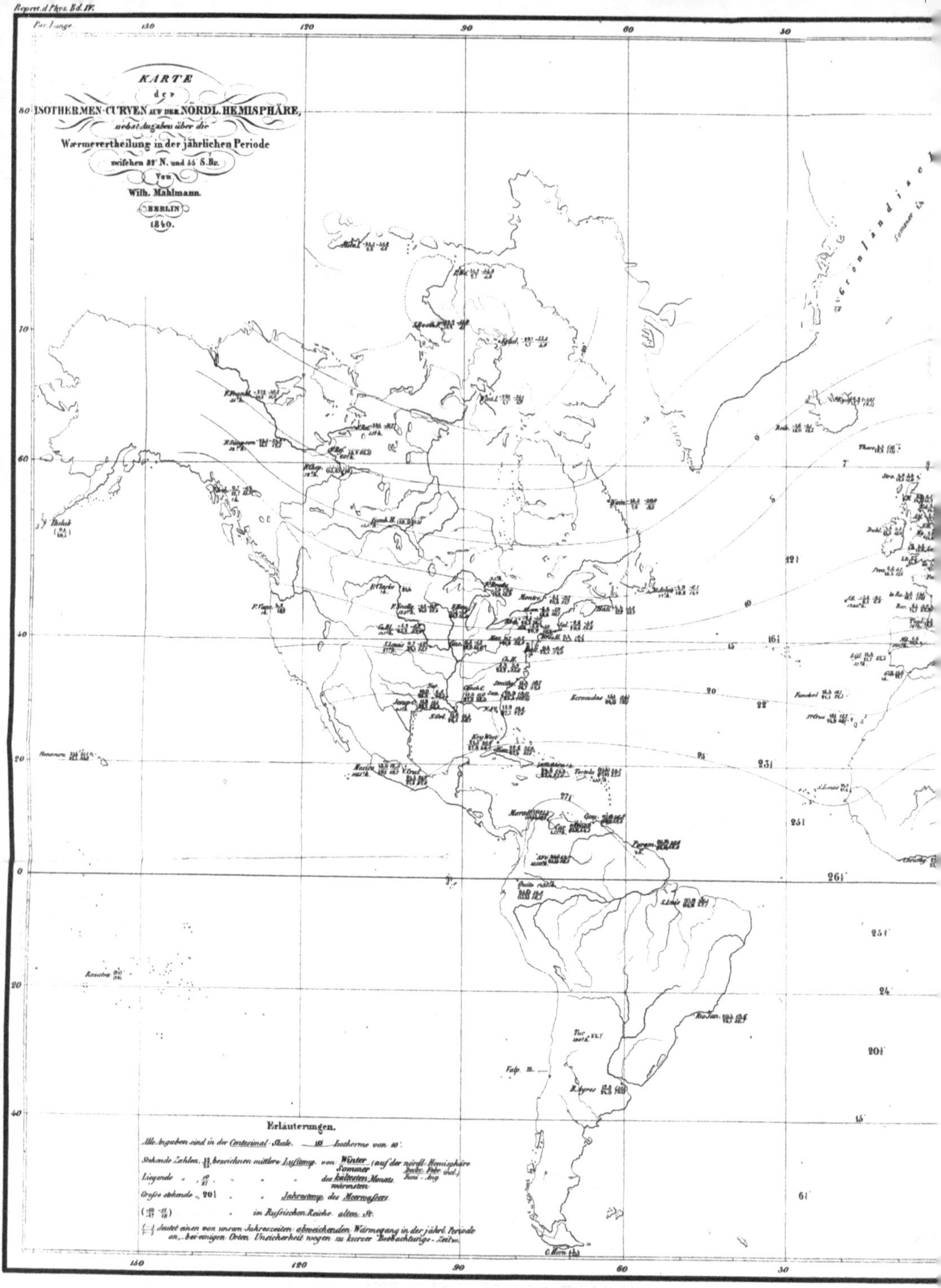

ABKÜ

	Absol. Höhe		Abs.H.		Abs.H.		Abs.H.		Abs.H.		Abs.
1. Europa.		C. C. Camajore		Fal. C. .. un	62.'	Kielce	140.'	Mst. C. Maastricht	27.'	Rg. C. Regensburg	172
Al. C. Applegarth Manse	28.'	Cag. .. liari	52.'	Fr. .. ankfurt	60	Kön. C. .. igsberg		Mü. .. nster	32.'	Rom	27
Apr. .. Apenrade		Gen. .. ea		Gf. .. Genf	203	Kra. .. kau	403	N. .. Nizza		S.B. .. St. Bernhard	
Av. .. ignon		Cat. .. ania		Ga. .. sport		la Ro. .. chelle		N.M. .. New Malton	1	Sew. .. astopol	
Bar. .. celona	1	Ch. .. eltenham	1	Göt. .. eborg		Lo. .. bei London	25	Np. .. Neapel	38	Sla. .. toust	
Ber. .. lin		C.M. .. Clunie Manse	25	Haap. .. akyla		L.R. .. Lyme Regis		Öste. .. rsund	160	Sön. .. dmör	
Bo. .. logna	42	Da. .. nzig		Hbg. .. Hamburg		Ma. .. nchester	35	Pal. .. ermo	38	Str. .. aßburg	75
Bor. .. deaux		Ed. .. inburgh	47	Hern. .. Hernösand		Mar. .. seille		Par. .. is	33	Stro. .. mness	
Br. .. Breslau	70	Enon. .. tekis		Hl. .. bei Haarlem		Md. .. Madrid		Penz. .. ance		Symph. .. eropol	135
Bd. .. Basel	135	Erf. .. urt	107	K. .. openhagen		Mld. .. Mailand	75	Pr. .. ag	98	Thorz. .. havn	

Taf. III.

N.

	Absol. Höhe		Abs.H.		Abs.H.		Abs.H.
II. Asien.		Nas. l. irabad		F.Chep. l. Ft.Chepewyan		Roch. l. ester	80!
ab. l. Ambala	165!	Utac. .. amund	1150!	F.How. .. Howard	95!	Sal. .. em	
nares	50	IV. Amerika.		F.Rel. .. Reliance		Sav. .. annah	
m. l. bay		Alb. .. any		F.Res. .. Resolution		S.Lau. .. St.Lawrence	62
r .. jiling	1090	Car. .. acas		Hali. .. fax	!	Tuc. .. uman	
ttig. .. urh	93	Ch.H. .. Chapel Hill	!	Mar. .. ietta	100!		
th. .. mandu	720	Cinc. .. innati	80	Montré .. al	!		
h. .. ughat	870	Co.Bl. .. Council Bluffs		Nat. .. chez	30		
.. Mussuri	980	Cum. .. ana		N.Fl. .. Nord Florida	!		
ap. .. ur	140	Eras.H. .. Erasmus Hall		P.Bo. .. Port Bowen			

Anmerkung.

Die Höhe ist nur bei den Orten, wo dieselbe über 20 Toisen beträgt, angegeben; wo sie unbekannt ist, steht ein ? (Viele Angaben s. auf der Karte.)

FSC
www.fsc.org
MIX
Papier | Fördert
gute Waldnutzung
FSC® C083411

Kolibri 360 GmbH
Ferdinand-Jühlke-Straße 7
99095 Erfurt, Deutschland
produktsicherheit@kolibri360.de